Alina Marktanner

Behördenconsulting

Quellen und Darstellungen zur Zeitgeschichte

Herausgegeben vom Institut für Zeitgeschichte

Band 136

Alina Marktanner

Behördenconsulting

Unternehmensberater
in der öffentlichen Verwaltung
der Bundesrepublik,
1970er- bis 2000er-Jahre

DE GRUYTER
OLDENBOURG

ISBN 978-3-11-079597-4
e-ISBN (PDF) 978-3-11-098697-6
e-ISBN (EPUB) 978-3-11-098709-6
ISSN 0481-3545

Library of Congress Control Number: 2022940547

Bibliografische Information der Deutschen Nationalbibliothek
Die Deutsche Nationalbibliothek verzeichnet diese Publikation in der Deutschen Nationalbibliografie; detaillierte bibliografische Daten sind im Internet über http://dnb.dnb.de abrufbar.

Titelbild: Bundesarchiv, B 145 Bild-00018358 / Fotograf: Christian Thiel
Bundeskanzler Gerhard Schröder (l.) im Gespräch mit Hermann Sturm, Präsident der Union Mittelständischer Unternehmen (UMU) und Unternehmensberater Roland Berger (r.) am Rande der Verleihung des Mittelstandspreises 2004

Satz: Meta Systems Publishing & Printservices GmbH, Wustermark
Druck und Bindung: Beltz Bad Langensalza GmbH

www.degruyter.com

Inhalt

Vorwort VII

I. Einleitung: Vom beratenen Staat 1

II. Anfänge einer Dienstleistungsbranche, 1950er- bis 1970er-Jahre 25

1. Unternehmensberatung in der Bundesrepublik: Keine Amerikanisierung 25
2. Von Kienbaum bis Berger: Bandbreite des frühen Beratungsmarkts 33
3. Die öffentliche Verwaltung als widerspenstige Kundin 49
4. Resümee: Mit Eigenwerbung und Subventionen zur Wissensbranche 59

III. Minister gegen Verwaltung: Unternehmensberatung bei der Deutschen Bundespost, 1980er-Jahre 61

1. Die Bundespost zwischen Daseinsvorsorge und Wirtschaftlichkeit 62
2. Beratung als Prozess: Die Gutachten vor dem Gutachten 69
3. Die Knight Wendling AG und die Mummert + Partner AG 74
4. Berater und Beamte: Kooperation und Kontrolle 78
5. Legitimation durch scheiternde Beratung 88
6. Kritik aus allen Lagern 97
7. Resümee: Behördenconsulting als Selbstverständigungsprozess 106

IV. „Schulpolitik wird vom Finanzminister gemacht": Die Schulgutachten in Nordrhein-Westfalen, 1990er-Jahre 109

1. Bildungspolitik in Zeiten expansiver und restriktiver Haushaltsführung 110
2. Anträge, Kommissionen, Arbeitsstäbe: Wider die administrative Beharrungskraft 115
3. Die Kienbaum GmbH 122
4. Die „Mutter aller Schulgutachten" 125
5. Lehrkräfte unter Aufsicht: Unternehmensberater*innen als „Sachverständige" 134

6. Resümee: Behördenconsulting als Instrument politischer Steuerung 149

V. Unter Beratungseinsatz: Von der Bundesanstalt zur Bundesagentur für Arbeit, 2000er-Jahre 151
1. Von der „aktiven“ zur „aktivierenden“ Arbeitsmarktpolitik 152
2. McKinsey & Company und Roland Berger Strategy Consultants .. 169
3. Der „Masterplan“ 177
4. Beratungsskandal bei der BA: Geburtsstunde des Ökonomisierungsnarrativs? 188
5. Resümee: Behördenconsulting als Skandalon 197

VI. Schluss: Beratene Verwaltung oder verwaltete Beratung? 199

Abkürzungsverzeichnis 211

Quellen- und Literaturverzeichnis 213

Personenregister 237

Sachregister 239

Vorwort

Bei der vorliegenden Monografie handelt es sich um eine gekürzte und überarbeitete Fassung meiner Dissertationsschrift, die Ende Februar 2020 unter dem Titel „Vom Verbände- zum Beraterstaat? Unternehmensberatung in der öffentlichen Verwaltung der Bundesrepublik, 1945–2003" von der Philosophischen Fakultät der Universität zu Köln angenommen wurde. Ein Buch zum Beratungswesen entsteht nicht ohne vielfache Beratung, sodass an dieser Stelle wichtigen Wegbegleiter*innen gedankt sei. Durch ihre engagierte Betreuung ermöglichten PD Dr. Ariane Leendertz und Professor Ralph Jessen die Aufnahme dieser Arbeit und trugen durch zahlreiche Denkanstöße entscheidend zu ihrem Gelingen bei. Professor Hans-Peter Ullmann danke ich herzlich für seine Bereitschaft, das Drittgutachten zu verfassen.

Erschließen lässt sich Geschichte erst durch Zeugnisse der Vergangenheit. Danken möchte ich den für dieses Buch befragten Zeitzeugen für ihre Zeit und die Offenheit, mit der sie ihre Erinnerungen schilderten. Zu Dank verpflichtet bin ich auch den findigen Mitarbeiter*innen der besuchten Archive, ohne deren tatkräftige Unterstützung diese Arbeit um manches Detail ärmer wäre. Jochen Kienbaum erteilte mir die großzügige Genehmigung, den Nachlass seines Vaters Gerhard Kienbaum im Landesarchiv Nordrhein-Westfalen einzusehen. Auch das RKW Kompetenzzentrum und der Bundesverband Deutscher Unternehmensberater BDU e. V. gewährten mir bereitwillig Zugang zu ihren Zeitschriften- und Archivbeständen.

Die Direktoren des Max-Planck-Instituts für Gesellschaftsforschung (MPIfG), Professor Jens Beckert und Professor Lucio Baccaro, ermöglichten ideale Forschungsbedingungen, unter denen ich das Projekt von Konzeption bis Fertigstellung vorantreiben durfte. Professorin Renate Mayntz fungierte gleichermaßen als sachkundige Zeitzeugin und kritische Leserin mehrerer Textabschnitte. Verbunden bin ich meinen Kölner Kolleginnen und Freundinnen, allen voran Dr. Elifcan Celebi, Haydée Mareike Haass, Dr. Alexandra Hees, Dr. Marina Hübner und Dr. Hannah Pool. Clara Baumann, Monica Bolelli, Dr. Fabio Bulfone, Vanessa Endrejat, Annika Holz, Edin Ibrocevic und Keonhi Son danke ich für produktive Schreib- und spannungsgeladene Kickerrunden. Die Kolleg*innen der Servicegruppen machen das wissenschaftliche Arbeiten am MPIfG zu einer reinen Freude, weswegen ihnen ebenfalls mein ausdrücklicher und herzlicher Dank gilt.

An zahlreichen Orten konnte ich zentrale Thesen der Arbeit zur Diskussion stellen. Der Gastaufenthalt an Professor David Gugerlis Lehrstuhl für Technikgeschichte an der ETH Zürich bot Gelegenheit, in malerischer Umgebung Teile des ersten Kapitels zu verschriftlichen. Insbesondere Dr. Ricky Wichum sei herzlich für inspirierende Gespräche und die vielfältige Unterstützung vor Ort in Zürich und darüber hinaus gedankt. Wertvolle Hinweise erhielt ich von Kolleg*innen mehrerer Kolloquiumsrunden, darunter die Klasse 5 der a.r.t.e.s. Graduate School for the Humanities Cologne, das Kolloquium Neuere und Neueste Geschichte des Historischen Instituts der Universität zu Köln, das Oberseminar des Instituts für

Zeitgeschichte München, Professor Ulrich Herberts Kolloquium Neuere und Neueste Geschichte und Professorin Gabriele Metzlers Kolloquium zur Geschichte Westeuropas und der transatlantischen Beziehungen.

Professorin Gabriele Metzler kommentierte die Arbeit zudem bereits in einem frühen Stadium und ließ mich wesentliche Aspekte der Studienanlage überdenken. Professorin Julia Angster unterstützte wiederholt durch scharfsinnige und pragmatische Anmerkungen, nicht zuletzt durch den entscheidenden Satz: „Nicht mehr schrauben, schreiben!" Während der Aldersbacher Schreib-Praxis, organisiert vom Institut für Zeitgeschichte München-Berlin und dem Verlag De Gruyter Oldenbourg, beeindruckten mich PD Dr. Thomas Schlemmer, Dr. Jürgen Zarusky (†) und Dr. Hans Woller nachhaltig mit ihrem Sprachgefühl. Den seit dem Aldersbacher Retreat lebendigen intellektuellen Austausch mit Dr. Jan Kellershohn erlebe ich als großen Gewinn. Ihm danke ich sehr herzlich für das Korrekturlesen der Abgabefassung und zahlreiche horizonterweiternde Anregungen. Die Arbeit profitierte außerdem immens von wiederkehrenden Diskussionen mit Sebastian Schöttler und Daniel Monninger. Sebastian Schöttler und Professor Rüdiger Graf danke ich zudem für die gemeinsame Organisation unserer virtuell stattfindenden „Berater-Tagung", bei der ich wichtige Impulse für die Überarbeitung des Manuskripts erhielt. Schließlich lieferte der ausgiebige E-Mail-Austausch mit Professor Thomas Deelmann erquickende Impulse für die Überarbeitungsphase.

Dem wissenschaftlichen Beirat des Instituts für Zeitgeschichte München-Berlin danke ich für die Empfehlung, das Manuskript in die Reihe „Quellen und Darstellungen zur Zeitgeschichte" aufzunehmen. Günter Opitz' kompetente Begleitung gewährleistete einen unkomplizierten Publikationsprozess. Ein besonderer Dank gebührt Thomas Pott (MPIfG) für das sorgfältige Lektorat.

Gewidmet ist dieses Buch dem Menschen, der während der Bearbeitung stets an meiner Seite war: Dennis Müller.

Aachen, im Mai 2022

I. Einleitung: Vom beratenen Staat

> „Wir haben nichts gegen privates Know-how, auch im Geschäftsbereich des Bundesverteidigungsministeriums. Aber, um es klar zu sagen, was wir nicht wollen, ist, dass Berater sich gegenseitig beraten, was wir nicht wollen, ist, dass Berater sich gegenseitig Rechnungen schreiben. Das, meine Damen und Herren, gehört sich schlicht nicht."[1]

Einhellig empört zeigten sich die Oppositionsabgeordneten in einer Aktuellen Stunde des Deutschen Bundestags im November 2018. Zur Verhandlung stand die „Haltung der Bundesregierung zum Umgang mit externen Beratern im Geschäftsbereich des Bundesverteidigungsministeriums und der Bundeswehr". Der Rechnungshof hatte zuvor die Vergabepraktiken des Ministeriums an externe Berater*innen[2] beim IT-Projekt „CITquadrat" kritisiert. Aus breit gefassten Rahmenverträgen seien Mittel abgerufen worden, um bestimmte Beratungsunternehmen mit Aufträgen zu begünstigen. Acht Millionen Euro seien auf diese Weise aus anderweitig bestimmten Geldtöpfen an Beratungsunternehmen geflossen, ohne dass die Notwendigkeit der Aufträge ausreichend begründet oder dokumentiert worden sei. Die Tätigkeit der ehemaligen McKinsey-Beraterin Katrin Suder als Staatssekretärin im Rüstungsbereich stellte die berühmt-berüchtigte Firma ins Zentrum der Diskussion.[3]

Der Versuch der Verteidigungsministerin Ursula von der Leyen und der Unionsabgeordneten, die Vorgänge in ihrem Haus in der Aktuellen Stunde auf „Nachlässigkeit, Abkürzungen, Einzelversagen und auch Überforderung" zu reduzieren, stieß bei den übrigen Parteien auf Skepsis bis Häme.[4] Denn in der Nutzung externer Beratung durch das Verteidigungsministerium zeichnete sich ein bedenklicher Automatismus ab: Das Geschäft mit McKinsey & Company schien für die Verwaltung zur stehenden Einrichtung geworden zu sein, eine Handlungsroutine, die ohne Aufsicht keine Grenzen fand, sondern immer weitere vermeintliche Problemfelder ausmachte und sich damit selbst perpetuierte. Begründet erschien die Frage des linken Parlamentariers Matthias Höhn: „Wer hat eigentlich das Sagen […] – der Staat oder private Firmen?"[5]

Die Diskussionen um die Verteidigungsministerin und ihren Beratungseinsatz im Jahr 2018 stellen die jüngsten Ausläufer der Geschichte dar, von der dieses

1 BT, PlPr. 19/62, 9. 11. 2018, S. 7163.

2 Im Sinne einer geschlechtersensiblen Sprache benutze ich im Text die genderinklusive Schreibweise. Wird allein die maskuline oder feminine Form verwendet, ist davon auszugehen, dass an den geschilderten Vorgängen ausschließlich männliche Akteure beziehungsweise weibliche Akteurinnen beteiligt waren.

3 Matthias Gebauer, Verteidigungsministerium vergab rechtswidrig millionenschwere Verträge mit Beratern, in: Der Spiegel, 23. 9. 2018, https://www.spiegel.de/politik/deutschland/bundesrechnungshof-millionenschwere-bundeswehr-auftraege-rechtswidrig-vergeben-a-1229451.html, zuletzt geprüft am 10. 10. 2018.

4 BT, PlPr. 19/62, 9. 11. 2018, S. 7165.

5 Ebenda, S. 7168.

Buch erzählt. Die vorliegende Studie befasst sich mit der Entstehungsgeschichte dessen, was ich Behördenconsulting nenne: die Beratung von Bund, Ländern und Gemeinden sowie öffentlicher Unternehmen durch Unternehmensberatungsfirmen. Sie fragt nach Funktionen und Wirken von Unternehmensberater*innen in Verwaltung und Politik und dem Umgang von Entscheidungsträger*innen mit kommerzieller Beratung. Das Geschäft zwischen Staat und Beratungsfirmen dient hierbei als Sonde für eine Verwaltungs- und Politik-, Wirtschafts- und Sozialgeschichte der Bundesrepublik des ausgehenden 20. Jahrhunderts.

Was ist das Bemerkenswerte am Behördenconsulting? Nur wenige Firmen spezialisierten sich auf den skandalträchtigen und vergleichsweise wenig lukrativen Geschäftsbereich „Public Sector", wie der Beraterjargon die öffentliche Verwaltung bezeichnet. Der Bundesverband Deutscher Unternehmensberater (BDU), Deutschlands größter Berater*innenverband, bezifferte das Geschäft mit dem Staat 2016/2017 auf lediglich 9,1 Prozent des gesamten Branchenvolumens,[6] eine Zahl, die sich seit den 1970er-Jahren mit Schwankungen um wenige Prozentpunkte auch durch Geschäftsberichte einzelner Beratungsfirmen zog.[7] Eine rein quantitativ gestützte Bewertung des Behördenconsultings ginge jedoch fehl, ähnlich wie Michael Power dies für die Praktik der Wirtschaftsprüfung in Großbritannien feststellt.[8] Dies begründet sich kaum durch die selbstbewusste Selbsteinschätzung der Branche, ihr Einfluss sei „disproportionately greater than the numbers engaged in it".[9]

Stattdessen erhellen sich am Sujet des Behördenconsultings grundlegende Wandlungsprozesse in Wirtschaft und Staat „nach dem Boom": Im privatwirtschaftlichen Bereich entstand eine Dienstleistungsbranche, die, den klassischen Berufsständen nachempfunden, einen eigenen Zuständigkeitsbereich darin reklamierte, unternehmerische „Erfolgsrezepte" zu verkaufen. Die staatliche Verwaltung, insbesondere in den Domänen des Sozialstaats, erlebte verengte Finanzstrukturen bei gleichzeitig wachsenden Aufgaben, was Spannungen zwischen Entscheidungsträger*innen, Arbeitnehmer*innen im öffentlichen Dienst und Anspruchsgruppen in der Zivilgesellschaft provozierte. Zwischen beiden Entwicklungen bestand keinesfalls ein notwendiger kausaler Zusammenhang – neue Erwartungen an die Verwaltung zwangen diese nicht dazu, Beratungsfirmen zu engagieren. Vielmehr handelten beide Seiten im Dienste ihrer jeweils eigenen Interessen und versprachen sich von ihren Transaktionen je eigene Zugewinne: Wäh-

6 BDU e. V., Facts & Figures, S. 9.

7 Die Knight Wegenstein AG beispielsweise gab im Jahr 1969 9 Prozent an, die Roland Berger & Partner GmbH im Jahr 1979 15 Prozent: SWA, H + I D 920, Knight Wegenstein AG, Geschäftsbericht 1969, S. 9; BWA, S011/97, Roland Berger & Partner GmbH, Jahresbericht 1978/79, S. 4.

8 Power, Audit Society, S. 4.

9 So Tisdall, Agents, S. 1, im Auftrag des britischen Berater*innenverbands „Institute of Management Consultants". Ähnlich Kipping und Clark, laut denen der Einfluss von Unternehmensberatern „by far exceeds their importance both in terms of size of economic activity and employment". Kipping/Clark, Researching Management Consulting, S. 8.

rend die Beratungsfirmen nach Marktanteilen und kostenloser Öffentlichkeitsarbeit strebten, erhoffte sich die Verwaltung neue Wissensbestände, vor allem aber Einflussgewinn gegenüber Regierungen und Beschäftigten.

Die Zusammenarbeit zwischen Beamt*innen und Consultants war voraussetzungsreich und erforderte von beiden Seiten, die jeweils andere Welt intensiv zu studieren. Behördenspitzen mussten sich einen Überblick über den Beratungsmarkt verschaffen, um die Angebote und Leistungsspektren unterschiedlicher Firmen beurteilen zu können; Berater*innen mussten sich mit dem öffentlichen Recht vertraut machen, um Empfehlungen abgeben zu können, die in dem gegebenen Rahmen umsetzbar waren. Trotz Missverständnissen entstand in der Zusammenarbeit meist ein Vertrauensverhältnis, das sich über die Jahre zu einer eingespielten Geschäftsbeziehung zwischen Staat und Beratungsbranche entwickelte. Die öffentliche Akzeptanz der oft intransparenten Partnerschaft stieg demgegenüber keineswegs. Am Gegenstand des Behördenconsultings werden daher neue Verantwortlichkeiten, Konfliktlinien und Handlungsroutinen des Staates im ausgehenden 20. Jahrhundert deutlich.

Relevante Forschungskontexte und leitende Annahmen

Eine genuin geschichtswissenschaftliche Betrachtung der Unternehmensberatung in der öffentlichen Verwaltung liegt für die Bundesrepublik noch nicht vor.[10] Auch die Befunde zum Werden und Wirken der Beratungsbranche im privatwirtschaftlichen Bereich sind bis heute überschaubar.[11] Fallstudien zu Beratungsaufträgen aus der Mikroperspektive hat bislang einzig die Unternehmensgeschichte hervorgebracht. Allen voran sind hier die zahlreichen Aufsätze des in Kanada lehrenden Unternehmenshistorikers Matthias Kipping zu nennen.[12] Als einer der wenigen Historiker*innen nimmt Kipping sich die deutsche Beratungsbranche ebenso zum Gegenstand wie die US-amerikanische und verortet ihre Ursprünge richtigerweise deutlich vor ihrem allgemein wahrgenommenen Durchbruch im späten 20. Jahr-

10 Zum britischen Beispiel siehe allerdings Weiss, Management Consultancy; siehe außerdem zu Großbritannien, Frankreich und Kanada, wenn auch aus politikwissenschaftlicher Perspektive und auf die *New-Public-Management*-Bewegungen der 1980er- und 1990er-Jahre zentriert: Saint-Martin, Building. Zu den USA jüngst: Kipping, America First.

11 Am Beispiel von McKinsey & Company untersuchte Christian Marx den Einfluss von Beratungsfirmen in der Chemiebranche: Marx, Die Manager und McKinsey; Marx, Vermarktlichung. Zur Geschichte der Unternehmensberatung aus unternehmenshistorischer Sicht hat Sebastian Schöttler das Dissertationsprojekt „Strategen des Strukturwandels? Unternehmensberatungen in der westdeutschen Industrie, 1960–1990" an der Humboldt-Universität zu Berlin in Vorbereitung.

12 Aus einer Vielzahl an Veröffentlichungen seien hier nur genannt Kipping, U. S. Influence; ders., Consultancies, Institutions and the Diffusion of Taylorism in Britain, Germany and France, 1920s to 1950s; ders., Trapped in Their Wave; ders./Clark (Hrsg.), Oxford Handbook.

hundert. Seine Beiträge präsentieren somit differenziertere Erkenntnisse als andere Schriften der Unternehmens- und Managementgeschichte, bleiben aber klar darin verortet. An weiter gefasste wirtschafts- und gesellschaftshistorische Fragestellungen zum bundesrepublikanischen Raum schließen sie nicht an. Für seine Habilitationsschrift konsultierte Christian Kleinschmidt unter anderem Archivalien der deutschen Firma Kienbaum GmbH.[13] Wie Susanne Hilger untersucht aber auch Kleinschmidt das Phänomen der Unternehmensberatung hauptsächlich auf die Diffusion von Managementwissen hin.[14] Auch Werner Abelshauser[15] und Christopher McKenna[16] war es vergönnt, Quellen aus Beratungshäusern einzusehen – Abelshauser im Rahmen seiner Auftragsarbeit für die BASF, die ihm Dokumente zu einem Auftrag an McKinsey & Company Ende der 1960er-Jahre zur Verfügung stellte, McKenna aufgrund langjähriger persönlicher Beziehungen mit im Consultinggeschäft tätigen Personen.[17] Damit liegen weitere quellengestützte Befunde zum Wirken von Unternehmensberater*innen vor, allerdings für Privatunternehmen und den US-amerikanischen Raum, die beide nicht im Zentrum dieser Studie stehen.

Über die Schlagseiten der genannten Veröffentlichungen möchte ich hinausweisen und auf quellengesättigter, historisch-genetischer Grundlage erklären, wie sich Behördenconsulting in der Bundesrepublik der zweiten Hälfte des 20. Jahrhunderts als Regierungspraktik etablierte. Dafür bette ich den Gegenstand in seine wirtschafts- und unternehmenshistorischen, vor allem aber in seine verwaltungs- und politikhistorischen Kontexte ein. Die Studie knüpft an zwei Diskussionsstränge der jüngeren zeithistorischen Forschung an: Zum einen greift sie Arbeiten auf, die die Rolle von als Expert*innen wahrgenommenen Akteur*innen und damit im Zusammenhang stehende Prozesse einer „Verwissenschaftlichung" westlicher Industriegesellschaften zu erhellen suchen (1); zum anderen setzt sie sich mit Interpretationsangeboten einer Geschichte des 20. Jahrhunderts als „Neoliberalisierung" oder „Ökonomisierung" auseinander (2).

In der Historiografie der Expertise wurde vor allem die wissenschaftliche Politikberatung ausführlich betrachtet (1).[18] Nützenadel zeichnet nach, wie sich die Wirtschaftspolitik der Bundesrepublik der 1950er- und 1960er-Jahre immer expliziter auf wissenschaftliche Grundlagen der Volkswirtschaftslehre oder der Nationalökonomie stützte.[19] Eine einsetzende „Verwissenschaftlichung" der Politik weist er bereits für den Zeitraum vor der keynesianischen Globalsteuerung der

[13] Kleinschmidt, Blick, S. 91.

[14] Siehe zum Beispiel ebenda, S. 84–91, „Management-Diffusion durch Verbände, Organisationen, Institutionen" und Hilger, Amerikanisierung, die Beratungsgesellschaften „beim Transfer von ‚Amerikanisierungs-Know-how' […] eine wichtige Mittlerfunktion" zuschreibt.

[15] Abelshauser, BASF.

[16] McKenna, Profession.

[17] Persönliche Kommunikation mit Werner Abelshauser (28. 6. 2016) und Christopher McKenna (21. 3. 2017).

[18] Siehe die Beiträge in Fisch/Rudloff (Hrsg.), Experten.

[19] Nützenadel, Stunde.

Großen Koalition ab 1966 nach. Schanetzky blickt bis ins Jahr 1982 und zeigt am Beispiel des Sachverständigenrats zur Begutachtung der wirtschaftlichen Entwicklung und anderer politikberatender Gremien, wie es auf Bundesebene nach einer Phase der „Wissenschaftseuphorie" zur „großen Ernüchterung" ab etwa 1974 kam.[20] Er stellt überzeugend dar, wie sich die Reichweite ökonomischer Wissensbestände angesichts unbeherrschbar erscheinender wirtschaftlicher Entwicklungen als begrenzt herausstellte. Zudem zeigt er auf, dass nicht nur ökonomischer Sachverstand politisches Handeln lenkte, sondern umgekehrt auch soziopolitische Entwicklungen auf die Empfehlungen des Beratungsgremiums zurückwirkten.

Sowohl Nützenadels als auch Schanetzkys Zugriff beschränkt sich dabei aber auf Beratungskonstellationen, in denen Wissensbestände der Volkswirtschaftslehre für das Handlungsfeld der Wirtschaftspolitik relevant gemacht wurden und vice versa. Das Phänomen des Behördenconsultings ist demgegenüber deutlich anders gelagert. Im Unterschied zur Politikberatung durch Ökonom*innen konzentrierte sich der Einsatz von Unternehmensberater*innen eben nicht auf das Feld der Wirtschaftspolitik, sondern fand sich im Untersuchungszeitraum der 1970er- bis 2000er-Jahre in immer weiteren Teilen der Hoheits- wie der Leistungsverwaltung. Wie die Passung zwischen auf Privatunternehmen ausgerichteten Akteur*innen und nicht profitorientierten und auf öffentliche Daseinsvorsorge angelegten Einrichtungen zustande kam, gilt es zu erklären.

Auch zu Gabriele Metzlers und Elke Seefrieds Befunden ergeben sich mit Blick auf den Gegenstand des Behördenconsultings Unterschiede. Als Teil ihrer Untersuchung von „Konzeptionen politischen Handelns" in den langen 1960er-Jahren zeichnet Metzler unter anderem die Etablierung politikberatender wissenschaftlicher Gremien auf Bundesebene nach. Die Verbindungslinien zwischen Wissenschaft und Politik begreift sie wie Peter Weingart als „strukturelle Kopplungen".[21] Anhand des Sachverständigen-, aber auch des Wissenschafts- und des Bildungsrats benennt Metzler ein charakteristisches Merkmal der institutionalisierten wissenschaftlichen Politikberatung: Die Mitglieder wurden offiziell und zumeist unter öffentlicher Beobachtung berufen – sei es durch den Bundespräsidenten auf Vorschlag der Bundesregierung (Sachverständigenrat), die wissenschaftlichen Spitzenverbände (Wissenschaftsrat) oder die Ministerpräsidentenkonferenz (Bildungsrat).[22] Dies stand im starken Kontrast zur oft informell gehaltenen Beauftragung von Unternehmensberatungen. Im Lauf der Jahrzehnte entwickelte die Verwaltung zwar immer ausdifferenziertere und „rechnungshofsichere" Kriterienkataloge, die die Wahl einiger Firmen im Nachgang begründen sollten. Für Außenstehende, darunter auch die von Reformen betroffenen Beamt*innen und Angestellten im öffentlichen Dienst, blieben diese aber meist im Verborgenen.

Darüber hinaus hebt Metzler wiederholt auf die inhaltliche Involviertheit der beteiligten Wissenschaftler*innen ab. Gerade in Bildungs- und Forschungsfragen

20 Schanetzky, Ernüchterung.
21 Metzler, Konzeptionen, S. 21. Vgl. Weingart, Stunde, S. 28 f.
22 Metzler, Konzeptionen, S. 164–188.

hätten sich für diese qua Beruf politische und professionelle Interessen getroffen.[23] Von ihnen als dringlich erachtete Sujets konnten die Gremien dank der ihnen, wenn teilweise auch implizit, zugesprochenen „Thematisierungskompetenz“ in den Diskurs einbringen.[24] Im Unterschied dazu zeichneten sich die im Folgenden betrachteten Firmenvertreter durch hohe Anpassungsbereitschaft aus. Unternehmensberater*innen setzten kaum eigene Themen, die sie versuchten, politisch zu platzieren – von gelegentlicher Lobbyarbeit abgesehen, die ab den 1970er-Jahren darauf abzielte, die korporatistisch organisierte Betriebsberatung zugunsten der freiberuflichen Tätigkeit abzuschaffen. Vielmehr beobachteten sie aufmerksam, welche Themen Unternehmen und öffentliche Einrichtungen als problematisch bewerteten, um diese Problemwahrnehmung rhetorisch zu verstärken und standardisierte, käuflich erwerbbare Lösungswege anzubieten.[25] In der Zusammenarbeit mit öffentlichen Auftraggeber*innen identifizierten sich Unternehmensberater*innen nur wenig mit ihren eigenen Vorschlägen und passten diese bereitwillig an die Zielvorstellungen der Auftraggebenden an. Nicht die Verwirklichung feststehender Ideen, sondern das Gelingen des „Projekts“ im Sinne der Auftraggebenden – und damit honorarträchtige Folgeaufträge – stand im Zentrum ihres Handelns.

In ihrer Aufarbeitung der transatlantischen Zukunftsforschung bemerkt Elke Seefried, dass die Grenzen wissenschaftlicher Politikberatung auch in Kommunikationsschwierigkeiten zwischen Wissenschaft und Politik erkennbar wurden. Argumentation, Sprache und Aufmachung der Beratungsberichte wirkten bisweilen allzu komplex, um daraus praktische Handlungsdirektiven abzuleiten.[26] Fachberater*innen waren selten bereit, von Jargon abzulassen und sich sprachlich und habituell auf die Bürokrat*innen einzustimmen. Demgegenüber fanden Verwaltungsspitzen in Unternehmensberater*innen Dienstleister*innen, die sich als „Partner auf Zeit“ verstanden.[27] Behördenconsulting stellte für Entscheidungsträger*innen damit eine Form externer Wissenszufuhr dar, die verhieß, äußere Konflikte abzuwenden, in der direkten Aushandlung aber wenig Konfliktpotenzial barg. Carl Böhret bekräftigt, dass Consultants im Vergleich zu Wissenschaftler*innen als die bequemeren Ansprechpartner*innen galten:

> „Die Spannungen zwischen Berater und Beratenen sind oft größer und differenzierter, wenn die Berater agierende Wissenschaftler[,] als wenn sie Consultants aus Beratungsfirmen sind. Der Erfolg der Consultants liegt häufig in der einfacheren Verständigungsneigung und im größeren Einigungsdruck gegenüber dem aktuellen Bedürfnis des ratsuchenden Praktikers/Politikers. Dagegen vermag sich der wissenschaftliche Berater oft nur schwer(fällig) von seinen Denk- und Sprachmustern zu lösen.“[28]

[23] Ebenda, S. 164.
[24] Ebenda, S. 168.
[25] Dazu treffend: Plumpe, Nützliche Fiktionen?
[26] Seefried, Zukünfte, S. 443 f.; Seefried, Experten, S. 129 f.
[27] So im Titel einer Selbstdarstellung: Mechler, Unternehmensberater.
[28] Böhret, Reformen im Staat mittels Politikberatung?, S. 91. Siehe auch Kieser, Entscheiden Manager klug, wenn sie mithilfe von Unternehmensberatern oder Wissenschaftlern entscheiden?, S. 58 f.

Die genannten Punkte verweisen darauf, dass Unternehmensberater*innen nur ungenügend von gängigen Konzepten der Expertise erfasst werden. In die von Lutz Raphael herauspräparierte und für die Geschichte westlicher Industrienationen des 19. und 20. Jahrhunderts bedeutsame Kategorie der humanwissenschaftlichen Expert*innen fallen Unternehmensberater*innen nämlich nicht.[29] Anders als Nützenadel über Ökonomen schreibt, standen Unternehmensberater*innen auch nicht für eine „besondere Form der Expertenkultur [...], die sich von anderen Disziplinen grundlegend unterschied".[30] Texterzeugnisse aus Beraterfeder, wie die Managementphilosophie des McKinsey-Doyen Marvin Bower sollten laut Werner Plumpe „gar nicht als wissenschaftliche Texte gelesen werden [...] oder als solche dienen".[31] Ausgewertet werden können sie vielmehr auf die persuasive Absicht der Berater*innen hin, sich selbst als Ansprechpartner*innen in Organisationsfragen jedweder Art zu empfehlen.

Im Unterschied zu den von Nützenadel, Schanetzy, Metzler, Seefried und anderen untersuchten Akteur*innen profilierten sich Unternehmensberater*innen mithin nicht vornehmlich durch den „wissenschaftlichen" Gehalt ihrer Ratschläge oder einen akademischen Habitus. Stattdessen orientierten sie sich, diesseits wie jenseits des Atlantiks, an den „bürgerlichen" oder „freien Berufen" oder *professions* der Rechtsberatung und der Rechnungsprüfung.[32] Sie imitierten den Stil von Anwaltskanzleien und konkurrierten mit Wirtschaftsprüfer*innen, Steuerberater*innen, Banken, Verbänden und staatlichen Einrichtungen um einen eigenen Zuständigkeitsbereich.[33] Daher werden hier vornehmlich ihre Professionalisierungsbemühungen und ihr *Streben* nach einem Expert*innenstatus untersucht. In diesem Streben agierten Unternehmensberater*innen in erster Linie als Unternehmer*innen. Gesellschaftliche Anerkennung und einen eigenen Zuständigkeitsbereich begehrten sie vornehmlich aus monetärem Antrieb. Öffentliche Einflussnahme war nur in Ausnahmefällen gesellschaftlich oder politisch, sondern ebenfalls hauptsächlich durch das Interesse an größeren Marktanteilen motiviert.

Wohlgemerkt substituierten Unternehmensberater*innen weder die über Jahrzehnte hinweg etablierte wissenschaftliche Politikberatung noch die Gutachten des Bundesrechnungshofs, der als oberstes Prüforgan über Wirtschaftlichkeit und Sparsamkeit in der Verwaltung wachte.[34] Sie boten Politik und Verwaltung aber eine neue Sorte von Wissensbeständen an: Diese zeichneten sich weniger durch eine bestimmte fachliche Verortung aus als vielmehr durch ihre Funktion. Für

29 Raphael, Verwissenschaftlichung, S. 165–193.

30 Nützenadel, Stunde, S. 13.

31 Plumpe, Nützliche Fiktionen?, S. 252.

32 Raphael, Verwissenschaftlichung, S. 180, hebt demgegenüber hervor, dass sich humanwissenschaftlich ausgebildete Expert*innengruppen den Berufskodex des öffentlichen Diensts zum Vorbild nahmen.

33 Siehe Abbott, System, der den Kampf der *professions* um je eigene *jurisdictions* aus soziologischer Sicht konzipiert.

34 Die Geschichte des Bundesrechnungshofs bis in die frühe Bundesrepublik wurde jüngst gründlich aufgearbeitet: Ullmann, Kontrolle.

Auftraggebende in Politik und Verwaltung war nicht entscheidend, ob die Beratungsvorschläge der Betriebswirtschaftslehre, der Statistik oder der Organisationslehre entsprangen. Ihnen ging es vielmehr um Praxistauglichkeit. Berater*innen in den hier untersuchten Fällen reduzierten komplexe Problemstellungen auf die politisch gewünschten Faktoren, leiteten daraus von politischen Auftraggebenden mitgeformte Empfehlungen ab und halfen mit der Zeit selbst bei der Umsetzung, indem sie mit alarmierten Interessengruppen in Dialog traten. Kommerzielles Beratungswissen zeichnete sich zudem dadurch aus, dass es zügig verfügbar war. Unternehmensberater*innen konnten aufgrund entgrenzter Arbeitszeiten und vielköpfiger Teams innerhalb weniger Wochen die Abläufe ganzer Behörden und Ministerien erfassen und daher kurzfristig zur politischen Intervention eingesetzt werden – statt wie Regierungskommissionen oder verwaltungseigene Untersuchungsstäbe mehrere Jahre zu tagen, bis Handlungsempfehlungen vorlagen.

Die Verstetigung der Regierungspraktik Behördenconsulting fiel damit zeitlich nicht zufällig mit der von Raphael konstatierten und in den genannten Werken illustrierten „Entzauberung der Wissenschaften" zusammen.[35] Nachdem sich die Regierungen der Bundesrepublik der 1960er- und frühen 1970er-Jahre in ihren Richtungsentscheidungen verstärkt auf ökonomische und sozialwissenschaftliche Befunde verlassen hatten, zeigten sich die zahlreichen etablierten politischen Beratungsgremien ab Mitte der 1970er-Jahre in einem anderen Licht. Denn zum einen offenbarten Minderheitsvoten und Gegengutachten, dass wissenschaftliche Gremien wie der Sachverständigenrat keineswegs objektive und unfehlbare Handlungsanweisungen liefern konnten.[36] Zum anderen schienen sozialplanerische Politikentwürfe „an den Grenzen sozialstaatlicher Gestaltungsspielräume, den Interessenkollisionen betroffener sozialer Gruppen sowie der Beharrungskraft etablierter Strukturen" zu scheitern.[37] Zeitgenössische Wahrnehmungen einer „Unregierbarkeit" erweckten den Eindruck einer schier unüberwindbaren Gemengelage politischer Interessen, denen Entscheidungsträger*innen nicht gleichermaßen Rechnung tragen könnten.[38] Mit Peter Weingart, Martin Carrier und Wolfgang Krohn gesprochen, stand „[p]olitisch exponierte Expertise [...] so vor der Aufgabe, im Spannungsfeld vielfältiger Herausforderungen und Kriterien die maximal robuste Lösung zu finden".[39] Durch Vorwegnahmen in der Auftragsstellung strebten Regierungen und Behördenspitzen danach, laufende Aushandlungen mit Interessengruppen unter neue Vorzeichen zu setzen und entsprechend den eigenen Zielvorstellungen zu rahmen. Dies fiel meist weit weniger kontrolliert aus, als von ihnen intendiert – und markierte dennoch einen neuen Modus politischer Kommunikation und Entscheidungsfindung, um den es in dieser Ar-

[35] Raphael, Verwissenschaftlichung, S. 178.
[36] Schanetzky, Ernüchterung, S. 184–233.
[37] Raphael, Verwissenschaftlichung, S. 178.
[38] Metzler, Konzeptionen, S. 404–411; Metzler, Staatsversagen und Unregierbarkeit in den siebziger Jahren?; vgl. Schäfer, Krisentheorien.
[39] Weingart/Carrier/Krohn, Nachrichten, S. 301.

beit geht. Anders als bei Weingart u. a. wird dabei aber deutlich, dass Berater*innen und Auftraggeber*innen die gewünschte „Robustheit" stetig herstellen, vor Angriffen schützen oder trotz offensichtlicher Porosität einfach suggerieren mussten.

Den zweiten wichtigen Forschungskontext für diese Studie bilden zeithistorische Deutungsversuche, die das 20. Jahrhundert mit Diagnosen der „Neoliberalisierung" oder „Ökonomisierung" fassen möchten (2). Im vergangenen Jahrzehnt verbreitete sich nicht nur in Zivilgesellschaft und Publizistik, sondern auch in der Forschungslandschaft der Eindruck, „dass ökonomische Faktoren und Denkweisen in Politik, Kultur und Gesellschaft bedeutsamer geworden sind".[40] Als führende Debatte ist hier die bereits erwähnte Nach-dem-Boom-Forschung zu nennen, in der sich zahlreiche Schlüsselthemen herauskristallisierten, anhand derer die 1970er-Jahre als ein Zeitalter zahlreicher Brüche in westlichen Industriestaaten qualifiziert wurden. In der engagiert geführten „Strukturbruchdebatte" lebte das Interesse an der Geschichte der Arbeitswelt[41], des Unternehmens[42] und der öffentlichen Finanzen[43] nach längerer wirtschaftshistorischer Funkstille[44] wieder auf. Die Finanz- und Bankenkrise, deren Auswirkungen sich in Deutschland ab 2008 manifestierten, verlieh derlei Fragestellungen zusätzliche Aktualität.

Verschiedene Begriffsangebote, darunter „Vermarktlichung"[45] und „Finanzialisierung"[46], begleiteten die jüngste historische Erkundung ökonomischer Phänomene. Auch der Terminus „Neoliberalismus" wird seit einigen Jahren in zeithistorischen Kreisen auf sein Erklärungspotenzial hin ausgelotet. Die Standpunkte gehen dabei weit auseinander: Während einige ihn zum Epochenmarker für die Zeit seit den 1970er-Jahren erheben,[47] erachten andere ihn als „zu stumpf, zu eng und [...] Eindeutigkeiten [unterstellend], die den Blick auf die historischen Gemengelagen eher verstellen als erhellen".[48] In einigen Überblicksdarstellungen hat der Begriff bereits Eingang gefunden, bedeutet aber abhängig von Autor*in Unterschiedliches. Werner Plumpe folgt einer ideengeschichtlichen Lesart, wenn er sich auf Formen eines erneuerten Liberalismus der 1930er- und 1940er-Jahre bezieht. In verschiedenen Kreisen debattierten hier Geschäftsleute und Intellektuelle über die Rolle des Staates in der Wirtschaftsordnung.[49] Der Nationalökonom Friedrich Hayek plädierte für eine „anarcholibertäre Marktwirtschaft mit klarer Stoßrich-

40 Graf, Einleitung, S. 9.
41 Andresen/Bitzegeio/Mittag (Hrsg.), Strukturbruch.
42 Reitmayer/Rosenberger (Hrsg.), Unternehmen.
43 Buggeln, Steuern, S. 47–89, sowie zahlreiche weitere Veröffentlichungen Buggelns zu Steuerung und öffentlichen Finanzen.
44 Plumpe, „Moden und Mythen"; Kocka, Bodenverluste, S. 501–504.
45 Ahrens/Böick/Lehn, Vermarktlichung, S. 393–402.
46 Berghoff/Rischbieter, Debt and Credit, S. 489–502.
47 Doering-Manteuffel, Zeitbögen, S. 341–348.
48 Grütter u. a., Nach dem Wissen, S. 360.
49 Eine ideengeschichtliche Untersuchung der Ordnungstheorien der Freiburger Schule liefert Ptak, Ordoliberalismus.

tung gegen jegliche staatliche Aktivität" – das Konzept, „das heute für den Neoliberalismus schlechthin gilt".[50] Lutz Raphael, sich unter anderem auf Philipp Ther stützend, meint dagegen einen „parteiübergreifenden ordnungspolitischen Konsens", den er für die Jahre 1990 bis 2008 beobachtet: „Privatisierung öffentlicher Unternehmen, eine angebotsorientierte Wirtschafts- und Finanzpolitik, Abbau staatlicher Kontrollen im Finanzsektor und Kostensenkungen im Bereich sozialstaatlicher Leistungen".[51] Wie bei Großbegriffen häufig der Fall, ist also die Suche nach einem historiografischen Umgang mit „dem Neoliberalismus" bislang noch „a messy affair".[52]

Dieses Buch spannt den zeitlichen Bogen weiter als die meisten bisherigen deutschsprachigen Forschungsbeiträge, indem es den Großteil der beiden rot-grünen Regierungsperioden bis einschließlich 2004 erfasst. Wie bei den Herausgeber*innen des 2018 erschienenen Sammelbands „Grenzen des Neoliberalismus" fällt das Urteil zur „These eines neoliberalen Siegeszugs" aber verhalten aus.[53] So zeichnen die folgenden Kapitel ein differenzierteres Bild als ein früherer Beitrag von Andreas Wirsching, in dem dieser Unternehmensberater als Urheber einer „politische[n] Sprache des Neoliberalismus" ab den 1980er-Jahren begreift.[54] Bei den nachfolgend analysierten Beratungsprojekten der 1970er- bis 1990er-Jahre spielten ordnungspolitische Argumente, wenn überhaupt, nur eine untergeordnete Rolle. Statt wirtschaftsliberale Vokabeln wie den Marktwettbewerb zu bemühen, verwiesen Verwaltungsvertreter*innen auf „Sachzwänge"[55] und beauftragten Unternehmensberater*innen damit, Sparpotenziale zu identifizieren, ohne dabei vom vorherrschenden Leitbild des Sozialstaats abzuweichen. In Zeiten der Neuen Sozialdemokratie Anfang der 2000er-Jahre lässt sich hingegen durchaus eine Hinwendung zu Motiven der „Quasi-Märkte" in der öffentlichen Verwaltung und der Responsibilisierung von Individuen ausmachen. Multinational aufgestellte Beratungshäuser, die sich bis zu diesem Zeitpunkt kaum in Politik und Verwaltung getummelt hatten, konnten an den veränderten Sprachgebrauch der Bundesregierung anschließen und erhielten Zuschläge für großdimensionierte Aufträge.

Dennoch geht die deutsche Spielart des sozialdemokratischen „Dritten Wegs" unter Gerhard Schröder keinesfalls im vieldeutigen Begriff des Neoliberalismus auf, wie es die vergleichende politikwissenschaftliche Studie von Stephanie Mudge

[50] Plumpe, Herz, S. 380. Detailliert zeichnen die Beiträge bei Mirowski/Plehwe (Hrsg.), Mont Pèlerin, nach, wie sich im Colloque Walter Lippmann 1938 und der Mont Pèlerin Society 1947 ein *neoliberal thought collective* transnationaler Intellektueller bildete, darunter Friedrich Hayek, Milton Friedman und Karl Popper.

[51] Raphael, Jenseits, S. 96. Vgl. Ther, Ordnung.

[52] Cottier, A Messy Affair, S. 402–406.

[53] Bösch/Hertfelder/Metzler, Grenzen des Neoliberalismus, S. 23.

[54] Wirsching, „Neoliberalismus" als wirtschaftspolitisches Ordnungsmodell?, S. 141.

[55] Zur Phrase des „Sachzwangs" siehe Steinmetz, Anbetung und Dämonisierung des „Sachzwangs". Für einen Forschungsüberblick zum Verweis auf „Sachzwänge" bei Privatisierungsprojekten sowie ein Plädoyer für historisch differenzierende Analysen siehe Lehn, Geschichte eines Sachzwangs, S. 59–76.

vermuten ließe.[56] Mudge behandelt ihre vier Fälle der traditionell links oder sozialdemokratisch ausgerichteten Parteien Schwedens, Deutschlands, Großbritanniens und der Vereinigten Staaten gründlich und mit viel empirischer Sachkenntnis. Dabei räumt sie selbst ein, dass eine „hybride" Sprache die nationalen Variationen des „Dritten Wegs" kennzeichnete und diese facettenreicher ausfielen, als ihre Definition von „Neoliberalismus" einfangen kann. Eine konsequente Historisierung der von Mudge richtig benannten Quellenbegriffe des „Pragmatismus" und der „Modernität" zeigt auf, dass (rhetorische und, wie bei den Hartz-Reformen, gesetzlich manifestierte) Marktmotive nur eine Geige im Konzert der Neuen Sozialdemokratie darstellten. Zwar zeugen Elemente der rot-grünen Sozialpolitik, wie die Teilprivatisierung der Altersvorsorge, von einem Wandel von wohlfahrtsstaatlichen zu marktbasierten Prinzipien.[57] Um zu verstehen, welche Rolle externe Beratung im selben Zeitraum spielte, ist jedoch das Motiv der „modernen" Regierungsführung, die die SPD-Spitze für sich reklamierte, ausschlaggebend. „Neoliberalismus" als Analysekategorie, auch mit möglichen Zuspitzungen wie „*neoliberalized* leftism"[58] trüge hier nicht zu Klarheit, sondern einer Vermengung verwandter, aber jeweils spezifisch gelagerter Phänomene bei.

Diskursbeiträge in konzeptionell geleiteten und an der Makroebene orientierten Nachbarwissenschaften, die die chamäleonartige Anpassungsfähigkeit „des" Neoliberalismus gerade zu dessen Signum erheben, ersetzen keine differenzierende Überprüfung auf der Mikroebene.[59] Ebendiese fördert in den hier untersuchten Fällen zutage, dass „neoliberal" im Untersuchungszeitraum als Kampfbegriff gebraucht wurde, darüber hinaus aber keine Erklärungskraft entfaltet. Vielmehr erzählen die zum späten Untersuchungszeitraum ausgewerteten Quellen von einer zeitgenössisch wirkmächtigen und in Politik und Wirtschaft kaum hinterfragten Überzeugung, die die Organisationsform des Unternehmens als überlegen einstufte und das Konzept des „modernen Dienstleisters" als Blaupause für die Leistungsverwaltung proklamierte.

Auch der Begriff der „Ökonomisierung" findet in der vorliegenden Erzählung nur als Quellenbegriff Verwendung. Publizistische Beobachter*innen beklagten Anfang der 2000er-Jahre eine „Ökonomisierung" der Gesellschaft. Dies bedeutete für sie unter anderem die Zunahme betrieblicher Kündigungen und Zeitarbeitsverhältnisse, Privatisierungen und striktere Leistungskriterien im Gesundheits- und Hochschulwesen, ein scheinbar ubiquitärer Trend hin zur selbst auferlegten Selbstoptimierung und, ebenso, die Nähe zwischen Beratungsfirmen und Staat.[60] Das zeitgenössische Unbehagen schien auch in der jüngeren Forschung unter-

56 Mudge, Leftism.
57 Hockerts, Abschied von der dynamischen Rente.
58 Mudge, Leftism, S. 58, Hervorhebung im Original.
59 Etwa Crouch, The Strange Non-Death. Ähnlich Harvey, A Brief History, S. 21, der auf eine „tension between the theory of neoliberalism and the actual pragmatics of neoliberalization" verweist, und Brown, Undoing, S. 21, die Neoliberalismus als „globally ubiquitous, yet disunified and nonidentifcal with itself in space and over time" umschreibt.
60 Für einen Rundumschlag siehe Kurbjuweit, Unser effizientes Leben.

schiedlicher Lehrstühle durch. Zahlreiche Sozial- und Politikwissenschaftler*innen gossen den Begriff der „Ökonomisierung" in analytische Modelle, um ihr vorausgesetztes „Ausgreifen" in alle möglichen Gesellschaftsbereiche messbar zu machen.[61]

Zum Umgang der Zeitgeschichte mit derlei Deutungsangeboten wirkt weiterhin die Intervention durch Rüdiger Graf und Kim Christian Priemel von 2011 instruktiv. Diese hat auf die historische Situiertheit der Ergebnisse der Nachbarwissenschaften aufmerksam gemacht und unter Historiker*innen zu größerer Wachsamkeit im Umgang mit Datensätzen der empirischen Sozialwissenschaften, aber auch mit Gegenwartsdiagnosen im Allgemeinen geführt.[62] Interpretationsversuche, die sich zeitgenössisch stark polarisierter Begriffe bedienen, laufen Gefahr, einstige Wertungen, politische Stoßrichtungen und Beurteilungsverzerrungen mitzutransportieren. Statt diese zu reproduzieren, sind Historiker*innen allerdings befähigt, ihre Entstehungsgeschichte zu erhellen und die zumeist komplexeren und widersprüchlichen Verflechtungen der Vergangenheit abzubilden. Wie ein jüngst von Graf herausgegebener Sammelband erzählt dieses Buch mithin „keine Zeitgeschichte der Ökonomisierung", sondern kann stattdessen zu einer Geschichte der „Ökonomisierungsdiagnosen, Ökonomisierungsversuche und Ökonomisierungsprozesse" beitragen.[63]

Ein Beispiel aus der Organisations- und Verwaltungssoziologie mag meinen Standpunkt veranschaulichen. Aus differenzierungstheoretischer Sicht begreift Peter Richter Unternehmensberater*innen als „die gesellschaftlichen Spezialisten der Ökonomisierung".[64] Ökonomisierung versteht er als „die Bedeutungszunahme ökonomischer Rationalität in vormals außerwirtschaftlichen Bereichen" und tritt dafür ein, Verwaltungsreformen der letzten Jahre unter dem genannten Begriff aufzuschlüsseln.[65] Die hier untersuchten Fälle stützen Richters These, dass Behördenconsulting Anspruchsgruppen aus „strategischen" Gründen „externali-

[61] Uwe Schimank und Ute Volkmann fassen den Begriff der Ökonomisierung als „Bedeutungszuwachs ökonomischer Kosten- und Gewinn-Gesichtspunkte für gesellschaftliches Handeln". In einem Stufenmodell fächern sie unterschiedliche Intensitätsgrade derselben auf, die vom Aufkommen eines Kostenbewusstseins in Organisationen bis zum starken Gewinndruck reichen: Schimank/Volkmann, Regime, S. 10. Für eine vergleichende Politikfeldanalyse einer „Ökonomisierung vormals nicht ökonomisch durchdrungener Lebensbereiche" siehe Schaal/Lemke/Ritzi (Hrsg.), Ökonomisierung. Einen foucaultschen Zugriff auf „die Ökonomisierung des Sozialen" bieten Bröckling/Krasmann/Lemke (Hrsg.), Gouvernementalität.

[62] Graf/Priemel, Zeitgeschichte, S. 479–508. Siehe auch Ziemann, Sozialgeschichte und empirische Sozialforschung. Ähnlich schon bei Raphael, Verwissenschaftlichung, S. 188–191, der später aber gemeinsam mit Doering-Manteuffel dafür plädierte, zeitgenössische Forschungsergebnisse der verschiedenen Disziplinen zugleich als Quelle und Darstellung zu lesen: Doering-Manteuffel/Raphael, Nach dem Boom, S. 58 f. Für den Nachhall der Graf/Priemel-Debatte im Bereich der von ihr primär kritisierten historischen Wertewandelsforschung siehe die Tagungsbände Dietz/Neumaier/Rödder (Hrsg.), Wertewandel; Dietz/Neuheiser (Hrsg.), Wertewandel.

[63] Graf, Einleitung, S. 21. Ähnlich Middendorf, Ökonomisierung, S. 281–311.

[64] Richter, Ökonomisierung, S. 186.

[65] Ebenda, S. 13.

siert".[66] An anderer Stelle suggeriert der Autor aber eine Linearität zwischen Sprache und Methoden der Beratung und Verwaltungsführung, die sich in den nachfolgenden Kapiteln nicht bestätigt. Beratungsgutachten nicht in ihrem Entscheidungskontext zu verorten, verleitet dazu, ihren Einfluss auf Verwaltungsreformen und Politikgestaltung weit zu überschätzen. Damit würde die Funktion gestärkt, die sie für die Auftraggebenden erfüllen sollten. Die Verantwortung aus dem politischen Bereich heraus- und in den unternehmerischen einzuschreiben. Obwohl Unternehmensberater*innen politisch gewollte Entscheidungen auch gegen Widerstände ermöglichen sollten, waren ihre inhaltlichen Empfehlungen „keineswegs eine Art determinierendes Moment der Entscheidung".[67] Ein einfacher Transplantationsmechanismus zwischen „Beratersprech"[68] und Verwaltungskultur und -gerüst ist historisch demnach nicht nachzuweisen. Vielmehr prägten die Beharrungskräfte der Verwaltung, wie sie verwaltungssoziologische und -historische Studien vielfach offenbart haben, auch die hier besprochenen Fälle.[69]

Wie Jenny Pleinen und Lutz Raphael in ihrer Replik auf Graf und Priemel hervorhoben, muss ein achtsamer Umgang mit Zeitdiagnosen der Nebenwissenschaften aber nicht den Rückzug auf reine Begriffsgeschichte bedeuten.[70] In der Begegnung mit Soziolog*innen, Politolog*innen und anderen Nachbar*innen, die sich in historisch relevanten Themengebieten versiert zeigen, können sich Historiker*innen vielmehr herausgefordert sehen, ihre eigenen theoretischen Annahmen zu explizieren. Bevor Gegenstand und Fragestellung näher konturiert werden, seien hier daher einige leitende Annahmen dargelegt.

Die Herausbildung von Behördenconsulting betrachte ich als eine Geschichte sich wandelnder Modi politischer Entscheidungsfindung im ausgehenden 20. Jahrhundert. Statt eines „simplifizierenden Bild[s] einer in alle Lebensbereiche ausgreifenden Ökonomie" rücken von dieser Warte aus, im Sinne von Ahrens u. a., „(reale und gedachte) Beziehungen zwischen konkreten Akteuren und deren Dynamiken in den Fokus".[71] Das Bild des „Beziehungsgeflechts", mit dem Sybilla Nikolow und Arne Schirrmacher das Verhältnis von Wissenschaften und Öffent-

[66] Ebenda, S. 209.
[67] Plumpe, Nützliche Fiktionen?, S. 253.
[68] Beispiele für den meist neudeutsch durchsetzten Sprachgebrauch vieler Consultants enthält Harun Farockis Dokumentation über die Hamburger Beratungsfirma Quickborner Team: Ein neues Produkt, https://www.harunfarocki.de/de/filme/2010er/2012/ein-neues-produkt.html, zuletzt geprüft am 15. 10. 2018.
[69] Von soziologischer Warte aus immer noch äußerst lesenswert: Mayntz, Soziologie. Vgl. außerdem Fisch, Widerstände gegen Veränderungen in Behörden. Von vielfältigen personellen und institutionellen Kontinuitäten in der Verwaltung zeugen die seit 2005 vom Institut für Zeitgeschichte München-Berlin und vom Leibniz-Zentrum für Zeithistorische Forschung Potsdam angefertigten Auftragsstudien zur nationalsozialistischen Vergangenheit der bundesrepublikanischen Behörden. Für einen Überblick der bereits abgeschlossenen Studien siehe Bösch/Sabrow/Wirsching (Hrsg.), Behörden.
[70] Pleinen/Raphael, Zeithistoriker, S. 176.
[71] Ahrens/Böick/Lehn, Vermarktlichung, S. 396.

lichkeiten umschrieben haben, trifft die hier gedachte Situation zwar nicht ganz.[72] Denn es ließe den Umgang zwischen Unternehmensberater*innen und Entscheidungsträger*innen weitaus selbstverständlicher erscheinen, als er war und ist. Dennoch lege ich den Schwerpunkt darauf, wie Beratungsfirmen und Verwaltungsbehörden zu „Ressourcen füreinander“ wurden.[73] Dahinter steht das Verständnis von öffentlichen Verwaltungen als „formale Organisationen und lebendige soziale Systeme“, deren Existenzumstände sich beständig wandeln und die auf diese zurückwirken.[74]

Im Vordergrund stehen zudem weniger Ideen, Sprache und Symbole als vielmehr Akteur*innen und ihre Interessen.[75] In vielerlei Hinsicht erfüllte Behördenconsulting symbolische Funktionen und kam oftmals einer Inszenierung gleich. Mit dem US-amerikanischen Politikwissenschaftler Murray Edelman könnte man auch das Gebilde „Staat“ selbst als Gedankenkonstrukt klassifizieren.[76] Aber „auch symbolische Politik ist wirkliche Politik“ und damit „eben mehr als nur Anschein“.[77] Jeder der Fälle wirft Licht auf Veränderungen der klassischen Sozialpartnerschaft sowie der vertikalen Finanzbeziehungen der föderalen Ebenen. Folgt man den Unternehmensberater*innen in die öffentliche Verwaltung, eröffnet dies den Blick auf staatliche Rechtfertigungszwänge, Verteilungskonflikte und Gewerkschaftskämpfe. Diese wandelten sich nach den politischen Maßgaben, denen Verwaltungsbehörden in den hier untersuchten Regierungsperioden unterworfen waren: dem Ziel der Haushaltskonsolidierung, mit unterschiedlichen Ausprägungen, der Regierungen von Helmut Kohl seit 1982 sowie dem Stil einer „modernen“ Regierungsführung mit Rot-Grün Anfang der 2000er-Jahre. Mithin ist dies eine Geschichte der Interessenkonflikte und -aushandlungen zwischen Akteur*innen in Verwaltungen und Unternehmen, Parteien und Gewerkschaften, in den Straßen und den Medien.

72 Nikolow/Schirrmacher, Das Verhältnis von Wissenschaft und Öffentlichkeit als Beziehungsgeschichte, S. 12.

73 Ash, Wissenschaft(en) und Öffentlichkeit(en) als Ressourcen füreinander.

74 Seibel, Verwaltung verstehen, S. 102.

75 Mit einem kulturhistorischen Zugang zur Verwaltungsgeschichte haben sich Peter Becker und Peter Collin verdient gemacht: Becker, Überlegungen zu einer Kulturgeschichte der Verwaltung; Becker, Kommunikation, Netzwerke, Öffentlichkeit; Collin, Multinormativität und administrative Logik. Vgl. auch die Beiträge in den Sammelbänden Collin/Lutterbeck (Hrsg.), Eine intelligente Maschine?; Becker (Hrsg.), Sprachvollzug im Amt. Zur Methode einer kulturhistorisch gefassten Politikgeschichte siehe Mergel, Überlegungen zu einer Kulturgeschichte der Politik.

76 Edelman, Politik, S. 1: „Die tradierten Vorstellungen vom Staat enthalten manches Halbwahre, das aber doch seinen emotionalen Druck ausübt, vieles, was dem täglichen Augenschein glatt widerspricht und doch als Mythos nur um so hartnäckiger geglaubt und dogmatischer tradiert wird, weil die Menschen an diesen Mythos, dem sie ihren Zusammenhalt danken, glauben wollen.“

77 Weisbrod, Öffentlichkeit als politischer Prozeß, S. 17. Siehe auch Weisbrod, Das Politische und die Grenzen der politischen Kommunikation.

Fragestellung, Untersuchungszeitraum und Gegenstand

In der Arbeit frage ich danach, wie Behördenconsulting in der Bundesrepublik als Regierungspraktik emergierte und welche Funktionen diese an der Schwelle des 21. Jahrhunderts in der Bundes- und Landesverwaltung erfüllte. Wie entstand die deutsche Branche der Unternehmensberatung und wie erschloss sie die öffentliche Verwaltung als Markt? Inwiefern erzeugten haushalts- und sozialpolitische Prämissen der Bundesregierungen Handlungsdruck für obere Bundes- und Landesbehörden und beförderten deren Suche nach externen Wissens- und Machtressourcen? Welche Spielräume gewannen Entscheidungsträger*innen durch die kommerzielle Beratung, hinsichtlich neuer Führungs- und Organisationsmodelle einerseits, in der Auseinandersetzung mit Gewerkschaften und Verbänden des öffentlichen Dienstes andererseits? Welche Allianzen bildeten sich zwischen auftraggebenden Behördenspitzen und Consultants und wie veränderte sich demgegenüber die öffentliche Wahrnehmung der demokratisch nicht legitimierten Akteur*innen? Anders gesagt erhellt die Arbeit, inwiefern Behördenconsulting einen veränderten Modus der Verhandlung zwischen Politik, Verwaltung und Öffentlichkeit darstellte.

Dieser zeichnete sich durch einen neuen Umgang mit „Vetospieler*innen“ in Politik und Verwaltung aus, so die These der Arbeit: Regierungen und Verwaltungsspitzen hofften, durch externe Beratungsgutachten Zielkonflikte entpolitisieren zu können, indem sie sie auf eine vermeintlich objektive Grundlage stellten. In diesem Zuge verschafften sie sich vor allem mehr Entscheidungsspielraum gegenüber schlagkräftigen Interessenvertretungen.[78] Das Produkt, das Entscheidungsträger*innen begehrten, waren weniger neue Wissensbestände der Betriebswirtschaftslehre und Organisationslehre, sondern vielmehr Legitimation und argumentative Munition für häufig schon vorgefasste haushalts- und sozialpolitische Entscheidungen. Aber auch die Consultants profitierten von der Liaison: Der Staat beförderte die Formierung einer deutschen Beratungsbranche, indem er seit den 1960er-Jahren Beratungsdienste für kleine und mittlere Unternehmen subventionierte. Als späterer Auftraggeber verlieh er Beratungsfirmen zudem Glaubwürdigkeit und Sichtbarkeit, die ihnen weitere Aufträge bescherten.

Den skizzierten Fragestellungen gehe ich – nachdem ich zunächst rekonstruiere, wie sich in der Bundesrepublik der 1950er- bis 1970er-Jahre eine Beratungsbranche herausbildete – anhand dreier empirischer Fälle nach: der Deutschen Bundespost (DBP) Anfang der 1980er-Jahre, dem nordrhein-westfälischen Schulwesen der 1990er-Jahre und der Bundesanstalt für Arbeit (BA) Anfang der 2000er-Jahre. Im Unterschied zum *Beispiel*, das nach Michael Pohlig „vollständig unter ein Allgemeines subsumierbar“ ist, weist der *Fall* „individuelle Besonderheiten auf“.[79]

[78] Zum Begriff der „Vetospieler“ siehe Wirsching, Abschied, S. 208–222.
[79] Pohlig, Vom Besonderen zum Allgemeinen, S. 310.

Indem jeder der drei untersuchten Fälle einen Wendepunkt in der Geschichte des Behördenconsultings markiert, zeichnet sich an ihnen ein Etablierungsprozess ab. Ohne dass dieser linear und bruchlos verlief, führte jedes von der Verwaltung als „erfolgreich" bewertete Projekt zu weiteren Aufträgen und schließlich zur regelmäßigen Präsenz kommerzieller Beratung in der Ministerialverwaltung. Die DBP unter dem CDU-Minister Christian Schwarz-Schilling war eine der ersten Bundesbehörden, die Unternehmensberater für länger anberaumte Untersuchungen einsetzte, sich medial mit ihnen zu schmücken versuchte und anderen öffentlichen Einrichtungen ihren Einsatz empfahl. Die Consultants gewannen hier wertvolle Kenntnisse über die rechtlichen Rahmenbedingungen des „öffentlichen Sektors", die ihnen dabei halfen, weitere Aufträge einzuwerben. Auf Landesebene stellte der „Arbeitsstab Aufgabenkritik" beim Finanzministerium Nordrhein-Westfalen eine beispiellos systematische Initiative dar, Unternehmensberater*innen in jedes einzelne Ministerium inklusive nachgeordneter Stellen zu senden. Indem Consultants für die Landesregierung untersuchten, wie sie den Arbeitsanfall im Kultusbereich ohne zusätzliche Lehrer*innenstellen bewältigen könne, profilierten sie sich als Ansprechpartner*innen auch zu gesellschaftspolitisch zentralen Themenbereichen. Der Fall der BA schließlich brach eine Kontroverse darüber los, wie die staatliche Verwaltung ihren Beratungseinsatz zu steuern und zu regulieren habe. Behördenconsulting diente nun nicht mehr allein der politischen Rechtfertigung, sondern bedurfte selbst der Rechtfertigung. Obwohl die Praktik des Behördenconsultings bei steigender Frequenz öffentlich immer mehr hinterfragt wurde, geriet sie im politischen Betrieb zur Normalität.

Eine begriffliche Einordnung der Hauptakteur*innen im Konvergenzbereich Behördenconsulting – Berater*innen und Verwaltung – ist angebracht. Definitionen der Unternehmensberatung gibt es viele; auffällig dabei ist, dass sie ausnahmslos von Personen aus der Praxis stammen. Insbesondere Berater*innenverbände und akademisch publizierende Consultants machten es sich zur Aufgabe, ihren Tätigkeitsbereich abzugrenzen. Da sich hinter dem Begriff keine geschützte Berufsbezeichnung verbarg (und bis in die Gegenwart nicht verbirgt[80]), hält sich die vorliegende Darstellung an Akteur*innen, die sich im Untersuchungszeitraum selbst als „Unternehmensberater*innen" oder „Consultants" bezeichneten und die die beauftragende Verwaltung als solche bezeichnete.[81] Aufgrund der Quellenlage differenziere ich dabei nur selten zwischen den einzelnen an Projekten beteiligten Berater*innen und der dahinterstehenden Firma. Als markante Persönlichkeiten traten lediglich die jeweiligen Firmeninhaber und Projektleiter auf, wenn sie die Behördenspitze von ihrer Eignung überzeugten, die Vertragskonditionen aushandelten und die (Zwischen-)Ergebnisse der jeweiligen Untersuchung präsentierten. Die zahlreichen jüngeren Berater*innen, die vor Ort tätig waren, erscheinen in

[80] Der Organisations- und Wirtschaftswissenschaftler Alfred Kieser spricht von der Unternehmensberatung als „Profession ohne Professionalisierung": Kieser, Unternehmensberater, S. 196.

[81] Im Sinne der Latour'schen Direktive „to follow the actors". Latour, Reassembling, S. 12.

den Quellen als kontur- und meist namenlose Vertreter*innen einer Beratungsmarke.

Im Zentrum der einzelnen Fallstudien stehen exemplarisch fünf Beratungsfirmen, die in der zweiten Hälfte des 20. Jahrhunderts den deutschen Markt bespielten: die Kienbaum Unternehmensberatung GmbH, die Knight Wegenstein AG, die Mummert + Partner Unternehmensberatung AG, die Roland Berger & Partner GmbH sowie McKinsey & Company. Damit werden Firmen unterschiedlichen Typs porträtiert. Bis in die 1990er-Jahre konnte ein bestimmter Typus an Beratungsfirmen das Vertrauen der Verwaltung gewinnen: aus dem deutschsprachigen Raum stammend, von mittlerer Größe, bodenständig – und nicht zu teuer. Die hier relevanten Unternehmen, darunter die Firmen Kienbaum Unternehmensberatung GmbH, Mummert + Partner Unternehmensberatung AG und Knight Wegenstein AG, hatten mehr gemeinsam, als sie trennte. Erst in den 2000er-Jahren nahm die Verwaltung im Fall der BA genügend Geld in die Hand, um die international verzweigten Firmen McKinsey & Company und Roland Berger & Partner zu engagieren. Deren deutlich kompetitivere Firmenkultur und um ein Vielfaches höhere Honorare provozierten in Verwaltung und Öffentlichkeit noch mehr, als die Irritation der externen Beratung dies ohnehin tat. In den folgenden Kapiteln werden die längeren Firmennamen aus Gründen der Lesbarkeit auf „Kienbaum GmbH" und „Mummert + Partner AG" verkürzt. Durch Umstrukturierungen und Neupositionierungen kam es bei einigen Firmen auch zu Namensänderungen im Untersuchungszeitraum. So erscheint die Schweizer Firma im Kapitel zur Bundespost zunächst als Knight Wegenstein AG, dann als Knight Wendling AG; die Münchener Firma im ersten Kapitel als Roland Berger & Partner GmbH, im letzten Kapitel als Roland Berger Strategy Consultants.

Der Gegenstand der öffentlichen Verwaltung lässt sich ebenso eingrenzen. Eine viel zitierte Annäherung Ernst Forsthoffs besagt, dass sich die öffentliche Verwaltung durch ihre immense Vielfalt „zwar beschreiben, aber nicht definieren läßt".[82] In der vorliegenden Betrachtung bezieht sich der Begriff pragmatisch auf Körperschaften öffentlichen Rechts, die durch Bundes- und Landeszuwendungen oder Beitragszahlungen des Sozialversicherungssystems getragen wurden. Die gewählten Behörden, Ministerien und Verwaltungsbereiche stellten jedoch keinen einheitlichen Block dar, sondern waren in unterschiedliche Kompetenzebenen strukturiert. Auftraggebende von Beratungsgutachten fanden sich ab den 1980er-Jahren vornehmlich in den Führungsriegen einzelner Einrichtungen und Verwaltungsbereichen, also Personen oder Gremien, die versuchten, kontrollierend auf die unteren Verwaltungsebenen oder andere Ressorts einzuwirken: der Postminister, der Arbeitsstab des nordrhein-westfälischen Finanzministeriums und der BA-Vorstand. Auch soll der hier gewählte Zugriff nicht die Singularität der einzelnen fokussierten Politikfelder übertünchen: Das Postwesen, der Kultusbereich und die Arbeitsverwaltung erfüllten unterschiedliche Funktionen im Hoheits- und Leis-

[82] Forsthoff, Lehrbuch, S. 1.

tungsareal und waren unterschiedlich ausgeprägten finanzpolitischen Zwängen und sozialpolitischen Erwartungen unterworfen. Gleichzeitig soll der ressortübergreifende Blick auf formative Momente des Behördenconsultings aufzeigen, dass sich der Kontakt zwischen Verwaltung und Unternehmensberatung nicht aus bestimmten, auf einzelne Verwaltungsbereiche begrenzte Sachthemen ergab. Vielmehr wird sein Charakter als sich herausbildender Modus politischer Kommunikation und Entscheidungsvermittlung bei disparaten Interessenlagen erkennbar.

Methodendiskussion und Quellengrundlage

Der hier fokussierte Untersuchungszeitraum umfasst die zweite Hälfte des 20. Jahrhunderts seit den frühen Jahren der Bundesrepublik. Der empirische Schwerpunkt auf das späte 20. und das frühe 21. Jahrhundert geht dabei aus einem Bruch hervor, der im Quellenmaterial für den Zeitraum ab etwa 1981 offenbar wird. Bis in die 1970er-Jahre hinein betrachtete die öffentliche Verwaltung Beratungsfirmen weitgehend als Ressource für die Erledigung ihrer eigenen Aufgaben, sei es durch das Heranziehen zusätzlichen Personals oder durch die Aneignung bestimmter organisatorischer und technischer Kenntnisse. Eine moderierende Rolle spielten externe Gutachten hauptsächlich in der Überwindung ressort*interner* Konflikte. Ab den frühen 1980er-Jahren zeigte sich hier eine Verschiebung insofern, als der Vermittlungsfunktion bei Interessenkonflikten zwischen Politik und Verwaltung eine deutlich höhere, wenn nicht die primäre Bedeutung zukam. Nun war es nicht mehr nur die Verwaltung, die externe Beratung für sich selbst in Anspruch nahm. Stattdessen bekamen Behörden oder Verwaltungsbereiche externe Untersuchungen „verordnet" – zumeist durch die amtierende Bundes- oder Landesregierung, das Finanzministerium oder die Staatskanzlei, mithin Instanzen, die finanz- oder sozialpolitische Entscheidungen durchsetzen oder verhindern wollten.

Auch das Ende des Untersuchungszeitraums gilt es zu erklären. Behördenconsulting erlebte im Zuge der mitunter brachialen Einführung der sozialen Marktwirtschaft in den neuen Bundesländern einen starken Auftrieb.[83] Daher hätte es der Gegenstand gerechtfertigt, den zeitlichen Rahmen an politikhistorischen Zäsuren zu orientieren und die Erzählung mit der deutsch-deutschen Vereinigung um 1989/1990 enden zu lassen. Damit wäre mit den 2000er-Jahren jedoch ein Zeitraum aus dem Blick geraten, in dem das Engagement von Unternehmensberater*innen im öffentlichen Bereich nicht nur erneut anstieg, sondern auch eine zunehmend kritische Würdigung erfuhr. Indem das Narrativ die Anfänge des 21. Jahrhunderts umfasst, erhält es seinen Bogen: von staatlicher Skepsis und Unerfahrenheit im Umgang mit Consultingdiensten hin zur selbstverständlichen

[83] Böick, Entdeckung, Expansion, Ernüchterung; Böick/Goschler/Nietzel, Die beratene Transformation.

Nutzung bei gleichzeitiger Skandalisierung und verstärkten Steuerungsbemühungen. Die Wiedervereinigung bildet unter dem hier gewählten Problemhorizont eine Binnenzäsur, die schwelende finanzpolitische Verteilungskonflikte weiter verschärfte. Diese temporalen Einschnitte sind verflochten mit individuellen Projektlaufzeiten und Karrierebögen der beteiligten Beamt*innen und Berater*innen. Da die Auftragskontinuität maßgeblich von den Beziehungen zwischen beauftragenden Minister*innen oder leitenden Beamten und führenden Projektleitern abhingen, spielen Legislaturperioden genauso eine Rolle wie Firmenein- und -austritte.

Die Untersuchungsanlage bietet Einblicke in Möglichkeiten und Grenzen einer gegenwartsnahen Zeitgeschichte. Der bisherige Forschungsstand über die Beratungsbranche ist nicht nur deshalb überschaubar, weil die Dienstleistung erst im ausgehenden 20. Jahrhundert manifest wurde und damit erst jüngst als Teil einer „Vorgeschichte gegenwärtiger Problemkonstellationen"[84] in den Blick genommen werden konnte. Vielmehr stellen sich im Auffinden archivalischer Quellen einige Herausforderungen. Bemühungen, für die vorliegende Untersuchung Unternehmensarchive von Beratungsfirmen einsehen zu dürfen, fruchteten nicht.[85] Weitaus ergiebiger war es, die Materialsuche von Klient*innenseite aus anzugehen: Staatlich und gewerkschaftlich geführte Archive halten zahlreiche Unterlagen zum Geschäft zwischen Beratungsfirmen und Verwaltung vor. Aus dem schriftlichen Material ging hervor, dass der Kreis der Firmen, die sich im Untersuchungszeitraum auf die Sparte des Behördenconsultings spezialisierten, verhältnismäßig klein war. Dennoch erlaubten Briefe und Vermerke in Verwaltungsakten nur selten, die wirkmächtigen Akteure – mithin die verhandelnden Firmenvertreter und die Ministeriums- oder Verwaltungsstabspitzen – genauer zu konturieren. Eine Quellengruppe, die die Fallstudien informiert, stellen daher zehn Zeitzeugeninterviews von je einer bis vier Stunden Länge mit ehemaligen Beratern und Vertretern des öffentlichen Dienstes dar, die die hier beleuchteten Beratungszusammenhänge prägten.[86] Die Interviews gaben Einblick darin, wie die Akteure – wohlgemerkt mit beträchlichem zeitlichen Abstand – ihre eigene Rolle und Motivlage bei den jeweiligen Beratungseinsätzen darstellten und auch im Nachhinein rationalisierten.

Die Quellenproblematik mündlicher Zeugnisse ist durch methodische Reflexionen der Oral History hinreichend erörtert worden.[87] Orale Quellen herzustellen, eröffnete dem Fach alltagsgeschichtliche Erkenntnisse und verlieh insbesondere unterprivilegierten Akteur*innen eine Stimme. Gut situierte Unternehmensberater*innen – die meisten Interviewpartner befanden sich über Jahre und Jahrzehnte in Führungspositionen – und leitende Verwaltungsbeamt*innen erzählen jedoch selten eine „Geschichte von unten". Begreiflicherweise versuchen sie stattdessen,

84 Hockerts, Zeitgeschichte in Deutschland, S. 124.

85 Der Verband BDU e. V. hingegen ermöglichte mir schnell und unkompliziert Zugang zu seinem Archiv.

86 Für eine Liste der Interviewpartner siehe S. 214.

87 Niethammer, Oral History, S. 105–124; Niethammer/Trapp (Hrsg.), Lebenserfahrung. Siehe auch Vorländer, Mündliches Erfragen von Geschichte.

die Deutungshoheit über ihre öffentlich kontrovers diskutierte Tätigkeit zu behaupten. Indem Akteur*innen von der historischen Forschung gehört werden, bekommen sie die Möglichkeit, ihre präferierte Version vergangener Wirklichkeiten zu zementieren.

Methodisch galt es daher zu bedenken, dass die Befragten ihre „Heldengeschichten"[88] vor Augen haben und weniger Rühmliches aus dem Gespräch und möglicherweise der eigenen Erinnerung verbannen würden. Das Gesagte musste demnach mit dem eben angeführten vielseitigen Quellenmaterial kontrastiert werden. Außerdem sind Interviews zur beruflichen Funktion von Zeitzeug*innen durch ein Erklärungsbemühen aufseiten der Befragten geprägt. Die Fragende soll den Sachverhalt „richtig" verstehen, damit sie der Nachwelt übermitteln kann, wie es „wirklich" gewesen ist. Hier klaffen „Erlebnishorizont" der Zeitzeug*innen und „Erklärungshorizont" der Historiker*innen auseinander.[89] Hans Günther Hockerts schreibt treffend, dass „die Zeitgeschichtsforschung die spontan verlaufende Erfahrungsbildung der Zeitgenossen zwar als Quelle ausschöpfen kann, in gewisser Weise aber auch zerstören muß".[90] Um dem Vertrauen der Interviewpartner dennoch gerecht zu werden, ließ ich die wörtlich verwendeten Zitate vor Veröffentlichung von ihnen freigeben.

Aber auch die ausgewählten schriftlichen Dokumente verlangten nach der üblichen quellenkritischen Reflexion. Am Ende eines Beratungsvorgangs steht ein Text einer bestimmten Gattung: das Gutachten. Alexa Geisthövel und Volker Hess konzipieren das Gutachten praxeologisch: „Gutachten generieren kein Wissen zur Verallgemeinerung oder Regelbildung, sondern ermöglichen eine Handlung (Mordanklage, Eheauflösung, Planrückstellung etc.)."[91] Am Beispiel des medizinischen Gutachtens erläutern die Autor*innen, dass Textstücke dieser Art „den Auftraggeber in die Lage [versetzen], in einer ganz konkreten Situation und unter diesen gegebenen Umständen eine von den Beteiligten nachvollziehbare Entscheidung vorzunehmen".[92] Im quellenkritischen Umgang mit Gutachten gilt es daher zu beachten, dass diese nicht allein auf Erkenntnisgewinn abzielen, sondern Entscheidungen ermöglichen und begründen sollen.

Gutachten im Politik- und Verwaltungsbetrieb werden laut Wolfgang Benkert von Entscheidungsträger*innen zwar genauso instrumentalisiert wie in der Privatwirtschaft. Eigen ist der Beratung öffentlicher Körperschaften jedoch, „daß über Person und Position (d. h. Voreingenommenheit bzw. Unabhängigkeit) des Gutachters öffentlich spekuliert wird".[93] Die Beratungsgutachten waren jeweils nicht nur an die auftraggebende Behördenspitze, sondern an „einen unbestimmten, zumindest aber offenen Rezipientenkreis" gerichtet. Damit wurden sie „von ver-

[88] Selbstreflexion eines Interviewpartners.
[89] Hockerts, Zeitgeschichte in Deutschland, S. 109.
[90] Ebenda.
[91] Geisthövel/Hess, Handelndes Wissen, S. 13.
[92] Ebenda.
[93] Benkert, Das Gutachten in der Beratung von Politik und öffentlicher Verwaltung, S. 73.

schiedenen Gremien (Abteilungen von Ministerien, interministerielle Arbeitsgruppen etc.) rezipiert, deren Mitglieder z. T. nicht einmal an der Auftragsformulierung mitgewirkt" hatten.[94] Beratungsempfehlungen ließen damit eine Reihe unterschiedlicher Interpretationen zu und setzten Kontroversen häufig erst richtig in Gang, statt diese zu beenden. Die hier rezipierten Gutachten stellen daher die seitenreichsten, nicht aber die untersuchungsleitenden Quellen dar. In den empirischen Kapiteln war das Ziel vielmehr, die der Textform vorausgehende Konstruktionsarbeit sichtbar zu machen sowie ihre Vieldeutigkeit anhand divergierender Folgeinterpretationen herauszustellen.

Dafür liegen jedem der vier folgenden Kapitel eine Vielzahl archivalischer und gedruckter Quellen zugrunde. Die Entstehung der modernen Beratungsbranche in Deutschland in den ersten Dekaden der Bundesrepublik wird anhand von Selbstdarstellungen und programmatischen Aufsätzen einiger Unternehmensberater, die sich in der frühen Bundesrepublik als erstes als solche bezeichneten, rekonstruiert. Auch offizielle Selbsthistorisierungen ausgewählter Firmen und Autobiografien von Beratern wie Gerhard Kienbaum werden hier herangezogen. Die Quellentypen ermöglichen es, Professionalisierungs- und Abgrenzungsversuche sowie Strategien der Kundenakquise zu analysieren, die die unbekannte Dienstleistung sichtbar und lukrativ machen sollten. Die Zeitschrift „Rationalisierung" wird ausgewertet, um die korporatistisch organisierten Beratungsangebote des Rationalisierungs-Kuratoriums der Deutschen Wirtschaft (RKW) zu porträtieren. Materialien aus dem bislang unerschlossenen Archiv des Bundesverbands Deutscher Unternehmensberater BDU e. V. (BDU) als erstem größeren deutschen Berater*innenverband geben demgegenüber Auskunft dazu, wie die Branche zunehmend versuchte, sich von der staatlich und verbandlich subventionierten Betriebsberatung wie der des RKW abzugrenzen. Erste verstetigte Verbindungen der Beratungsbranche in die öffentliche Verwaltung der 1970er-Jahre zeigen sich dann in den reichhaltigen Quellenbeständen des Staatsarchivs Hamburg. Das Senatsamt für den Verwaltungsdienst hinterlegte hier seine Korrespondenz rund um Beratungsprojekte in der hamburgischen Verwaltung und dokumentierte deren rechtliche Grundlagen.

Das Repositorium des ehemaligen Postministers Christian Schwarz-Schilling im Archiv für Christlich-Demokratische Politik (ACDP) enthält zahlreiche Redemanuskripte, die das zweite Kapitel informieren. Jahresberichte des Bundesrechnungshofs belegen die Forderungen nach Kosteneinsparungen im Postwesen, während ministeriumsinterner Schriftverkehr von Versuchen erzählt, diesen nachzukommen. Die jeweiligen Bestände im Bundesarchiv geben ausführlich Zeugnis über die Beratungsvorgänge der Mummert + Partner AG sowie der Knight Wendling AG in Form von Gesprächsprotokollen, Auftragsschreiben, Projektangeboten, Zwischen- und Abschlussberichten. Die Sicht der Arbeitnehmendenvertretungen auf den drohenden Personalabbau eröffnen wiederum die Bestände der Deutschen Postge-

94 Ebenda, S. 72.

werkschaft (DPG) im Archiv der sozialen Demokratie (AdsD) in Bonn. Verglichen mit dem späteren Untersuchungszeitraum fällt die Ausbeute an Quellen jenseits von Behörden und Firmen gering aus, da die Postprojekte wenig öffentliche Aufmerksamkeit generierten. Vereinzelte Parlamentsprotokolle des Bundestags sowie Medienberichte zum Beratungseinsatz ergänzen den Quellenbestand jedoch.

Die wesentlichen Materialien zu den Schulstudien finden sich im Landesarchiv Nordrhein-Westfalen (Abteilung Rheinland) in Duisburg, in dem die Tätigkeiten des beim Finanzministerium angesiedelten Arbeitsstabs Aufgabenkritik in über 300 Ordnern umfänglich dokumentiert sind. Gesprächsprotokolle, Korrespondenzen und Vertragskopien lassen die Aushandlungen zwischen Beamten und Beratern sowie die nachfolgenden Auseinandersetzungen mit Eltern- und Lehrer*innenorganisationen lebendig werden. Teil des Archivbestands sind ebenfalls Medienberichte zu verbandlichen Protestaktionen sowie Niederschriften von im Radio übertragenen Streitgesprächen zwischen Ministeriums- und Gewerkschaftsvertreter*innen. Diese indizieren, dass der Arbeitsstab die immer wieder aufflammende Mobilisierung gegen Kürzungen im Schulbereich aufmerksam verfolgte. Weiterhin liegen dem Kapitel Artikel aus Mitgliederzeitschriften der wichtigsten Lehrer*innenverbände Nordrhein-Westfalens zugrunde, die deren Versuche zeigen, den Schulbereich gegen die Konsolidierungsbemühungen der Landesregierung zu verteidigen. Drucksachen und Parlamentsprotokolle des Düsseldorfer Landtags bilden die hitzigen Debatten und kontroversen Perspektiven auf den Einsatz kommerzieller Berater*innen im Schulbereich ab.

Die seit der Deutschen Einheit zunehmende Überlastung der Arbeitsverwaltung erhellt der Bestand der BA-Mitarbeiter*innenzeitschrift „arbeit und beruf". Parlamentsprotokolle sowie ein Medienspiegel der größten deutschsprachigen Tages- und Wochenzeitungen dokumentieren den Handlungsdruck, der 2002 durch einen öffentlichen Skandal über die BA hereinbrach. Die Berichte der von der Bundesregierung nachfolgend eingesetzten Hartz-Kommission sowie Veröffentlichungen der Evaluationsforschung zu den Hartz-Reformen zeigen, welchen neuen Anforderungen sich die Arbeitsverwaltung nun stellen musste. Wie diesen mithilfe von intensivem Beratungseinsatz entsprochen werden sollte, dokumentieren öffentlich verfügbare Geschäftsberichte der BA aus der Zeit der beiden Regierungsperioden Gerhard Schröders. Die fraglichen Auftragsschreiben, Verträge und Gutachten waren in diesem Fall nicht einsehbar. Stattdessen ist das Kapitel von anderen, neu aufkommenden Quellengattungen geprägt: Presseartikel und populärwissenschaftliche Abfassungen investigativer Journalist*innen sowie literarische Werke von Kunstschaffenden, die die Betrautheit von demokratisch nicht legitimierten Akteur*innen mit staatlichen Belangen nun federführend, gleichsam anstelle der zuvor stark involvierten Gewerkschaften anprangerten und kritisch kommentierten. Berichte des Bundesrechnungshofs (BRH), Parlamentsprotokolle und Aufzeichnungen des Bundeshaushaltsausschusses erzählen im Gegenzug von den aufkommenden, aber nur bedingt fruchtbaren Versuchen, den Einsatz von Unternehmensberater*innen im Verwaltungs- und Parlamentsbetrieb zu reglementieren.

Aufbau der Arbeit

Die nachfolgenden Ausführungen zeigen zunächst, wie sich die Branche der Unternehmensberatung bis in die 1970er-Jahre in der alten Bundesrepublik etablierte und erste Akquiseversuche in der öffentlichen Verwaltung unternahm. Kapitel zwei bis vier präsentieren nacheinander die drei Fallstudien zur DDR, dem nordrhein-westfälischen Schulwesen und der Arbeitsverwaltung. Dabei folgen sie jeweils einer ähnlichen Struktur: Zunächst wird der soziopolitische Kontext beleuchtet, in dem sich bestimmte Interessenkonflikte an der Schnittstelle von Verwaltung und politischem und/oder öffentlichem Umfeld zu einem *auslösenden Moment* für das Engagement von Consultants verdichteten. Mediale Kritik an Schwarz-Schillings Konsolidierungsprogramm für den „gelben" Bereich der Bundespost, die Proteste gegen den häufigen Unterrichtsausfall in Nordrhein-Westfalen bei gleichzeitig restriktiven finanzpolitischen Vorgaben und die aufgedeckten Fälschungen der Vermittlungsstatistiken der BA versetzten Entscheidungsträger*innen in die Lage, auf die Notwendigkeit externer Beratung zu verweisen. Danach wird die *Konstruktion* der fraglichen Gutachten erhellt. Hier wird gezeigt, wie Behörden- und Ministeriumsspitzen Auftragsvorhaben in ihrem Sinne zuschnitten und den Firmen deutliche Vorgaben bezüglich der politischen Zielsetzung der Berichte machten. Außerdem bilden diese Kapitelteile ab, wie die Berater*innen zu ihren Empfehlungen gelangten, wie sie sich mit Verwaltungsvertreter*innen verständigten und welche Konflikte und Annäherungen sich dabei ergaben. Schließlich wird jeweils die *Rezeption* und, wo aus der Quellenlage ersichtlich, die *Umsetzung* der Projektergebnisse beleuchtet. Diese Phase war stets geprägt von Auslegungsversuchen zahlreicher Akteursgruppen: betroffene Arbeitnehmende der fraglichen Verwaltungsbereiche, Oppositionsparteien, die staatliche Rechnungsprüfung in Form der Rechnungshöfe, soziale Anspruchsgruppen und die Medien kommentierten und kritisierten sowohl die Ergebnisse der Consultants als auch die Entscheidungen, die politisch Verantwortliche darauf stützten. Darüber hinaus verhandelten sie aber auch den prinzipiellen Nutzen und die Legitimität von Behördenconsulting im ausgehenden 20. Jahrhundert.

II. Anfänge einer Dienstleistungsbranche, 1950er- bis 1970er-Jahre

Die Geschichte des Behördenconsultings schließt die Geschichte der Beratungsbranche mit ein: In der zweiten Hälfte des 20. Jahrhunderts entstand die Dienstleistung, die zu seinem Ende hin ubiquitär erschien. In den ersten Dekaden der Bundesrepublik entstand eine kommerzielle Beratungsbranche im Schatten gemeinnütziger Beratungsstellen wie dem RKW. Wirtschaftseigene Einrichtungen sowie die staatliche Subvention von Beratungsaufträgen validierten die sich formierende Branche der Unternehmensberatung und verschufen ihr Sichtbarkeit gegenüber einer skeptischen Unternehmenswelt. Neben der Starthilfe durch wirtschaftseigene Einrichtungen bewirkte natürlich auch das Ringen um öffentliche Wahrnehmung der Berater*innen selbst ihre vermehrte Verfestigung. Berater*innenverbände wie der BDU bemühten sich um eine Professionalisierung der Branche nach dem Vorbild der klassischen Berufsstände. In der zweiten Hälfte des 20. Jahrhunderts brachten Firmen zudem verschiedene Methoden der Auftragsgenerierung in Anschlag: sei es die Zusammenarbeit mit korporatistischen Beratungseinrichtungen, die pragmatische Ausweitung des eigenen Zuständigkeitsbereichs, die Mobilisierung von Kontakten in der deutschen Wirtschaft oder die Verbreitung von Managementkonzepten. Die öffentliche Verwaltung mussten Beratungsfirmen in den 1970er-Jahren intensiv umgarnen, bis diese zur zahlenden Kundin wurde. Zum einen betrachteten verwaltungseigene Türhüterorganisationen die Beratung von Ministerien und nachgeordneten Stellen als ihr Territorium. Zum anderen mussten Consultants einen Umgang mit der Logik der Rechtsförmlichkeit und dem damit einhergehenden bürokratischen Aufwand von Behördenconsulting finden. Im Lauf der 1970er-Jahre ergaben sich aber erste Beauftragungen, die den Grundstein für spätere Geschäfte mit dem Staat legten.

1. Unternehmensberatung in der Bundesrepublik: Keine Amerikanisierung

In der Literatur stehen sich zwei Thesen hinsichtlich der Ursprünge der modernen Unternehmensberatung gegenüber: Matthias Kippings Phasenmodell einer sukzessiven Entwicklung unterschiedlicher kommerziell vertriebener Wissensbestände und Christopher McKennas professionstheoretische Erklärung, die auf frei gewordene Lücken im institutionellen Gefüge der freien Berufe verweist. Kipping skizziert die Entwicklung der Branche in Form dreier überlappender „Wellen" oder „Generationen": „scientific management, organization and strategy, and IT-based networking".[1] Als die „ersten" Unternehmensberater*innen stuft er die Trä-

[1] Kipping, Trapped in Their Wave, S. 37.

ger*innen des Scientific Managements um Frederick Winslow Taylor im späten 19. Jahrhundert ein. Zeit- und Bewegungsstudien in Betrieben, wie Frank und Lillian Gilbreth oder Harrington Emerson sie anfertigten, markieren für Kipping den Anfang von „consulting to managers [as] a clearly recognizable business activity".[2] Eine zweite Phase der Branchenentwicklung beginnt laut Kipping in den 1950er-Jahren. US-amerikanische Firmen wie Arthur D. Little, McKinsey & Company und Booz Allen & Hamilton verkauften Standardrezepte der Unternehmensführung wie die „multidivisionale Unternehmensform" oder die „M-Form", die sich sukzessive bei einem Großteil westeuropäischer Konzerne durchsetzte. Das Schlagwort der „Unternehmensstrategie" wurde hier prominent. Auf die 1970er-Jahre datiert Kipping drittens den Eintritt von Wirtschaftsprüfungsunternehmen in den Beratungsmarkt. Die „Big Five" aus Arthur Andersen, Deloitte & Touche, Ernst & Young, KPMG und PricewaterhouseCoopers konnten vor allem ihre Erfahrungen mit IT-Anwendungen geltend machen.[3]

McKenna hingegen sieht keine Kontinuität zwischen den Vertreter*innen des Scientific Management und dem, was er als „moderne" Unternehmensberatung bezeichnet. Seiner Lesart nach erstarb das Scientific Management in den USA der 1920er-/30er-Jahre. Den darauffolgenden Aufstieg von Firmen wie McKinsey & Company und Booz Allen & Hamilton betrachtet er als gänzlich neue Entwicklung, die vor allem einer Gesetzesänderung geschuldet sei: Der *Glass-Steagall Banking Act* untersagte Banken ab 1933, wie bis dahin üblich, selbst Unternehmen zu beraten, bevor sie ihnen Kredite gewährten. Die antimonopolistische Maßnahme habe eine Lücke im Feld der klassischen Berufe geschaffen, die Consultants gefüllt hätten. Die wenigen Betriebswissenschaftler, die zuvor Kostenrechnungsmodelle vertrieben hätten, seien seither unter dem Label Management Consultants aufgetreten.[4]

Beide Darstellungen, McKennas wie Kippings, bleiben notwendigerweise ausschnitthaft. So ist McKennas Darstellung von einer US-zentrischen Perspektive und einem starken Fokus auf die Firma McKinsey & Company geprägt. Indem der Autor häufig Selbstdarstellungen folgt, gerät McKinsey & Company in seiner Schilderung zu einer Firma von „almost mythical stature": bewundert von Klient*innen und gefürchtet von (europäischen) Konkurrentinnen.[5] McKennas Deutung des *Glass-Steagall Banking Act* als Urquell der modernen Beratungsbranche lässt sich mit Blick auf den deutschen Fall allerdings zurückweisen: Eine Historisierung der deutschen Beratungssphäre als reine Amerikanisierungs-, Westernisierungs- oder Transfererzählung griffe zu kurz.[6] Tatsächlich liegen die Ursprünge

2 Ebenda, S. 30. Für eine Mediengeschichte des Consultingwissens am Beispiel der Gilbreths siehe Hoof, Engel.

3 Kipping, Trapped in Their Wave, S. 34–38.

4 McKenna, Profession, S. 16 f.

5 Ebenda, S. 186.

6 Grundlegend zum Begriff der Westernisierung: Doering-Manteuffel, Wie westlich sind die Deutschen?. Zu einem Überblick über die Auseinandersetzung zur „Amerikanisierung" in der deutschsprachigen Unternehmensgeschichte siehe Rosenberger, Experten, S. 19–28.

der deutschen Unternehmensberatung in der Betriebswissenschaft und im Ingenieurswesen, wie bei Kipping angedeutet. Inhaltliche wie personelle Kontinuitäten ziehen sich von den ersten betriebswissenschaftlichen Lehrstühlen um 1900 über die Gründung der Vereinigung Beratender Betriebs- und Volkswirte in der Weimarer Republik bis hin zur Gründung des Bundes deutscher Unternehmensberater 1954.[7] US-amerikanische Firmen der 1930er-Jahre sind damit keineswegs als die einzige Quelle der internationalen Beratungsbranche zu betrachten. Auch der vermeintliche Siegeszug der „Restrukturierung" europäischer Konzerne durch McKinsey & Company in den 1960er-Jahren homogenisierte die deutsche Beratungsbranche nicht, sondern ist vielmehr als eine ihrer jüngeren und auf Sendungsbewusstsein bedachten Erscheinungsformen zu werten.

Aber auch in Kippings Aufsätzen wird die Branchenentwicklung in der Bundesrepublik nicht differenziert genug beleuchtet. So erscheint es in seinen Texten, als hätten nach Ende des Zweiten Weltkriegs neben korporatistischen Beratungsstellen kaum kommerzielle Beratungsangebote für Unternehmen existiert. Den Erfolg von McKinsey & Company ab den 1960er-Jahren in der Bundesrepublik schreibt er beispielsweise einer „absence of domestic consultancies" zu.[8] Als einzige Ausnahme nennt er die Kienbaum GmbH, die 1945 entstand.[9] Eine genauere Betrachtung der Quellen zeigt aber, dass gerade die Beratungsförderungsprogramme von Wirtschaftseinrichtungen der Konstituierung einer Beratungsbranche in der jungen Bundesrepublik zuträglich waren: Die Zusammenarbeit mit dem RKW-Beratungsdienst verschaffte selbstständigen Berater*innen Zugang zu neuer Klientel und wies ihnen einen festen Platz im Gefüge der deutschen Wirtschaft zu. Förderlich wirkte auch die verbandliche Selbstorganisation der Berater*innen: In Ermangelung einer staatlichen Zertifizierung der Dienstleistung setzten Berater*innenverbände eigene Qualitätsstandards und verliehen dem Zweig der Unternehmensberatung damit den professionellen Anstrich der klassischen Berufe.

Der einflussreichste Verband war seit 1954 der Bund Deutscher Unternehmensberater BDU e. V. (ab 1973: Bundesverband Deutscher Unternehmensberater BDU e. V., im Folgenden abgekürzt als BDU). Ehemalige Studenten des Lehrstuhls für Betriebswissenschaften Berlin unter Georg Schlesinger hatten 1952 die Vorgängerorganisation „Club R" ins Leben gerufen, darunter Otto Bredt, Heinz Wegener und Werner von Schütz.[10] Der Geist des „Clubs der Rationalisierungsfachleute" setzte sich im BDU fort, indem dieser seine Mitglieder als „Sachverständige auf allen Gebieten der Rationalisierung" bezeichnete.[11] Die Umbenennung des Verbands erfolgte in erster Linie, um ihn von anderen, konkurrierenden Beratungsor-

7 So die Rekonstruktion bei Elfgen/Klaile, Unternehmensberatung, S. 143–157.
8 Kipping, ‚Importing' American Ideas to West Germany, 1940s to 1970s, S. 46.
9 Kipping, U. S. Influence, S. 117.
10 Elfgen/Klaile, Unternehmensberatung, S. 151. Zu Schlesinger vgl. Seherr-Thoß, Schlesinger, S. 63–64 [Online-Version].
11 Paragraf 2 der BDU-Satzung von 1954, abgedruckt in BDU e. V. (Hrsg.), Unternehmensberater, o. S.

ganisationen abzuheben.[12] Die offizielle Verbandshistorie hält fest, dass die fünfundzwanzig Gründungsmitglieder (darunter eine Frau) 1954 alternativ die Termini „Rationalisierungsfachmann", „Betriebsberater" und „Wirtschaftsberater" diskutierten.[13]

Die Wortschöpfung der „Unternehmensberatung" sollte dem BDU ein Alleinstellungsmerkmal verschaffen und den darin versammelten Akteur*innen gleichzeitig einen eigenen Zuständigkeitsbereich neben anderen beratenden Berufen wie der Wirtschaftsprüfung oder der Personalberatung sichern. Das Schlagwort, das der BDU hier prägte, war das der „Ganzheitsberatung". In der Zeitschrift „Junge Wirtschaft" legte BDU-Gründungsmitglied Werner von Schütz dar, was den neu als solchen bezeichneten Unternehmensberater von sogenannten „Spezialberatern" unterscheiden sollte. Demnach sei der Unternehmensberater „nicht einseitig auf die kaufmännische, technische oder personelle Richtung spezialisiert, sondern befaßt sich mit Aufgaben der Unternehmensführung ganz allgemein".[14] Wie der englische Begriff *management consulting* sollte der Begriff das Verhältnis von Berater*innen zum Führungspersonal in den Mittelpunkt rücken – der BDU-Vorsitzende Walter Schleip sprach gar von „Unternehmensführungs-Beratung".[15] „Unternehmensführung" bezog sich darüber hinaus aber auf die Fülle an Aufgaben, die in der Führung eines Unternehmens zu bewältigen seien:

> „Fragen der Organisation, der Planung, der Geschäfts- und Finanzpolitik, der Personal- und Sozialpolitik einschließlich der Vorgesetztenschulung, der rationellen Fertigung und der Lohngestaltung, der Normung und Typung, der Kalkulation und der wirtschaftlichen Abrechnungsmethoden, der kurzfristigen Erfolgsrechnung, der Materialwirtschaft, Einkaufsorganisation, der Marktbeobachtung, Verkaufsförderung sowie der Werbung und des Kundendienstes".[16]

Die Bedeutungsschichten des Begriffs „Unternehmensberatung" – insbesondere die postulierte Unterscheidung zwischen „Ganzheits-" und „Spezialberatung" – verschwammen in der Praxis. Laut Schleip fiel die Bezeichnung bald ihrer eigenen Beliebtheit zum Opfer. 1966 erklärte er, dass der Begriff der Unternehmensberatung, anders als vom Kreis des BDU intendiert, im allgemeinen Sprachgebrauch als Sammelbegriff fungiere und undifferenziert jede Form der „Spezialberatung" einschließe: „Nach dieser Auffassung ist also jeder Beratende Ingenieur, Beratende Betriebswirt, Beratung ausübende Wirtschaftsprüfer und auch jeder Personalberater, Werbeberater usw. ein Unternehmensberater, denn sie alle beraten ja das Unternehmen auf ihrem Spezialgebiet."[17] Die Ausfaserung des Begriffs lief konträr zu einem der erklärten Verbandsziele: der „Einführung einer geschützten Berufsbezeichnung", um mit den klassischen Berufen gleichziehen zu können.[18] Zu-

12 Elfgen/Klaile, Unternehmensberatung, S. 152.
13 Borchert-Dietz, BDU-Meilensteine, S. 8.
14 Schütz, Treuhandprinzip, S. 294.
15 Schleip, Ganzheitsberatung, S. 9; Schleip, Zukunft, S. 109.
16 Schütz, Treuhandprinzip, S. 294.
17 Schleip, Zukunft, S. 107.
18 Paragraf 2 der BDU-Satzung von 1954, abgedruckt in BDU e. V. (Hrsg.), Unternehmensberater, o. S.

gleich kam sie den Unternehmensberater*innen in der Praxis zugute, da sie ihnen ermöglichte, ihren Zuständigkeitsbereich beliebig auszuweiten.

In Ermangelung einer staatlichen Zertifizierung bemühte sich der BDU ungleich mehr darum, der Branche ein professionelles Image zu verschaffen. Zu diesem Zweck stellte er sich in den ersten Jahren seines Bestehens als exklusiver Club auf. Eine Liste an Selektionskriterien sollte die Mitgliedschaft zu einem Gütesiegel und damit zum Substitut für offizielle Zertifizierungen machen. Um aufgenommen zu werden, mussten Berater*innen mindestens 35 Jahre alt sein, fünf Jahre oder länger praktiziert haben, Arbeitsergebnisse und positive Referenzen aus der Wirtschaft und von Kolleg*innen vorweisen können sowie sich bei einem Kurzreferat mit anschließender Diskussion bewähren. Ein fünfköpfiger Auswahlausschuss hielt die Erfolgsrate in den ersten Jahren bewusst gering.[19] Zudem stellte der BDU neun „Berufsgrundsätze" auf, die sich an den „Code of Ethics" der *Association of Consulting Management Engineers* anlehnten. Dazu gehörte, nur Aufträge anzunehmen, für die ein Beratungsunternehmen auch befähigt war, Anliegen unvoreingenommen zu bewerten und Honoraren die tatsächlich investierte Arbeitszeit zugrunde zu legen. In dem „Glaubensbekenntnis" der Branche hatte das Gebot der „Objektivität" einen prominenten Platz.[20] Seriöse Berater*innen seien verpflichtet, „auch über Unangenehmes zu sprechen". In ihren Empfehlungen sollten sie nicht auf Harmonie mit den Auftraggebenden setzen, sondern „offen und ehrlich das zum Ausdruck [bringen], was wir für richtig erachten". Ebenso müssten ehrbare Berater*innen die Mitarbeitenden eines Betriebs in Veränderungsprozesse einbeziehen. Dafür sollten sie sich bemühen, diese „zu unterrichten und ihnen zu helfen, die vereinbarten Verbesserungen wirksam weiterzuführen".[21]

Als Kontrastfolie dienten dem BDU kursierende Gerüchte über unseriös agierende Berater. In den frühen Jahren der Bundesrepublik erfreuten sich kommerzielle Unternehmensberater*innen nämlich keiner großen Beliebtheit. Als Negativbeispiel scheint sowohl in den Quellen als auch in der Literatur immer wieder der US-Amerikaner George S. May auf. So erinnerte sich beispielsweise Olaf Mummert, seit 1960 Unternehmensberater, dass May in den späten 1950er-Jahren „mit abenteuerlichen amerikanischen Akquisitionsmethoden […] Kleinst- bis Großunternehmen schröpfte und der Beraterzunft zu einem schlechten Image verhalf".[22] Zu den „aggressive selling techniques" Mays zählen Wright und Kipping Vorgehensweisen wie „mass mail-outs of letters and promotional pamphlets, and ‚cold-calling' company executives".[23] Dass die Literatur die Quellensprache an dieser Stelle unkritisch wiedergibt – Kipping verweist beispielsweise gleich mehrfach auf

19 Paragraf 5 der BDU-Satzung, ebenda.
20 Borchert-Dietz, BDU-Meilensteine, S. 14.
21 Ebenda.
22 Mummert, Der Anfang, S. 17 f.
23 Wright/Kipping, The Engineering Origins of the Consulting Industry and Its Long Shadow, S. 40.

den berüchtigten May[24] –, verdeckt eine wichtige Funktion der besagten Schreckensszenarien. Denn nicht nur wandten deutsche Beratungsfirmen ähnliche Methoden wie May an, wie weiter unten gezeigt wird. Eine Bedrohung durch „schwarze Schafe“ zu projizieren, ermöglichte dem BDU auch, einen attraktiven Gegenentwurf zu präsentieren: den verbandlich akkreditierten Berater, der sich zu einer seriösen Arbeitsweise verpflichtete. Nicht uneigennützig empfahl der BDU Unternehmen, auf verbandliche Zugehörigkeit zu achten, bevor sie sich beraten ließen: „[H]ervorragende Unternehmensberater [...] gehören fast alle ihren nationalen Berufsverbänden an.“[25]

Dabei ging es dem BDU, neben der Professionalisierung der Branche, auch stets um seinen eigenen Erhalt. Je mehr sich die Branche etablierte, desto weniger fühlten ihre Vertreter*innen den Bedarf, sich strukturell zu organisieren. Der BDU reagierte auf das nachlassende Interesse, indem er nach und nach das Konzept einer exklusiven Organisation aufweichte: Seit 1965 war es nicht mehr nur Einzelberater*innen, sondern auch Beratungsgesellschaften möglich, sich um eine Mitgliedschaft zu bewerben. Außerdem tat sich der BDU mit anderen Beratungsvereinigungen in der „Arbeitsgemeinschaft Beratender Freier Berufe“ zusammen, die sich bald der „Rationalisierungs-Gemeinschaft Beratungswesen“ beim RKW anschloss. Hier versammelten sich unter anderem der Bundesverband der vereidigten Buchprüfer, das Institut der Wirtschaftsprüfer, der Verein Beratender Ingenieure und die Vereinigung Freiberuflicher REFA-Berater.[26] Aufgrund der schwindenden Strahlkraft der Beratungsverbände betrachtet die Beratungsforschung ihre Bedeutung als gering.[27] Indem er den Terminus „Unternehmensberater“ zu einer Quasi-Berufsbezeichnung stilisierte und durch halboffizielle Gütekriterien eine Qualitätskontrolle simulierte, leistete der BDU der wachsenden Zahl freier Berater*innen aber einen wertvollen Dienst.

Neben dem stetigen Wirken der Verbände half auch die Zusammenarbeit freier Berater*innen mit korporatistischen, nicht profitorientierten Beratungsstellen wie dem RKW. Im internationalen Vergleich zeichnete sich die deutsche Wirtschaftslandschaft seit dem ausgehenden 19. Jahrhundert durch eine Vielzahl wirtschaftseigener Beratungsstellen aus. Kipping beobachtet, dass intermediäre Organisationen, die zwischen Unternehmen und Consultants vermittelten und bei Bedarf auch selbst Ratschläge anboten, in unterschiedlichen Staaten sich sowohl förderlich als auch bremsend auf den kommerziellen Beratungsmarkt auswirken konnten: Entweder erhöhten sie den Zulauf freier Berater*innen, indem sie diese empfahlen und durch ihre eigene Reputation validierten; oder sie präkludierten das

24 Neben der Publikation mit Christopher Wright auch bei Kipping, American Management Consulting Companies, S. 205 f.

25 Schleip, Brüder, S. 279.

26 Aufzählung in Staatsarchiv Hamburg, 131-13_433, Artikel von Kurt Pentzlin, „Der Unternehmer braucht Berater“, in: Frankfurter Allgemeine Zeitung, 10. 2. 1968, 35, S. 17.

27 Ende der 1990er-Jahre versammelte der BDU etwa 4,6 Prozent aller in Deutschland vertretenen Beratungsfirmen. Kieser, Unternehmensberater, S. 197.

Bedürfnis nach zusätzlichen, kommerziellen Beratungsangeboten durch die eigene starke Präsenz.[28] Hinsichtlich der deutschen Nachkriegswirtschaft gelangt er zu einem eindeutigen Befund: Die Angebote des RKW und des REFA-Verbands, die ihren Mitgliedsunternehmen Arbeitszeitstudien und andere betriebswissenschaftliche Instrumente zur Verfügung stellten, hätten „little need for consultancies" gelassen.[29] Bei genauerer Betrachtung kann diese Einschätzung nuanciert werden: Auch der von Kipping beobachtete Effekt der „borrowed reputation" trat in der Bundesrepublik ein.

Anschaulich wird dies am Beispiel des RKW. Als „geistige Clearingstelle aller Rationalisierungsbestrebungen" führte die wirtschaftsnahe Einrichtung bereits seit 1921 Unternehmen, Betriebswissenschaftler, Wirtschaftsverbände und Ministerien zusammen.[30] Nach dem Ersten Weltkrieg hatte sie zur „Steigerung des Volkswohlstandes" auf einheitliche und vereinfachte Produktionsnormen und -verfahren hingewirkt. Rationalisierung hatte in diesem Sinne einen klaren Technik- und Organisationsbezug und war darauf gerichtet, „die Gestehungskosten zu vermindern und die Menge und Güte der Fabrikate zu steigern".[31] Ab 1950 setzte das Wirtschaftsministerium das RKW als „Produktivitätszentrale" ein, die als eine von 13 nationalen Einrichtungen die Ziele des *European Recovery Program* in zahlreichen europäischen Staaten verwirklichen sollte.[32] Aufgabe der „Produktivitätszentralen" war es, „Möglichkeiten zur Produktivitätssteigerung in allen Kreisen der Wirtschaft publik zu machen".[33] Das RKW kam diesem Auftrag durch Publikationen, Schulungen sowie organisierte Studienreisen für Führungskräfte, Verwaltungsbeamt*innen und Gewerkschafter*innen in die USA nach.[34]

Als ein Schwerpunkt bildete sich auch die „Förderung des Betriebsberatungswesens" heraus.[35] Der RKW-Beratungsdienst zielte darauf ab, „das Interesse vornehmlich mittlerer und kleinerer Industrieunternehmen an Beratungen zu wecken".[36] Es ergab sich eine Arbeitsteilung, bei der RKW-Vertreter kostenlose Betriebsbegehungen durchführten und für weitergehende Untersuchungen freie Berater auf Honorarbasis vermittelten.[37] Bund und Länder bezuschussten das Angebot, sodass Unternehmen die Ratschläge für einen moderaten Preis erhielten.

28 Kipping, Consultancies, Institutions and the Diffusion of Taylorism in Britain, Germany and France, 1920s to 1950s, S. 68.
29 Ebenda, S. 78.
30 Staatsarchiv Hamburg, 131-13_433, Artikel von Kurt Pentzlin, „Der Unternehmer braucht Berater", in: Frankfurter Allgemeine Zeitung, 10. 2. 1968, 35, S. 17.
31 Die Geschichte der Rationalisierung, https://www.100-jahre-rkw.de, zuletzt geprüft am 16. 4. 2021. Zur „Rationalisierungskultur" der 1920er-Jahre vgl. Sarasin, Die Rationalisierung des Körpers, S. 64–68. Zum Begriff der Rationalisierung vgl. auch Uhl, Humane Rationalisierung.
32 Kleinschmidt, Technik, S. 54.
33 Pohl, Rationalisierung, https://www.100-jahre-rkw.de, zuletzt geprüft am 16. 4. 2021.
34 Zu den vom RKW veranstalteten Studienreisen siehe Kleinschmidt, Blick, S. 92–106.
35 Pohl, Rationalisierung, https://www.100-jahre-rkw.de, zuletzt geprüft am 16. 4. 2021.
36 Ibielski, RKW-Beratungsdienst, S. 125–128, S. 125.
37 Pohl, Rationalisierung, https://www.100-jahre-rkw.de, zuletzt geprüft am 16. 4. 2021.

Von 1958 bis 1971 nutzten den RKW-Beratungsdienst gut 15 000 kleinere und mittlere Industrieunternehmen.[38] Nicht selten erwuchsen freien Beratern, die mit dem RKW zusammenarbeiteten, Anschlussaufträge, wie weiter unten gezeigt wird. Während das RKW also selbst eine Vielzahl an unkommerziellen Beratungsangeboten vorhielt, erfüllte es im Industriebereich auch eine Hebelwirkung für die freie Beratung.

Zuwendungen von Bund und Ländern validierten die Unternehmensberatung auch in den Wirtschaftszweigen des (Einzel-)Handels und des Handwerks. Eine Vielzahl an Kammern und Verbänden ließ hier bis in die 1970er-Jahre hinein wenig Raum für kommerzielle Beratungsangebote. 1971 beteiligten sich beispielsweise zehn Industrie- und Handelskammern an der von Wirtschaftsorganisationen gegründeten „Unternehmensberatung für die Wirtschaft GmbH“. Konzipiert als „gemeinnützige Selbsthilfeeinrichtung der Wirtschaft“, arbeitete diese lediglich kostendeckend.[39] Ähnlich wie das RKW war sie aber auch für die formale Abwicklung staatlicher Zuschüsse zu Beratungshonoraren zuständig.[40] Unternehmen konnten über sie, genau wie über die Betriebswirtschaftliche Beratungsstelle für den Einzelhandel, Subventionen für Beratungsausgaben beantragen, die Bund und Länder zur Verfügung stellten. Der Bundesanzeiger spezifizierte: „In der Wahl der Beratungsunternehmen [...] sind die antragstellenden Unternehmen frei.“[41] Für externe Ratschläge waren Unternehmen daher nicht auf korporatistische Einrichtungen festgelegt.

Das Verhältnis von freien Berater*innen und den ihnen nützenden Organisationen war allerdings nicht nur von Kooperation, sondern auch von Konkurrenz bestimmt. Je effektiver die Förderprogramme wirkten, desto mehr versuchten Unternehmensberater*innen, sich ihrer zu entledigen. Werner von Schütz hatte schon 1958 geschrieben, dass „die von öffentlichen Trägern unterstützten Organisationen wie RKW“ nicht mit freiberuflichen Beratern gleichzusetzen seien – nur letztere seien in ihrem Urteil unbefangen.[42] Spätestens ab Mitte der 1970er-Jahre regte sich beim BDU offen Unmut ob der verbilligten Beratungsleistungen, die Unternehmen über Wirtschaftsverbände erhalten konnten. Zwischen 1971 und 1975 hatte der Bund insgesamt 92 Millionen Mark zur Verfügung gestellt, um verbandseigene Beratungsprogramme in Industrie, Handel und Handwerk auszubauen und kleinen und mittleren Unternehmen gemeinnützige Betriebsberatung anzutragen.[43] Unter dem Schlagwort der „Wettbewerbsverzerrung“ trat der BDU dafür ein, Bezuschussungen dieser Art abzubauen. Um sich ungeliebter Konkurrenz zu entledigen, argumentierte er mit wirtschaftsliberalen Motiven:

[38] Siehe die tabellarische Aufstellung bei Ibielski, RKW-Beratungsdienst, S. 126.
[39] Staatsarchiv Hamburg, 131-13_433, Artikel „Unternehmensberater. Teure ‚Medizinmänner‘“, in: Wirtschaftswoche, 30. 4. 1971, Nr. 18, S. 32 f., S. 32.
[40] So die Handreichung des BMWi: Bundesministerium für Wirtschaft, Guter Rat, S. 16 f.
[41] Der Bundesminister für Wirtschaft, Richtlinien, S. 3.
[42] Schütz, Treuhandprinzip, S. 293.
[43] BT, Drs. 7/5248, 21. 5. 1976, S. 28–30.

„Ein Unternehmer, der Beratung wünscht und benötigt, ist kein Sozialfall. Er sieht sich selbst nicht so und wünscht in aller Regel auch nicht, als solcher gesehen zu werden. Es ist daher wenig wünschenswert, den Unternehmern Beratung durch ‚gemeinnützige Vereine' oder ähnliche steuerbefreite Institutionen zur Verfügung zu stellen, um Unternehmern auf diese Weise (unerwünschte) Sozialhilfe zu gewähren."[44]

1981 gründete sich eine BDU-Arbeitsgruppe zur „Zusammenarbeit mit dem RKW und anderen Zuwendungsstellen", um eine öffentliche Verbandsposition gegen die strukturierte Förderung zu entwickeln.[45] Der Verein schoss insbesondere gegen den RKW-Beratungsdienst und postulierte, das RKW müsse sich entscheiden, „ob es als Beratungsunternehmen am Markt auftreten wolle, Berater vermitteln oder staatliche Subventionen verteilen wolle".[46] Im Rahmen der Novellierung der Förderrichtlinien des Bundes 1983 erreichte der BDU, dass nur kommerzielle Einzelberater oder Beratungsfirmen als förderungswürdig erklärt wurden.[47] Ab 1985/1986 ließ der Verein die Subventionsdebatte dann weitgehend ruhen. Dies lag nicht nur daran, dass, wie der Geschäftsbericht von 1986 angab, „die Zahl der Institutionen, die durch staatliche Fördermaßnahmen in den vergangenen Jahren entstanden sind, inzwischen so groß geworden ist, daß allen Beteiligten weitgehend der Überblick verlorengegangen ist".[48] Die Beratungsbranche stand zu diesem Zeitpunkt auch bereits in voller Blüte und erwirtschaftete auf eigenes Betreiben hin stattliche Beträge.

2. Von Kienbaum bis Berger: Bandbreite des frühen Beratungsmarkts

Die selbst auferlegten Standards der Verbände, die Vermittlungstätigkeiten des RKW sowie staatliche Förderungsprogramme machten das deutsche Beratungswesen von den 1950er- bis 1970er-Jahren bekannter und verliehen ihm größere Glaubwürdigkeit. In der Praxis ging die wachsende Anzahl freier Berater*innen freilich deutlich pragmatischer und gewinnorientierter vor als von den Verfechter*innen der Professionalität idealisiert. Die Entstehungsgeschichten der im Folgenden beleuchteten Firmen – der Kienbaum GmbH, der Mummert + Partner AG, der Knight Wegenstein AG, der Roland Berger & Partner GmbH sowie McKinsey & Company – erhellen die vielfältigen Strategien, die Unternehmensberater*innen anwandten, um ihre Dienstleistung bekannt und beliebt zu machen. Der Blick auf die ausgewählten Firmen macht unterschiedliche Akquisemethoden der Beratungsbranche sichtbar: die Kooperation mit dem RKW-Beratungsdienst in den 1950er-Jahren, exemplifiziert durch die junge Kienbaum GmbH; mühseliges „Klin-

44 Archiv BDU e. V., BDU e. V., Geschäftsbericht '84, o. S.
45 Archiv BDU e. V., BDU e. V., Geschäftsbericht '81, S. 21.
46 Archiv BDU e. V., BDU e. V., Geschäftsbericht '84, o. S.
47 Archiv BDU e. V., BDU e. V., Geschäftsbericht '83, S. 4.
48 Archiv BDU e. V., BDU e. V., Geschäftsbericht '86, S. 8.

kenputzen", der Aufbau einer Partnerstruktur und eine Ausweitung des eigenen Zuständigkeitsbereichs, anschaulich gemacht am Beispiel der Mummert + Partner AG und der Knight Wegenstein AG; sowie breites Netzwerken und die Zirkulation von Managementkonzepten durch Firmen wie die Roland Berger & Partner GmbH und McKinsey & Company.

Exemplarisch für die Einzelberater in der frühen Bundesrepublik, die mit dem RKW-Beratungsdienst und anderen Wirtschaftseinrichtungen zusammenarbeiteten, steht Gerhard Kienbaum. Geboren 1919, zeichnete ihn ein militärischer und ingenieurswissenschaftlicher Hintergrund aus. Nach dem Abitur trat er 1938 seinen Dienst bei der Marine an und absolvierte dort ein Ingenieursstudium. 1945 meldete er ein Gewerbe bei der Stadtverwaltung Gummersbach in Nordrhein-Westfalen an. Seine Tätigkeit umschrieb Kienbaum breit: „Technische Beratung, Übersetzungen, Vertretungen".[49] Ein Büro richtete er in den Wohnräumen seiner Eltern ein. In der britischen Besatzungszone waren Anordnungen ins Deutsche sowie Anträge ins Englische zu übersetzen, was Kienbaums Vater als sein Angestellter erledigte.

Seinen damaligen Beratungsbegriff fasste Kienbaum *ex post* in der 1995 erschienenen Firmenhistorie plakativ und breit: „‚Für andere Probleme lösen und aus Problemen Chancen machen.' Eben das, was auch heute noch für Unternehmensberater gilt."[50] In der Nachkriegszeit war „technische Beratung" hauptsächlich beim (Wieder-)Aufbau von Industrieanlagen gefragt und bedeutete für den Ingenieur, selbst Hand anzulegen: „Probleme lösen, das hieß damals die Elektroversorgung sichern, durch Frost geplatzte Druckbehälter schweißen, Ersatzteile für Textilmaschinen selber herstellen, Altmaterial wieder verwenden und Anlagen in Gang bringen."[51] Zu diesem Zweck unterhielt Kienbaum bis 1955 eine eigene Werkstatt, in der er Maschinen instand setzte und Ersatzteile herstellte.[52] In der Erinnerung des nachher etablierten Unternehmensberaters nahmen diese zehn Jahre in der industriellen Fertigung zwar kaum Raum ein: „Ein Berater kann nicht zugleich auch im Maschinenbau und -handel arbeiten, er muß unabhängig sein und darf keine eigenen Produkte empfehlen."[53] In der Anfangszeit galt es aber, nicht wählerisch zu sein. Langwierige Auftragsakquise per Fahrrad brachte im ersten Jahr einen Gewinn von 511,63 Mark.[54]

Die Zusammenarbeit mit Wirtschaftseinrichtungen diente daher als willkommene Starthilfe. Die vom RKW angebotenen Studienreisen nutzte Kienbaum zur Weiterbildung.[55] Darüber hinaus führte er in den 1960er-Jahren im Auftrag des RKW-Beratungsdiensts „gruppenwirtschaftliche Untersuchungen" durch. Dabei

[49] Kienbaum, Rat, S. 191.
[50] Kienbaum, Am Anfang war die Idee – und ein Fahrrad, S. 4.
[51] Ebenda.
[52] Ebenda.
[53] Ebenda, S. 5.
[54] Ebenda, S. 6.
[55] Siehe Kienbaums Reisebericht in der RKW-Zeitschrift „Rationalisierung": Kienbaum, Industrieberater.

stellte das RKW zusammen, welche Branchen und Firmen sich während der leichten Rezession von 1966/1967 aus welchen Gründen als besonders robust erwiesen hatten. Aus dieser Kooperation entstanden Kienbaum zahlreiche Folgeaufträge.[56] Als Mitglied im Verein Deutscher Ingenieure (VDI) schürte Kienbaum zudem industrielles Interesse am Thema „Materialfluß" – von 1963 bis 1972 sogar als Vorsitzender der VDI-Gesellschaft „Fördertechnik und Materialfluß".[57] Der VDI, das RKW sowie mehrere Industrieausschüsse diskutierten hier, wie die Produktion und der Transport von Gütern am günstigsten geregelt werden könnten.[58] Kienbaum und seinen zehn ersten Mitarbeitern bescherte dies in wenigen Jahren über 450 Aufträge für „Materialflußstudien" in verschiedenen Branchen.[59] Dem BDU trat Kienbaum verhältnismäßig spät bei: Zum Gründungskreis der ehemaligen Studenten der Betriebswissenschaft zählte er generationsbedingt nicht; einige Jahre später war aus seinem Ein-Mann-Unternehmen eine Beratungsgesellschaft geworden, die als solche für eine Mitgliedschaft nicht zugelassen war. Erst nachdem der Verband 1965 seine Satzung geändert hatte und auch Beratungsgesellschaften aufnahm, trat die Kienbaum GmbH bei.[60] Dennoch reklamierte der Firmengründer den Anspruch für sich, ebenso wie der Verband, den Begriff „Unternehmensberatung" „kreier[t] und in Deutschland populär" gemacht zu haben.[61]

Ohne die Frage der Urheberschaft des Begriffs abschließend klären zu wollen, lässt sich zweifelsfrei feststellen, dass Kienbaum dem Feld der Unternehmensberatung in der Bundesrepublik zu größerer Bekanntschaft verhalf. Während Unternehmensberater sich prinzipiell darum bemühten, durch Publikationen und Kooperationen Öffentlichkeitsstatus zu erringen, ging dies in Kienbaums Fall außergewöhnlich weit: In seiner Rolle als politischer Mandatsträger erreichte er eine breite Öffentlichkeit. Für die F.D.P. saß er von 1954 bis 1969 im Düsseldorfer Landtag sowie von 1969 bis 1972 im Bundestag. In seinen politischen Funktionen warb Kienbaum für die öffentliche Anerkennung seines Geschäfts. Politische Redebeiträge und Artikel leitete er mit dem routinierten Hinweis ein, dass er auch als Unternehmer und Unternehmensberater zu seinem Publikum spreche.[62] Als Wirtschaftsminister Nordrhein-Westfalens rief er Förderungsprogramme für die Aus- und Weiterbildung von Betriebsberatungen ins Leben, da, wie er argumentierte, „an derartigen hochqualifizierten Kräften [...] in der Bundesrepublik ein

56 Schimke, Hilfe für strukturschwache Unternehmen, S. 20.
57 Mennecke, Flußpferde in der Firma, S. 17.
58 Mennecke, Vorwärts zu Besserem, S. 8 f.
59 Ebenda, S. 14.
60 Jochen Kienbaum, der Sohn des Firmengründers, saß dem BDU 1999/2000 gar als Präsident vor: Borchert-Dietz, BDU-Meilensteine, S. 17.
61 Kienbaum, Rat, S. 188.
62 Siehe nur beispielhaft LAV NRW R, RW 0116, Gerhard Kienbaum, Minister für Wirtschaft, Mittelstand und Verkehr NRW, Redemanuskript für die 400-Jahrfeier der Stahlwerke Brüninghaus, 11. 10. 1962, S. 2; Kienbaum, Situation, S. 289.

großer Mangel" bestehe.[63] Die öffentliche Unterstützung, von der er in den frühen Jahren profitiert hatte, baute Kienbaum als Minister also selbst mit aus.

Die öffentlichen Foren, die Kienbaum in seinen politischen Funktionen bespielen konnte, standen nicht allen Unternehmensberater*innen offen. Das Beispiel der Firma Mummert + Partner AG zeigt, welche alternativen Akquisemethoden mittelgroße Beratungsfirmen der 1960er-Jahre anwandten, die weder mit dem RKW kooperierten noch auf die eigene Popularität setzen konnten. Aggressive Reklame war dabei, wie oben geschildert, verpönt: Die letzte Klausel der vom BDU formulierten „Berufsgrundsätze" rief zu Zurückhaltung in Sachen Marketing auf. Werbung sei zwar „im Interesse der Verbreitung des Fortschritts- und Rationalisierungsgedankens für unseren Beruf [...] notwendig".[64] Respektable Berater*innen sollten sich aber dazu verpflichten, „alle marktschreierischen Versprechungen zu unterlassen".[65] Die Währung für Firmen wie die Mummert + Partner AG waren somit Referenzschreiben zufriedener Klientel. Da Unternehmen selten geneigt waren, den unbekannten Externen Vorschusslorbeeren zu gewähren, mussten Berater*innen auf erfolgreich absolvierte Aufträge verweisen und, wo keine vorhanden waren, Zeugnisse derselben gewinnen.

Wie zuvor Gerhard Kienbaum begann Olaf Mummert 1960 als Einzelberater. Anders als den Ingenieur zeichnete ihn jedoch ein wirtschaftswissenschaftlicher und -praktischer Hintergrund aus. 1945 hatte der Hamburger in Volkswirtschaftslehre promoviert und arbeitete anschließend in der Bücherrevision, Steuerberatung und im Vertrieb.[66] Ein dreijähriges *traineeship* bei der amerikanischen Beratungsgesellschaft Mead Carney ab 1957 brachte ihn mit dem Consultinggeschäft in Berührung. Mithilfe seiner Frau versuchte Mummert nach der Firmengründung, potenzielle Kundschaft von deren „Beratungsbedarf" zu überzeugen. Von Mummert als „[d]er erste Mitarbeiter" bezeichnet, entwarf und tippte die Zahnärztin eine Vielzahl an Akquisitionsbriefen, die die beiden an namhafte Unternehmen versandten.[67] Das erste dieser Schreiben stapelte die Qualifizierung Mummerts hoch:

> „Empfinden Sie die Organisation Ihres Unternehmens als vollkommen? Glauben Sie, daß alle Rationalisierungsmöglichkeiten ausgeschöpft sind? Haben nicht auch Sie manchmal den Eindruck, daß manches noch weit besser gemacht und dadurch viel Zeit und Geld gespart werden könnte? [...] Möchten Sie diese Probleme nicht einmal mit Außenstehenden diskutieren – natürlich mit Fachleuten, die lange Jahre zahlreiche Unternehmen der verschiedensten Branchen im In- und Ausland beraten haben?"[68]

Postalische Anfragen resultierten jedoch nur in einigen wenigen Gesprächsterminen mit Firmenchefs. Auch Mummerts persönliche Vorsprache bei allen Großun-

[63] LAV NRW R, RW 0116, Gerhard Kienbaum, Vortragsmanuskript „Betriebsberatung als wirtschafts- und strukturpolitische Aufgabe" für die Tagung der Hauptgemeinschaft des Deutschen Einzelhandels am 21. Januar 1964, S. 6.

[64] Borchert-Dietz, BDU-Meilensteine, S. 15.

[65] Ebenda.

[66] Mummert (Hrsg.), Firmengeschichte, S. 9–17.

[67] Ebenda, S. 18.

[68] Ebenda, S. 176.

ternehmen im Karlsruher Raum blieb erfolglos. Als effektiv erwies sich einzig die „Akquisitionsschiene ‚Beziehungen'".[69] Persönliche Kontakte verhalfen dem Jungunternehmer zu einem Auftrag in der Weinheimer Gummiwarenfabrik Weisbrod & Seifert GmbH, der 1961 im ersten Referenzschreiben mündete. Hier attestierte die Geschäftsführung Mummert eine vorbildliche Arbeitsweise: „Kostenvoranschläge und Termine wurden stets eingehalten." Wichtiger noch war die abschließende Würdigung: „Die erwarteten Rationalisierungserfolge sind eingetreten."[70]

Nun galt es, den initialen Erfolg aufrechtzuerhalten: Als selbstständige Unternehmer*innen mussten Berater*innen stets neues Klientel erschließen und ihr Honorar durch immer weitere Aufträge und Folgeaufträge erwirtschaften. Nach den ersten Einsätzen hatte Mummert zudem einige Mitarbeiter angeheuert und diese wollten beschäftigt werden. Nicht ohne Pathos bekundete der Firmengründer in der Rückschau: „Ich war zum Fortschritt verurteilt." Zwar sei es ihm bereits Mitte der 1960er-Jahre möglich gewesen, die drei Juniorberater auch ohne neue Aufträge durch Rücklagen zu finanzieren: „Daran waren diese aber gar nicht interessiert." Stattdessen „wollten [sie] pausenlos in verschiedenen und möglichst schwierigen Aufträgen beschäftigt werden und dabei möglichst viel lernen. Auch verlängerter Urlaub reizte sie nicht."[71] In Mummerts Umschreibung seiner Mitarbeiter entstand das Bild des Beraters, dessen Durchhaltevermögen sich aus Ehrgeiz und Gestaltungswillen speiste: „durchschnittlicher Arbeitstag: zehn Stunden".[72]

Lukrativ wurde das Geschäft daher durch die bald gefundene Partnerstruktur, deren Modell sich in den 1960er-Jahren in der Beratungsbranche verbreitete. Hier griffen mehrere Berater auf dieselbe Firmeninfrastruktur zurück, erwirtschafteten Gewinne aber für den ihnen unterstellten Themenbereich. Mummert führte die Geschäfte zunächst mit drei, später mit über einem Dutzend Gesellschaftseignern oder Partnern. Noch 1962 definierte die frisch als Mummert + Partner AG aufgestellte Unternehmensgruppe sieben Geschäftsfelder, die zeigten, wie weit sich der Begriff der Unternehmensberatung fassen ließ:

„1. Allgemeine Unternehmensberatung
2. Ingenieurplanung
3. Werbeagentur
4. Revisions- und Treuhandgesellschaft
5. Internationale Steuerberatung
6. Finanzierungsbüro
7. Immobilien- und Vermögensverwaltung"[73]

Wie die Mummert + Partner AG exemplifiziert auch die Knight Wegenstein AG einen wirkmächtigen Mechanismus der Selbstperpetuierung der Beratungsbranche: sich umstandslos verschiedenste Probleme der Organisationsführung zu eigen zu machen und den eigenen Zuständigkeitsbereich abhängig von Geschäfts-

69 Ebenda, S. 18.
70 Ebenda, S. 168.
71 Ebenda, S. 27.
72 Ebenda, S. 32.
73 Ebenda, S. 28.

gelegenheiten beliebig auszuweiten. Die Schweizer Firma ging 1961 aus einem Zusammenschluss des Schweizer Einzelberaters Willy O. Wegenstein mit dem US-amerikanischen Engineering Consulting Unternehmen Lester B. Knight Associates hervor. Die einstigen Konkurrenten Knight und Wegenstein kannten sich besonders in der Gießereitechnik aus.[74] Im deutschsprachigen Raum begann Willy Wegenstein aber, das vom BDU proklamierte Image des „Ganzheitsberaters" zu pflegen.

Dafür nutzte er die maßgeblich von ihm gestalteten Geschäftsberichte, die von 1967 bis zu seinem altersbedingten Ausscheiden 1983 jährlich erschienen und die mit ihren bunt bedruckten Covern und einem individuellen Layout Hochglanzmagazinen glichen. Hier präsentierten sich Wegenstein und seine Mitarbeiter „nicht als begnadete Spezialisten, sondern als Berater von Politikern, Unternehmern und Beamten".[75] Das Motto, „es ist unsere Spezialität, keine Spezialitäten zu haben",[76] kontrastierte dabei mit der Vorbildung der Belegschaft. Mit 37 Ingenieur*innen, Techniker*innen und Mathematiker*innen sowie 28 Gießereiingenieur*innen konzentrierte sich die Expertise klar im technischen Bereich. 25 Wirtschaftsingenieur*innen, Betriebswirt*innen und Spezialist*innen im Finanz- und Bankenwesen sowie zwölf Expert*innen des Informationswesens wiesen das Unternehmen zusätzlich als versiert in Managementfragen aus.[77] Dennoch stilisierten die Broschüren das Bild des branchenunabhängigen Beraters, der auf „breite und vielfältige Erfahrung in der Vorgehenstechnik zur Konstruktion individueller Lösungen" zurückgreifen könne.[78]

Dass die Erfahrungswerte der Schweizer ähnlich dünn waren wie anfänglich die Olaf Mummerts, deuten die Erinnerungen des ehemaligen Knight-Wegenstein-Consultants Rolf van Emmerich an. Demnach setzte die Beratungslaufbahn seinerzeit keine besonderen Vorkenntnisse voraus: „Selbst ein gelernter Kraftwerksingenieur wie ich konnte mit etwas betriebswirtschaftlichem Zusatzwissen als Consultant reüssieren."[79] Als er 1968 bei der Knight Wegenstein AG den Bereich „Personalberatung" übernahm, kannte er „kaum den Begriff".[80] Wegenstein drängte ihn jedoch zur Übernahme der Position mit dem Hinweis, Annoncen zu schalten und Bewerber auszuwählen „sei doch keine Hexerei".[81] Im Auftrag von expandierenden Großunternehmen entwarf van Emmerich daher Stellenbeschreibungen für vakante Positionen im mittleren Management, gab Stellenanzeigen in Tageszeitungen auf, lud mögliche Kandidaten ein und präsentierte diese den Kon-

[74] So die Selbstdarstellung der Firmenentwicklung in SWA, H + I D 920, Knight Wegenstein AG, Geschäftsbericht 1973, S. 12 f.
[75] SWA, H + I D 920, Knight Wegenstein AG, Geschäftsbericht 1978, S. 1.
[76] Zitiert nach dem ehemaligen Knight-Wegenstein-Berater Schwoerer, 50 Jahre Unternehmensberatung 1954–2004, S. 19.
[77] SWA, H + I D 920, Knight Wegenstein AG, Geschäftsbericht 1969, S. 10.
[78] SWA, H + I D 920, Knight Wegenstein AG, Geschäftsbericht 1978, S. 35.
[79] Emmerich, Die Goldenen Jahre des Search Business, S. 196.
[80] Ebenda, S. 198.
[81] Ebenda.

zernspitzen. Im Gegenzug konnte die Knight Wegenstein AG – aber auch die Kienbaum GmbH und Rochus Mummert, der Bruder Olaf Mummerts, die sich ebenfalls in der Personalberatung verdingten[82] – kostenlos in eigener Sache werben, da jede Stellenanzeige in der Zeitung mit einem prominent platzierten Firmenlogo geschmückt war.

Mitte der 1960er-Jahre gesellte sich Roland Berger zu den bereits existierenden Einzelberatern und Firmen.[83] Bis auf Zeitungsinterviews liegen nur wenige Dokumente zu dem Münchener vor.[84] Bekannt ist, dass er während seines BWL-Studiums Unternehmenserfahrung sammelte. Zunächst rief er eine Wäscherei, dann einen Spirituosen-Discounter ins Leben, die er jeweils profitabel veräußerte. Nach Abschluss seines BWL-Studiums ging Berger nach Mailand, um dort drei Jahre lang für die kleine Beratungsfirma Pietro Gennaro Associati zu arbeiten. 1965 wurde diese von der Boston Consulting Group als erste europäische Niederlassung übernommen, sodass Berger auch US-amerikanische Luft schnupperte.[85] Die Gründe, warum er nach weiteren zwei Jahren bei der Boston Consulting Group als frisch ernannter Partner ausstieg, sind nicht überliefert. In jedem Fall führte ihn dieser Schritt zurück nach Bayern, wo er ein eigenes Beratungsunternehmen eröffnete. Von der übrigen deutschstämmigen Konkurrenz versuchte Berger sich stets abzugrenzen und dafür den US-amerikanischen Vorbildern nachzueifern. Kipping gilt die Firma aufgrund dessen gar als US-amerikanischer „spin-off“,[86] was ihre Entstehungsgeschichte allerdings zu sehr vereinfacht.

Obwohl die ab Mitte der 1970er-Jahre veröffentlichten Geschäftsberichte die Historie einer „strategisch-orientierten General-Management-Beratung“[87] zeichnen, entsprang Bergers Erfolg zunächst der Marketingberatung. Aus einem der Aufträge wurde Ende der 1960er-Jahre ein medienwirksames Ereignis: Vier Tourismusunternehmen schlossen sich auf Bergers Anraten zum Reisekonzern TUI zusammen.[88] In der Folge profilierte sich der Münchener, wie die anderen Marktteilnehmenden, als Spezialist und Generalist zugleich. Während die Hälfte seines Teams aus Betriebs- und Volkswirt*innen bestand, waren zu einem Viertel auch Techniker*innen und Ingenieur*innen sowie zu einem weiteren Viertel Psycho-

82 Die Entwicklung der Personalberatung in der Bundesrepublik zeichnet Eckhard Neudeck nach: Neudeck, Personalberatung.

83 Während die Literatur und Publizistik konsequent das Jahr 1967 angibt (z. B. Fink/Knoblach, Management Consultants, S. 101), datiert der erste Geschäftsbericht von 1975 die Firmengründung auf das Jahr 1965: BWA, S011/97, Roland Berger & Partner GmbH, Jahresbericht 1975, April 1976, S. 26.

84 Eine Autobiografie wurde 2012, eine Biografie 2018 angekündigt; beide Veröffentlichungstermine verzögerten sich aber fortlaufend. Bei Drucklegung der vorliegenden Monografie war keiner der Bände erschienen.

85 Kipping, American Management Consulting Companies, S. 217.

86 Kipping, ‚Importing‘ American Ideas to West Germany, 1940s to 1970s, S. 46.

87 BWA, S011/97, Roland Berger & Partner GmbH, Jahresbericht 1975, S. 26.

88 Ronald Berger GmbH, Unsere Geschichte, https://www.rolandberger.com/de/About/Our-History, zuletzt geprüft am 19. 4. 2021.

log*innen und Sozialwissenschaftler*innen vertreten.[89] Die Mitglieder der Geschäftsleitung sowie „zwei Drittel" der 22 Projektleiter seien „von der Erfahrung und Ausbildung her Generalisten und als solche sehr stark in der strategischen General-Management-Beratung engagiert".[90] Daneben zeichnete sie aber ihre „Spezialisierung auf ein oder mehrere Fachgebiete aus".[91] In Bergers Worten wird deutlich, wie elastisch die ehemals vom BDU aufgemachte Unterscheidung zwischen „Ganzheitsberatern" und „Spezialberatern" in der Praxis gehandhabt wurde: Je nach in Aussicht stehender Geschäftsgelegenheit wollten Firmen Kund*innen sowohl mit allgemeinen Managementfragen als auch mit Fragen zu Teilgebieten der Unternehmensführung ansprechen.

1973 führte Berger nach eigener Aussage „das drittgrößte Beratungsunternehmen in Deutschland".[92] Vier Jahre später sah er sich schon „ziemlich dicht hinter Kienbaum klar vor den übrigen deutschen Unternehmensberatern an zweiter Stelle".[93] Ohne je ein politisches Mandat auszuüben, verknüpfte Berger die Dienste seiner Branche rhetorisch mit einem volkswirtschaftlichen Auftrag. Die Rezession um 1974/1975 nutzte er für verstärkte Öffentlichkeitsarbeit und legte in einer von ihm einberufenen Pressekonferenz seine Sicht auf die gesamtwirtschaftliche Lage dar. Angesichts dessen, dass die Umsätze der Beratungsbranche kurzzeitig zurückgingen, versuchte er zu betonen, dass die Dienste nun wichtiger seien denn je: Schließlich kämen Beratungsunternehmen durch ihre vielfältige Klientel „mit allen wesentlichen Aspekten veränderter Umweltkonstellationen in Berührung" und hätten „Praxis in der Lösung von durch gleichartige Umweltkonstellationen geschaffenen strategischen Problemen" erworben. Dies könne nicht nur Unternehmen helfen, sondern „auch den Wohlstand der gesamten Volkswirtschaft" sichern.[94] Ähnlich wie Gerhard Kienbaum in den 1950er-Jahren versuchte Berger also, sich zum Wortführer der Branche aufzuschwingen und gezielt die Öffentlichkeit zu suchen.

McKinsey & Company schließlich war nicht nur auf dem US-amerikanischen Markt, sondern seit 1964 auch in der Bundesrepublik vertreten. Obwohl die Firma formell Mitte der 1920er-Jahre entstanden war, brachte nicht der Gründer, James O. McKinsey, die Geschichte der international erfolgreichen Beratungsgesellschaft McKinsey & Company ins Rollen, sondern sein Nachfolger, Marvin Bower. Als Professor für Rechnungswesen an der Chicago University hatte James O. McKinsey sowohl Dienste der Wirtschaftsprüfung als auch der Organisationsberatung angeboten. Der ursprüngliche Firmenname war mit dem Zusatz „accountants and engineers" versehen.[95] Bowers Behauptung, McKinsey habe von langer Hand eine

89 BWA, S011/97, Roland Berger & Partner GmbH, Jahresbericht 1975, S. 47.
90 Ebenda, S. 41.
91 Ebenda.
92 Roland Berger GmbH, Unsere Geschichte, https://www.rolandberger.com/de/About/Our-History, zuletzt geprüft am 19. 4. 2021.
93 Viele Exmanager werden Berater, in: Frankfurter Allgemeine Zeitung, 3. 10. 1977, S. 15.
94 BWA, S011/97, Roland Berger & Partner GmbH, Jahresbericht 1975, S. 68.
95 So aufgeführt in einem Band über Chicagos Würdenträger*innen: Bishop/Gilbert (Hrsg.), Chicago's Accomplishments, S. 337.

reine Beraterkarriere geplant, ist daher zumindest skeptisch zu begegnen.[96] Zweifel daran nährt auch die Tatsache, dass McKinsey sein Unternehmen veräußerte, sobald sich eine lukrativere Gelegenheit bot: ein Managerposten bei der Kaufhauskette Marshall Field & Company. Als erste große Kundin hatte Marshall Field & Company McKinsey 1935 ein willkommenes Honorar eingebracht. Als er das Angebot erhielt, seine Vorschläge als neuer Geschäftsführer Marshall Fields selbst umzusetzen, nahm er ohne Umschweife an. Das eigene Unternehmen ließ er noch im selben Jahr mit der Buchhaltungsfirma Scoville, Wellington fusionieren, woraus McKinsey, Scoville hervorging. Bowers Schilderung, sein Vorgesetzter habe fest vorgehabt, eines Tages zu seiner Firma zurückzukehren, kann nicht verifiziert werden.[97] 1937 erlag James O. McKinsey im Alter von 48 Jahren einer Lungenentzündung.

Trotz dieser Turbulenzen präsentieren die wenigen öffentlich verfügbaren Quellen zu McKinsey & Company – in der Mehrzahl Selbstdarstellungen – ein makelloses Aufstiegsnarrativ. So datierte Bower in der Rückschau die Firmengründung auf die Mitte der 1920er-Jahre und verlängerte die Firmenhistorie damit künstlich nach hinten. Realiter hatte die Fusion mit Scoville, Wellington den Namen McKinsey von 1935 bis 1939 in Vergessenheit geraten lassen.[98] Außerdem könnten Bowers Aufzeichnungen vermuten lassen, dass er dem Verstorbenen unmittelbar auf den Chefsessel gefolgt sei. Tatsächlich dauerte es nach McKinseys Tod ganze 13 Jahre, bis Bower sich vom Büroleiter zum Geschäftsführer hochgearbeitet hatte. In der Zwischenzeit wirkte er als Teil eines Partnergespanns. Der Leiter des Chicagoer Büros, Andrew Tom Kearney, gründete Mitte der 1940er-Jahre ein eigenes Beratungshaus, bekannt als A. T. Kearney & Company.[99] Die beiden übrigen Geschäftspartner McKinseys trennten sich von dem Wirtschaftsprüfer Oliver Wellington und belebten mit Bower die Firma als reines Consultinggeschäft wieder.[100] Erst als alleiniger Geschäftsführer prägte Bower ab 1950 das Idealbild einer „professional firm“, das das moderne Antlitz der Firma bestimmte.[101]

Der „professional approach“ sollte hierbei als „‚secret‘ strength“ wirken.[102] Darunter fasste Bower die Arbeitsweise der klassischen Berufe wie der Rechtsberatung oder der Medizin. Bower hatte selbst je einen Abschluss in Jura und Betriebswirtschaftslehre an der Harvard University erworben und einige Jahre als Unter-

96 Bower, Perspective, S. 10.

97 Ebenda, S. 26.

98 Siehe die hagiografisch angehauchte Biografie Bowers: Haas Edersheim, McKinsey's Marvin Bower, S. 20–23. Hier wird Bower zur heldenhaften Figur stilisiert, der die Firma ab 1939 wiederbelebte, nachdem diese zeitweise in der Versenkung verschwunden war. Zur Figur des „Unternehmers“ als „Selfmade Man“ enthält das Compendium Heroicum einen Eintrag: Pietzcker, Unternehmer, https://www.compendium-heroicum.de/lemma/unternehmer/, zuletzt geprüft am 24. 2. 2019.

99 Bhidé, Building, S. 13.

100 McDonald, Firm, S. 38.

101 Zu Bowers Professionalisierungsansatz: Marktanner, Neue Quellen der Beratungsforschung.

102 Bower, Perspective, S. 157.

nehmensanwalt gearbeitet, bevor er 1933 zu McKinsey & Company gestoßen war.[103] Als Geschäftsführer postulierte er, dass zertifizierte Qualitätsstandards Juristen und Ärzten das Vertrauen der Klientel beschert hätten, die ihre Dienstleistung wiederum weiterempfohlen hätten.[104] Für Consultants sei es daher „at once idealistic and self-serving", sich selbst professionelle Standards aufzuerlegen und sich um eine ähnliche Reputation wie die klassischen Berufsstände zu bemühen.[105] Zu diesem Zweck engagierte sich Bower in US-amerikanischen Pendants des BDU, unter anderem als erster Präsident des Institute of Management Consultants.[106] Der „professionelle Ansatz" übersetzte sich auch optisch. Ein vorgeschriebener Dresscode sollte McKinsey-Berater auf den ersten Blick als solche ausweisen: ein glatt rasiertes Antlitz, ein dunkler Anzug, mit Strumpfhaltern fixierte Kniestrümpfe und, bis dies Mitte der 1960er-Jahre aus der Mode geriet, ein Hut.[107] Vereinheitlicht wurden auch die Inneneinrichtungen der immer weiter verstreuten Firmensitze sowie die Aufmachung der Berichte, die Kund*innen bei Beratungsaufträgen erhielten: Blaue Einbände und das immer gleiche Schriftmaß wurden zum Wiedererkennungsmerkmal.[108] Hinzu kam ein distinktives McKinsey-Vokabular. In einem Vortrag vor der Belegschaft von 1953 erklärte Bower: „We don't have customers, we have clients. We don't serve within an industry, we are a profession. We are not a company, we are not a business. We are a firm."[109] Die ausgelobte Terminologie – *clients, profession, firm* – wurde zur internen Sprachregelung. Selbstreferenziell sprachen McKinsey-Consultants nur noch von „The Firm". Obwohl die Aufmachung primär Mittel zum Zweck – lukrative Aufträge zu generieren – hatte sein sollen, geriet dies in der Selbstwahrnehmung der McKinsey-Berater*innen in den Hintergrund und wirkte stattdessen identitätsstiftend.

Zum Anspruch der Professionalität trat bald der der Elite hinzu. Junge Consultants warb die Firma ab 1954 gezielt von der Harvard Business School an. Fünf Jahre später machten diese über 80 Prozent der McKinsey-Consultants aus und hatten das Durchschnittsalter um zehn Jahre auf 32 gesenkt.[110] Dass die Einstiegsgehälter im Consultinggeschäft zunächst höher lagen als in der Industrie, beschleunigte den Zulauf. Bis zu Bowers Ruhestand im Jahr 1967 wuchs der Mitarbeitendenstab auf etwa 500 an.[111] Ein rigoroses Evaluationssystem verstärkte das Image einer exklusiven Organisation. Das Schema „up or out" bewirkte, dass nur ein Sechstel der Neuzugänge länger als fünf Jahre bei McKinsey beschäftigt war.

103 Ebenda, S. 3–7.
104 Ebenda, S. 160.
105 Ebenda, S. 161.
106 Ebenda, S. 165.
107 McDonald, Firm, S. 47 f.
108 Ebenda, S. 49.
109 Haas Edersheim, McKinsey's Marvin Bower, S. 30, nach Marvin Bower, Persönliche Unterlagen, 1953.
110 McDonald, Firm, S. 81.
111 Haas Edersheim, McKinsey's Marvin Bower, S. 15.

Jede*r Consultant wurde mindestens einmal jährlich beurteilt, indem sich Dutzende an Kolleg*innen zur gezeigten Leistungsstärke äußerten.[112] Im Lauf der Jahre wurden junge Consultants noch engmaschiger, alle sechs Monate, überprüft.[113] Die Direktive „up or out" traf allerdings auch avanciertere Consultants („grow or go") und Direktoren der Büros („lead or leave").[114] Konnten Consultants in zwei konsekutiven Evaluationen nicht überzeugen, bedeutete dies das Ende der Arbeitsbeziehung.[115] Vorzeitig ausgeschiedene McKinsey-Consultants formten ein wachsendes Netzwerk aus „Alumni", die führende Positionen der US-amerikanischen Wirtschaft bekleideten. Im Jahr 1970 zählte das Alumni-Netzwerk 499 Mitglieder, von denen viele von Consultants zu Klient*innen geworden waren.[116] Den daraus resultierenden „esprit de corps" identifiziert Kipping als einen der Gründe, warum McKinsey & Company auch als multinationaler Konzern eine Kohäsion über alle Firmenstandorte hinweg beibehielt und nicht in verschiedene Neugründungen zerfiel.[117]

Den Weg nach Europa fand die Firma über einzelne Projekte: 1957 hatten einige McKinsey-Consultants für einen Auftrag des niederländischen Unternehmens Royal Dutch Shell zeitweise in London und Den Haag gelebt, den Hauptsitzen des Klienten. Zwei Jahre später entstand eine kleine McKinsey-Niederlassung in London. Unter den ersten Klientinnen waren Tochterfirmen US-amerikanischer Firmen, deren Mutterkonzerne zuvor bereits Unternehmensberater engagiert hatten.[118] Die Beratungsteams bestanden mangels Personal zunächst aus erfahreneren Consultants, die aus den USA übersiedelten. Zwar zielte McKinsey & Company darauf ab, wie in der Heimat nur Absolventen der Eliteuniversitäten zu rekrutieren. Die begehrten Studierenden aus Oxford und Cambridge ließen sich anfangs aber kaum für das noch unbekannte Unternehmen begeistern.

Erst nachdem das Londoner Büro Anfang der 1960er-Jahre auch einen Grundstock an britischer Klientel gewonnen hatte, wuchs die Zahl der einheimischen McKinsey-Consultants langsam an.[119] Im Jahr 1966 stellte London, hinter New York, McKinsey & Companys zweitgrößte Niederlassung dar.[120] Punkten konnte

112 McDonald, Firm, S. 83.
113 Henzler, Limit, S. 79.
114 McDonald, Firm, S. 83.
115 Henzler, Limit, S. 79.
116 McDonald, Firm, S. 84.
117 Kipping, American Management Consulting Companies, S. 219. Anders erging es beispielsweise der Bedaux Company, die schon seit 1916 in den USA betriebswissenschaftliche Methoden vertrieben hatte. Nachdem Charlex E. Bedaux nach Großbritannien expandiert hatte, gingen dort eine Vielzahl neuer Firmen aus der Bedaux Company hervor, die in der Folge den Beratungsmarkt dominierten, darunter Production Engineering, Personnel Administration oder Urwick, Orr and Partners. Siehe hierzu Wright/Kipping, The Engineering Origins of the Consulting Industry and Its Long Shadow, S. 37.
118 Kipping bezeichnet die multinationalen Kundenkonzerne als „‚bridges' to overseas work": Kipping, American Management Consulting Companies, S. 193.
119 Bhidé, Building, S. 26.
120 McDonald, Firm, S. 76.

die Firma hauptsächlich mit dem Managementmodell der Divisionalisierung: Wachsende Industriekonzerne öffneten sich für das „amerikanische Modell" dezentraler Unternehmensstrukturen, bei denen unterschiedliche Geschäftsbereiche als autonome Einheiten betrachtet und geführt wurden.[121] Von 1962 bis 1969 „reorganisierte" die Firma eine Vielzahl europäischer Großkonzerne und steigerte ihren Gewinn damit um durchschnittlich 69 Prozent pro Jahr.[122]

Am Düsseldorfer Standort in der Bundesrepublik verlief McKinsey & Companys Start nicht reibungslos. Wie im Londoner Büro war zunächst kein heimisches Personal zu rekrutieren: Der Brite John G. McDonald übernahm die Leitung eines dreiköpfigen Beraterteams. Einer der US-amerikanischen Berater erinnerte sich, dass ihm bei Ankunft in Nordrhein-Westfalen war, „as if no one in Germany had ever heard of management consulting".[123] Dies stützt Kippings These, dass die stark institutionell organisierte Beratung es nach Ende des Zweiten Weltkriegs insbesondere US-amerikanischen Consultingfirmen erschwerte, in der Bundesrepublik Fuß zu fassen.[124] Mit der Zeit wuchs die deutsche Präsenz McKinsey & Companys jedoch: Das zweite Deutschlandbüro entstand 1975 in München; bis 1979 folgten weitere Firmenstandorte in Hamburg und Frankfurt.[125]

Die zunehmende Präsenz US-amerikanischer Beratungsfirmen und deren Expansion in der Bundesrepublik deutet auf einen grundlegenden Wandel der Beratungsbranche um 1970 hin. Der Rationalisierungsadvokat Kurt Pentzlin vom RKW hatte 1968 noch mit dem selbst auferlegten Werbeverbot begründet, dass die Beratungsbranche in Deutschland relativ unbekannt sei.[126] Drei Jahre später sprach der „Wirtschaftsdienst" bereits von einer „Inflation" des Beratungsgeschäfts. Unternehmensleitungen beklagten, dass „kaum eine Woche vergeht, in der nicht ein Berater seine Dienste anbietet".[127] Die Anzahl an Beratungsfirmen in Deutschland, darunter hauptsächlich Einzelberater, schätzte der BDU auf 2000 bis 3000, darunter 20 aus den USA und dem Vereinigten Königreich, sowie vereinzelte Firmen aus Skandinavien und der Schweiz.[128] 1977 bezifferte Roland Berger den Honorarumsatz der Branche in Deutschland erstmals auf über eine Milliarde Mark[129] – eine medial platzierte Aussage persuasiven Charakters, die aber den Aufwärtstrend treffend wiedergab.[130]

121 Siehe dazu Marx, Vermarktlichung.
122 McKenna, American Challenge, S. 228.
123 Zitiert nach McDonald, Firm, S. 158.
124 Kipping, American Management Consulting Companies, S. 207.
125 McKinsey & Company, McKinsey früher und heute, https://www.mckinsey.de/uber-uns/geschichte, zuletzt geprüft am 14. 12. 2019.
126 Staatsarchiv Hamburg, 131–13_433, Artikel von Kurt Pentzlin, „Der Unternehmer braucht Berater", in: Frankfurter Allgemeine Zeitung, 10. 2. 1968, S. 17.
127 Staatsarchiv Hamburg, 131–13–433, Interview mit Olaf Mummert: Modebranche Unternehmensberatung, in: Wirtschaftsdienst, 1971, VI, S. 326.
128 Staatsarchiv Hamburg, 131–13_433, Artikel „Unternehmensberater. Teure ‚Medizinmänner'", in: Wirtschaftswoche, 30. 4. 1971, Nr. 18, S. 33.
129 Staatsarchiv Hamburg, 131–13_434, Artikel von Horst Fischer, „Unternehmensberater haben keine Sorge um ihre Beschäftigung", in: Die Welt, 24. 10. 1977, o. S.
130 Vgl. die Näherungswerte bei Elfgen/Klaile, Unternehmensberatung, S. 160–164, die nach Berekoven, Dienstleistungsmarkt, zwischen 1968 und 1978 eine sechsfache Steigerung steuer-

Der weitaus größte Honoraranteil entfiel dabei auf strategieorientierte Beratungsfirmen wie McKinsey & Company und Roland Berger & Partner. Entsprechend ambivalent gestaltete sich das Verhältnis zwischen Beratungsfirmen aus dem deutschsprachigen Raum und ihren US-amerikanischen – oder diesen nachempfundenen – Gegenstücken. Auch die ersten erfolgreichen deutschen Unternehmensberater der 1940er- bis 1960er-Jahre hatten formative Phasen in den USA durchlaufen oder von punktuellen Begegnungen mit US-amerikanischen Kollegen profitiert. Gerhard Kienbaum hatte 1952 auf einer Studienreise des RKW in die USA Betriebe besucht und „den dortigen Managern auf die Finger [geschaut]".[131] An der „Quelle der ‚Management Consultancy'" zeigte er reges Interesse – auch wenn er im Nachhinein betonte, sich schon vorher alles „auf dem Wege von ‚learning by doing' […] selbst vermittelt" zu haben.[132] Willy Wegensteins Partnerschaft mit Lester Knight brachte auch ihn in Berührung mit der US-amerikanischen Consultingkultur – und dem dort üblichen „Dresscode" der dunklen Anzüge und Hüte.[133] Die USA boten sich zudem stets als anzustrebendes Ideal an, wenn die deutschen Berater ihre noch zurückhaltenden Landsleute in Wirtschaft und Verwaltung von ihren Qualitäten zu überzeugen versuchten. In einem Artikel für die Zeitschrift „Rationalisierung" beispielsweise bemühte Gerhard Kienbaum 1959 einen internationalen Vergleich, ein deutsches „Beratungsdefizit" diagnostizierend. Bislang ließen sich „höchstens 5 %" der deutschen Unternehmen beraten, während „andere Staaten mit hohem Lebensstandard in Europa sowie in Amerika von den Möglichkeiten der Unternehmensberatung in erheblich größerem Umfang Gebrauch machen".[134] Auch in einem Reisebericht des RKW zum „Wirtschaftsberatungsdienst in den USA" von 1957 schwärmten die Autoren von dem regen Zulauf, den Beratungsfirmen in den Staaten genössen. Die Bandbreite der zufriedenen Kundschaft umspanne „private Unternehmungen sowie Wirtschaftsbetriebe und Verwaltungsstellen der öffentlichen Hand, auch Ministerien, sowie Armee, Luftwaffe und Marine".[135] Diese Beobachtung konnten die Autoren nutzen, um für den Ausbau sowohl der Beratungsförderung als auch der Branche als solcher zu werben:

> „So erfreulich sich die Ansätze zum Wirtschafts-Beratungsdienst in Deutschland schon entwickelt haben, so können wir hier am Beispiel der amerikanischen Wirtschaft noch viel lernen, sowohl in der Bereitschaft der Unternehmer, den Beratungsdienst heranzuziehen, wie in der Verbreitung der Beratungsfirmen und Vertiefung ihrer Arbeitsweise."[136]

pflichtiger Umsätze im Bereich „sonstige Beratung (klassische Unternehmensberatung, Markt- und Meinungsforschung)" vermerken.

131 Kienbaum, Rat, S. 219.

132 Ebenda.

133 Emmerich, Die Goldenen Jahre des Search Business, S. 196.

134 Kienbaum, Unternehmensberatung, S. 9.

135 Strencioch/Heitz/Schlobig, Wirtschaftsberatungsdienst, S. 20.

136 Ebenda. Vgl. die Analyse bei Kipping, ‚Importing' American Ideas to West Germany, 1940s to 1970s, S. 36: „[M]ost of the German missionaries had a certain admiration for the American achievements, but remained fairly sceptical regarding the possibility of their wholesale adoption in Germany."

Mit diesem Motiv brach Olaf Mummert in einem Interview 1971: Während die deutsche Beratungszunft noch in den 1960er-Jahren in den Vereinigten Staaten gelernt habe, zöge sie heute die Selbstständigkeit vor. Die Randbemerkung, „daß die amerikanischen Berater oder Unternehmensberatungsgesellschaften nicht den gleichen Hang zur ‚Gründlichkeit' haben wie die deutschen", wirkte dabei nur bedingt überzeugend.[137] Indem US-amerikanische Ausgründungen immer größere Gewinnmargen in der Bundesrepublik erzielten, waren sie deutschen Firmen nicht mehr Vorbild, sondern einkommensstarke Konkurrenz.

Wright und Kipping werfen die Frage auf, warum die „erste Welle" an Beratungsfirmen ab den 1970er-Jahren an Einfluss verlor und strategieorientierte Wettbewerberinnen wie McKinsey & Company in den Vordergrund rückten.[138] Die von Kipping an anderer Stelle angeführten Hypothesen – unübersichtlich gewordene Konzerne, eine neue, aufgeschlossenere Managementgeneration, und das Mitbestimmungsgesetz von 1976[139] – müssten im Einzelnen untersucht und möglicherweise um weitere Faktoren ergänzt werden. An dieser Stelle sei allein herausgestellt, dass die Firmen unterschiedlich an die Kund*innenakquise herangingen. Mit dem RKW kooperierende Firmen bearbeiteten die vermittelten Aufträge, setzten aber selbst keine Managementtrends in Gang. Inhaltlich konzentrierten sie sich meist auf organisatorische Aspekte der Unternehmensführung mit dem Ziel der Kostenersparnis – die Expertise und das Kernthema des RKW.[140]

McKinsey & Company und die Roland Berger & Partner GmbH lieferten potenziellen Kund*innen hingegen die von Plumpe passend als solche benannten „nützlichen Fiktionen": Indem sie Fragen der „Unternehmensstrategie" adressierten, verhießen sie Hilfe dabei, das „Überleben" von Firmen in einem zunehmend kompetitiven und von globalen Kapitalströmen bestimmten Umfeld zu sichern. Dabei erzeugten sie eine größere Reichweite als beispielsweise die Mummert + Partner AG und die Knight Wegenstein AG. Mit dem seit 1964 erscheinenden Magazin „McKinsey Quarterly" schuf sich die Firma eine eigene Plattform, um Managementtheorien zu verbreiten.[141] Auch Bergers betonte Ausrichtung auf übergreifende Managementfragen und die dafür geschaffene Medienöffentlichkeit indizierte, dass sich die Münchner Firma in einem Marktsegment mit den transatlantischen Niederlassungen verortete. Unterfüttert mit betriebswirtschaftlichen Konzepten konstruierte die Firma ihre Philosophie rund um den Begriff der „Unternehmensstrategie". Diese richte die „Strukturen und Systeme eines Unternehmens" an den „Chancen und Risiken" des Marktes sowie den eigenen „Stärken und Schwächen"

137 Staatsarchiv Hamburg, 131-13-433, Interview mit Olaf Mummert: Modebranche Unternehmensberatung, in: Wirtschaftsdienst, 1971, VI, S. 328.

138 Wright/Kipping, The Engineering Origins of the Consulting Industry and Its Long Shadow, S. 43.

139 Kipping, U. S. Influence, S. 120.

140 Kipping, ‚Importing' American Ideas to West Germany, 1940s to 1970s.

141 Dort publizierte auch Bower: Bower, Economic Understanding.

aus und behalte dabei das „Unternehmensziel“ und „die Bedürfnisse der Menschen in Unternehmen und Umfeld“ im Blick.[142]

In der Bundesrepublik war der Erfolg der hier beworbenen Führungsansätze zunächst überschaubar. Der internationale Bestseller „In Search of Excellence“ der beiden McKinsey-Berater Tom Peters und Robert Waterman von 1982 beispielsweise erhöhte kaum den Zulauf an deutscher Klientel.[143] In jedem Fall markierte er aber Unterschiede im Vorgehen der in Deutschland aktiven Beratungsfirmen. Inhaltlich unterschieden sich Peters' und Watermans Ausführungen kaum von den „gruppenwirtschaftlichen Untersuchungen“ des RKW in den 1960er-Jahren. In ihrem „7S-Modell“ umrissen Peters und Waterman, ähnlich wie einst Kienbaum, wo sich die Geheimnisse für ungebrochenen Unternehmenserfolg vermeintlich verbargen.[144] Zum einen hielten sich die verbandlich organisierten Firmen mit derlei Worthülsen größtenteils zurück. Nur die Kienbaum GmbH warb seit den 1980er-Jahren ebenfalls mit einschlägigen Rahmenwerken. In Antwort auf McKinseys Overhead Value Analysis oder Gemeinkostenwertanalyse vertrieb sie beispielsweise die Methode des Gemeinkosten-Systems-Engineering.[145] Darüber hinaus nahmen Veröffentlichungen wie Peters' und Watermans aber eine Rahmung vor, die die Notwendigkeit externer Beratung unhinterfragbar machte: Unternehmen verstanden sie, wie Werner Plumpe hervorhebt, als „eigenwilligen Organismus, der jeweils neu zu stimulieren“ sei.[146] Die Stimuli waren in diesem Bild stets Consultants selbst – eine Setzung, die den Studien des RKW entgangen war.

Anders als die Unternehmensberater*innen der frühen Jahre der Bundesrepublik konzentrierte sich McKinsey & Company außerdem auf die Beratung von Großkonzernen. Die erste deutsche Klientin war die Firma Dynamit Nobel. Bis Ende der 1960er-Jahre gesellten sich eine Reihe weiterer Industriegrößen dazu – neben Volkswagen auch der Kranhersteller Demag, die Preussag und die BASF.[147] Eine Art „mimetic institutional isomorphism“ entfaltete sich[148]: Bernhard Timm, Vorstand der BASF, zeigte sich beispielsweise neugierig, da er „von der neuen

142 BWA, S011/97, Roland Berger & Partner GmbH, Jahresbericht 1975, S. 23.

143 So die Einschätzung aus Praktikerperspektive bei Henzler, Limit, S. 95.

144 Laut Autoren in *structure*, *strategy*, *systems*, *style of management*, *skills*, *staff* und den *shared values* eines Unternehmens: Peters/Waterman, Excellence.

145 Siehe den Aufsatz des Kienbaum-Beraters Bothe, Kosten-Controlling, S. 1–11. Mithilfe der „administrativen Wertanalyse“ hatten Consultants in den USA schon seit den 1960er-Jahren Sparpotenziale in Unternehmen identifiziert, die sich vor allem in funktionalen Kosten wie Verwaltung, Lagerung oder Energienutzung verbargen. Bei der *Overhead Value Analysis* bezogen die Consultants die gesamte Belegschaft eines Klientenunternehmens ein und baten das Management wie die Mitarbeitenden, Vorschläge zu unterbreiten, wie die Kosten in ihrem Geschäftsbereich um 40 Prozent gesenkt werden könnten.

146 Plumpe, Nützliche Fiktionen?, S. 262.

147 Wenn McKinsey kommt …, in: Die Zeit, 18. 3. 1983, https://www.zeit.de/1983/12/wenn-mckinsey-kommt, zuletzt geprüft am 19. 2. 2019.

148 McKenna, American Challenge, S. 226, der hier auf DiMaggio/Powell, Iron Cage, aufbaut. Vgl. Kieser, Entscheiden Manager klug, wenn sie mithilfe von Unternehmensberatern oder Wissenschaftlern entscheiden?, S. 57.

Organisationsstruktur der Preußag gehört [hatte], ‚bei der sich die Beratung durch eine außenstehende Organisationsberatungsfirma recht positiv ausgewirkt'" habe.[149] Die Externen blieben zwar zuweilen hinter den Erwartungen zurück: Nachdem ein ursprünglich als Kurzintervention geplanter Auftrag bei der BASF sich zu einem zweijährigen Reorganisationsprojekt ausgewachsen hatte, kündigte der Vorstand den Vertrag 1971 entnervt auf. Beigetragen hatte dazu unter anderem „eine wegen ihrer Penetranz und Plattheit ‚als Zumutung' empfundene Art der Präsentationen" der Consultants.[150] Nach außen signalisierte die Größenordnung des Klientels dennoch einen gewissen Status der Beratungsfirma. Die Roland Berger & Partner GmbH tat es McKinsey & Company in dieser Sache gleich: Zu ihrer Klientel zählte die Firma im Jahr 1975 nach eigenen Angaben „9 der 10 grössten Deutschen Industrie-Unternehmen", „3 der 5 grössten deutschen privaten Banken", „4 der 6 grössten deutschen Verkehrsunternehmen" und „3 der 5 grössten deutschen Einzelhandelsunternehmen".[151]

Der Fokus auf Großkonzerne brachte eine andere Art der Netzwerkbildung mit sich, als in den ersten Dekaden der Bundesrepublik üblich gewesen war. Statt Wirtschaftseinrichtungen nahmen McKinsey & Company und die Roland Berger & Partner GmbH Konzernvorstände in den Blick. So waren McKinsey-Vertreter seit den späten 1960er-Jahren regelmäßig zu den Baden-Badener Unternehmergesprächen eingeladen, bei denen aufstrebende Führungskräfte Westdeutschlands Kontakte knüpfen konnten.[152] Auch Herbert Henzler, der seit 1983 die deutschlandweiten Geschäfte von McKinsey & Company führte, vernetzte sich mit den Vorständen aller in Deutschland einflussreichen Unternehmen – mehr und mehr davon selbst McKinsey-„Alumni"[153] – und positionierte sich dabei als sympathischer, vertrauenswürdiger und kompetenter Ansprechpartner. Der von Henzler initiierte „old boys club" der „Similauner", bei dem eine feste Gruppe an Vorständen jährlich zum Bergsteigen in den Alpen zusammenkam, verkörperte seine Schlüsselrolle in den Chefetagen der Bundesrepublik.[154]

Die Roland Berger & Partner GmbH verzeichnete ebenfalls enorme Zugewinne, als die Deutsche Bank 1987 zur Miteigentümerin wurde. Der Bankmanager Alfred Herrhausen handelte eine Beteiligung von 24 Prozent bei der Firma aus, die bis Ende des Jahres zu einer Mehrheitsbeteiligung von 75,01 Prozent anwuchs. Dies war Teil der „globalen Strategie" Herrhausens, mit der er die Deutsche Bank durch Unternehmensbeteiligungen und Tochtergesellschaften als moderne Finanzdienst-

149 Abelshauser, BASF, S. 574.

150 Ebenda, S. 578.

151 BWA, S011/97, Roland Berger & Partner GmbH, Jahresbericht 1975, S. 46.

152 Kipping, American Management Consulting Companies, S. 217 f.

153 Von 635 Ehemaligen der deutschen Büros seien 1998 „knapp 300 in Spitzenpositionen aufgestiegen", McKinsey greift an, in: Capital, 1. 11. 1998, S. 38.

154 In seiner Autobiografie nennt Henzler unter anderem die Vorstände der Deutschen Bank, der Telekom AG, der BASF und der Köln Rück als Mitglieder der Wandergruppe: Henzler, Limit, S. 235.

leisterin positionieren wollte.[155] Für die Firma nachteilig war die Tatsache, dass sie sich gemäß dem US-amerikanischen *Bank Holding Company Act* nicht in den Vereinigten Staaten ansiedeln durfte. Zudem zog die kreditgebende Funktion der Bank die Unabhängigkeit der Consultants in Zweifel – schließlich konnte nicht ausgeschlossen werden, dass ein negatives Urteil der Berater*innen die Kreditwürdigkeit von Unternehmen schmälern würde.[156] Für die Roland Berger & Partner GmbH wog aber offenbar schwerer, was ihnen die Deutsche Bank als Anteilseigner einbrachte: einen Platz im Zentrum der „Deutschland AG" – einem Pool voll potenzieller Klient*innen.[157]

3. Die öffentliche Verwaltung als widerspenstige Kundin

Wenn die Frage noch umfassend geklärt werden muss, welche Faktoren den Aufstieg von McKinsey & Company und ähnlicher Firmen ab den 1970er-Jahren begünstigten, kann die Frage beantwortet werden, was mit kleineren und unscheinbareren Wettbewerberinnen geschah. Diese verlegten ab den 1970er-Jahren des Öfteren ihren Schwerpunkt auf die öffentliche Verwaltung. Im Jahr 1964 fiel die Bilanz zur „unabhängigen Wirtschaftsberatung" in der öffentlichen Verwaltung noch verhalten aus.[158] Öffentliche Unternehmen nähmen Beratungsdienste zwar in Anspruch, jedoch deutlich seltener als private, schilderte eine Dissertationsschrift. „Eine Beratung im Bereich der öffentlichen Verwaltung (z. B. der Bundes-, Länder- und Gemeindeverwaltungen)", so der Verfasser weiter, „ist nicht bekannt."[159] Der Staat begann in diesem Zeitraum jedoch, die Branche nicht mehr nur indirekt durch Subventionen zu unterstützen, sondern selbst zum zahlenden Kunden zu werden.

Berührungspunkte mit Akteur*innen außerhalb der Verwaltung und auch der Zukauf externer Dienstleistungen verschiedenster Art gehörten seit jeher zum Behördenalltag. Zu den Instanzen, die staatliche Einrichtungen zu unterschiedlichen Sachfragen berieten, zählten der Bundesrechnungshof und die Landesrechnungshöfe (LRH). Der erste Präsident des Reichsrechnungshofs, Moritz Saemisch, hatte bereits von 1927 bis 1933 Wirtschaftlichkeits- und Organisationsprüfungen auf Bundesebene durchgeführt.[160] Als Reichssparkommissar hatte er auch einzelnen

155 Gall u. a., Deutsche Bank, S. 713.
156 Fink/Knoblach, Management Consultants, S. 103.
157 Zum protektionistischen Modell der „Deutschland AG" mit ihren Verflechtungen aus Großkonzernen, Banken und Finanzinstitutionen siehe die Beiträge bei Ahrens/Gehlen/Reckendrees (Hrsg.), Deutschland AG, Streeck/Höpner (Hrsg.), Alle Macht dem Markt?, sowie Berghoff, Die 1990er Jahre als Epochenschwelle.
158 Hammerschmidt, Wirtschaftsberatung.
159 Ebenda, S. 74.
160 Badenhoop, System der kommunalen Verwaltungsrationalisierung, S. 565.

Großstädten und Ländern aufgezeigt, wie sie ihre Mittel effizienter einsetzen konnten.[161] Seit 1950 agierte der neu errichtete BRH als oberste Rechnungsprüfungsbehörde des Bundes.[162] Sein Präsident, gleichzeitig der Bundesbeauftragte für Wirtschaftlichkeit in der Verwaltung, nahm die Rolle des früheren Sparkommissars ein und offerierte den Bundesministerien informelle Beratung zu Haushaltsfragen.[163] Eine prospektiv beratende Funktion wurde Teil des offiziellen Aufgabenkatalogs des BRH, als ihn die Bundeshaushaltsordnung von 1970 in die Haushaltsplanung der Bundestagsausschüsse einbezog.[164]

Beinahe so alt wie der Rechnungshof war die WIBERA Wirtschaftsberatung AG. 1931 hatte der Deutsche Städtetag diese gemeinsam mit den Fachverbänden der öffentlichen Versorgung – Gas, Wasser, Elektrizität und Nahverkehr – als verwaltungseigene Wirtschaftsprüfungsgesellschaft ins Leben gerufen. Die WIBERA AG prüfte die Bücher kommunaler Betriebe und beriet diese in Steuer- und Rechtsfragen. Erste Mitarbeiter entstammten dem Deutschen Sparkassen- und Giroverband, da die kommunalen Kreditinstitute bereits Erfahrung mit der für Kapitalgesellschaften vorgeschriebenen Pflichtprüfung gesammelt hatten.[165] Als die kommunalen Eigenbetriebe 1939 vorübergehend von der Pflichtprüfung befreit wurden, öffnete die WIBERA AG ihr Angebot auch für öffentliche Unternehmen anderer Verwaltungsebenen sowie Kapitalgesellschaften, Versicherungen, Bausparkassen und Banken. Mit dem Prüfungs- ging häufig ein Beratungsauftrag einher, sodass sich die WIBERA AG auch zu Führungs- und Organisationsthemen äußerte.[166] Ab 1961 weitete sie ihre Tätigkeiten auf Kommunal- und Landesbehörden aus.[167] Bindeglied war hier der Jurist Eberhard Laux, der zu der halböffentlichen Wirtschaftsprüfungsgesellschaft dazustieß. Als Honorarprofessor an der Hochschule für Verwaltungswissenschaften Speyer publizierte Laux über viele Jahre zu Themen der Verwaltungsreform[168] und griff dabei auf seine Erfahrungen mit den Prüfungsaufträgen zurück, die er für die WIBERA AG erledigte. In den 1970er-Jahren prüfte und beriet die WIBERA AG Krankenhäuser, Nahverkehrsbetriebe, Hochschuleinrichtungen und kommunale Körperschaften zu Organisationsfragen.[169]

Aus der WIBERA AG war 1949 darüber hinaus die Kommunale Gemeinschaftsstelle für Verwaltungsvereinfachung (KGSt) entstanden.[170] Als „Selbsthilfeeinrich-

161 Ebenda, S. 564. Zur Person Saemischs und seinen Aufgaben als Reichssparkommissar siehe Dommach, Reichssparkommissar.

162 BT, Drs. 2/396, 11. 2. 1954, S. 57.

163 Diederich u. a., Kontrolleure, S. 70.

164 Ebenda, S. 70–76.

165 Olivet, Organisation, S. 240.

166 Ebenda, S. 241.

167 Persönliche Kommunikation mit dem ehemaligen WIBERA-Berater Rolf Abel, 20. 8. 2017.

168 Etwa Laux, Planung; Laux, Führung; Laux, Organisatorische Strategien zur Begrenzung öffentlicher Aufgaben.

169 Angeführt seien nur exemplarisch einige Projektberichte: Tillich, Probleme, S. 1–13; Bolsenkötter, Unternehmensrechnungen, S. 301–306; Potthoff, Auftrag, S. 1–12.

170 Badenhoop, System der kommunalen Verwaltungsrationalisierung, S. 557. Seit 2005 ist die KGSt unter dem Namen „Kommunale Gemeinschaftsstelle für Verwaltungsmanagement“

tung für Kommunen"[171] recherchierte diese in Köln zu „Grundsatzfragen der kommunalen Organisation"[172] und zirkulierte die Erfahrungswerte in Form von Gutachten und Rundschreiben unter ihren Mitgliedern. Ende der 1950er-Jahre gehörten dazu 203 Städte, Gemeinden und Kreise;[173] bis Ende der 2010er-Jahre stieg die Mitgliederzahl auf über 2200 an.[174] In einer wachsenden Anzahl an Ausschüssen arbeiteten hauptamtliche Mitarbeiter*innen der KGSt gemeinsam mit Kommunalbeamt*innen Empfehlungen für die Verwaltungspraxis aus.[175] Die Aufgabenstellungen verteilten sich auf vier Themenbereiche: allgemeine Organisationsgrundsätze, Gebietsorganisation und interkommunale Vernetzung; die Organisation der einzelnen Ämter inklusive Personalwesen und Stellenbewertungen; Mechanisierung und Automation; sowie das kommunale Finanzwesen.[176] Die KGSt war neben der WIBERA AG nicht nur „die wichtigste Zentralstelle, die sich die Kommunalverwaltungen für Prüfungen und Beratungen auf dem Gebiet der Organisation und Wirtschaftlichkeit geschaffen haben".[177] Sie trieb auch die Vernetzung der verwaltungseigenen Organisationsstellen auf Landes- und Bundesebene voran. Ab 1972 fanden jährliche Treffen zwischen Vertreter*innen der KGSt und der Unterabteilung Organisation des Bundesministeriums des Innern statt. Ein gemeinsames Abkommen fixierte die Zusammenarbeit in Fragen der Verwaltungsstruktur und -technisierung.[178]

Für alle drei Instanzen – die Rechnungshöfe, die WIBERA AG und die KGSt – ergaben sich Berührungspunkte mit Beratungsfirmen, je weiter letztere die Verwaltung als Markt erschlossen. Wie die wirtschaftseigenen Einrichtungen in der Privatwirtschaft fungierten die verwaltungseigenen Stellen als Türhüter. Der BRH und seine Äquivalente in den Ländern pflegten eine kontrollierende Haltung gegenüber den Consultingunternehmen. Ihnen oblag es, die Ausgaben der Verwaltungsorgane für externe Beratung kritisch zu überwachen und auf ihre Notwendigkeit hin zu überprüfen. Hierfür galt es, Orientierungshilfen zu schaffen und die Verwaltungsstellen zu einem effizienten und effektiven Einsatz der Ressource „externe Beratung" zu „erziehen". Die WIBERA AG und die KGSt wiederum standen offen im Wettbewerb mit kommerziellen Berater*innen – füllten sie doch selbst die Rolle der verwaltungseigenen Beratung aus. 1956 bat die KGSt ihre Mitglieder, sie zu informieren, sollten sie externe Gutachten „von Wirtschaftsprü-

bekannt. Zum vorausgegangenen Orientierungsprozess der KGSt hin zu Vorstellungen des New Public Management siehe Vogel, Herkunft, S. 40–44.

171 Plamper, Kommunale Gemeinschaftsstelle, S. 62.

172 Olivet, Organisation, S. 212.

173 Badenhoop, System der kommunalen Verwaltungsrationalisierung, S. 558.

174 KGSt-Mitgliedsverzeichnis, https://www.kgst.de/mitgliedsverzeichnis, zuletzt geprüft am 12. 12. 2019.

175 Siepmann, Wissenschaftliche Beratung der Kommunen, S. 39 f.

176 Olivet, Organisation, S. 213.

177 Ebenda, S. 240.

178 Ebenda, S. 217.

fungsgesellschaften und anderen Einrichtungen zu solchen Problemen" eingeholt haben, „die in den Aufgabenbereich der KGSt fallen".[179] Erst 1966 räumte sie ein: „Die Zweckmäßigkeit, im Einzelfall derartige Aufträge zur Erstattung von Gutachten zu erteilen, wird grundsätzlich nicht bestritten werden können."[180]

Ähnlich verhalten gegenüber kommerziellen Beratungsangeboten zeigte sich die WIBERA AG. Bei Ausschreibungen auf kommunaler und Landesebene konkurrierte die verwaltungseigene Aktiengesellschaft regelmäßig mit der Kienbaum GmbH und der Mummert + Partner AG. Dabei behielt sie häufig die Oberhand: Mitte der 1980er-Jahre absolvierte sie parallel über hundert Projekte im Jahr im öffentlichen Bereich.[181] Unter der Überschrift „Unternehmensberater" listete das „Handbuch zur kommunalen Wissenschaft und Praxis" von 1981 die WIBERA AG demonstrativ als einziges Beispiel.[182] Das Konkurrenzverhalten ging so weit, dass die KGSt Mitte der 1990er-Jahre eine eigene Beratungsfirma gründete: die KGSt consult GmbH. Diese bot Kommunen an, die von der KGSt bezogenen Empfehlungen gegen ein Honorar umzusetzen. Zur Begründung äußerte Harald Plamper 1996, seinerzeit KGSt-Vorstand, kommerzielle Anbieter*innen schlügen Profit aus den Angeboten der KGSt: „Die Beratungsunternehmen bedienen sich häufig und gerne der Empfehlung der KGSt. Das kann man vor allem in den von Beratern erstellten Gutachten sehen, wenn man diese aufmerksam liest."[183]

Aus Sicht von Verwaltungsbeamten der 1970er-Jahre unterschied sich die Unternehmensberatung nur unwesentlich von anderen externen Dienstleistungen. Dies zeigt das Beispiel Hamburg. Die Hansestadt gehörte Ende der 1960er-Jahre zu den ersten Landesverwaltungen, die regelmäßig Beratungsfirmen engagierten. Katalysatorisch für die Einbeziehung externer Dienstleistungen – ob öffentlich oder kommerziell – wirkte dabei das von dem Senatsdirektor Ulrich Becker äußerst aktiv geführte Senatsamt für den Verwaltungsdienst, kurz: Organisationsamt.[184] Unter anderem führte das Senatsamt für den Verwaltungsdienst Organisationsuntersuchungen in den einzelnen Verwaltungsressorts durch. Dafür verfügte es über einen breiten Methodenschatz, etwa „Methoden der Schwachstellen- und der Schwerpunktanalyse, der täglichen Arbeitsaufzeichnung, Fragebogen- und Interviewmethoden, [...] Wirtschaftlichkeitsberechnungen, Kosten-Nutzen-Ver-

[179] Staatsarchiv Hamburg, 131-13_431, Auszug aus KGSt, „Schnellbrief an alle Mitglieder", Betr.: Gutachten von Wirtschaftsprüfungsgesellschaften und ähnlichen Einrichtungen, 30. 6. 1956, S. 1.

[180] Staatsarchiv Hamburg, 131-13_433, Ausschnitt aus KGSt, „Mitteilungen", Nr. 10, 25. 5. 1966.

[181] Persönliche Kommunikation mit dem ehemaligen WIBERA-Berater Rolf Abel, 20. 8. 2017.

[182] Siepmann, Wissenschaftliche Beratung der Kommunen, S. 46.

[183] Plamper im Interview: o. V., Interkommunale Vergleiche, S. 37.

[184] Seit 1920/1921 befasste sich stets eine Stelle der Hamburger Verwaltung mit „Fragen der Organisation und Wirtschaftlichkeit" in den Behörden. Die Organisationsabteilung war 1945 beim Rechtsamt angesiedelt, bevor sie 1967 im vormaligen Personalamt aufging und seither ein eigenständiges Senatsamt für Personal- und Organisationsfragen bildete. Olivet, Organisation, S. 112.

gleiche, Nutzwertanalyse".[185] Externe Dienstleister beauftragte das Organisationsamt, wenn die eigenen personellen Ressourcen nicht ausreichten.[186]

Infrage kamen dafür auch Consultingunternehmen. Auf eine Anfrage des Baudezernats ließ Becker bereits 1968 verlauten: „Das Senatsamt für den Verwaltungsdienst steht dem Einsatz von Unternehmensberatungsfirmen in der Verwaltung aufgeschlossen gegenüber."[187] Mehrere Gespräche mit Beratungsfirmen seien auch schon geführt worden. Bei näherer Beschäftigung habe sich allerdings herausgestellt, „daß die Arbeiten zweckmäßiger und kostengünstiger von Verwaltungskräften zu bewältigen sind".[188] Grundsätzliche Offenheit führte also nicht automatisch zur Auftragsvergabe: Die notwendige Überzeugungsarbeit leisteten Unternehmensberater*innen.

Der für Hamburg zuständige Vertreter der Prognos AG, Manfred von Plotow, blieb den Organisationsspezialisten als besonders hartnäckiger Verkäufer in Erinnerung. Die Prognos AG wollte sowohl Wirtschaftsunternehmen in „zukunftsorientierten Entscheidungen" beraten als auch „wissenschaftliche Expertise in die Politik […] tragen, dabei aber als Aktiengesellschaft unabhängig von der Politik […] bleiben".[189] Gegründet 1959 an der Universität Basel,[190] ähnelte die Schweizer Firma akademischen Ausgründungen wie dem Institut Mensch und Arbeit oder dem (allerdings unkommerziellen) Soziologischen Forschungsinstitut Göttingen[191] und konnte je nach Lesart der wissenschaftlichen Politikberatung oder der privaten Unternehmensberatung zugeordnet werden. Von den Vertretern des Organisationsamts wurde sie als letztere wahrgenommen, wozu der Habitus von Plotows sicherlich beitrug.

Einem Gesprächstermin mit dem Berater stimmte der Beamte Krause im März 1973 widerwillig zu, da sich dieser „nicht abwimmeln" ließ. Ungebeten händigte der Berater seinem mäßig interessierten Gegenüber einen Stapel Arbeitsproben und Angebotsvorschläge aus. Den abschlägigen Hinweis, „daß wir aber im einzelnen noch prüfen müßten, in welchen speziellen Einzelfragen sich eine Vertiefung der Kontakte nutzbringend erweisen könnte", überging der Berater geflissentlich. Stattdessen fragte er den Beamten nach möglichen weiteren Interessent*innen aus, darunter eine aktuelle Enquete-Kommission der Hamburger Bürgerschaft und das

185 Staatsarchiv Hamburg, 131-13_759, Niederschrift über die Sitzungen des Unterausschusses „Stellenplan" des Ständigen Haushaltsausschusses der Bürgerschaft, Hamburg, am 24. August, 31. August und 18. September 1972. Entwurf: Systeme und Methoden des Managements in der Hamburgischen Verwaltung, 25. 11. 1972, S. 39.

186 Ebenda.

187 Staatsarchiv Hamburg, 131-13_433, Schreiben des Organisationsamtes an die Hamburger Baubehörde, Betr.: „Organisatorische Beratung durch Unternehmensberater", 29. 4. 1968, S. 2.

188 Ebenda.

189 Seefried, Zukünfte, S. 316. Zur Prognos AG siehe auch Seefried, Prognostik zwischen Boom und Krise.

190 Prognos AG, Wer wir sind, https://www.prognos.com/ueber-uns/die-prognos-ag/wer-wir-sind/, zuletzt geprüft am 10. 9. 2018.

191 Für diesen Hinweis danke ich Jan Kellershohn.

Amt für Wirtschaftspolitik. Krauses Gesprächsnotiz verriet keine Illusionen: „Herr von Plotow ist ein reiner Akquisiteur. Eine Sachdiskussion war mit ihm deshalb nicht möglich.“[192]

Das Organisationsamt behielt die Firma jedoch im Auge, auch weil Verwaltungsorgane anderer Bundesländer von der Dienstleistung Gebrauch machten.[193] Während die Berater selbst auf sich aufmerksam machen konnten, verstärkten erst positive Berichte weiterer Verwaltungsstellen die Bereitschaft, sich auf die Externen einzulassen – ähnlich wie im privatwirtschaftlichen Bereich. Das Organisationsamt machte wiederum anderen Körperschaften auf Anfrage seine Erfahrungen mit externen Beratungsaufträgen zugänglich und ermunterte diese zu Auftragsvergaben.[194] Darüber hinaus waren die ersten Beauftragungen günstigen Gelegenheiten geschuldet. Auf einem Schreiben, in dem das Organisationsamt die Hamburger Staatskanzlei über das Angebot der Prognos AG unterrichtete, findet sich die handschriftliche Notiz: „Wir haben doch noch 50 000 DM – was machen wir damit?“[195] Einen messbaren Mehrwert der externen Beratung versprachen sich die Beamten zu diesem Zeitpunkt nicht. Zweifel wurden dahin gehend geäußert, „ob die Beratungsunternehmen nicht meist lediglich dafür kompetent sind, ein System zur weiteren Untersuchung durch die Behördenfachleute selbst zu entwickeln“.[196] Nach einer Abteilungsbesprechung hielt eine weitere handschriftliche Notiz jedoch fest: „Auch eine bloße Stimulanz könnte den Einsatz rechtfertigen.“[197]

Entsprechend niedrig waren die Erwartungen, als die Prognos AG die Beamten des Organisationsamts 1971 zu einem „Erfahrungsaustausch zum Thema Erfolgs-

192 Staatsarchiv Hamburg, 131-13_2216, Vermerk, Betr.: Kontaktaufnahme mit der PROGNOS-AG, 21. 3. 1973, S. 2.

193 Staatsarchiv Hamburg, 131-13_433, Schreiben von Becker (Organisationsamt Hamburg) an Watzinger, Bürgermeister Mannheim, 28. 10. 1971.

194 Staatsarchiv Hamburg, 131-13_435, Schreiben von Becker (Organisationsamt Hamburg) an Oberregierungsrat Bohnsack, Betr.: „Mustervertrag für Aufträge an private Unternehmensberatungen“, 24. 1. 1972.

195 Staatsarchiv Hamburg, 131-13_2216, Schreiben des Staatsrats Rademacher an Staatsrat Schulze, 9. 3. 1973, S. 1.

196 Staatsarchiv Hamburg, 131-13_433, Vermerk des Organisationsamtes, Betr.: „Einsatz von Beratungsunternehmen“, 14. 1. 1974, S. 1.

197 Ebenda. Vgl. den Artikel von Udo Kollatz, Staatssekretär beim Bundesministerium für wirtschaftliche Zusammenarbeit, den das Organisationsamt einige Jahre später rezipierte: Staatsarchiv Hamburg, 131-13_434, Kopie: Artikel von Staatssekretär Udo Kollatz, „Organisationsberatung im Bundesministerium“, erschienen in: Verwaltungsarchiv, Heft 1/78, März 1978, S. 80. Bei einer Organisationsuntersuchung durch Unternehmensberater hätten die Beamt*innen die „entscheidende Leistung selbst erbracht“, indem sie der Beratungsfirma ihre Probleme dargelegt und „sie sich damit selbst bewußt gemacht“ hätten. Weiterhin habe der Beratungsauftrag die Verwaltung von einem „insgeheim durchaus gehegten Minderwertigkeitsgefühl“ befreit, da „die externen Sachverständigen in vielen Problemfeldern keine besseren Lösungen anzubieten [hatten] als die bereits praktizierten“. Die somit erzielten Gewinne schienen dem stattlichen Honorar von 500 000 Mark nicht zu entsprechen – ein Umstand, der die Begeisterung des Staatssekretärs allerdings nicht schmälern konnte.

kontrolle als Instrument zielgerechter Planung öffentlicher Aktivitäten" einlud.[198] Paragraf 7 der Bundeshaushaltsordnung von 1970 verpflichtete Behörden vor größeren Infrastrukturausgaben zu Nutzen-Kosten-Rechnungen.[199] Die Prognos AG offerierte ebendiese Wirtschaftlichkeitsuntersuchungen als Teil ihres Portfolios und regte nun einen zweitägigen Kongress an „zwischen jenen, die sich um das methodische Vorgehen, und jenen, die sich um die Umsetzung bemühen".[200] Vor einem Kreis aus 50 Vertreter*innen des Bundes, der Landesministerien, verschiedener Hochschulen sowie der europäischen Ebene referierten sie über ihre Erfahrungswerte und ließen großzügig Raum für Diskussion.[201]

„Derartige Veranstaltungen müssen wohl grundsätzlich unter dem Konto ‚Kontaktpflege, Information und Fortbildung' verbucht werden", vermerkte der teilnehmende Beamte des Organisationsamts im Nachhinein.[202] Die gründliche Vorbereitung seitens der Firma sowie ihre „souveräne Diskussionsleitung" hätten aber ein „erfreuliches Niveau" erzeugt und die Gespräche mit dem illustren Teilnehmer*innenkreis sich als gewinnbringend erwiesen.[203] Die Seminargebühren von 340 Mark pro Person machten einen „Erfahrungsaustausch" dieser Art auch für die Prognos AG lukrativ.[204] Größer dimensionierte Erfolge konnte sie mit einem langen Atem verbuchen: Gut sechs Jahre nach von Plotows erster Kontaktaufnahme beauftragte die Hamburger Verwaltung die Firma mit einer Nutzen-Kosten-Untersuchung bezüglich des strittigen Ausbaus der A 26.[205]

Wenngleich Beratungsfirmen mehr und mehr punktuelle Erfolge in der öffentlichen Verwaltung verbuchen konnten, blieben die Ausmaße ihres Engagements in den 1970er-Jahren doch überschaubar. Eine Aufstellung aller durchgeführten Organisationsuntersuchungen in der hamburgischen Verwaltung von 1971 bis 1977 illustriert, dass die Unternehmensberatung nur eine von vielen externen Dienst-

198 Staatsarchiv Hamburg, 131-13_2216, Schreiben der Prognos AG an Regierungsdirektor Krause, Betr.: Erfahrungsaustausch zum Thema Erfolgskontrolle als Instrument zielgerechter Planung öffentlicher Aktivitäten, 8. 4. 1974.

199 Bundeshaushaltsordnung, 19. 8. 1969, § 7 Wirtschaftlichkeit und Sparsamkeit, Kosten- und Leistungsrechnung.

200 Staatsarchiv Hamburg, 131-13_2216, Schreiben der Prognos AG an Regierungsdirektor Krause, Betr.: Erfahrungsaustausch zum Thema Erfolgskontrolle als Instrument zielgerechter Planung öffentlicher Aktivitäten, S. 2.

201 Staatsarchiv Hamburg, 131-13_2216, Prognos AG, Teilnehmer-Verzeichnis der Veranstaltung „Erfolgskontrolle als Instrument zeitgerechter Planung öffentlicher Aktivitäten. Erfahrungsaustausch", 26./27. 9. 1974.

202 Staatsarchiv Hamburg, 131-13_2216, Vermerk des Planungsstabs, Betr.: PROGNOS-Seminar „Erfolgskontrolle", 11. 10. 1974, S. 1.

203 Staatsarchiv Hamburg, 131-13_2216, Vermerk, Betr.: Kontaktaufnahme mit der PROGNOS-AG.

204 Staatsarchiv Hamburg, 131-13_2216, Prognos AG, Rechnungsschreiben an Senatskanzlei – Planungsstab, Betr.: „Erfolgskontrolle als Instrument zielgerechter Planung öffentlicher Aktivitäten", 21. 11. 1974.

205 Staatsarchiv Hamburg, 371-16_II_6149, Kopie: Prognos AG, Arbeitsvorschlag für Nutzen-Kosten-Untersuchungen zur A 26, 31. 8. 1979. Übermittelt von der Baubehörde Hamburg an die Behörde für Wirtschaft, Verkehr und Landwirtschaft Hamburg am 23. 11. 1979.

leistungen darstellte. Von 134 gelisteten Projekten in diesem Zeitraum wurden 20 von Beratungsfirmen ausgeführt.[206] Das Organisationsamt selbst erteilte 1971 den ersten Auftrag an die Kienbaum GmbH: Die Berater sollten „Verbesserungsmöglichkeiten in der Aufbau- und Ablauforganisation der Finanzämter" aufzeigen.[207] Die Behörde für Inneres beauftragte im selben Jahr die Knight Wegenstein AG mit einem Gutachten zur „Rationalisierung und Erhöhung der Effektivität der Hamburger Polizei".[208] Die Baubehörde wiederum trat, ebenfalls 1971, an die WIBERA AG mit der Bitte um eine Untersuchung ihrer „Führungsorganisation" heran.[209] Zu den wiederholt beauftragten Firmen gesellten sich im Jahr darauf die Mummert + Partner AG, die Scientific Control Systems GmbH mit einer Studie zur „Neuorganisation des Alarmierungssystems" der Feuerwehr sowie IBM/Siemens mit einer „Vorstudie über die weitere Automation des Einwohnerwesens".[210] Das Battelle-Institut vervollständigte den Kreis der kommerziellen Auftragnehmer. Alle anderen Organisationsuntersuchungen wurden von Projektgruppen der betreffenden oder anderer Hamburger Behörden durchgeführt. So bat beispielsweise die Gesundheitsbehörde die Baubehörde, ein „Raum-, Funktions- und Ausstattungsprogramm" für das Allgemeine Krankenhaus Eilbek zu entwerfen.[211] Vereinzelt gaben auch Architekturbüros oder technische Hochschulen Organisationsempfehlungen ab.

Nicht nur wegen der mannigfaltigen Konkurrenz war und blieb die öffentliche Verwaltung eine schwierige Kundin. Wollten Beratungsunternehmen mit dem Staat Geschäfte machen, mussten sie sich auf eine, bei Privatunternehmen deutlich knapper ausfallende, Vorbereitungsprozedur einlassen. Wie jeder behördliche Vorgang gehörte auch das Geschäft mit Beratungsfirmen administrativ verortet und dokumentiert. Während sich die Berater in Überzeugungsarbeit übten, erkundigten sich die Beamten über die gebotenen Formalitäten und entwickelten diese stetig weiter. In welche bestehenden Klassifikationen öffentlicher Aufträge fügten sich Beratungsprojekte ein, wonach bemaß sich das Honorar und welche weiterführenden Regelungen gab es zu beachten?

Der Bausenator setzte zuerst 1973 „wettbewerbsfördernde Vergabearten" für sein Ressort durch.[212] Bevor ein Auftrag vergeben werden konnte, musste die Behördenleitung diesen über einschlägige Verwaltungspublikationen ausschreiben: „Mehrarbeit in der Verwaltung und eintretende Zeitverluste begründen in der Regel keine Abweichung von der Pflicht, öffentlich auszuschreiben."[213] Beschränkte

206 Zählung A. M. auf Basis von Staatsarchiv Hamburg, 131-13_827, Organisationsamt. Übersicht über Organisationsuntersuchungen in der hamburgischen Verwaltung seit 1971 (Auswahl), Mai 1977.

207 Ebenda, S. 2.

208 Ebenda.

209 Ebenda.

210 Ebenda, S. 4.

211 Ebenda, S. 6.

212 Staatsarchiv Hamburg, 131-13_433, Verfügung der Baubehörde Freie und Hansestadt Hamburg, Betr.: Vergabe von Bau- und sonstigen Leistungen (VOB und VOL); hier: öffentliche Ausschreibung, 22. 8. 1973, S. 1.

213 Ebenda.

Ausschreibungen, bei denen nur ausgewählte Firmen von einem Angebotsgesuch erfuhren, und freihändige Vergaben, bei denen die Verwaltung eine Firma ohne vorgeschalteten Wettbewerb beauftragte, gestattete der Senator nur in begründeten Einzelfällen. Die beteiligten Beratungsfirmen versuchten demgegenüber stets, die Vergabehürden zu senken. In einem Schreiben an Becker schilderte Eberhard Laux von der WIBERA AG 1974, dass Beratungsfirmen angesichts der gegenwärtig vorherrschenden Richtlinien beträchtlich in Vorleistung gehen müssten, um überhaupt für eine Beauftragung infrage zu kommen. Ein Gespräch mit einem Vertreter der Mummert + Partner AG habe ergeben, dass dieser in Vorbereitung auf eine Ausschreibung Kosten von „etwa 2 – 3 Mann-Monaten" entstanden seien. Bei der Konzeption von Vergaberichtlinien stünde daher zu überlegen, „ob man solche Vorleistungen den Organisationsfirmen zumuten kann und sollte". Alternative Modelle könnten sich am Konzept von Bauwettbewerben orientieren: Auf einen bezahlten „Ideenwettbewerb" könnten Einzelbeauftragungen folgen. Ebenso gut könnten sich Behörden mit mehreren Firmen auf ein „Mehrjahresprogramm" verständigen und auf dieser „gesicherten Arbeitsbasis" gemeinsam Untersuchungen planen.[214] Berater wie Laux propagierten also das Bild externer Beratung als stehende Einrichtung statt als temporäre Intervention – eben jenen Zustand, den Vergaberichtlinien verhindern sollten.

Neben der stets wiederkehrenden Frage der Ausschreibungsmodalitäten mussten die Beamten klären, ob sich der Umsatzsteuersatz bei Beratungsverträgen mit dem Haushaltsrecht vertrug[215] und Auftragsvorhaben mit Datenschutz- und Datensicherungsrichtlinien konform gingen[216]. Eine erste umfassende Übersicht der „wesentlichen Vorschriften" für die Vergabe von Organisationsuntersuchungen stammt von 1982.[217] Sie umfasste fünf maßgebliche Regelwerke: die Landeshaushaltsordnung, die Beschaffungsordnung, die Verdingungsordnung für Leistungen – Teil A und B – die Hamburgischen Zusätzlichen Vertragsbedingungen zur Verdingungsordnung für Leistungen sowie das Bürgerliche Gesetzbuch. Die Aufstellung enthielt erstmals auch finanzielle Schwellenwerte: Aufträge mit bis zu 10 000 Mark Honorarvolumen durften die Hamburger Behörden freihändig vergeben, eine beschränkte Ausschreibung war bei einer Honorarspanne zwischen 10 000 und 50 000 Mark zulässig. Bei einem Honorarwert von über 50 000 Mark

214 Staatsarchiv Hamburg, 131-13_436, Auszug aus einem Schreiben von Prof. Eberhard Laux an Senatsdirektor Ulrich Becker, 14. 1. 1974, S. 1.

215 Staatsarchiv Hamburg, 131-13_437, Vermerk des Organisationsamtes, Betr.: Organisationsuntersuchung in der BVSt; hier: Berechnung der Mehrwertsteuer, 21. 1. 1979; Staatsarchiv Hamburg, 131-13_437, Vermerk des Organisationsamtes, Betr.: Höhe des Umsatzsteuersatzes für Leistungen von Unternehmensberatern, 25. 7. 1980.

216 Staatsarchiv Hamburg, 131-13_436, Antwortschreiben der KGSt an das Organisationsamt Hamburg, Betr.: Probleme des Datenschutzes beim Einsatz externer Berater, 29. 3. 1979.

217 Staatsarchiv Hamburg, 131-13_436, Vermerk des Organisationsamtes, Betr.: Vergabe von Organisationsuntersuchungen; hier: Übersicht über die wesentlichen Vorschriften, 29. 11. 1982, S. 1.

mussten die Behörden den allgemeinen Wettbewerb durch eine öffentliche Ausschreibung ermöglichen.[218]

Bei allen Bemühungen um Rechtsförmlichkeit begleitete Unternehmensberatung in Verwaltung und Politik immer wieder der Vorwurf interessegeleiteter Einflussnahme. Dies galt für Auftraggebende wie Auftragnehmende gleichermaßen. So entzündete sich der erste, schnell beigelegte „Beratungsskandal" der Bundesrepublik 1964 an Gerhard Kienbaums Personalunion als Unternehmensberater und Politiker. Die SPD, seinerzeit die Oppositionspartei im nordrhein-westfälischen Landtag, beraumte eine Anhörung zur „Unvereinbarkeit von Ministeramt und geschäftlichen Interessen des Wirtschafts- und Verkehrsministers" an.[219] Mit einem 18 Fragen umfassenden Katalog verlangte die Fraktion Auskunft über die Firmenbeteiligungen von Kienbaum und seinen Familienangehörigen. Im Fokus stand besonders die Intertraffic GmbH, an der Kienbaum Anteile besaß, sowie das RKW, das vom Landeswirtschaftsministerium gefördert wurde. Zum einen verdächtigte die Opposition den Minister, Gemeinden und Verbände könnten sich seine Gunst für verkehrspolitische Subventionen sichern, indem sie die Intertraffic GmbH mit Aufträgen versorgten. Zum anderen wähnten sie, das Wirtschaftsministerium könne die Kienbaum GmbH indirekt durch Auftragsvergaben des RKW unterstützen. In der parlamentarischen Debatte bestritt der Wirtschaftsminister die Vorwürfe: Die Firma erledige seit seinem Amtsantritt sogar weniger Projekte im öffentlichen Bereich als noch in den späten 1950er-Jahren. Der Anteil öffentlicher Aufträge in der Geschäftsbilanz sei von 21 Prozent im Jahr 1961 auf 2,7 Prozent im Jahr 1963 gesunken. Insgesamt sei der Jahresumsatz unter der zwischenzeitlich eingesetzten Geschäftsführung um 10 Prozent gefallen.[220] Der eigentliche Vorwurf der SPD war aber nicht von der Hand zu weisen: Das Ministeramt machte Kienbaums Unternehmen prominent. „Die Firma, das ist das Aushängeschild; es ist der Name, unter dem das Unternehmen seine Geschäfte betreibt", argumentierte der Sozialdemokrat Fritz Kaßmann, bevor die Sache beigelegt wurde.[221]

Auch in Hamburg befürchteten mehrere CDU-Abgeordnete um die spätere Treuhandchefin Birgit Breuel Mitte der 1970er-Jahre, „daß Gutachten benutzt werden, um politische Entscheidungen, die für den Senat unangenehm sind, hinauszuzögern".[222] Eine Niederschrift des Organisationsamts über die Sitzungen des Unterausschusses „Stellenpläne" beim Senat nährte diesen Verdacht. Unter-

[218] Ebenda, S. 2. Mit diesem Rahmen war der Stadtstaat Hamburg seiner Zeit weit voraus. Einheitliche und verbindliche Schwellenwerte für öffentliche Auftragsvergaben wurden in der Bundesrepublik erst 1992 im Zuge der europäischen Binnenmarktherstellung festgelegt: Die „Richtlinie des Rates über die Koordinierung der Verfahren zur Vergabe öffentlicher Dienstleistungsaufträge" machte öffentliche Ausschreibungen bei einem Auftragswert ab 200 000 Ecu verpflichtend: Richtlinie 92/50/EWG, S. 4.

[219] LT NRW, Drs. 5/380, 17. 3. 1964.

[220] LT NRW, PlPr. 5/35, 21. 4. 1964, S. 1289.

[221] Ebenda, S. 1277.

[222] In zwei Jahren aus Steuergeldern: Fast fünf Millionen Mark für Gutachten, in: Hamburger Abendblatt, 16. 1. 1976, S. 5.

nehmensberatung sei unter anderem heranzuziehen, wenn eine Organisationsuntersuchung sowohl intern als auch extern erfolgen könne, „jedoch unter dem Gesichtspunkt einer späteren leichteren Durchsetzbarkeit eines ‚*neutralen Gutachtens von außen*' oder zur leichteren Überwindung unterschiedlicher Ressortinteressen ein externes Gutachten wünschenswert wäre".[223] Dass die konfliktschlichtende Funktion von Beratungsgutachten bei steigender politischer Brisanz ihrer Inhalte wichtiger wurde, zeigen die folgenden Kapitel.

4. Resümee: Mit Eigenwerbung und Subventionen zur Wissensbranche

Die Professionalisierungsversuche und diskrete Öffentlichkeitsarbeit der Berater*innenverbände, die Akquisebemühungen einzelner Firmen sowie staatliche Subventionen hatten die Unternehmensberatung zwischen den 1950er- und 1970er-Jahren als Branche in der Bundesrepublik etabliert, mit wachsendem Erfolg. Eine Segmentierung ergab sich ab etwa 1970 zwischen Firmen amerikanischen Anstrichs, die Strategiefragen an Großkonzerne herantrugen, und Firmen, die sich in das deutsche korporatistische Wirtschaftssystem einfügten und kleine und mittlere Unternehmen hinsichtlich technisch-organisatorischer Themen berieten.

Die öffentliche Verwaltung hielt sich bei der Nutzung kommerzieller Beratung zurück: Fragen zu effektiveren und effizienteren Verwaltungsabläufen wurden bereits von öffentlichen Instanzen bedient, sei es von den Rechnungshöfen, der WIBERA AG oder der KGSt. Zu den wenigen regelmäßigen Beratungskunden zählte ab den 1970er-Jahren der Stadtstaat Hamburg, der in Organisationsfragen als Vorreiter agierte. Ausschlaggebend war dabei zumeist die größere personelle Kapazität der Auftragnehmer, sich einer Untersuchung ganz annehmen zu können. In Ansätzen spielte aber auch das verwaltungseigene Interesse an externer Konfliktschlichtung eine Rolle. Von einer nachfragenden Verwaltung konnte dennoch nicht die Rede sein: Firmen, die im Branchenboom der 1970er-Jahre nicht ganz vorne mitspielten, verlegten sich vielmehr darauf, Klientel in neuen Beratungsmärkten zu akquirieren – darunter die staatliche Verwaltung. In der Summe machten sie mit dem Staat in den ersten Dekaden der Bundesrepublik nur ein mäßig erfolgreiches Geschäft. Für eine aufstrebende Branche, die von Empfehlungsschreiben und Referenzen lebte, waren vereinzelte Engagements aber willkommenes Weggeld.

[223] Staatsarchiv Hamburg, 131-13_759, Niederschrift über die Sitzungen des Unterausschusses „Stellenplan" des Ständigen Haushaltsausschusses der Bürgerschaft, Hamburg, am 24. August, 31. August und 18. September 1972. Entwurf: Systeme und Methoden des Managements in der Hamburgischen Verwaltung, S. 32, Hervorhebung im Original.

III. Minister gegen Verwaltung: Unternehmensberatung bei der Deutschen Bundespost, 1980er-Jahre

Unternehmensberater*innen waren im letzten Drittel des 20. Jahrhunderts keine unbekannten Größen in der öffentlichen Verwaltung mehr.[1] Die Branche hatte eine Sichtbarkeit in Privatwirtschaft und Öffentlichkeit erlangt, die Politiker*innen und Beamt*innen nicht verborgen blieb. Dennoch stellten beratungsaffine Behörden wie das Organisationsamt Hamburg eine Ausnahme dar. Auf Bundesebene fragten Anfang der 1980er-Jahre zunächst öffentliche Unternehmen kommerzielle Beratung nach – prominent darunter die DBP. Die politische Prämisse der Haushaltskonsolidierung, die Kanzler Kohl ab 1982 ausrief, resultierte in einer besonderen Last für die DBP. Als eines der größten öffentlichen Unternehmen der alten Bundesrepublik führte sie einen Teil ihres Umsatzes an den Bundeshaushalt ab. Hohe Personalkosten besonders im Postwesen machten ihre eigenen Kassen aber defizitär.

Vor diesem Hintergrund beauftragte Christian Schwarz-Schilling, Minister für das Post- und Fernmeldewesen und selbst Unternehmer, die Schweizer Firma Knight Wendling AG im Jahr 1983 damit, ein „strategisches Unternehmenskonzept" für das Postwesen auszuarbeiten. Die Mummert + Partner AG sollte unterdessen Verbesserungsvorschläge für das Personalbemessungssystem im Post- und Fernmeldebereich machen. Die politische Motivation hinter den Beratungsaufträgen war nicht, das Post- und Fernmeldewesen aus der staatlichen Zuständigkeit herauszulösen und damit zu privatisieren. Stattdessen ging es um die Frage, wie unter Beibehaltung der behördlichen Struktur Kosten gespart werden könnten, auch gegen den Willen der einflussreichen DPG.

Hinsichtlich der Funktion von Behördenconsulting macht der Fall damit einen grundlegenden Wandel am Übergang zu den 1980er-Jahren deutlich: Behördenspitzen setzten Unternehmensberatungen nun vermehrt ein, um unliebsame Personalkürzungen im Bereich der Leistungsverwaltung gegen den Willen der betroffenen Arbeitnehmendengruppen zu erwirken. Die Beratungsgutachten der 1970er-Jahre auf kommunaler Ebene stellten ebenfalls auf Kostenersparnisse ab; diese sollten allerdings durch Vereinfachung und Technisierung von Verwaltungsabläufen erwirkt werden. Im Unterschied dazu sollten Einsparungen in den 1980er-Jahren in erster Linie durch Personalkürzungen verwirklicht werden. Statt Personalvertretungen und die unteren Verwaltungsebenen aber immer wieder vergeblich mit dieser politischen Zielsetzung zu konfrontieren, spielten Ministeriumsspitzen vermehrt über Bande: Auftragsgutachten sollten Kürzungen als „alternativlos" rahmen und die Verhandlungsmasse verkleinern, noch bevor sich

1 Ein vorab publizierter Aufsatz greift Teile der in diesem Kapitel präsentierten Ausführungen auf: Marktanner, Kompetenzen im Widerstreit.

die Personalvertretungen einschalten konnten. Mittelgroße Beratungsfirmen, die sich im privatwirtschaftlichen Kundensegment vergleichsweise wenige Aufträge sichern konnten, nahmen Schwarz-Schillings Angebot gerne wahr. Für Berater wie Beamte war die Begegnung aber voraussetzungsreich. Die Verwaltung musste erst aufwendig Routinen für den rechtlichen, finanziellen und kulturellen Umgang mit Consultants etablieren; die Berater wiederum mussten sich mit einem Dickicht an Vorschriften auseinandersetzen, das ihnen aus der Privatwirtschaft nicht bekannt war. Zudem ereigneten sich zwischen beiden Parteien nicht unbeträchtliche Kommunikationsprobleme und Kompetenzstreitigkeiten. Während der Zusammenarbeit ergab sich neben wechselseitiger Kontrolle aber auch Kooperation.

1. Die Bundespost zwischen Daseinsvorsorge und Wirtschaftlichkeit

In seiner Antrittsrede kündigte Helmut Kohl an, den Staat auf „seine ursprünglichen und wirklichen Aufgaben zurückführen“ zu wollen.[2] Konkret bedeutete dieses Ziel, die Neuverschuldung einzudämmen und die Staatsquote zu senken. Nachdem die sozialliberale Koalition über wirtschaftspolitische Fragen zerbrochen war, machte sich die neue Regierung diese nun zum Prüfstein.[3] Die von Kohl beklagte „Erblast“ der verschuldeten Haushalte ließ tatsächliche sozialstaatliche Einschnitte zwar moderat ausfallen und weder die Krisenrhetorik der Union noch die sozialdemokratische Warnung vor der „Ellenbogengesellschaft“[4] standen im Verhältnis zu den weitgehend inkrementell ausfallenden Maßnahmen. Bis zur Wiedervereinigung verfolgte die Regierung Kohl dennoch eine, zwar inkonsequente und mit investiven Elementen durchsetzte, Politik der Haushaltskonsolidierung.[5] In den ersten Regierungsjahren stand die Privatisierung der Staatsunternehmen dabei noch nicht im Zentrum – wohl aber die Senkung ihrer Verluste.[6]

Die DBP verkörperte den Zwiespalt, in dem sich öffentliche Unternehmen angesichts schwindender finanzieller Spielräume befanden: den Anspruch der Wirtschaftlichkeit und Sparsamkeit mit dem der Daseinsvorsorge in Einklang zu bringen. Ihre Doppelnatur stand ihr im Grundgesetz eingeschrieben: Artikel 87 bestimmte, dass das Post- und Fernmeldewesen „[in] bundeseigener Verwaltung mit eigenem Verwaltungsunterbau“ zu führen sei.[7] Anders als die Deutsche Bun-

2 BT, PlPr. 9/121, 13. 10. 1982, S. 7224.

3 Wirsching, Abschied, S. 264 f. Zum Umschwung von einer breit aufgestellten „Expansions-“ zu einer „Konsolidierungskoalition“ zwischen den 1960er- und 1980er-Jahren siehe Ullmann, Schuldenstaat.

4 Wirsching, Abschied, S. 31.

5 Ebenda, S. 27–33.

6 Mayer, Niedergang, S. 210 f.

7 Post und Telekommunikation, https://www.post-und-telekommunikation.de/PuT/Gastbeitrag_Witte.php, zuletzt geprüft am 9. 3. 2018.

desbahn (DB), die als Anstalt öffentlichen Rechts weitgehend unabhängig vom Verkehrsministerium agierte, bildete das Post- und Fernmeldewesen also ein eigenes Ressort mit einem Minister oder einer Ministerin an der Spitze.[8] Als öffentliches Unternehmen hatte die DBP zwar stets „die Fortentwicklung des Sachapparates zur Produktion und zum Verkauf der Dienstleistungen nach wirtschaftlichen Kriterien" vorangetrieben.[9] Dennoch war sie in ihren unternehmerischen Ambitionen gehemmt, da „möglicherweise mehr Autonomie für die Post nur auf Kosten der Eigenständigkeit des Postministeriums" zu haben war.[10]

Ministeriumsvertreter betonten zwar gelegentlich, die DBP begreife „sich nicht primär als Hoheitsverwaltung, sondern als öffentliches Dienstleistungsunternehmen".[11] In der gesellschaftlichen Wahrnehmung trat die unternehmerische Natur der DBP trotzdem hinter dem gemeinwirtschaftlichen Auftrag nach Artikel 2 des Postverwaltungsgesetzes zurück. Dieser bestand in dem politischen Willen, die „optimale Bedarfsdeckung der Bürger und der Wirtschaft des Landes mit Post- und Fernmeldediensten [sicherzustellen], und zwar zunächst ohne Rücksicht auf Rentabilitätserwägungen".[12] Tatsächlich waren die fraglichen Angebote, bis in den 1980er-Jahren technologiepolitische Zielsetzungen in der Telekommunikation hinzukamen, stets infrastrukturpolitisch begründet. Die garantierte „Vollversorgung" sollte die Integration selbst abgelegener Gegenden gewährleisten.[13]

Von Arbeitnehmenden und Bürger*innen wurde die DBP eher als öffentliche Versorgerin statt als Unternehmen gesehen. Nicht nur fungierte sie nach der DB als größte staatliche Arbeitgeberin, sie war auch im Alltag vielseitig präsent: Korrespondenzen und Bankgeschäfte wurden auf dem Postamt erledigt, Telefonanschlüsse und -apparate stellte ausschließlich die staatliche Anbieterin. Aber auch der Bund stützte sich auf den Sonderhaushalt der DBP. Gemäß Postverwaltungsgesetz leistete der Staatsbetrieb eine jährliche Abgabe an den Bundeshaushalt, unabhängig davon, ob er selbst verlustreich abschloss. Im Jahr 1981 wurde der Betrag von 6,6 auf 10 Prozent des Umsatzes erhöht.[14] Während der Bund bei der Bundesbahn zudem die Versorgungsbezüge für im Zuge der Entnazifizierung pensionierte Beamt*innen sowie für Kriegsopfer und deren Hinterbliebene zahlte, trug die DBP auch diese Kosten selbst.[15]

Die begrenzten Möglichkeiten der DBP, ihre Ausgaben zu verringern und ihre Einnahmen zu erhöhen, schlugen sich in der geschäftlichen Bilanz nieder. Seit Einrichtung des Ministeriums für Post- und Fernmeldewesen 1949 hatte die „gelbe" Post – dazu zählten Brief-, Paket- und Zeitungsdienst – noch nie kostende-

8 Werle, Telekommunikation, S. 81.
9 Schilly, Post, S. 513.
10 Werle, Telekommunikation, S. 148.
11 Kaiser, Unternehmensgesamtplanung bei der Deutschen Bundespost, S. 205.
12 Zurhorst, Deutsche Bundespost, S. 6.
13 Cox/Kirchhoff, Instrumentalfunktion, S. 238.
14 Hempell, Postablieferungen an den Bund, S. 274.
15 Werle, Telekommunikation, S. 135.

ckend agiert; Deckungsgrade hatten zeitweise höchstens 80 Prozent erreicht.[16] Während die Überschüsse im Telekommunikationsbereich im zweiten Jahrfünft der 1950er-Jahre noch ausgleichend wirkten, lag die Negativbilanz 1965 bei 1,1 Milliarden Mark.[17] Laut Staatssekretär Winfried Florian war „[den] Verantwortlichen [...] klar, daß dieser Entwicklung mit allen Mitteln Einhalt geboten werden mußte".[18] Zunehmende Verschuldung bei steigender Zinsbelastung perpetuierte den Abwärtstrend. Der einzigen Einnahmenquelle waren politische Grenzen gesetzt, da Gebührenerhöhungen öffentlich höchst unbeliebt waren. Die „ZEIT" schrieb 1971: „Wäre die Post ein privates Unternehmen, so müßte der Vorstand die Produktion in diversen Bereichen einstellen."[19]

Die hohen Personalkosten stellten so eine der wenigen beweglichen Größen und damit seit Mitte der 1970er-Jahre einen ständigen Streitpunkt dar. Der Bericht „Zur Lage und Entwicklung der Staatsfinanzen in der Bundesrepublik Deutschland" des Finanzwissenschaftlichen Beirats 1975 drang deutlich auf Personalabbau in der öffentlichen Verwaltung. Nur die Hälfte des mit über 60 Milliarden Mark bezifferten Defizits der Gebietskörperschaften sei rezessionsbedingt und gleiche sich mit steigender Konjunktur aus. Die andere Hälfte sei hingegen „Ausdruck eines strukturellen Ungleichgewichts der öffentlichen Haushalte".[20] Verbindlichkeiten könnten nur bewältigt werden, indem Aufgaben abgebaut oder günstiger erbracht würden. Letzteres bedeutete konkret die „Eindämmung der Personalkosten". Da der allgemeine Lohnanstieg dem öffentlichen Dienst wohl nicht vorenthalten werden könnte, müssten „Strukturverbesserungen, Stellenvermehrungen und Zulagen" zurückgenommen werden, „die in den vergangenen Jahren ebenfalls eine Ausweitung der Personalausgaben bewirkt haben".[21] Auch die Privatisierung einiger Aufgaben müsse erwogen werden. Steuererhöhungen erschienen als „Ultima ratio".[22] Einnahmen könnten stattdessen über die öffentlichen Unternehmen sowie die Sozialversicherungsbeiträge generiert werden, im Fall der Bundespost durch die immer wieder diskutierten Gebührenanhebungen.[23] Das Bundesministerium der Finanzen begrüßte das Gutachten des Beirats und bekräftigte, dass „angesichts der rezessiven Phase der wirtschaftlichen Entwicklung Steuererhöhungen nicht in Frage kommen".[24] Bei einer Konferenz in Goslar im Mai 1975 beschlossen auch die Landesfinanzminister, „die öffentlichen Ausgaben rigoros zu beschrän-

16 Wolfgang Hoffmann, Nichts geht mehr, in: Die Zeit, 24. 9. 1971, https://www.zeit.de/1971/39/nichts-geht-mehr, zuletzt geprüft am 7. 2. 2019.
17 Werle, Telekommunikation, S. 133.
18 Florian, Das Gutachten der Sachverständigen-Kommission für die Deutsche Bundespost, S. 10.
19 Wolfgang Hoffmann, Nichts geht mehr, in: Die Zeit, 24. 9. 1971, https://www.zeit.de/1971/39/nichts-geht-mehr, zuletzt geprüft am 7. 2. 2019.
20 Neumark, Lage, S. 1001.
21 Ebenda, S. 1006.
22 Ebenda, S. 1015.
23 Ebenda, S. 1011.
24 Stellungnahme des Bundesministeriums der Finanzen, S. 1016.

ken". Die Ausweitung des Personalbestands und zur Wirtschaftslage disproportionale Tarifsteigerungen hätten zu „unterbleiben".[25] Vernehmliche akademische Kritik an der geringen „Effizienz" der Staatsbürokratie beförderte diese Entwicklung. Einflussreiche Forschende aus Politik- und Sozialwissenschaft, die tragende Rollen in der wissenschaftlichen Politikberatung bekleideten, bemängelten steigende Kosten bei disproportionaler „Produktivität" der Behörden.[26] Ihre Schriften prägten den Begriff des „Ressortegoismus", der zu überhöhten Forderungen nach Personal und Sachmitteln und damit zu unverhältnismäßigen Staatsausgaben führe.[27]

Unter der zweiten sozialliberalen Koalition geriet die DBP mithin zunehmend unter Druck, die Personalkosten oder zumindest deren Anstiegsrate zu begrenzen. Der Personalchef Hans Gottfried Bernrath verwies 1976 aber nicht ohne Bedauern auf „aus der Hochkonjunktur [weiterwirkende] Bindungen", die es dem öffentlichen Unternehmen erschwerten, sich „möglichst schnell und möglichst effektiv an die veränderten Bedingungen anzupassen".[28] Insbesondere das Rationalisierungsschutzabkommen mit den Gewerkschaften von 1972 garantierte jedem Mitarbeiter einen sicheren Arbeitsplatz.[29] Hohe Tarifabschlüsse resultierten daher in signifikanten Zahlungsverpflichtungen für die DBP. Obwohl der Personalbestand von 1970 bis 1980 gegenüber einer Auftragszunahme von 63 Prozent „nur" um 9 Prozentpunkte anwuchs, verdoppelten sich die Personalausgaben von 10 auf 20 Milliarden Mark.[30]

Um die konkurrierenden politischen Vorgaben der Daseinsvorsorge und Mitteleinsparung halbwegs befriedigend umsetzen zu können, musste „[j]eder Postminister [...] Kostenbewusstsein im Personalbereich herstellen und durfte den Konflikt mit den mächtigen Personalräten und der Postgewerkschaft nicht scheuen".[31] Von 1974 bis 1982 stand Kurt Gscheidle dem Post- und Fernmeldewesen als Minister vor. Willy Brandts Regierungsmotto „Mehr Demokratie wagen" hatte der ehemalige Fernmeldetechniker und von 1957 bis 1969 stellvertretende DPG-Vorsitzende auf seine Ressorttätigkeit übertragen.[32] Als wichtige Errungenschaften während seiner Amtszeit wertete er die erweiterten Mitbestimmungsregelungen für einzelne Mitarbeitende und die Personalvertretungen.[33] Dennoch versuchte auch er, gegen den Widerstand seiner ehemaligen Mitstreitenden, dem vorherrschenden Konsolidierungsgebot gerecht zu werden. Um Belastungen des Sonder-

25 Staatsarchiv Hamburg, 131–13_835, Kopie: Beschluß der Konferenz der Landesfinanzminister vom 9. Mai 1975 in Goslar, S. 1.

26 Hauff/Scharpf, Modernisierung, S. 102.

27 Mayntz/Scharpf, Policy-making, S. 43. Siehe auch Mayntz, Soziologie, S. 129; Ellwein/Hesse, Regierungssystem, S. 342.

28 Bernrath/Lange, Personalpolitik ohne Illusionen, S. 25.

29 Gscheidle, Verbindung, S. 108.

30 Bundesministerium für das Post- und Fernmeldewesen, Geschäftsbericht 1981, S. 19.

31 Abelshauser, Nach dem Wirtschaftswunder, S. 536.

32 Uhl, Kurt Gscheidle, S. 280.

33 Gscheidle, Verbindung, S. 105.

haushalts zu drosseln, suchte er „infolge besserer Arbeitsverfahren" und verbesserter „innerbetriebliche[r] Organisation" Personaleinsparungen zu erwirken.[34] Sein kurzzeitiger Nachfolger Hans Matthöfer setzte als ehemaliger Finanzminister den restriktiven Kurs fort. Dies gelang ihm besser als Gscheidle, „brachte er doch im Umgang mit Betriebsvertretungen und Gewerkschaften aus früherer Tätigkeit [bei der IG Metall[35]] Erfahrung mit ins Amt, ohne dass dadurch Interessenkonflikte programmiert waren".[36] Zeitlich versetzt griffen die Konsolidierungsmaßnahmen, sodass der Personalbestand von 1981 bis 1982 nur um 2500 Stellen wuchs.[37]

Mit der DPG stand den SPD-Ministern eine zähe Verhandlungspartnerin gegenüber: Seit den frühen 1970er-Jahren hatte sie so manche Privilegien hinsichtlich Bezahlung, Sozialleistungen und Arbeitsbedingungen erkämpft, die sie zu verteidigen trachtete.[38] Aber auch die „viel beklagte ‚Macht des ministeriellen Apparates'" konnte Führungsentscheidungen behindern.[39] Nach der fachlichen Aufbereitung eines Themas durch die Referate, so Gscheidle, bleibe politisch Verantwortlichen „meist nicht mehr die geringste Chance, sich eine eigene Meinung zu bilden und zu einem von der Entscheidungsempfehlung abweichenden Ergebnis zu kommen".[40] Entsprechend hatten die Postminister unter Willy Brandt und Helmut Schmidt bis dahin allenfalls Kompromisse mit den Personalvertretungen erwirkt – sodass trotz Differenzen „das Verhältnis der DPG zum Postministerium eher durch Kooperation als durch Konflikt geprägt" war.[41]

Dies änderte sich ab 1982 unter der schwarz-gelben Regierung Kohl. Die finanzpolitischen Erwartungen, die vom Bund an die DBP herangetragen worden waren, priorisierte nun der neu eingesetzte Postminister Christian Schwarz-Schilling. Bei dem beträchtlichen Haushaltsvolumen der DBP – beim Amtsantritt Schwarz-Schillings lag dieses bei 66 Milliarden Mark – müsse die Entwicklung der Dienste ständig beobachtet und „rechtzeitig entsprechende Maßnahmen [eingeleitet werden], um das Unternehmen ‚auf Kurs zu halten'", so der Minister.[42] Bereits im hessischen Landtag war Schwarz-Schilling „als unternehmerisch denkender und argumentierender Politiker" aufgefallen.[43] Als einen von wenigen Abgeordneten zeichnete ihn eine betriebliche Laufbahn aus: Obwohl er als studierter Sinologe nicht dazu prädestiniert war, führte er bis 1982 das Familienunternehmen seiner Frau Marie-Luise, den Batteriehersteller Sonnenschein GmbH. Auch politisch en-

[34] Bundesministerium für das Post- und Fernmeldewesen, Geschäftsbericht 1981, S. 20.
[35] Rudzio/Yu, Matthöfer, Hans.
[36] Abelshauser, Nach dem Wirtschaftswunder, S. 536.
[37] Bundesministerium für das Post- und Fernmeldewesen, Geschäftsbericht 1982, S. 64 f.
[38] Bernrath/Lange, Personalpolitik ohne Illusionen, S. 30 f.
[39] Gscheidle, Verbindung, S. 119.
[40] Ebenda.
[41] Werle, Telekommunikation, S. 97.
[42] BArch, B 257/61126, Unternehmensberatungsprojekte „Konzept Postwesen", „Personalbemessungssystem" und „Organisation FTZ/PTZ", hier: Sitzung des Verwaltungsrats am 16. 3. 1984, S. 1.
[43] Pruys, Bequem, S. 24.

gagierte er sich seit 1977 als stellvertretender Vorsitzender der Mittelstandsvereinigung der Union für die deutsche Unternehmenswelt.[44] Als medienpolitischer Sprecher der Christdemokrat*innen machte er sich außerdem für technologische Innovationen im Medien- und Kommunikationsbereich stark, zuletzt als Teil der Enquete-Kommission „Neue Informations- und Kommunikationstechniken".[45]

Diese Agenda plante er nun in der Rolle des Ressortleiters fortzusetzen. Bereits seit Mitte der 1970er-Jahre hatte die DBP mit Breitbandverkabelung und Bildschirmtextdienst neue Betätigungsfelder erschlossen.[46] Für die damalige Opposition aus Union und FDP hatten die Möglichkeiten der Kommunikationstechnologie primär medienpolitische Bedeutung: Die Union erhoffte sich, dass die Zulassung privater, kommerzieller Funk- und Fernsehangebote eine Pluralisierung der Berichterstattung bewirken würde. Diese Forderung folgte aus der These der „Schweigespirale", in der die Meinungsforscherin Elisabeth Noelle-Neumann den knappen Sieg der SPD/FDP 1975 mit deren angeblicher Überrepräsentanz im öffentlich-rechtlichen Fernsehen in Verbindung gebracht hatte.[47]

Über Fragen der Repräsentation hinaus trafen in der Debatte um einen Ausbau der Kommunikationstechnologien technikoptimistische und -skeptische Gesellschaftsentwürfe aufeinander.[48] Die Union, allen voran Schwarz-Schilling, betrachtete Fortschritte in der Kommunikationstechnologie als zwingend notwendig, wolle die Bundesrepublik international nicht ins Hintertreffen geraten. Schon wenige Monate nach Amtsantritt erwirkte er daher, dass der Verwaltungsrat der DBP das veranschlagte Budget für die Verkabelung für das Jahr 1983 von 250 Millionen auf eine Milliarde Mark erhöhte.[49] Zwar signalisierte Schwarz-Schilling sogar noch nach der ersten Postreform 1989 seine Bereitschaft, Quersubventionierungen des Postwesens aus dem Fernmeldebereich mitzutragen.[50] Seine medien- und technologiepolitischen Ziele begründeten aber die erhöhte Motivation, die von Gscheidle eingeleiteten Sparmaßnahmen zu intensivieren.

Zumindest rhetorische Rückendeckung erhielt er dabei aus dem Kanzleramt. In seiner Regierungserklärung von 1982 hatte Helmut Kohl verkündet, er wolle „den Weg freigeben für die Anwendung moderner Techniken und die Entwicklung neuer Technologien, vor allem im Kommunikationswesen". Eine „besondere Verantwortung" komme hierbei der DBP „mit dem geplanten Ausbau der Kabelnetze, der Einführung neuer Dienste sowie der Einbeziehung der Satellitentechnik in ein modernes Kommunikationsnetz" zu.[51] Auch 1983 bekannte sich der Kanzler zu

44 Zohlnhöfer, Ära Kohl, S. 145.
45 BT, Drs. 9/2442, 28. 3. 1983.
46 Werle, Telekommunikation, S. 286.
47 Wirsching, Abschied, S. 445 f. Auch laut Schildt, Kräfte, S. 465, mehrte sich das „konservative Urmisstrauen gegen die angeblich mehrheitlich linken Fernseh- und Rundfunkredakteure […] in den 1970er-Jahren beträchtlich".
48 Wirsching, Abschied, S. 446 f.
49 Schwarz-Schilling, Neuerer, S. 184.
50 Metzler, „Ein deutscher Weg", S. 171.
51 BT, PlPr. 9/121, 13. 10. 1982, S. 7217.

dem Vorhaben, Mikroelektronik sowie Informations- und Kommunikationstechnologie umfassend zu fördern.[52] Von der SPD sowie medial erfuhr der neue Minister wiederum reichlich Gegenwind.[53] Gegenüber dem Postverwaltungsrat beklagte er Versuche, „publizistische Breitseiten auf mich abzuschießen, weil ich mich angeblich um den gelben Bereich, das Postwesen, nicht kümmern würde".[54] Die „ungünstige Kostenstruktur" von Brief-, Paket- und Zeitungsdienst müsse jedoch verbessert werden, um das Prinzip der Eigenwirtschaftlichkeit der DBP zu wahren. Quersubventionen in der gegenwärtigen Höhe zeitigten nicht zuletzt „Folgen für das Fernmeldewesen [...], dem Jahr um Jahr diese gewaltigen Mittel entzogen werden".[55]

Schwarz-Schillings selbst gewählte Aufgabe war es also, Arbeitnehmende, Gewerkschaften und Öffentlichkeit auf veränderte haushaltspolitische Maßstäbe einzustimmen. Als Kommunikationsverstärker zog er Auftragsgutachten von Beratungsfirmen heran. Externer Sachverstand war durch die Tätigkeit früherer Kommissionen bereits vertrauter Bestandteil der Unternehmenspolitik der DBP. Anders als deren Berichte lagen die kommerziellen Beratungsaufträge aber in Ministeriumshand und waren zudem weitaus schneller verfügbar. Sie können als Versuch gewertet werden, eine Diskussionsgrundlage ohne gewerkschaftlichen Einfluss zu schaffen und das altbekannte Thema der defizitären Postdienste im Sinne der zugespitzten Konsolidierungspolitik darzustellen. Die DPG plante wiederum, gutachtenbasierte Stellenstreichungen nach Kräften zu verhindern.

Die beteiligten Unternehmensberater wurden zur Projektionsfläche für die finanzpolitischen Zielsetzungen Schwarz-Schillings auf der einen sowie die Sorge der Arbeitnehmenden um sichere Arbeitsplätze auf der anderen Seite. Folglich erzeugten ihre Berichte kontroverse Debatten auf den unterschiedlichen Behördenebenen. Als Auftraggeber wussten Schwarz-Schilling und sein Führungsstab die Ergebnisse als Legitimation für ihren Sparkurs auszudeuten. Die Gewerkschaftsappelle um sichere Arbeitsplätze verloren demgegenüber an Überzeugungskraft. Für die Consultants wiederum waren die ersten groß bemessenen Aufträge auf Bundesebene eine gute Schule. Am Beispiel der DBP machten sie sich mit den Spielregeln der öffentlichen Verwaltung vertraut und konnten ihre Erfahrungen mal mehr, mal weniger gewinnbringend in weitere Engagements ummünzen.

[52] Grande, Monopol, S. 207. Zur Medienpolitik der ersten Kohl-Regierung vgl. Wirsching, Abschied, S. 447 f.

[53] Nur beispielhaft: Wolfgang Hoffmann, Falsch verbunden, in: Die Zeit, 3. 12. 1982, https://www.zeit.de/1982/49/falsch-verbunden, zuletzt geprüft am 7. 2. 2019; Verkabelung: Langfristig falsch, in: Der Spiegel, 31. 1. 1983, https://www.spiegel.de/spiegel/print/d-14018341.html, zuletzt geprüft am 1. 2. 2018.

[54] ACDP, 01-824-6/1, Redemanuskript: Bundespostminister Schwarz-Schilling vor dem Verwaltungsrat, 16. 3. 1984, S. 1.

[55] Ebenda, S. 4.

2. Beratung als Prozess: Die Gutachten vor dem Gutachten

Im März 1984 verkündete Schwarz-Schilling vor dem Postverwaltungsrat:

„Um nicht von vornherein einen konzeptionellen Lösungsansatz [für die fehlende Eigenwirtschaftlichkeit der „gelben" Post] im Kreuzfeuer der Kritik widerstreitender Interessengruppen zu ersticken und politisch zu ‚töten', habe ich vor kurzem einem namhaften Unternehmensberater den Auftrag erteilt, frei von politischen Einbindungen und Rücksichtnahmen ein Konzept zur Sanierung des Postwesens zu erarbeiten, wie es aus wirtschaftlicher Sicht erforderlich erscheint."[56]

Über Dekaden hinweg hatten Consultants versucht, sich einer desinteressierten bis abgeneigten potenziellen Kundschaft zu empfehlen. Im Fall der Bundespost war dies nicht nötig gewesen: Nicht die Firmen hatten den Kontakt initiiert, sondern das Ministerium hatte zur Angebotsabgabe eingeladen. Der Beauftragung der Mummert + Partner AG und der Knight Wendling AG ging ein einjähriger Findungsprozess voraus, in dem sich sein Verwaltungsstab an das Sujet der Unternehmensberatung herantastete. Bereits Anfang 1983, kurz nach Amtsantritt, hatte Schwarz-Schilling die Leiter der sieben Ministeriumsabteilungen auf einer Klausurtagung zusammenstellen lassen, welche Probleme in ihrem Fachbereich von Unternehmensberater*innen bearbeitet werden könnten. Jede Abteilung sollte dazu bis zu drei infrage kommende Firmen benennen. Für die Vorhaben war ein Budget von 14 Millionen Mark veranschlagt. Mögliche Untersuchungen sollten Schwarz-Schillings Ziel vorantreiben: die „Leistungs- und Wettbewerbsfähigkeit" der Post zu sichern und im Fernmeldewesen mit sich wandelnder Kommunikationstechnologie Schritt zu halten.[57]

Ausgerechnet kommerzielle Beratungsfirmen zu konsultieren, begründete Schwarz-Schilling damit, dass diese „neutral" und „unvoreingenommen" seien.[58] Auch bei späteren Folgeaufträgen hieß es, das Engagement externer Consultants sei für eine „objektive Analyse […] und realistische Ergebnisse […] notwendig".[59] Dies entsprach vielleicht dem Schwarz-Schilling vertrauten Unternehmenskontext – und auch dort waren Beratungsfirmen in der Bundesrepublik, wie zuvor ausgeführt, noch nicht lange akzeptiert. Im Bund, einschließlich der DBP als Staatsbetrieb, waren groß angelegte Organisationsuntersuchungen durch kommerzielle, nicht wissenschaftliche Berater*innen bei Weitem nicht so selbstverständlich, wie es der Minister erscheinen ließ. Und noch etwas war neu: Waren

56 ACDP, 01-824-6/1, Redemanuskript: Bundespostminister Schwarz-Schilling vor dem Verwaltungsrat, S. 6.

57 BArch, B 257/61126, Schreiben des Bundesministers für das Post- und Fernmeldewesen, an Walter Hesselbach, Vorsitzer des Verwaltungsrats der Deutschen Bundespost, 13. 4. 1984, S. 2.

58 BArch, B 257/61126, Unternehmensberatungsprojekte „Konzept Postwesen", „Personalbemessungssystem" und „Organisation FTZ/PTZ" hier: Sitzung des Verwaltungsrats am 16. 3. 1984, S. 1.

59 BArch, B 257/61129, Schreiben von Referat 326, Betr.: Anschlußauftrag an MP, 17. 7. 1986, S. 2.

Consultants auf kommunaler und Landesebene der 1970er-Jahre als zusätzliche Arbeitskräfte bei personellen Engpässen und als eine externe Wissensquellen unter vielen betrachtet worden, sollten sie nun bei internen Interessenkonflikten vermitteln.

Bereits in der Vorentscheidung für oder gegen mögliche Projekte kam es zu Kompetenzstreitigkeiten unter den leitenden Beamten. Alle Abteilungsleiter, bis auf den dafür zuständigen, erachteten es für notwendig, das Personalbemessungssystem der DBP prüfen zu lassen – also die Methoden der Personalbedarfsfeststellung. Die Bemessungsexperten der Abteilung 3, die mit der Personalwirtschaft betraut war, hatten keine Vorschläge eingereicht. Gegen die Problemzuschreibung seiner Kollegen setzte sich der betroffene Abteilungsleiter zur Wehr: Von Consultants seien „keine praktikablen und betriebsgerechten Verbesserungsvorschläge" zu erwarten. Immerhin sei das Personalbemessungssystem „fortlaufend Gegenstand kritischer Vergleiche und von Untersuchungen durch interne wie auch externe Instanzen". Eigene Erkenntnisse, Anregungen anderer Abteilungen sowie die Ergebnisse von „Revision, Vorprüfungsstellen, BRH, Rechnungsprüfungs- und Haushaltsausschuß des Bundestags" vermochten „wegen größerer Sachkunde und Betriebsnähe mit Sicherheit weitaus mehr zu Verbesserungen beizutragen als Hinweise postfremder Unternehmensberater".[60] Den externen Blick scheuten die Bemessungsfachleute also und unterstrichen ihre eigene Expertise.

Vertreter der Abteilung 7, die unter anderem mit Erfolgskontrolle und Revision innerhalb der Behörde befasst waren, hielten dagegen. Nicht „Anwendungskenntnisse" seien erforderlich, sondern die „dem System gegenüber notwendige Objektivität des Untersuchers". Zahlreiche Probleme des gegenwärtigen Systems machten es dennoch „notwendig und unabdingbar", eine Untersuchung durch eine „unvoreingenommene, mit der nötigen Fachkenntnis ausgestattete Unternehmensberatungsfirma anstellen zu lassen".[61] Die Zuschreibungen, die hier getätigt wurden, enthielten eine deutliche Kontrastierung zwischen organisationseigenen und -fremden Qualitäten – eine Kontrastierung, die den Sprachgebrauch des Hamburger Organisationsamts in den 1970er-Jahren noch nicht geprägt hatte. Die Fähigkeiten und Eigenschaften, die den Bemessungsfachleuten abgingen, schienen Consultants laut der Revisionsabteilung des Ministeriums in sich zu vereinen: Wirtschaftskompetenz und, wichtiger noch, Unparteilichkeit. Der Schwerpunkt lag hierbei auf letzterer. Dem Versuch der Personalwirtschafter, auf der eigenen Sachkenntnis zu beharren, fehlte es an Durchschlagskraft, da er vornehmlich durch Selbsterhaltungsdrang motiviert schien. Somit wurde das Bemessungssystem auch gegen die Einwände von Abteilung 3 in den Katalog mit Untersuchungsvorschlägen aufgenommen.

Im Nachgang der Klausurtagung ließ der Postminister ein Auftragsschreiben an sieben Consultingunternehmen versenden. Unter den Adressatinnen befanden

[60] BArch, B 257/61126, Schreiben Abteilung 3 an Abteilung 7. Aufträge an externe Unternehmensberater; hier: Personalbemessungssystem, 3. 6. 1983, S. 2.

[61] BArch, B 257/61126, Schreiben von Abteilung 1 an Abteilung 7, Betr.: Aufträge an externe Unternehmensberater; hier: Personalbemessungssystem, 8. 6. 1983, S. 2.

sich mit den Firmen Boston Consulting Group, Arthur D. Little, McKinsey & Company und P. A. Management Consultants die vier namhaften Wettbewerberinnen amerikanischen und britischen Ursprungs im deutschsprachigen Raum. Mit der Knight Wegenstein AG, der Prognos AG und der Mummert + Partner AG waren aber auch drei der Mittelständlerinnen vertreten.[62] Die möglichen Auftragnehmenden sollten zunächst den Betriebsablauf der DBP untersuchen und dann selbst Projektvorschläge vorlegen. Die doppelte Analyse durch Beamte und Berater erfüllte für die Behördenspitze zweierlei Funktionen: einerseits ein Problembewusstsein unter den Abteilungsleitern herzustellen und andererseits die Angebote der Firmen vergleichen zu können. Gleichzeitig offenbarte sie, dass wenig Erfahrung im Umgang mit kommerzieller Beratung vorhanden war. Nicht nur erfolgte keine formale Ausschreibung, der Minister winkte den Externen auch mit Geld, bevor sich diese überhaupt bewährt hatten: Sollten sich die Firmen der Aufgabe gewachsen zeigen, stünde ein größerer Auftrag in Aussicht.[63]

Unausgesprochene Bedingung war, dass externe Untersuchungen im Sinne des Ministeriums zuzuschneiden waren. Das dreiseitige Schreiben an die Firmen problematisierte, dass die DBP zwischen Daseinsvorsorge und Eigenwirtschaftlichkeit gefangen sei. Zudem seien Gewinne und Verluste zwischen dem Post- und dem Fernmeldewesen gegenwärtig stark ungleich verteilt. Daher müssten „klare und durchsetzbare Zielvorstellungen für die Unternehmenspolitik der DBP entwickelt werden, die von den Anforderungen und Bedingungen des Marktes ausgehen".[64] Auf diesen Problemaufriss folgte eine lange Liste an möglichen Untersuchungsfragen, gruppiert um die Schlagworte Markt, Führung, Rationalisierung, Innovation und Organisation.[65] Die Schilderung stützte Schwarz-Schillings Problemzugriff, indem sie durchscheinen ließ, dass mit Stärkung der unternehmerischen Komponente die DBP weitaus kostengünstiger und ertragreicher geführt werden könne. Explizit benannte das Schreiben aber auch die rechtlichen Grenzen: Die Postdienste sollten in einem einzigen Unternehmen verbleiben und „an die Grundsätze der Politik der Bundesrepublik Deutschland" gebunden sein.[66] Ausgeschlossen war es also, die DBP in unabhängige Konzerne aufzuteilen oder die öffentliche Daseinsvorsorge aufzugeben.

Vier Unternehmen – Arthur D. Little, die Prognos AG, die Mummert + Partner AG und die Knight Wegenstein AG – bekundeten Interesse daran, eine Vorstudie durchzuführen und mögliche Projektideen zu entwickeln. Reaktionen der übrigen drei Firmen sind nicht belegt, möglicherweise aufgrund des einzig formulierten

62 BArch, B 257/61126, Vermerk Stab 301, Betr.: Unternehmenskonzept für die DBP, 12. 8. 1983, S. 2.

63 BArch, B 257/61126, Schreiben des Bundesministers für das Post- und Fernmeldewesen, Betr.: Vorstudie „Unternehmenskonzept für die DBP", Angebotsanforderung, S. 3.

64 Ebenda, S. 1.

65 Ebenda, S. 2 f.

66 BArch, B 257/47979, Knight Wendling AG, Vorstudie: Unternehmenskonzept für die Deutsche Bundespost. Ausgearbeitet für den Bundesminister für das Post- und Fernmeldewesen, 1983, S. 15.

Auswahlkriteriums: Aufträge für die Vorstudien würden „an die günstigsten Anbieter vergeben".[67] Für Firmen, die in der Privatwirtschaft lukrative Engagements verbuchen konnten, war das keine attraktive Bedingung. Zudem schreckten die meisten Beratungsfirmen davor zurück, sich mit der für die Verwaltung üblichen Vorschriftenfülle zu befassen und die politische Agenda aller Beteiligten eruieren zu müssen. Die Gespräche, die in die Voruntersuchungen einflossen, erfüllten vornehmlich diese Sondierungsfunktion. Vertreter der vier Unternehmen bewegten sich von September bis November 1983 im Postministerium, führten Interviews mit Vertretern der mittleren Verwaltungsebene und besuchten Post- und Fernmeldeämter.[68] Ihre Wortwahl passten sie dabei ihrem Gegenüber an – beispielsweise dem beunruhigten Hauptpersonalrat des Ministeriums. Auf die Frage der Vertreter des Hauptpersonalrats, ob „bei den bisherigen Arbeiten in erster Linie privatwirtschaftliche Gesichtspunkte und Maßstäbe zugrunde gelegt" worden seien, erklärten die Knight-Wegenstein-Berater, „aus ihrer Sicht" sei für „privatwirtschaftliche Überlegungen wenig Raum". Sie hätten sich „sehr eingehend" mit den gesetzlichen Grundlagen des Post- und Fernmeldewesens vertraut gemacht und diese bei ihren Arbeiten „voll berücksichtigt".[69]

Tatsächlich sprachen sich alle Firmen – nicht nur gegenüber den Personalvertretungen, sondern auch gegenüber der Ministeriumsspitze – für eine wirtschaftliche Unternehmensführung, aber gegen eine Aufhebung des Postmonopols aus. In diesem Sinne fügten sie sich gedanklich in die Tradition früherer Regierungskommissionen ein, die die Diskussion um den DBP-Haushalt genauso wenig ordnungspolitisch gerahmt, sondern sich auf Fragen der „Rechtsform, Organisation und Funktion" beschränkt hatten.[70] Im Sinne des Auftraggebers suchten die Consultants vielmehr nach Wegen, das Monopol und damit die starke Stellung des Postministeriums zu wahren.[71] Ebenso wenig wie dies Kommissionen zuvor getan hatten, stellten die Consultants also die Rechtsform der DBP infrage. Stattdessen konzentrierten sie sich, auftragsgemäß, auf die Verwaltungsorganisation.

Trotzdem zeigten sich die Wortführer des Hauptpersonalrats stark beunruhigt: Die Verwaltungsorganisation im Sinne der Konsolidierung zu verbessern, implizierte schließlich Personalabbau im großen Stile. Für die Vorstudie hatten die Beraterteams „jeweils nur Amtsleitungen bzw. Abteilungsleiter, Referenten usw., nicht jedoch Personalvertretungen" befragt, wie die Personalvertretung spitz vermerkte. Bei ersteren sei, wie Dietger Hamacher von der Knight Wegenstein AG den Personalvertretern zu Protokoll gab, „eine große Bereitschaft zur Mitarbeit

[67] BArch, B 257/61126, Schreiben des Bundesministers für das Post- und Fernmeldewesen, Betr.: Vorstudie „Unternehmenskonzept für die DBP", Angebotsanforderung, 1983, S. 4

[68] Aussage von Dietger Hamacher, Projektleiter bei der Knight Wegenstein AG in AdsD, 5/DPGA400078, Hauptpersonalrat beim Bundespostministerium. Vermerk über die Besprechung am 4. 11. 1983; Vorstudie „Unternehmenskonzept für die DBP", S. 1.

[69] Ebenda, S. 3.

[70] Handschuhmacher, Staat, S. 254.

[71] AdsD, 5/DPGA400078, Vermerk des Hauptpersonalrats: Besprechung vom 4. 11. 1983 beim Bundespostministerium. Vorstudie „Unternehmenskonzept für die DBP", 9. 11. 1983, S. 2.

und zur Beantwortung der Fragen vorhanden" gewesen.[72] Mit dem Hauptpersonalrat wollten die Consultants zum Schluss noch „zur Abrundung des Gesamtbildes" sprechen.[73] Die Vertreter des Hauptpersonalrats registrierten diese Priorisierung durchaus. Entsprechend skeptisch traten sie den Externen gegenüber. Zwar werde keine Privatisierung angestrebt, so der Hauptpersonalrat in seinem Gesprächsprotokoll; es habe aber „zahlreiche Hinweise auf vermeintliche oder tatsächliche Rationalisierungsreserven" gegeben. So hätten die Vertreter der Mummert + Partner AG „[b]iologische Lösungen [...] in der Größenordnung von 8000 bis 30 000 Leuten pro Jahr" angedeutet.[74] Missmutig vermerkte die Mitschrift zudem, die Berater hätten „wesentlich mehr und detailliertere Informationen und Unterlagen zur Verfügung gehabt", als dem Hauptpersonalrat je zugänglich gewesen seien. Im Gesamteindruck hatte sich also kein Vertrauen in die Firmenvertreter eingestellt. „Ob unsere Positionen Eingang in die Vorstudien finden werden, ist noch nicht absehbar", so der Vermerk. „Außer einigen Freundlichkeiten" hätten die Consultants dazu nichts verlauten lassen.[75] Eine Beteiligung am Auswahlverfahren habe die Geschäftsführung der DBP abgelehnt – wann die Personalvertreter über den Fortgang der Untersuchungen informiert würden, sei unklar.

Nach Auswertung der vier „Kurzberichte" (von denen jeder um die hundert Seiten umfasste) verständigten sich die Leiter der sieben Abteilungen über die nun zu vergebende Hauptstudie. Postminister und Staatssekretär ließen sich dabei von ihren persönlichen Referenten vertreten. Nachdem das Auftragsschreiben unter Schwarz-Schillings Namen verfasst worden war, seien er und der Staatssekretär in Zukunft „nur bei wichtigen Entscheidungen einzuschalten", wie die Runde festhielt. „Wichtig" erschien das Verfahren externer Beratung als solches – Firmennamen und Ergebnisse wirkten austauschbar. Entsprechend opak blieben auch die Kriterien, nach denen die beiden erfolgreichen Bewerberinnen ausgewählt worden waren: Entscheidend schien, dass sich diese kooperationswillig und für die Zielsetzungen des Ministeriums offen gezeigt hatten. Weder Arthur D. Little noch die Prognos AG, so der Vermerk, hätten erkennen lassen, dass sie „die Post bei der praktischen Einführung ihrer Vorschläge unterstützen wollten und könnten".[76] Die Knight Wegenstein AG und die Mummert + Partner AG beurteilten die Abteilungsleiter dagegen als „geeignet, ihre Leistungsfähigkeit in etwa gleichwertig".

72 Ebenda, S. 1.

73 AdsD, 5/DPGA400078, Vermerk des Hauptpersonalrats: Besprechung der Geschäftsführung mit Vertretern der Firma Prognos am 4. 11. 1983, Betr.: Vorstudie „Unternehmenskonzept für die DBP", 17. 11. 1983, S. 1.

74 AdsD, 5/DPGA400078, Vermerk des Hauptpersonalrats, Betr.: Vorstudie „Unternehmenskonzept für die DBP", Gespräch der Unternehmensberatungsfirmen mit der Geschäftsführung des Hauptpersonalrates, 28. 11. 1983, S. 3.

75 Ebenda, S. 4.

76 BArch, B 257/61126, Vermerk des Referats 902, Betr.: Entscheidung über die Vergabe der Aufträge zum Projekt „Unternehmenskonzeption der DBP", 15. 12. 1983, S. 1.

Entscheiden wollten sie sich jedoch nicht unter den beiden Firmen. Stattdessen zielten sie darauf ab, eine „Wettbewerbssituation" zwischen der Knight Wegenstein AG und der Mummert + Partner AG herzustellen, über die sie die Firmen auch in Kenntnis setzten. Davon versprach sich die Behördenspitze, die „Leistungsfähigkeit beider Firmen praktisch kennen[zu]lernen" und auf dieser Basis über einen möglichen Folgeauftrag für das „Kernprojekt ‚Unternehmenskonzeption für die DBP'" zu entscheiden.[77] Während bereits die Vorstudie als Voraussetzung für die einjährige „Hauptstudie" gehandelt worden war, wurde nun auch letztere als nur eine weitere Etappe verstanden. Die Beamten konzipierten die Konsultationsbeziehung also von vornherein als einen längerfristigen Prozess. Jedes der beiden Unternehmen bekam ein „Teilprojekt" mit spezifischen Schwerpunkten zugesprochen: Die Knight Wegenstein AG sollte ein Unternehmenskonzept für den Postbereich vorlegen, während die Mummert + Partner AG das Personalbemessungssystem im Post- und Fernmeldewesen prüfen sollte. Erneut reichten die beiden ausgewählten Unternehmen schriftliche Ausarbeitungen ein, diesmal Angebote für die ihnen zugewiesenen Teilprojekte. Diese dienten nicht der weiteren Qualifikation, da die Auftragsvergabe bereits feststand. Stattdessen fixierten Auftraggeber und Auftragnehmer nun die Konditionen der Hauptstudie: die genauen Projektinhalte, den anvisierten Zeitrahmen und das zu zahlende Honorar. Nach einjähriger Verwaltungsarbeit, den aufwendigen Vorstudien und schriftlichen Angebotsabgaben konnte die Arbeit an den Hauptgutachten beginnen.

3. Die Knight Wendling AG und die Mummert + Partner AG

Für beide Firmen stellte Schwarz-Schillings Auftrag eine wichtige Chance dar: Die Mummert + Partner AG verdingte sich zum ersten Mal für ein Ministerium der fraglichen Größenordnung, die Knight Wegenstein AG versuchte, ihre Präsenz auf Bundesebene auszuweiten. Keine der Firmen konnte auf herausragende Leistungen oder Vorerfahrungen im Bereich Behördenconsulting verweisen. Vielmehr nutzten sie die Gelegenheit, neben Honorareinkünften auch fachliche Einblicke in den behördlichen Kontext sowie die begehrten Weiterempfehlungen an potenzielle weitere Kunden in der öffentlichen Verwaltung zu gewinnen.

Der Projektleiter der Mummert + Partner AG, Eckard Wohlgehagen, fungierte seit Mitte der 1970er-Jahre als Partner für den frisch etablierten Firmenbereich „Öffentlicher Sektor" – ein eigens eingerichteter Firmenarm, der sich nur auf Aufträge der Sparte Behördenconsulting konzentrierte. Auf eine Empfehlung hin hatte sich Wohlgehagen 1970 als frisch diplomierter Ingenieur bei der Hamburger Firma beworben. Seinerzeit hätten ihm nur „vage" Informationen darüber vorge-

[77] Ebenda, S. 2.

legen, „was ein derartiges Unternehmen treibe".[78] Die ersten Schritte seines Werdegangs stehen beispielhaft für die Mentalität des *learning by doing*, mit dem Beratungsfirmen kokettierten:

„DV-Spezialist [Datenverarbeitungs-Spezialist] wurde ich durch einen dreitägigen Lehrgang, die Stücklistenproblematik erläuterte mir mein Projektleiter Peter Manner, während mein Teamleiter Volker Mascheski der Meinung war, das müßte ich alles schon wissen. Ansonsten half der gesunde Menschenverstand."[79]

Die ersten Behördenprojekte absolvierte Wohlgehagen im kommunalen Bereich: erst beim Tiefbauamt Solingen 1975, kurz danach im Baudezernat Osnabrück. Auch die Kataster- und Vermessungsämter Hamburgs gehörten zu den frühen Stationen. Für die damalige Wirtschaftsministerin Niedersachsens, Birgit Breuel, entwarf er 1982 ein Privatisierungskonzept für die Hochbauverwaltung, bevor er sich mit Projekten für die DBP und DB „größeren Aufgaben" zuwandte.[80]

Nach seiner ursprünglichen Motivation befragt, in den neuartigen Geschäftsbereich des Behördenconsultings einzusteigen, bemerkte Wohlgehagen: „Wir waren damals jung und es war mal was anderes." Verglichen mit der Industrie- und Medienberatung, die er seit dem Einstieg in die Firma einige Jahre lang betrieben hatte, stellte die öffentliche Verwaltung als Beratungsmarkt ein „weites Feld [dar], weil die ja nun ganz anders dachten". Als Kulturschock erlebte Wohlgehagen die Rechtsgebundenheit staatlicher Behörden. In den 1970er- und 1980er-Jahren mussten er und seine Mitstreiter „noch lernen, was öffentliche Verwaltung ist [...] – mit den ganzen Vorschriften und so weiter". Letztere machten aus dem Behördenconsulting „auch ein mühseliges Geschäft". Neben den Ausschreibungsverfahren, die den Beratern unnötig umständlich erschienen, gab es ein weit größeres Publikum zu beachten: „Dann mussten Sie nicht nur vor der Verwaltung präsentieren, sondern teilweise mussten Sie auch noch in die politischen Gremien, die Sie dann auch immer noch informieren mussten."[81] Trotz der kulturellen Unterschiede zwischen Unternehmen und Verwaltung versuchte Wohlgehagen, Kenntnisse aus der Industrieberatung auf Probleme in staatlichen Einrichtungen zu übertragen. Bei der Berechnung des Personalbedarfs oder Erstellung von Organisationshandbüchern griff er auf Erfahrungen aus der Privatwirtschaft zurück. Großen Wert legte er dabei auf quantitative Methoden wie Regressions- und Korrelationsanalysen. Angehenden Berater*innen gab er vor jedem Auftrag die Losung „zählen, messen, wiegen" mit.[82]

An die Anfrage Schwarz-Schillings 1983 erinnerte sich der ehemalige Ingenieur als „ein Highlight" seiner Karriere. Als einer der ersten Beratungsaufträge einer Bundesbehörde hätten die Postprojekte branchenintern Signalwirkung entfaltet: „Das war sicherlich einer der Wendepunkte, dass die Bundespost so nachhaltig

78 Wohlgehagen, Eckard Wohlgehagen, S. 58.
79 Ebenda.
80 Ebenda, S. 60.
81 Eckard Wohlgehagen, interviewt von A. M.
82 Eckard Wohlgehagen, interviewt von A. M.

auf die Berater zuging." Seine Deutung, die Postler „wollten jetzt von der Wirtschaft lernen, jetzt zeigt ihr uns das mal", blendete die taktische Motivation Schwarz-Schillings allerdings aus.[83] Durch zahlreiche Folgeaufträge, die ihn und seine Teams ganze acht Jahre beschäftigt hielten, betrachtete er sich schließlich selbst als „Leib- und Magenberater" des Ministers – auch dies vermutlich eine Überzeichnung.[84]

Für die Knight Wegenstein AG markierte der Auftrag für die DBP einen firmeninternen Generationswechsel. Ende 1983 zog sich der Firmengründer Willy Wegenstein in den Ruhestand zurück und Erhard Wendling wurde mit zehn Prozent Aktienanteilen zum Hauptaktionär und Delegierten des Verwaltungsrats, eine Doppelfunktion als Geschäftsführer und Gesellschaftsleiter.[85] Firmierten die Consultants zu Beginn der Vorstudie für die DBP 1982 noch unter dem Namen Knight Wegenstein AG, bearbeiteten sie den Hauptauftrag ab 1983 als Mitarbeiter der Knight Wendling AG. Zu diesem Zeitpunkt beschäftigte die Aktiengesellschaft 195 Mitarbeitende, 50 davon am Hauptsitz Zürich.[86]

Seit Gründung der Firma 1961 hatten die Knight-Wegenstein-Berater gegenüber Behörden keine Berührungsängste gezeigt. In Überblicksdarstellungen zur Klientel der Firma tauchte die öffentliche Verwaltung stets in einer Reihe mit anderen „Wirtschaftsgruppen" auf. Zwar wurden Behörden und Verbände mitunter als „spezielle Kunden" bezeichnet.[87] Dennoch sahen die Berater in den Sorgen von Verwaltungsspitzen eine Verdienstmöglichkeit unter vielen. Im Jahr 1969 erfüllten sie von 147 Aufträgen neun für „Öffentliche Dienste, Verwaltungen, Verbände".[88] Von den 11,2 Millionen Schweizer Franken Honorarumsatz 1970 entsprangen 490 000 Franken oder gut 4 Prozent staatlichen Kassen. Demgegenüber machten 1983, dem Jahr des DBP-Projekts, öffentliche Aufträge 13 Prozent des Umsatzes aus.[89] Haupteinnahmequelle der Beratungsgruppe seien Großmandate, wie die Schweizerische Handelszeitung festhielt: „Kein Wunder also, dass man sich über Aufträge von seiten öffentlicher Auftraggeber wie der *Deutschen Bundesbahn* oder [...] der *Deutschen Bundespost* genauso freut wie über die privaten Auftraggeber."[90]

[83] Eckard Wohlgehagen, interviewt von A. M.
[84] Wohlgehagen, Eckard Wohlgehagen, S. 60.
[85] SWA, H + I D 920, Artikel „Knight Wegenstein ändert Namen und Besitzer", in: Tagesanzeiger, 15. 6. 1983, 137, o. S.
[86] SWA, H + I D 920, Artikel „Facelifting. Markante Expansion im Beratungsgeschäft", in: Schweizerische Handelszeitung, 10. 1. 1985, 10, o. S.
[87] SWA, H + I D 920, Knight Wegenstein AG, Geschäftsbericht 1969, S. 9.
[88] Ebenda. Andere Klient*innen stammten aus dem Gießereigewerbe (44 Aufträge), dem Stahl-, Metall- und Maschinenbau (18), dem Textilgewerbe (10), dem Handel mit Holz, Möbeln, Kautschuk oder Kunststoffen (9) und der Elektrotechnik (7).
[89] SWA, H + I D 920, Artikel „Facelifting. Markante Expansion im Beratungsgeschäft", in: Schweizerische Handelszeitung, 10. 1. 1985, 10, o. S.
[90] SWA, H + I D 920, Artikel „Mittelstandsunternehmen im Visier", in: Schweizerische Handelszeitung, 12. 1. 1984, 2, o. S., Hervorhebung im Original.

Wie im vorigen Kapitel am Beispiel der Prognos AG gezeigt, hatte sich auch die Knight Wegenstein AG mit öffentlichen Geschäftsberichten sowie Vorträgen und Seminarformaten eine Plattform geschaffen, um ungefragt Probleme von Unternehmen und Behörden zu diagnostizieren und Abhilfe in Aussicht zu stellen. Branchentypisch nutzte die Firma das Instrument der öffentlichen Meinungspflege, um potenzieller Kundschaft deren vermeintlichen Beratungsbedarf bewusst zu machen und sich selbst als Helferin in Not zu empfehlen. Die öffentliche Verwaltung lobten die Knight-Wegenstein-Consultants im Geschäftsbericht 1975 beispielsweise für deren Leistungsfähigkeit und nahmen sie vor Bürokratiekritik in Schutz, die sie in diesem Zusammenhang wortreich wiedergaben.[91] Gleichzeitig unterbreiteten sie einschlägige Lösungen für Schwächen, die sie als verwaltungseigen identifizierten. An erster Stelle rangierte hier das „Fehlen eines Regulativs gegen ein schlechtes Management, wie es in der Wirtschaft z. B. Konkurse sind".[92] Obwohl der Beitrag anzweifelte, dass „man die vielfältigen Probleme einfach damit lösen [könne], dass auch der Staat die sogenannten ‚bewährten Managementmethoden' der Wirtschaft einführt", empfahlen die Autoren Behörden doch eine betriebswirtschaftliche Gesundungskur.[93] Diese verlange „einen [sic] speziellen Know-How" – den sich die Verfasser augenscheinlich selbst zuschrieben.[94]

Realiter hatten öffentliche Auftraggebende der Firma bis dahin nur bedingt schmeichelhafte Zeugnisse ausgestellt. Im Jahr 1971 stufte Senatsdirektor Becker vom Hamburger Organisationsamt die Knight Wegenstein AG in einem Schreiben an den Mannheimer Bürgermeister Karl Watzinger im Vergleich zu den zeitgleich beschäftigten Beratern der Kienbaum GmbH als unerfahren ein: „Soweit wir bisher beurteilen können, hat die Firma Kienbaum Unternehmensberatung größere Erfahrungen in der öffentlichen Verwaltung gesammelt. Das läßt sich offenbar über die Firma Knight Wegenstein nicht sagen."[95] Ein entscheidender Schritt war es für die Firma zwar, 1978 ein Projekt für die DB absolvieren zu können: Hier untersuchte sie, ob eine „Trennung von Fahrweg und Betrieb" Kosten einsparen würde.[96] Die Bundesregierung legte die Ergebnisse aber als „nicht realisierungswürdig" zu den Akten.[97] Weder die Mummert + Partner AG noch die Knight Wendling AG stellten 1983 also überragende Größen am Beratungsmarkt dar. Das Bundespostministerium sicherte den Firmen vielmehr auf Verdacht siebenstellige Beträge zu: Das Prozedere der externen Begutachtung inszenieren zu können, schien Gewinn genug zu sein.

91 SWA, H + I D 920, Knight Wegenstein AG, Geschäftsbericht 1978, S. 20.
92 SWA, H + I D 920, Knight Wegenstein AG, Geschäftsbericht 1975, S. 15.
93 Ebenda, S. 14.
94 SWA, H + I D 920, Knight Wegenstein AG, Geschäftsbericht 1976, S. 17.
95 Staatsarchiv Hamburg, 131-13_433, Schreiben von Becker (Organisationsamt Hamburg) an Watzinger, Bürgermeister Mannheim, S. 1.
96 Knight Wegenstein AG, Bericht, o. S.
97 BT, Drs. 8/3049, 10. 7. 1979, S. 3.

4. Berater und Beamte: Kooperation und Kontrolle

Im Zuge der Konsolidierungsbemühungen insbesondere im Personalbereich waren die Bundesministerien bereits mit arbeitswissenschaftlichen Methoden in Berührung gekommen. In einer Studie von 1979 zur „Personalbemessung in der Ministerialverwaltung" für das Bundesministerium des Inneren beschrieben die Verwaltungswissenschaftler Heinrich Siedentopf und Karl-Rolf Schmid Personalbemessung als Vorgehensweise, „die es erlaubt, die Zahl und Qualität der Arbeitskräfte zu ermitteln und festzulegen, die erforderlich sind, um räumlich und zeitlich bestimmte Aufgaben unter Beachtung betriebsspezifischer Eigenheiten zu erfüllen". Eine kriteriengestützte Berechnung des Personalbedarfs solle eine „sachgerechte personalwirtschaftliche Planung" ermöglichen und für einen „rationellen Personaleinsatz in allen Arbeitsbereichen der betrieblichen Organisation" sorgen.[98] Die Autoren präsentierten eine Auswahl an Bemessungsmethoden aus dem privatwirtschaftlichen Bereich, darunter statistische Erhebungen, Schätzverfahren und tayloristische Zeitstudien.[99]

Für die Bemessungsfachleute der DBP waren diese Methoden keineswegs neu. Im Unterschied zu den meisten anderen staatlichen Organisationen stellte das öffentliche Unternehmen den Personalbedarf der Ämter schon seit Anbruch des 20. Jahrhunderts systematisch fest.[100] Mitte der 1970er-Jahre hatte der Personalchef Bernrath angekündigt, der Aufbau eines „neuen Personalbemessungssystems und die Anwendung neuer Bemessungswerte [werde] zügig vorangetrieben".[101] Eine zentrale Rolle spielte dabei die „Dienstanweisung für die Personalbemessung bei den Ämtern" (DA Bem Ä).[102] Das Regelwerk hatte das Postministerium 1971 eingeführt, um zu bestimmen, wie viel Personal an den Schaltern der Post- und Fernmeldeämter gebraucht wurde. Zuvor hatten die Oberpostdirektionen auf der mittleren Verwaltungsebene den Personalbedarf geschätzt. Dies hatte 1937 in Vorbereitung auf die Kriegswirtschaft das betriebswissenschaftlich stringentere Leistungszählverfahren ersetzt, da es so möglich wurde, Aufgaben flexibler und kurzfristiger auf die Arbeitskräfte zu verteilen.[103]

Auf Basis der neuen Bemessungsgrundlage DA Bem Ä sollten alle Post- und Fernmeldeämter einheitlich bestimmen können, wie viele Arbeitskräfte sie für einzelne Aufgaben benötigten. Die Vorlage enthielt „Bezugseinheiten", die den Umfang von Tätigkeiten bemaßen, zum Beispiel die „Zahl der zu bearbeitenden Briefsendungen, Zugang an Fernsprechhauptanschlüssen, Länge und Stärke der auszulegenden Kabel".[104] Zu jeder Bezugseinheit, also jeder größenbemessenen

98 Siedentopf/Schmid, Personalbemessung, S. 2.
99 Ebenda, S. 4–6.
100 Gscheidle, Die Personalbemessung bei der Deutschen Bundespost, S. 12.
101 Bernrath/Lange, Personalpolitik ohne Illusionen, S. 36.
102 Dohmen, Die Dienstanweisung für die Personalbemessung bei den Ämtern der Deutschen Bundespost (DA Bem Ä).
103 Gscheidle, Die Personalbemessung bei der Deutschen Bundespost, S. 12.
104 Ebenda, S. 14–16.

Tätigkeit in den Ämtern, war die durchschnittlich benötigte Arbeitszeit vermerkt. Aus Tätigkeitsumfang und angenommener Arbeitszeit resultierten „Bemessungswerte“: die Anzahl des voraussichtlich benötigten Personals.

Der BRH hatte zunächst begrüßt, wie „überschaubar, systematisch und möglichst objektiv“ der Personalbedarf mithilfe der DA Bem Ä festgestellt werden könne.[105] Dass die Bemessungsweise der Ämter haushaltswirtschaftlichen Grundsätzen jedoch nicht genüge, problematisierte das Kontrollorgan in seinen jährlich erscheinenden Bemerkungen. Zentrale Bemessungswerte seien spät oder gar nicht erstellt worden, sodass viele Post- und Fernmeldeämter ihren Personalbestand auch im Haushaltsjahr 1974 noch nicht an die veränderte konjunkturelle Lage angepasst hätten.[106] Zum Haushaltsjahr 1979 stellte der BRH fest, dass die mittlerweile angelaufenen Berechnungen fehlerhaft verliefen. Bezugseinheiten seien „nicht zutreffend oder zu ungenau ermittelt“, und Tausende streng genommen nicht benötigte Stellen würden auf die Berechnung aufgeschlagen:

> „Das mit der Personalberechnung vornehmlich verfolgte Ziel, nämlich den Personalbedarf möglichst frei von Ermessen nach betrieblichen und wirtschaftlichen Gesichtspunkten aufgrund anerkannter arbeitswissenschaftlicher Methoden zu ermitteln, ist nicht erreicht.“[107]

Zum einen lag dies an einer Personalpolitik, die auch in Zeiten der Konsolidierung dem öffentlichen Auftrag verpflichtet war: Indem die DBP über den eigenen Bedarf hinaus ausbildete und Ausbildungsabsolvent*innen übernahm, entlastete sie den Arbeitsmarkt und milderte die Jugendarbeitslosigkeit. Im Jahr 1981 stellte die Bundespost die Hälfte aller Ausbildungsplätze des Bundes.[108] Zum anderen hatten die Postbeamt*innen die DA Bem Ä aber auch darauf ausgelegt, gute Arbeitsbedingungen zu schaffen: Jede noch so kleine Arbeitshandlung war darin erfasst und mit einem Zeitwert versehen. Behördeninterne Fachleute beurteilten das Personalbemessungssystem deshalb einhellig als äußerst kleinteilig und beklagten zuweilen, dass es hohen Zeitaufwand erfordere, den Personalbedarf eines Amtes festzustellen. „Man sieht daran, daß die Mängel eines Systems auch in der angestrebten Perfektion liegen können“, gestand Gscheidle seinerzeit in Richtung BRH ein.[109] Zwar betonte er, dass die DBP mit ihrer arbeitswissenschaftlich gestützten Berechnungsweise landesweit allein stand. Nur der Verband für Arbeitsstudien REFA könne sich auf ähnlich ausdifferenzierte Methoden stützen, dies jedoch im industriellen Fertigungsbereich.[110] Kurz vor Ende seiner Amtszeit betonte er dennoch, „daß in Zukunft das Augenmerk darauf gerichtet werden muß, das Bemessungssystem betrieblich praktikabel zu halten, um Fehlentwicklungen […] zu vermeiden“.[111]

105 Unterrichtung durch den Bundesrechnungshof, 25. 9. 1978, S. 75.
106 BT, Drs. 7/5849, 26. 10. 1976, S. 100.
107 BT, Drs. 9/978, 9. 11. 1981, S. 147.
108 Bundesministerium für das Post- und Fernmeldewesen, Geschäftsbericht 1981, S. 21.
109 Gscheidle, Verbindung, S. 112.
110 Gscheidle, Die Personalbemessung bei der Deutschen Bundespost, S. 13.
111 Gscheidle, Verbindung, S. 113.

Schwarz-Schilling trug den externen Beratern nun 1984 auf, den widerstrebenden unteren Verwaltungsebenen gegenüber zu untermauern, dass das Bemessungssystem tatsächlich zu überarbeiten sei. Konkret sollten sie den „Aufbau und die Methodik des Personalbemessungssystems", „die Angemessenheit der Leistungsanforderungen an die Mitarbeiter", „die laufende Anpassung, Pflege und Kontrolle des Systems" und „die Reaktionsgeschwindigkeit bei Anforderungsveränderungen" prüfen, so der Vertragstext.[112] Umfassende Kenntnisse über diese Aspekte lagen postintern durch die Abteilung Personalbemessung sowie postextern durch den Bundesrechnungshof bereits vor. Von einer kommissionierten Studie ließen sich daher kaum neue sachliche Informationen erwarten – wohl aber eine neue Rahmung des Verhältnisses zwischen Dienst- und Betriebsgüte auf der einen und dem Ziel der Eigenwirtschaftlichkeit auf der anderen Seite.

Während der Minister die Zielsetzung vorgab, setzten die Berater den Preis: Gut eine Million Mark sollte das aus der Vorstudie hervorgehende Projekt kosten.[113] Im Angebotsschreiben hatte das Beraterteam um Wohlgehagen vorgeschlagen, stichprobenartig die Post- und Fernmeldeämter Münster zu begehen. Dabei wollten sie prüfen, ob bestehende Bemessungswerte den tatsächlichen Personalbedarf widerspiegelten. Mehrere zentrale Arbeitsabläufe wollten sie vor Ort beobachten und dokumentieren: den Ab- und Eingang sowie die Zustellung von Briefen und Paketen im Fall des Postamts; Baubezirke, die Fernsprechentstörungsstelle sowie Planungs- und Montagestellen für fernmeldetechnische Inneneinrichtungen beim Fernmeldeamt.[114] Neben der lokalen Beobachtung sollte das Bemessungssystem nach DA Bem Ä einem Vergleich mit den Postverwaltungen der Schweiz, der Niederlande und Schwedens unterzogen werden. Beides – der kontrollierende Blick der Externen aus nächster Nähe und der Vergleich mit Postverwaltungen anderer Staaten – brachte eine Irritation der Belegschaft mit sich.

Um die Untersuchung aber zu bewerkstelligen, waren die Berater auf den Sachverstand der oberen Verwaltungsebene angewiesen. Wie im vorigen Kapitel gezeigt, trugen Unternehmensberater*innen das Image von Generalist*innen vor sich her. Dies sollte ihnen einen breiten Zugriff auf unterschiedlichste Organisationsformen ermöglichen und den eigenen Zuständigkeitsbereich elastisch halten. Zuweilen überdeckte diese Selbstzuschreibung aber auch noch nicht vorhandene Sachkenntnisse. Tatsächlich qualifizierten sich Consultants mit jedem Engagement weiter und konnten erst durch Projekterfahrungen ihre Einblicke in unterschiedliche Organisationszusammenhänge vertiefen. Den Auftrag der DBP hatte die Mummert + Partner AG nach eigener, ironisch-überspitzter Aussage durch „forsches Auftreten und vermeintliche Sachkompetenz" erringen können.[115] Von

[112] BArch, B 257/61126, Vertrag zwischen dem Bundesminister für das Post- und Fernmeldewesen und der Mummert + Partner Unternehmensberatung AG, o. D., S. 2.

[113] Ebenda, S. 5.

[114] BArch, B 257/61126, Schreiben von Referat 902 an Referat 701, Betr.: Tagung der Abteilungsleiter 3 in Freiburg im Breisgau, 6. 3. 1984, S. 2.

[115] Wohlgehagen, Eckard Wohlgehagen, S. 60.

Personalbemessungsmethoden hatte das Team laut Mummert-Berater Peter Manner, Diplom-Ingenieur, zunächst „keine Ahnung".[116] Auch der Projektleiter Wohlgehagen erinnerte sich an den Lernprozess, den das Beraterteam durchlief: „Durch ständiges Befassen mit dieser Materie wurden wir langsam so gut, wie wir zu Beginn vorgegeben hatten zu sein."[117] Instrumental war dabei die „Projektgruppe Personalbemessungssystem" aus sieben höheren Postbeamten, die eigens für die Betreuung des Beraterteams zusammentrat. Darunter befanden sich je zwei Ministerialräte und Postdirektoren, je ein Vertreter vom Post- und vom Fernmeldetechnischen Zentralamt sowie der Münsteraner Postdirektor Wilhelm Walgenbach. Letzterer fungierte als Sprecher der Gruppe.

Um das Personalbemessungssystem in kürzester Zeit durchdringen zu können und praxistaugliche Vorschläge zu machen, stützten sich die externen Kräfte auf den internen Sachverstand der ministerialen Projektgruppe. Die ersten sechs Wochen der zwölfmonatigen Projektlaufzeit betrieben die Consultants zunächst ausführlich Lektüre zum rechtlichen Rahmen des Post- und Fernmeldewesens; das Material dafür erhielten sie vom Kreis um Walgenbach. Die Mitglieder der Projektgruppe agierten jedoch nicht als reine Informanten. Sie sorgten auch dafür, dass die Unternehmensberater Schwarz-Schillings Erwartungen ausreichend Rechnung trugen. So sei „bei allen Vorschlägen insbesondere darauf Wert zu legen, daß eine unangemessene Ausweitung des Personalkörpers vermieden wird". Die Forderung nach einer „hinreichenden, aber stets knappen Personalausstattung" versahen die Herren mit Dringlichkeit: „1% Veränderung im Personalbereich bewirkt eine Reduzierung bzw. Erhöhung von jährlichen Kosten um über 200 Mio. DM!"[118] In vierteljährlichen Zwischenberichten und -präsentationen mussten Wohlgehagen und seine Mitarbeiter über den Fortgang der Untersuchungen berichten und daraufhin mögliche Kursänderungen vornehmen.[119] Wenn die Unternehmensberater in den Ämtern als mahnende Präsenz wirkten, wurden sie dabei von der oberen Verwaltungsebene geleitet und engmaschig kontrolliert.

Die Zusammenarbeit in der Projektgruppe zog aber auch einen umgekehrten Effekt nach sich: die geistige Annäherung der Beamten an die Berater. Was mit heftigem Widerstand der Abteilungsleiter Personalbemessung begonnen hatte, wandelte sich im Lauf der Zeit: zunächst zu mitwirkender Unterstützung und schließlich zu einer Auffassung des gemeinsamen Tuns als „Teamarbeit". Wie das Mummert-Team in seinem Angebotsschreiben formulierte, müsse der ständige Austausch zwischen Beratenden und Beratenen „nicht zwangsläufig zu einer

116 Peter Manner, interviewt von A. M.
117 Wohlgehagen, Eckard Wohlgehagen, S. 60.
118 BArch, B 257/61126, Schreiben von Referat 902 an Referat 701, Betr.: Tagung der Abteilungsleiter 3 in Freiburg im Breisgau, 6. 3. 1984, S. 3.
119 BArch, B 257/61126, Vertrag zwischen dem Bundesminister für das Post- und Fernmeldewesen und der Mummert + Partner Unternehmensberatung AG, o. D., S. 2 f.

Übereinstimmung der Meinungen führen".[120] Dennoch stellte Wohlgehagen in der Rückschau fest, dass seine Mitarbeiter und die Beamten „nachher alle in eine Richtung [dachten]".[121] Auch seinerzeit beschrieben die Consultants gegenüber dem Minister die Zusammenarbeit als „uneingeschränkt zufriedenstellend".[122] Hierbei schadete sicherlich nicht, dass Änderungen im Personalbemessungssystem allein die unteren Verwaltungsebenen betrafen und die Mitglieder der Projektgruppe für ihre Mitarbeit höhere Besoldungsstufen sowie Sachmittelzulagen in Form von Dienstwagen erhielten.[123] Ebenso konstitutiv für das aufkeimende Gemeinschaftsgefühl zwischen Beratern und Beamten war aber die Wahrnehmung einer gemeinsamen Gegnerschaft: die Personalvertretungen beim Ministerium und der DBP, die eine Minderung der Personalkosten die längste Zeit zu verhindern gewusst hatten.

Der alarmierte Hauptpersonalrat des Bundespostministeriums hatte Staatssekretär Florian noch während der Vorstudien Ende 1983 das Versprechen abgerungen, „über Aufträge von besonderer Bedeutung" informiert zu werden.[124] Als das Gremium ein paar Monate später jedoch auf weitere Informationen über die Beratungsprojekte drang, teilte das Ministerium mit, „daß eine so frühzeitige Einbindung eines Personalratsvertreters in die Untersuchungen nicht zweckmäßig" sei.[125] Vielmehr wünsche man sich, „aus neutraler Sicht zentrale Problemfelder beurteilen zu lassen und nach Möglichkeit unbeeinflußt neue Lösungsvorschläge zu entwickeln".[126] Ergebnisse würden am Ende der Projektlaufzeit vorliegen und könnten dann auch mit den Personalvertretungen diskutiert werden.

Neben dem Hauptpersonalrat hofften die DPG, der Deutsche Postverband und andere Interessenvertretungen darauf, dass die beiden Gutachten „in der Schublade verschwinden" würden.[127] „Bestimmt nicht ohne Einfluß" schätzten sie ihr eigenes Tun dabei ein und planten daher, eine breite Rezeption der Berichte gezielt zu behindern.[128] Den Unmut gegen die Berater von – bissig apostrophiert – „Mumpitz und Wendelin" kleidete die Mitarbeiter*innenzeitschrift „Das Postpersonal" in Fußballmetaphern: „Was liegt da näher, als mit probaten Spielmethoden

[120] BArch, B 257/61126, Mummert + Partner Unternehmensberatung AG, Projektangebot „Personalbemessung der Ämter der DBP", 27. 1. 1984, S. 2.
[121] Eckard Wohlgehagen, interviewt von A. M.
[122] BArch, B 257/61126, Vermerk Referat 7, Betr.: Gespräch Auftragnehmer Unternehmensberater Mummert + Partner beim Minister am 9. 4. 1984, 4. 6. 1984, S. 4.
[123] Siehe BArch, B 257/61126, Vermerk Referat 326, Betr.: Personalbemessung der DBP. Untersuchungsauftrag an eine Unternehmensberatungsfirma, 20. 1. 1984.
[124] BArch, B 257/61126, Artikel „23. Sitzung des 11. Hauptpersonalrats am 23./24. November 1983. Gespräch mit dem Staatssekretär", in: Der Hauptpersonalrat berichtet, 1983, S. 1.
[125] BArch, B 257/61126, Schreiben von Abteilung 7 an Hauptpersonalrat, Betr.: Projekte „Konzept für das Postwesen", „Personalbemessungssystem" und „Führungsorganisation FTZ/PTZ", 28. 2. 1984, S. 1.
[126] Ebenda.
[127] Ihlow, Gutachteritis, o. S.
[128] Ebenda.

den millionenschweren Neuerwerbungen Abseitsfallen zu bauen, sie abzublocken, ins Leere laufen zu lassen oder sich einfach totzustellen."[129]

Mit voranschreitendem Projektverlauf mussten die Personalvertretungen jedoch erkennen, dass sie kaum auf Zielsetzungen und Ergebnisse der externen Prüfung einwirken konnten. Waren sie ausnahmsweise zu einer Zwischenpräsentation des Mummert-Teams geladen, wurden ihre Hoffnungen auf Beteiligung enttäuscht. Ein Vermerk Georg Nißls für die Abteilung Personalwirtschaft der DPG zeugte davon, dass er sich anlässlich einer Besprechung mit dem Beraterteam wie ein Zaungast vorgekommen war. Eine ursprünglich angesetzte Diskussion von eineinhalb Stunden habe nicht stattgefunden, stattdessen hätten die Erläuterungen der Berater den Großteil des dreistündigen Termins eingenommen. Zusätzlich missfallen hatte dem Protokollanten, dass Minister Schwarz-Schilling „nahezu die ganze Zeit" über anwesend gewesen war. Ein vertraulicher Austausch mit den Beratern sei nicht vorgesehen gewesen. Auf den Beobachtungsposten verwiesen, blieb den Gewerkschaften nur übrig, sich für die Zukunft zu wappnen. Die Ausführungen der Mummert + Partner AG wirkten „nicht ungefährlich", auch wenn das Gutachten erst 1985 fällig würde. Düster schloss Nißl den Vermerk: „Wir werden uns auf einiges gefaßt machen müssen."[130]

Im Mai 1985 legten die Mummert-Berater ihre Ergebnisse vor. Diese enthielten kaum neue Erkenntnisse, sondern lieferten eine quantitative Untermauerung der Problemwahrnehmung Schwarz-Schillings: In den Ämtern versteckten sich demnach beträchtliche Summen überflüssiger Personalausgaben; eine Neubemessung des Personalbedarfs sei die Stellschraube. Der Abschlussbericht begann mit einem optimistischen Gesamturteil: „Das Bemessungssystem ist grundsätzlich sachgerecht und zur Eingrenzung der Personalkosten weiterhin erforderlich."[131] Schnell wurde dieser Eindruck allerdings durch die vernichtende Bewertung der Handhabung des Systems getrübt. Die bereits vom BRH monierten Mängel illustrierten die Berater mit den Beobachtungen, die sie in den Ämtern gesammelt hatten: Aus den im Postwesen zahlreichen unterschiedlichen Arbeitsschritten seien zu viele und zu detaillierte Bezugseinheiten abgeleitet worden. Eine Bemessungsvorschrift für einen Arbeitsbereich zu erstellen dauere daher mitunter zwei, diese durch das Ministerium genehmigen zu lassen weitere drei Jahre. Dadurch seien die Vorgaben oft nicht mehr aktuell, wenn sie das Amt erreichten. Bis dieses seinen Personalbedarf anhand der aufwendigen Bemessungsvorschrift dann tatsächlich berechnet habe, gehe weitere Zeit ins Land: 106 Wochen im Postwesen und 29 Wochen im Fernmeldewesen.[132] Die Schwankungen in der Nachfrage, denen beide Dienstzweige, besonders aber das Postwesen, unterworfen seien, könne das System daher

129 BArch, B 257/61126, Artikel „Mumpitz und Wendelin", in: Die Deutsche Postgilde, 1984, 2, o. S.

130 AdsD, 5/DPGA410138, Vermerk. Mummert & Partner: Projekt Personalbemessung bei der DBP. Zwischenpräsentation am 26. 9. 1984, 16. 10. 1984, S. 1.

131 Mummert + Partner Unternehmensberatung AG, Personalbemessung, S. 3.

132 Ebenda, S. 34.

nicht berücksichtigen. Es werde „schwerfällig, ungenauer und führt in der Summe zu einer zu hohen Personalausstattung" – eine genaue Wiedergabe der ministeriellen Problemanalyse, unterfüttert mit Zahlen.[133]

Als das „Kernproblem" bezeichneten die Consultants vor diesem Hintergrund „die Angemessenheit von Organisations- bzw. Betriebs-/Dienstgüteanforderungen, die den Bemessungswerten zugrunde liegen". Die Fachleiter veranschlagten laut der Untersuchungsergebnisse einen hohen Personalbedarf, um qualitativ hochwertige Dienste („Dienstgüte") und annehmliche Arbeitsbedingungen („Betriebsgüte") zu gewährleisten. In den meisten Bereichen sei der Personalbestand allerdings so hoch angesetzt, dass eine Verminderung „häufig keine nach außen (d. h. gegenüber den Kunden der DBP) erkennbaren Wirkungen" nach sich ziehe.[134] Neben rechnerischen Wegen zu einer Verschlankung des Bemessungssystems benannte die Mummert + Partner AG auch organisationsinterne Hürden derselben. Während das Team Angaben zu den Bezugseinheiten für die Personalstellen zusammengetragen habe, hätten sich die Mitarbeitenden der Ämter bemüht, keine ihrer Einzeltätigkeiten, bis hin zu „Kontrolle gelöschtes Licht", untergehen zu lassen.[135] Ein enger getakteter Arbeitsfluss werde von ihnen nicht akzeptiert.

Als Mittel der Wahl empfahl die Mummert + Partner AG, was auch Bemessungsfachleute seit vielen Jahren versucht hatten durchzusetzen: das System weniger kleinteilig anzulegen und die zahlreichen Bezugseinheiten in einigen breiter gefassten zusammenzuführen. Auf diese Weise werde eine jährliche Neubemessung praktikabel. Am Beispiel der Personalstellen der Ämter setzten sie ihre Überlegungen im Bericht effektvoll in Szene. Bis dato wurde die Anzahl der im Personalbereich Beschäftigten auf Basis von etwa sechzig Einzeltätigkeiten ermittelt. Die Berater griffen dagegen auf eine einzige Bezugseinheit zurück: das zu verwaltende Personal. In einer Regressionsanalyse errechneten sie die Anzahl der Personalstellenmitarbeiter in Abhängigkeit vom Personalbestand des Amtes. Die Ergebnisse wichen nur geringfügig von den bereits bestehenden Bemessungswerten ab.[136] Damit sei „sehr eindrucksvoll die Möglichkeit zur Reduzierung von Bezugseinheiten" bewiesen.[137] Ein einzelner Arbeitsbereich konnte bei der heterogenen Ansammlung an Tätigkeiten in den Ämtern sicherlich nicht repräsentativ für alle anderen stehen. Dies vernachlässigten die Consultants aber zugunsten der Argumentation.

Ähnlich persuasiv war der Vergleich zwischen der DBP und den Postdiensten anderer europäischer Volkswirtschaften angelegt. Das allgemein gehaltene Interesse an „Informationsgewinn über ausländische Bemessungssysteme" motivierte den Vergleich nur sekundär. Stattdessen stand die Beurteilung der „Leistungsanforderungen an die Mitarbeiter der DBP (sind sie vergleichsweise hoch oder

133 Ebenda, S. 38.
134 Ebenda, S. 43.
135 Ebenda, S. 106.
136 Ebenda, S. 105–107.
137 Ebenda, S. 103.

niedrig?)“ im Vordergrund.[138] In Voruntersuchungen der Firma hatten sich die Postverwaltungen der Schweiz, der Niederlande und Schwedens als „sehr produktiv“ erwiesen.[139] Ziel des Vergleichs war also, die deutsche Kandidatin möglichst schwach abschneiden zu lassen. Anders als erhofft hatten sich die schwedischen Postangestellten in der Hauptstudie aber als ungefähr gleich leistungsstark wie ihre deutschen Kolleg*innen entpuppt. Die Ergebnisse dieses Teilvergleichs wurden für den Bericht daher zurückgestellt und die Unterschiede zu den schweizerischen und niederländischen Betrieben hervorgehoben. Für das Postwesen hatten die Berater die Briefzustellung, für das Fernmeldewesen die Fernsprechentstörung verglichen. Laut der Ergebnisse bemaß die DBP 10 Prozent mehr Arbeitszeit für die Briefzustellung als in der Schweiz und 15 Prozent mehr als in den Niederlanden üblich. Bei der Fernsprechentstörung stünden den deutschen Bediensteten gar zwischen 25 und 50 Prozent mehr Zeit zu als ihren Schweizer Kolleg*innen. Teilweise begründe sich der zeitliche Mehrbedarf durch umständliche Organisationsabläufe; häufig nutzten die Mitarbeitenden der Post die überschüssige Zeit aber auch für ausgedehnte Erholungspausen.[140]

Auftragsgemäß hatten die Mummert-Berater den allseits bekannten Zustand des Bemessungssystems wiedergegeben und die Monita des BRH erneut aufgeworfen. Darüber hinaus lieferten sie Vorschläge, die einen grundsätzlichen Funktionswandel der Personalbedarfsfeststellung implizierten: Idealerweise verwalte das Bemessungssystem den Personalbestand nicht nur, sondern steuere ihn aktiv. So könnten die Ämter „Anreize zur Förderung wirtschaftlicher Verhaltensweisen“ erhalten, um die errechnete Personalobergrenze nicht völlig auszuschöpfen. Führungskräften könnten Beförderungen in Aussicht gestellt werden und „Soll-Ist-Vergleiche“ besonders schmal oder dicht besetzte Ämter sichtbar machen.[141] Auch das Plädoyer für eine jährliche Neubemessung konzipierte die DBP nicht als sozialen Arbeitgeber mit langfristigen Beschäftigungsperspektiven, sondern als flexibel agierendes Unternehmen.

Zusätzlich benannten die Berater postinterne Interessenkonflikte. Diese waren ebenfalls allen Beteiligten bekannt, konnten durch die fremde Lesart aber in sachorientierter Manier aufgeworfen werden. So beklagten die Bemessungsfachleute laut dem Gutachten, den „personal-intensive[n] Qualitätsansprüche[n]“ der Fachleiter folgen zu müssen, ohne darauf einwirken zu können: „Zwangsläufig ergeben sich hohe Bemessungswerte“, hielt der Bericht fest.[142] Die Mummert + Partner AG riet daher dazu, die Fachreferate „verantwortlich in das ‚Bemessungsgeschäft‘“ mit einzubeziehen: „Letztendlich sollen sie auch den höheren Personalaufwand verantworten, den ihre fachlichen Forderungen verursachen.“ Zusätzlich empfahlen die Consultants, zwei kontrollierende Instanzen im Ministerium einzurichten.

138 Ebenda, S. 52.
139 Ebenda, S. 103.
140 Ebenda, S. 61–63.
141 Ebenda, S. 88, S. 126 f.
142 Ebenda, S. 41.

Ständige „Rationalisierungsarbeitskreise" sollten unter Einbindung der Betroffenen in den einzelnen Dienstzweigen tagen und von einem übergeordneten „Entscheiderkreis für Rationalisierung" überwacht werden.[143] Der prüfende Blick von außen sollte sich in auf Dauer gestellte Kontrollgremien übersetzen – ein Vorschlag, der den oberen Verwaltungsebenen entgegenkam.

Nach Vorlage des Berichts im Mai 1985 begann eine nächste Phase im Beratungsvorgang: die Auswertung des externen Urteils mit unterschiedlichen Statusgruppen und ein damit einhergehender interner Verständigungsprozess über Ausrichtung und Prioritäten der DBP. Die ministerielle Projektgruppe um Walgenbach machte sich einige Tage vor der öffentlichkeitswirksamen Vorstellung des Gutachtens bereits an dessen Auswertung. Die verheißungsvollen Zahlenwerke der Berater betrachtete die Runde skeptisch: Insbesondere die quantitativen Prognosen zur Personaleinsparung – in den kommenden sechs bis acht Jahren 15 bis 20 Prozent im Postwesen und 30 bis 35 Prozent im Fernmeldewesen – schienen spekulativer Natur zu sein. Eine Senkung des Personalbestands, so wägten die Beamten ab, habe „in absehbarer Zeit negative Folgen auf den Arbeitsmarkt", aber „auf Dauer positive Folgen für die Kunden, die Gebührenpolitik und die betriebliche Abwicklung".[144] Die genannten Einspargrößen seien jedoch „weder durch die Feststellungen im Bericht belegt, noch entsprechen sie realistischen Einschätzungen".[145]

Um zu einer Beurteilung zu gelangen, baten die Beamten die Oberpostdirektoren, die Vorschläge fachlich zu evaluieren. Als Vorgesetzte der mittleren Verwaltungsebene lag diesen sehr daran, das Personalbemessungssystem zu verbessern. Wie die Ministeriumsspitze störten sie sich an der defizitären Unternehmensführung und wollten den Beweis erbracht haben, dass ihre Personalbewirtschaftung nicht deren Ursache darstellte: „Insofern ist die Erstellung eines Gutachtens zum Bemessungssystem der DBP durch eine externe Unternehmensberatung zu begrüßen", so eine der Zuschriften.[146] Eine weitere Stellungnahme bekräftigte, „daß das Gutachten für ‚Eingeweihte' wohl keine weltbewegend neuen Erkenntnisse zutage gefördert hat. Aber vielleicht wird durch den fremden Anstoß die Umsetzung bereits vorhandener postinternen [sic] Erkenntnisse möglich."[147]

Obwohl die Oberpostdirektoren mehrheitlich sowohl die Auftragsvergabe als auch die generelle Richtung des Gutachtens begrüßten, beanstandeten sie eine Reihe an Einzelheiten. Aus der Überprüfung der Beratungsvorschläge auf deren

143 Ebenda, S. 119.

144 BArch, B 257/61127, Schreiben Walgenbach über Leiter der Abteilung 3 an Staatssekretär, Betr.: Anschlußauftrag an die Unternehmensberatung Mummert + Partner AG, 30. 9. 1985, S. 3.

145 Ebenda, S. 2.

146 BArch, B 257/61128, Schreiben von Postdirektor Bruno Beckebans an das Bundesministerium für Post- und Fernmeldewesen, z. Hd. Ministerialrat Schulte, Betr.: Stellungnahme zum Abschlußbericht der Unternehmensberatung Mummert + Partner, 10. 9. 1985, S. 1.

147 BArch, B 257/61128, Schreiben von POR Rudolf Schreieröder an das Bundesministerium für Post- und Fernmeldewesen, z. Hd. Ministerialrat Schulte, Betr.: Stellungnahme zum Abschlußbericht der Unternehmensberatung Mummert + Partner, 20. 8. 1985, S. 5.

sachlichen Gehalt hin sprach ein genuines Interesse an Problemlösung. Die wenigsten Oberpostdirektoren wollten Abstriche hinsichtlich der Betriebsgüte hinnehmen oder die Interessen der Beschäftigten übergehen; stattdessen ging es ihnen um praxistaugliche Lösungen. Die Reduzierung der Bezugseinheiten am Beispiel Personalstellen „verblüfft[e]" die Fachleute zwar ob ihrer Genauigkeit: „Diese überzeugende Darstellung ist das Verdienst von M + P."[148] Darüber hinaus ließen die Berater aber ein „Rezept" zur Behebung der bekannten Mängel des Systems vermissen.[149] Insbesondere der internationale Vergleich des Personalbemessungssystems stieß bei den Praktikern auf Ablehnung. Die Rahmenbedingungen der Schweizer und niederländischen Postverwaltungen unterschieden sich ihrer Meinung nach erheblich von denen der Bundespost, sodass der Vergleich nicht zu werten sei.[150] Das Beraterteam „weck[e] Illusionen von hohen Produktivitätsgewinnen", ohne die Grundlagen und Grenzen der Methode offenzulegen.[151]

Zudem warfen die Funktionäre den Beratern verwaltungspolitische Naivität vor. Trotz der angestrebten Kostendeckung könne sich die DBP von Kundenansprüchen und der Verantwortung eines sozialen Arbeitgebers nicht lösen. Auch die Abstimmung mit den Personalvertretungen wegen möglicher Stellenreduzierungen, die die Consultants kaum thematisierten, sei nicht zu umgehen. „Leider ist das Gutachten zu sehr auf Außenwirkung angelegt", klagte der Stuttgarter Oberpostdirektor.[152] Die empfohlenen Stellenreduzierungen und Personalobergrenzen „machen sich gut auf dem Papier", würden in der Praxis aber „erhebliche Probleme" nach sich ziehen. Immerhin, so hieß es in einer weiteren Zuschrift: Der Bericht habe ein „profihaftes Layout". Die Gliederung sei übersichtlich, die Anlagen farbig und der „breite Rand neben dem Text" eigne sich für persönliche Notizen.[153]

Die differenzierte verwaltungsinterne Kritik an dem Schriftstück der Mummert + Partner AG blieb in der schriftlichen Bilanz der Projektgruppe lediglich implizit. Nach mehrmonatiger Auswertung des 135 Seiten starken Berichts urteil-

148 BArch, B 257/61128, Schreiben von Oberpostdirektor Dipl.-Ing. Werner Pohl an das Bundesministerium für Post- und Fernmeldewesen, z. Hd. Ministerialrat Schulte, Betr.: Stellungnahme zum Abschlußbericht der Unternehmensberatung Mummert + Partner, 28. 8. 1985, S. 4.

149 BArch, B 257/61128, POR Dipl.-Ing. Rainer Friedrichowitz, Stellungnahme zum Schlußbericht der Unternehmensberatung Mummert + Partner AG, 28. 8. 1985, S. 3. Ähnlich BArch, B 257/61128, Postoberrat Dipl.-Ing. Perske, Stellungnahme zum Schlußbericht der Unternehmensberatung Mummert + Partner, 2. 9. 1985; BArch, B 257/61128, POR Dipl.-Ing. Michael Strueß, Stellungnahme zum Schlußbericht der Unternehmensberatung Mummert + Partner, 8. 9. 1985.

150 BArch, B 257/61128, OPDir Dipl.-Ing. Gerhard Schmid, Persönliche Stellungnahme zum Gutachten der Unternehmensberatung Mummert & Partner, August 1985.

151 BArch, B 257/61128, Schreiben von Oberpostdirektor Dipl.-Ing. Werner Pohl an das Bundesministerium für Post- und Fernmeldewesen, z. Hd. Ministerialrat Schulte, Betr.: Stellungnahme zum Abschlußbericht der Unternehmensberatung Mummert + Partner, 28. 8. 1985, S. 2.

152 BArch, B 257/61128, OPDir Dipl.-Ing. Gerhard Schmid, Persönliche Stellungnahme zum Gutachten der Unternehmensberatung Mummert & Partner, August 1985, S. 1.

153 BArch, B 257/61128, POR Dipl.-Ing. Rainer Friedrichowitz, Stellungnahme zum Schlußbericht der Unternehmensberatung Mummert + Partner AG, 28. 8. 1985, S. 1.

ten Walgenbach und sein Kreis über das Gutachten: „Die Analyse des Istzustands [des Bemessungssystems] ist weitgehend richtig; die aufgezeigten Mängel müssen deshalb – bis auf einige Ausnahmen – anerkannt werden.“[154] Diese Bilanz transportierten die Beamten auch in einem Textbeitrag zu einer Rede Schwarz-Schillings. Schließlich war es im Sinne des Ministers, das kostspielige Unterfangen der externen Beratung gegenüber dem BRH und dem Finanzministerium zu vertreten. Positiv hob die Projektgruppe hier zusätzlich hervor, dass die Firma den „grundsätzlichen Ansatz“ des Bemessungssystems als „sachgerecht“ eingestuft hatte.[155] Die Verantwortung für hohe Personalbestände schien damit den unteren Verwaltungsebenen zuzukommen, die die DA Bem Ä umzusetzen hatten – ein schriftlicher Beleg, der das Ministerium entlastete. Dem übergeordneten Ziel, Personalabbau zu rechtfertigen, habe der Bericht entsprochen, wie abteilungsübergreifende Korrespondenz verriet:

> „Die zwar schon vorgesehene, aber schwierige Durchsetzung der Reduzierung [des Personals] wurde zweifellos beschleunigt, da mit dem Gutachten der Personalvertretung und den Gewerkschaften viel ‚Wind aus den Segeln‘ genommen war.“[156]

Die weitere Auswertung und öffentliche Auslegung des Berichts stand allerdings noch aus, oder wie es ein Oberpostdirektor ausgedrückt hatte: „Die eigentliche Gutachtertätigkeit [...] muß jetzt beginnen.“[157] Darin lieferten sich die Projektgruppe und die Gewerkschaften mit dem Tag der Veröffentlichung einen Wettlauf. Im weitaus größeren Wirbel um das parallel erstellte Gutachten der Knight Wendling AG ging dies jedoch beinahe unter.

5. Legitimation durch scheiternde Beratung

Zeitgleich zu den Mummert-Consultants arbeiteten die Berater der Knight Wendling AG an einem „strategischen Unternehmenskonzept“ für das Postwesen. Ziel war es, herauszufinden, wie die „gelbe“ Post eigenwirtschaftlich aufgestellt werden könnte. Damit trug Schwarz-Schilling den Beratern auf, was zuvor mehrere Regierungskommissionen gegen die Widerstände seines eigenen Ministeriums nicht hatten durchsetzen können: Das Spannungsfeld zwischen öffentlicher Versorgungsfunktion und rentabler Unternehmensführung der DBP aufzulösen und die Behörde nach unternehmerischen Gesichtspunkten neu zu strukturieren.

154 BArch, B 257/61127, Schreiben Walgenbach über Leiter der Abteilung 3 an Staatssekretär, Betr.: Anschlußauftrag an die Unternehmensberatung Mummert + Partner AG, 30. 9. 1985, S. 2.

155 BArch, B 257/61128, Textbeitrag für Minister, Betr.: Projekt „Personalbemessung der Ämter der DBP“, 6. 12. 1985, S. 1.

156 BArch, B 257/61129, Schreiben von Abteilung 2a an Staatssekretär, Antwort auf Schreiben von Staatssekretär vom 13. 8. 1986, 2. 10. 1986, S. 4.

157 BArch, B 257/61128, Schreiben von Oberpostdirektor Dipl.-Ing. Werner Pohl an das Bundesministerium für Post- und Fernmeldewesen, z. Hd. Ministerialrat Schulte, Betr.: Stellungnahme zum Abschlußbericht der Unternehmensberatung Mummert + Partner, 28. 8. 1985, S. 5.

Versuche, das Post- und Fernmeldewesen am unternehmerischen statt am bürokratischen Leitbild auszurichten, reichten bis in die 1960er-Jahre zurück.[158] Die Empfehlungen einer 1964 eingesetzten Sachverständigen-Kommission waren allerdings bereits damals politisch schwierig umsetzbar. Allein der Einsatz der „Sachverständigen-Kommission Deutsche Bundespost" 1964 war in der Erinnerung des Staatssekretärs Florian von einer „gewissen politischen, verfassungsrechtlichen Delikatesse" geprägt. Da die Haushaltsverantwortung dem Postverwaltungsrat zufiel, dem auch fünf Mitglieder des Bundestags angehörten, habe in der Untersuchung „unverkennbar [...] unausgesprochen ein gewisser Vorwurf gegen die Finanzplanung der DBP" gelegen.[159] Die siebenköpfige Kommission bestehend aus Hochschulprofessoren, Verbandsvertretern und Unternehmern forderte weitreichende verfassungsrechtliche Entscheidungen: Die Bundespost könne „nur dann nachhaltig gesunden, wenn die verantwortlichen Organe ihre Dispositionen in erster Linie an ökonomischen Maßstäben orientieren können".[160] Zu diesem Zweck solle das Post- und Fernmeldewesen von einer Bundesbehörde in eine Anstalt öffentlichen Rechts überführt werden. Die Existenzberechtigung des Postministeriums stellten die Kommissionsmitglieder damit infrage – auch das Verkehrsministerium könne die Dienstleistungen beaufsichtigen.[161] Dass dies beim Ministerium auf wenig Gegenliebe stieß, zeigte sich in der verhaltenen Rezeption des Dokuments. Verzögert durch Neuwahlen erklärte die Große Koalition 1969, die von der Kommission verfolgten Absichten könnten „auch ohne eine Änderung der Organisationsform der Deutschen Bundespost erreicht werden".[162] Lediglich die im Gutachten als kurzfristig angelegten Maßnahmen griff die Regierung auf, darunter den Vorschlag, die jährliche Abgabe an den Bundesfiskus auszusetzen und Gebühren für defizitäre Angebote zu erhöhen.[163] Obwohl der Versuch scheiterte, das Post- und Fernmeldewesen aus der Hoheitsverwaltung herauszulösen, wirkte er als „Maßstab für alle späteren Therapievorschläge".[164]

Die sozialliberale Koalition legte 1969 mit der Kommission Deutsche Bundespost nach. Diese sollte ein „Gesetz über die Unternehmensverfassung der Deutschen Bundespost", kurz: Postverfassungsgesetz, ausarbeiten.[165] Der Ergebnisbericht sah vor, zwischen hoheitlichen und betrieblichen Funktionen der DBP zu unterscheiden und diese formal voneinander zu trennen. Ein Minister oder eine Ministerin – ob mit eigenem oder nur dem Verkehrsressort – sollte weiterhin für das Post- und Fernmeldewesen politisch verantwortlich zeichnen, ein Aufsichtsrat

158 Zum Folgenden siehe auch Metzler, „Ein deutscher Weg", und Handschuhmacher, Staat, S. 251–262, die die Regierungskommissionen zur DBP der 1960er- bis 1980er-Jahre beleuchten.
159 Ebenda, S. 11.
160 BT, Drs. 5/203, 26. 1. 1966, S. 94.
161 Werle, Telekommunikation, S. 146 f.
162 BT, Drs. 5/3875, 20. 2. 1969, S. 22.
163 Werle, Telekommunikation, S. 148.
164 Grande, Monopol, S. 190.
165 Zum Folgenden: Werle, Telekommunikation, S. 155–160.

sollte dagegen, einem Wirtschaftskonzern gleich, die Geschäfte überwachen. Dies hätte bedeutet, die DBP nach dem Vorbild der DB als teilrechtsfähige Anstalt aufzustellen.

Dagegen formierte sich jedoch bald breiter, auf juristische Argumente gestützter Widerstand. BRH, Bundesrat sowie der wissenschaftliche Dienst des Bundestags wollten die Post, grundgesetzkonform, als Teil der Ministerialverwaltung gewahrt wissen. Da zudem die Mitbestimmungsrechte der DPG im anvisierten Aufsichtsrat nicht geklärt werden konnten, fand der 1970 vorgelegte Gesetzesentwurf auch in der SPD selbst keine Mehrheiten. Im Januar 1973 brachten ihn die Regierungsfraktionen mit leichten Änderungen erneut ein, erklärten das Vorhaben aber für beendet, nachdem drei Jahre später immer noch keine Einigung erzielt war. Teile des Postverwaltungsgesetzes zum Haushalts- und Finanzwesen wurden überarbeitet, die Rechtsform der DBP als Hoheitsverwaltung blieb aber gewahrt. Während seiner verbleibenden Amtszeit war eine Reform der Postverwaltung für Helmut Schmidts Kabinett „kein Thema mehr"[166] – auch, weil mit der steigenden Arbeitslosigkeit drängendere Probleme in den Vordergrund rückten.[167]

Der Auftrag an die Knight Wendling AG stellte insofern einen Bruch dar, als nun die Ministeriumsspitze selbst Änderungsvorschläge einholte. Sechs Unternehmensberater, darunter Diplom-Ingenieure und Diplom-Kaufmänner, nahmen im Januar 1984 die Arbeit auf. Wie sie bereits in der Vorstudie angeregt hatten, bildeten sie ein gemischtes Projektteam mit einigen Beamten der Leitungsebene. Zwei Wissensformen sollten auf diese Weise zusammengeführt werden: das „Schwerpunktwissen in der methodischen Steuerung und Kontrolle komplexer Projekte sowie den umfangreichen Kenntnissen aus öffentlicher Verwaltung und Privatwirtschaft" der Consultants und die „spezifischen internen organisatorischen und fachlichen Kenntnisse" der Behördenvertreter.[168] Die spätere Umsetzbarkeit der Vorschläge sowie deren Akzeptanz in der Belegschaft sollte dadurch gewährleistet werden – eine, wie sich noch herausstellen sollte, optimistische Annahme. Die Ministeriumsabteilung Postwesen stellte dem Team jeweils einen Beamten aus den Bereichen Brief-, Paket- und Postbankdienst an die Seite. Darüber hinaus brachte sie „generelles Know How" zu einer Bandbreite an Themen ein: Betriebstechnik, Logistik, Gebühren, Personaleinsatz und Organisation der DBP.[169] Für den Projektzeitraum waren die Beamten von ihren Haupttätigkeiten freigestellt. In einem Vermerk an den Minister bewerteten sie die Kooperation mit dem Knight-Wendling-Team positiv: „Die Zusammenarbeit ist sehr gut."[170]

166 Grande, Monopol, S. 169.
167 Werle, Telekommunikation, S. 166.
168 BArch, B 257/61126, Gesprächszettel für Postminister Schwarz-Schilling, Betr.: Gespräch mit Unternehmensberatungsfirmen Knight Wendling AG und Mummert + Partner AG, Sachstanddarstellung und wichtige Termine, 9. 3. 1984, S. 3.
169 BArch, B 257/61126, Schreiben des Referats 902 an Abteilungen 1 und 7, Betr.: Vorbesprechung zum Projekt „Konzept für das Postwesen" am 28. 12. 1983, 3. 1. 1984.
170 BArch, B 257/47979, Knight Wendling AG, Vorstudie: Unternehmenskonzept für die Deutsche Bundespost. Ausgearbeitet für den Bundesminister für das Post- und Fernmeldewesen, 1983, S. 141.

Die Tätigkeit der Consultants gliederte sich in eine „Ist-“ und eine „Soll-Analyse“. Für erstere führten die Berater zunächst erneut monatelang Interviews mit Vertretern der Behördenspitze, allen voran dem beamteten Staatssekretär und den Leitern aller Ministeriumsabteilungen. Weiter ging es mit den Präsidenten der Oberpostdirektionen auf der mittleren Verwaltungsebene. Großkunden wie das Versandhandelsunternehmen Quelle sowie die DB als Logistikpartner sollten ebenfalls ihre Meinung zu den Dienstleistungen der DBP kundtun. Mit dem British Post Office wollten die Consultants zusätzlich die Meinung einer ausländischen Postverwaltung einfangen.[171] Insgesamt flossen fünfzehn Monate Recherche, Analyse und Dokumentation in die abschließenden Berichte ein. Das „Strategische Konzept“ erstreckte sich auf über einhundert Seiten, begleitet von sechs jeweils ebenso umfangreichen Anlagenbänden. Jeden zierte der vielversprechende Schriftzug „Knight Wendling: Die andere Form der Beratung“.

Wie fiel das Urteil der Consultants aus? Wie das Team der Mummert + Partner AG eröffneten die Knight-Wendling-Berater ihren Bericht im Mai 1985 mit einem Lob: „Die Deutsche Bundespost ist eine leistungsfähige und leistungsorientierte Verwaltung.“ Worauf sich diese wohlklingende Einschätzung stützte, blieb im weiteren Verlauf der Ausführungen jedoch verborgen. Der Bericht zeichnete ein besorgniserregendes Bild der Situation des Unternehmens DBP. Den Grund für schlechte Bilanzen verorteten die Berater wie die Regierungskommissionen vor ihnen in der „grundsätzlichen Einstellung der Führung der Deutschen Bundespost in Richtung Daseinsvorsorge und Hoheitsverwaltung“.[172] Die „Vermischung“ von politischer und geschäftlicher Verantwortung bedeute „einen Verzicht auf eine konsequente unternehmerische und betriebswirtschaftliche Ausrichtung“.[173] Mängel bestünden auch in der Vermarktung der unterschiedlichen Postdienstleistungen. Gegen die Dominanz des Betriebsablaufs könne sich das Marketing als Aufgabenbereich nur schwer durchsetzen, sodass die „Produktprofilierung“ der DBP zu wenig ausgeprägt sei. Die Consultants hielten sich auch nicht mit Kritik an der vorgefundenen Dienstleistungsqualität zurück. So zeige sich die DBP in ihrer „Leistung/Produktivität […] deutlich schwächer als die Konkurrenz“. Mit ihrer „Dienstgüte“ in der breitflächigen Versorgung könne sie konkurrieren, nicht jedoch mit den veranschlagten Preisen für ihre Leistungen. Technische Verbesserungsmöglichkeiten machten die Berater zusätzlich im Brief-, Päckchen- und Paketdienst aus. Der innerbetriebliche Fokus auf die Verteilung der Post resultiere in „aufwendige[n] manuelle[n] Verfahren“. Die eingehenden und ausgehenden Sendungsströme seien folglich „nicht wirtschaftlich mechanisierbar“.[174]

171 BArch, B 257/61126, Gesprächszettel für Postminister Schwarz-Schilling, Betr.: Gespräch mit Unternehmensberatungsfirmen Knight Wendling AG und Mummert + Partner AG, Sachstanddarstellung und wichtige Termine, 9. 3. 1984, S. 4.

172 BArch, B 257/47969, Bericht der Knight Wendling AG, Strategisches Konzept für das Postwesen für den Bundesminister für das Post- und Fernmeldewesen, 1985, S. 5.

173 Ebenda, S. 6.

174 Ebenda, S. 8.

Die vorgestellte Problemanalyse münzten die Berater um, indem sie Vorschläge für eine „strategische Neuorientierung im Postwesen" darlegten.[175] Diese solle langfristig die Eigenwirtschaftlichkeit des Postwesens herstellen. Um die Kosten im Postbereich zu verringern, schlugen die Berater vor, die bestehende Infrastruktur aufzurüsten. Dies erfordere zunächst, in Logistik und Technik zu investieren.[176] Darüber hinaus müsse die Organisations- und Führungsstruktur an die Betriebsabläufe angepasst werden. Konkret beinhaltete dies eine Dreiteilung – wie vorgegeben unter einem Dach – in die „strategischen Geschäftseinheiten" Postdienste, Postbankdienste und das in dem Projekt nicht weiter untersuchte Fernmeldewesen.

Damit orientierten sich die Beraterempfehlungen an Vorbildern aus dem Unternehmenskontext. Zwar hatten SPD und F.D.P. schon um 1969 auf die „Unabhängigkeit der Unternehmensführung von politischen Alltagseinflüssen" gedrungen.[177] Über die Organisationsstruktur hinaus empfahlen die Consultants nun aber auch, die betriebliche Handhabung und das Auftreten der Behörde einem Wirtschaftsunternehmen anzugleichen. Detaillierte technische Anregungen sowie ein Schwerpunkt auf Marketingmaßnahmen zeugten von der unternehmerischen Praktikerperspektive der Berater. In dieser stellte die gesetzliche Form der Hoheitsverwaltung ein notwendiges Übel dar, sollte aber profitables Handeln nicht verhindern.

Den Gewinn, den sich der Minister aus den Empfehlungen versprechen könne, projizierten die Consultants anhand von Zahlen. Einerseits würden die Fixkosten der DBP um 2,1 Milliarden Mark im Jahr gesenkt werden. Mehreinnahmen von 800 Millionen Mark – oder, wie im Bericht aufbauschend ausgewiesen, 0,8 Milliarden Mark – entstünden zusätzlich dank der neuen Marketingstrategie sowie durch Gebührenanhebungen in kostenintensiven Wirkungsfeldern der „gelben" Post. Den versprochenen Einsparungen stünde eine einmalige Investition von 1,7 Milliarden Mark gegenüber.[178] Verheißungsvoll war auch das neue Gesicht, das die Consultants der DBP prophezeiten: „Die Post erhält gegenüber der Öffentlichkeit ein verändertes Image im Sinne eines modernen, wirtschaftlich geführten öffentlichen Dienstleistungsunternehmens, das sich dem Wettbewerb stellt." Der Wunsch des Auftraggebers las sich in dem Bericht als vollendete Tatsache: „Im Rahmen ihrer Monopolbereiche operiert die Post so wirtschaftlich, daß sie diese Sonderstellung unter Beachtung staatlicher Daseinsvorsorge und anderer politischer Aufgaben auf Dauer rechtfertigt." Auch unbeliebte Gebührenerhöhungen könnten auf diese Weise „auf das unumgängliche Maß" begrenzt werden.

Die Verwirklichung der Vision habe jedoch ihren Preis. Die Umsetzung des „Strategischen Konzepts" erfordere die „geistige Umstellung" von Unternehmens-

[175] BArch, B 257/47969, Bericht der Knight Wendling AG, Strategisches Konzept für das Postwesen für den Bundesminister für das Post- und Fernmeldewesen, 1985, S. 2.

[176] Ebenda, S. 11.

[177] BT, Drs. 6/1385, 6. 11. 1970, S. 17.

[178] BArch, B 257/47969, Bericht der Knight Wendling AG, Strategisches Konzept für das Postwesen für den Bundesminister für das Post- und Fernmeldewesen, S. 17.

leitung und Mitarbeitenden hin zu „ergebnisbewußtem Handeln" und „vermehrter Flexibilität".[179] Zugleich machten die Consultants deutlich, welches Schicksal die DBP erwarte, sollten Minister und Staatssekretär den Bericht missachten. Werde das Konzept nicht umgesetzt, stünde dem Postwesen der Konkurs ins Haus: Die Verluste würden weiter steigen und weder durch Quersubventionen aus dem Fernmeldewesen noch durch Gebührenerhöhungen aufzufangen sein. Bei „inflationärer Gebührenpolitik" würde die Konkurrenz im sicher geglaubten Monopolbereich des Briefdiensts auf den Plan gerufen. Auch im Päckchen- und Paketdienst sowie bei den Postbankdiensten würden die posteigenen Marktanteile „sprunghaft schrumpfen". Zum einen orakelten die Consultants über die „Abwanderung von Großkunden zum privatwirtschaftlichen Wettbewerb", zum anderen über technische Neuerungen, hinter denen der Monopolist zurückbleiben werde.[180]

Ungünstig für die Externen war, dass sich die meisten ihrer Vorschläge bei näherer Betrachtung durch die Postverwaltung in Luft auflösten. Hinsichtlich etwaiger Produktivitätssteigerungen fiel die erste Auswertung des „Strategischen Konzepts" nämlich ernüchternd aus. Die Arbeitsgruppe hatte die Vorschläge zum Brief-, Paket- und Päckchendienst sowie Logistik und Marketing gegengerechnet und die Einschätzungen der Bezirke eingeholt. Allein das von den Consultants vorgelegte Marketingkonzept traf auf die Zustimmung der Postbeamten und könne „alles in allem" befolgt werden.[181] Für den Bereich Logistik lägen akzeptable Empfehlungen vor, die jedoch aufgrund entstehender Mehrkosten von 50 bis 100 Millionen Mark im Jahr abzulehnen seien. Erhebliche Neuinvestitionen statt der versprochenen Einsparungen erwarteten die Beamten auch von den Gutachtenvorschlägen zu den Paket- und Päckchendiensten, die entsprechend ebenfalls keine Zustimmung fanden. Auch vom Herzstück des Gutachtens, dem Konzept zum Briefdienst, zeigte sich die betroffene Projektgruppe unbeeindruckt.[182]

Das Beispiel des Briefkonzepts verdeutlicht, warum die externe Beurteilung dem internen Erfahrungswissen unterlag. Zwar war das verwaltungsinterne Ziel von vornherein gewesen, nur eine der beiden Beratungsfirmen als brauchbar für eine längerfristige Auftragskette zu identifizieren – und die andere entsprechend fallen zu lassen. Die Diskrepanz zwischen Berater- und Beamtenperspektive verwunderte dennoch, hatten beide Seiten im Vorlauf der Gutachtenerstellung doch intensiv zusammengearbeitet und dies auch als gewinnbringend bewertet. Sicherlich hatten zahlreiche hohle Phrasen im Bericht erkennen lassen, dass konservative Bewertungen die Sache der Berater nicht waren. Aufbauschende und redundante Formulierungen sowie Diagramme und Visualisierungen ohne eindeutigen Informationsgehalt prägten die Aufmachung des Berichts und konnten Funktionär*in-

179 Ebenda, S. 18.
180 Ebenda, S. 19.
181 BArch, B 257/47978, Ergebnisprotokoll: Sitzung des Projektführungsteams am 30. 8. 1985 im Bundespostministerium.
182 BArch, B 257/47970, Knight Wendling AG, Ausführungen zum Strategischen Konzept für das Postwesen. Teil I: Positionspapier Briefkonzept, Oktober 1985, S. 2–3.

nen schon deshalb verärgern. Entscheidender war jedoch, dass die Staatsdiener die Zusammenarbeit lenkten. Schließlich waren sie es, die die Berater mit Material über die betrieblichen Abläufe und Rahmenbedingungen versorgt hatten.[183] Damit zeigte sich, dass die Verwaltung Beratungsaufträge scheitern lassen konnte: beispielsweise, indem sie die Externen unzureichend informierte und mit unzutreffenden Vorannahmen operieren ließ.

Da die Consultants mit den betrieblichen Spezifika des Postwesens nicht vertraut waren, stützten sie ihre Ergebnisse auf unpräzise Größen. Empfohlen hatten sie, automatisierte Verteilanlagen für Briefe und Kleingut einzuführen. Zum einen war dies keine neue Idee im Postwesen: Schon 1979 konnten die Besucher*innen der internationalen Verkehrsmesse in Hamburg eine elektronische Briefverteilanlage bestaunen, die 30 000 Briefe pro Stunde sortierte.[184] Zum anderen jedoch prognostizierte die Knight Wendling AG ein ungleich höheres Einsparpotenzial durch die Automatisierung als die Beamten. Da sie die Zustellung von Zeitungen und Zeitschriften mitberücksichtigten, gingen sie von einem höheren Sendungsaufkommen aus. Dagegen betrachtete die Projektgruppe dieses Versandgut nicht als Teil der intern zu bearbeitenden Postmenge. Zusätzlich hatten beide Seiten unterschiedlich hoch bewertet, wie viel Zeit die Vorbereitung von Ein- und Abgang der Postsendungen tatsächlich in Anspruch nahm. Während die Knight-Wendling-Vertreter 27 Prozent der Arbeitszeit im Zustellbereich veranschlagt hatten, rechnete die Projektgruppe nur mit 21 Prozent. Schließlich hatten die Berater die Bezifferung der baulichen Investitionskosten für automatisierte Verteilanlagen unterlassen, da dies die lokale Untersuchung der jeweiligen Standorte vorausgesetzt hätte. Den Beamten war es allerdings ein Leichtes, hier anfallende Kosten in Milliardenhöhe vorauszusehen. Auch zwei nachgereichte Positionspapiere, in denen die Firma ihre Berechnungen verteidigte, konnten sie nicht umstimmen. Die organisatorischen Vorschläge der Consultants nahmen die Beamten wohlwollender auf. Die Aufteilung des Postwesens in die Geschäftseinheiten „Postdienste“ und „Postbankdienste“ stuften sie als „überzeugend“ ein.[185] Noch für den Herbst plante die Projektgruppe, die Ministeriumsabteilung Postwesen entsprechend umzustrukturieren. Dies sollte jedoch losgelöst von den betrieblichen Vorschlägen auf Ämterebene geschehen, deren Mängel die wenigen Vorteile nach Sicht der Fachbeamten übertrafen.

Dass die Berater trotz langwieriger Schreibtischarbeit, Interviews und Beobachtungen vor Ort dilettantisch wirkten, kam den Bürokraten für ihre eigene Stellung im Ministerium und das Ansehen der DBP gelegen. Anders als im Fall der Mummert + Partner AG verband keine Gruppe im Ministerium eigene Motive mit dem Auftrag der Knight Wendling AG. Auch die Berechnungen der Mummert + Part-

183 Ebenda, S. 2.

184 Gscheidle, Verbindung, S. 9.

185 BArch, B 257/47980, Abteilung 1 des Bundespostministeriums, Stellungnahme zum Gutachten „Strategisches Konzept für das Postwesen“ der Unternehmensberatung Knight Wendling AG, 2. 12. 1985, S. 13.

ner AG hatten schließlich nicht überzeugt. Die Beamten hatten dies aber geflissentlich übersehen, da das Gutachten ihrem Anspruch gerecht wurde, für Personalabbau zu argumentieren. Gleiches galt nicht für das zweite Dokument. Eine stärkere Ausrichtung der DBP auf betriebliche Aspekte hätte den behördlichen Apparat geschwächt und fand somit wie schon zuzeiten der sozialliberalen Koalition keine Fürsprecher.

Die relative Unerfahrenheit der Postverwaltung mit externen Beratungsaufträgen brachte im weiteren Verlauf jedoch Komplikationen mit sich. Noch bevor das erste Gutachten vorgelegt und negativ bewertet war, bewilligte Schwarz-Schilling bereits einen Folgeauftrag. Auf Basis der Abschlusspräsentation bekamen die Knight-Wendling-Consultants den Zuschlag für ein weiteres Teilprojekt, in dem sie die „operationelle Machbarkeit" ihrer getroffenen Aussagen darlegen sollten.[186] Die Überprüfung der Vorschläge aus dem ersten Gutachten durch die Projektgruppe überschnitt sich daher mit der Arbeit der Knight Wendling AG an ihrer Realisierung. Die leichtfertige Erweiterung des Auftrags mündete in einen Schlagabtausch zwischen den höheren Beamten und den Consultants, bis das Postministerium das Folgeprojekt Ende Oktober 1985 schließlich aufkündigte. Das vereinbarte Honorar reduzierte sich damit von 1,1 Millionen auf gut 600 000 Mark,[187] sodass die Knight Wendling AG für ihre Leistungen zum „Strategischen Konzept" insgesamt 3,6 statt 4,1 Millionen Mark erhielt.[188] Im abschließenden Bericht versuchten die Consultants ein letztes Mal, die getroffenen Größenannahmen zu begründen und die Richtigkeit ihrer Rechnung aufzuzeigen. Dennoch schlossen sie mit dem gezwungenen Eingeständnis, der Teilauftrag Briefkonzept sei „auf Wunsch der DBP einvernehmlich" abgebrochen worden.[189]

Der Fall des „gescheiterten" Knight-Wendling-Projekts zeigt eine grundsätzliche Funktionsweise des Behördenconsultings auf: den merkwürdigen Effekt der Verstetigung der Beratung bei nicht erfüllten inhaltlichen Zielvorgaben. Obwohl Schwarz-Schilling und sein Verwaltungsstab die Leistung der Berater als unzureichend bewerteten, stand für sie außer Frage, das Auftragsvorhaben als durchschlagend positiv darzustellen: Die vergleichsweise hohen Kosten hätten sich andernfalls kaum rechtfertigen lassen. Statt ihre methodisch-inhaltliche Kritik offenzulegen, bastelten Schwarz-Schilling und die Ministeriumsspitze daher an einem Narrativ, das die Aufträge auch angesichts vorzeitiger Einstellung als lohnenswert auswies. Ein Redemanuskript von Staatssekretär Wilhelm Rawe für eine Fragestunde im Deutschen Bundestag 1986 enthielt den Hinweis, „allein schon die

186 BArch, B 257/47978, Ergebnisniederschrift zur Sitzung des Projektführungsteams beim Bundespostministerium, 8. 7. 1985, S. 2.

187 BArch, B 257/47978, Ministerialdirektor Kaiser (Leiter Abteilung 1a), Entwurf einer BRH-Prüfungsbemerkung zu Knight Wendling, 12. 6. 1986, S. 1.

188 BArch, B 257/47978, Schreiben von Eberhard Wendling (Knight Wendling AG) an Ministerialdirektor Richard Wohlfahrt, 9. 6. 1986, S. 1.

189 BArch, B 257/47970, Knight Wendling AG: Zusammenfassung Strategisches Konzept für das Postwesen für den Bundesminister für das Post- und Fernmeldewesen Bonn, Januar 1986, S. 8.

innerhalb und außerhalb der DBP geführte Diskussion" über das Gutachten habe dieses „bezahlt gemacht".[190]

Schwarz-Schilling seinerseits legte die enttäuschenden Ergebnisse des Knight-Wendling-Gutachtens als Bestätigung seines bisherigen Kurses aus. Dabei blieb er bei seinem ursprünglichen Postulat, dass Unternehmensberater für Organisations- und Führungsfragen besonders befähigt seien. Nicht unerfahrene Berater hatten sich in dieser Lesart verkalkuliert; vielmehr konnten selbst hochkompetente Berater die Bundespost nicht übertreffen. Vor dem Verwaltungsrat bekundete der Minister,

> „daß auch ein international angesehenes und auf betriebliche Problemlösungen spezialisiertes Beratungsunternehmen für die schwierigen Struktur- und Anpassungsprobleme [...] keinen grundsätzlich neuen oder durchgreifenden strategischen Lösungsansatz finden konnte".

Allen Beteiligten solle nun unmissverständlich klar sein, „daß es keine umfassenden Patentlösungen oder ein alternatives Gesamtkonzept gibt", mit denen die finanzwirtschaftlichen Probleme im Postwesen „marktkonform schnell gelöst werden können".[191] Auch Walter Laue, Leiter der Abteilung Postwesen, präsentierte die Resultate des „Strategischen Konzeptes" in einem Zeitschriftenaufsatz als erfreulich. Dass sich selbst „unabhängig vom Fachwissen der Bundespost" keine kostendeckende Strategie für den Brief- und Paketverkehr finden lasse, sei eine „ernüchternde Erkenntnis". Dennoch habe sich „der Aufwand reichlich gelohnt, gewinnt doch die Bundespost eine wesentlich gestärkte Position zur Begründung ihrer künftigen Unternehmenspolitik".[192] So geriet der Einsatz externer Berater in einer übersteigerten Außendarstellung zum Erfolg – nicht obwohl, sondern gerade weil ihre Vorschläge unbrauchbar gewesen waren.

Damit erfüllte das Gutachten eine weitere Funktion: die der Entlastung von Verantwortung und Positionierungszwang. Dank der Beratungsgutachten konnte es der Minister anderen überlassen, für Einschnitte in die öffentliche Daseinsvorsorge zu plädieren, ohne sich – wie in den Jahren zuvor – Vorwürfen ausgesetzt zu sehen. Obwohl er im Auftragsschreiben nach einem Unternehmenskonzept und einer wirtschaftlicheren Ausrichtung der DBP verlangt hatte, sprach er den erfolgten Weisungen vor dem Verwaltungsrat genau auf dieser Basis ihre Gültigkeit ab. Die von der Knight Wendling AG angeregte Einschränkung der Ämterzahl werde unter seiner Führung nicht erfolgen: Der damit einhergehende Verlust von Arbeitsplätzen in der Fläche vertrage sich nicht mit den Zielen der Bundesregierung. Er bekenne sich „ausdrücklich" zur Förderung der Strukturpolitik und Raumordnung, denn: „nicht alles, was betriebswirtschaftlich zweckmäßig erscheint, [ist]

190 BArch, B 257/61128, Vorlage von Referat 326, Stab 101 für mündliche Fragestunde des Deutschen Bundestages am 22./23. 1. 1986; Frage des Abgeordneten Josef Grünbeck, FDP; hier: Unternehmensberatung MP, 20. 1. 1986, S. 1.

191 BArch, B 257/47980, Sprechzettel für Bundesminister für das Post- und Fernmeldewesen zur Verwaltungsratssitzung am 9. 12. 1985, TOP 4: Zusammenfassende Wertung der Beraterergebnisse von Knight Wendling und Mummert + Partner, S. 1.

192 Laue, Strategisches Konzept, S. 6.

mit dem öffentlichen Leistungsauftrag der DBP zur Daseinsvorsorge vereinbar".[193] Indem sich Schwarz-Schilling von den Beratungsvorschlägen distanzierte, konnte er Loyalität mit seinen Untergebenen demonstrieren. Die gewerkschaftliche Argumentationslinie der geschmälerten öffentlichen Daseinsvorsorge stand dennoch im Raum und konnte in den folgenden Jahren ausgebaut werden.

6. Kritik aus allen Lagern

Trotz anhaltender Bemühungen des Ministeriums, die eigenen Fehlkalkulationen und die der Berater zu bagatellisieren, ließ die Kritik von betroffenen Mitarbeitenden und politischen Beobachter*innen nicht auf sich warten. Sowohl die Opposition im Bundestag als auch der BRH missbilligten, dass das „Strategische Konzept" derart kostspielig ausgefallen war. Am lautesten echauffierten sich aber die Gewerkschaften – und richteten ihren Protest dabei nicht gegen einzelne Aspekte, sondern gegen die Praktik des Behördenconsultings an sich. Nachdem Schwarz-Schilling die Personalvertretungen jahrelang außen vor gelassen hatte, stellte er sie mit Abgabe der Gutachten vor vollendete Tatsachen. Im Mai 1985 lud er, noch vor Prüfung der Berichte, zu einer Pressekonferenz, um die Empfehlungen der Berater öffentlichkeitswirksam zu positionieren. Eine mediale Rezeption der Gutachten hatte Walgenbach zuvor, insbesondere mit Blick auf den Bericht der Mummert + Partner AG, zu verhindern versucht: Elf Tage vor dem Pressetermin ließ er der Abteilung Personalbemessung eine Liste mit Punkten zukommen, die für oder gegen die weite Verbreitung des Mummert-Berichts sprächen. Sicherlich könne das Ministerium durch eine Veröffentlichung demonstrieren, dass „moderne externe Methoden zum wirtschaftlichen Handeln der DBP in Anspruch genommen" worden seien. Eine frühe gesellschaftliche Diskussion käme außerdem der „Vorwärtsstrategie in der Breitbandpolitik" zugute. In zahlreichen Gegenargumenten führte Walgenbach jedoch aus, mit welchen ungewollten Reaktionen die DBP bei einer raschen Veröffentlichung des Gutachtens zu rechnen habe. Auf Grundlage der Berechnungen der Mummert + Partner AG könne das Ministerium weder Gebührenerhöhungen noch Stellenforderungen im Fernmeldewesen beim Bundesfinanzministerium und beim Bundeswirtschaftsministerium geltend machen, implizierte der Bericht doch, dass zahlreiche Stellenreserven im Postwesen vorhanden seien. Außerdem werde die DPG „zum Sturm blasen", wenn die Öffentlichkeit vor ihr informiert werde – eine realistische Einschätzung der Lage. Walgenbachs Haltung war mithin eindeutig: „zum 14.05. von M+P abzuliefernde 350 !! Stück unter Verschluß halten – besser Druck stoppen".[194]

193 BArch, B 257/47980, Sprechzettel für Bundesminister für das Post- und Fernmeldewesen zur Verwaltungsratssitzung am 9. 12. 1985, TOP 4: Information über die Gutachten Knight Wendling und Mummert + Partner, S. 3.

194 BArch, B 257/61127, Schreiben von Walgenbach an Ministerialdirektor Freundlich, Leiter der Abteilung 3 des Bundespostministeriums, 6. 5. 1985, S. 3.

Die Ministeriumsspitze entschied sich jedoch anders: Im Rahmen der Pressekonferenz standen die Projektleiter der Firmen gemeinsam mit Staatssekretär Florian und dem Pressesprecher des Bundespostministeriums, Ulrich Jung, Journalist*innen Rede und Antwort. Erhard Wendling referierte zu möglichen Änderungen im Betriebsablauf des Postwesens und stellte das zu diesem Zeitpunkt noch nicht revidierte Sparpotenzial in Aussicht.[195] Eckard Wohlgehagen führte aus, die DBP könne im Postwesen „Personaleinsparungen von deutlich unter 10 %" sowie im Fernmeldewesen „zweistellige Prozenteinsparungen" verwirklichen.[196] Am folgenden Tag titelte die Münchner Wochenendausgabe der „Süddeutschen Zeitung" sogleich: „Gutachter empfehlen der Bundespost Personalabbau und höhere Gebühren. Nach Ansicht von Unternehmensberatern kann Zahl der Beschäftigten um etwa zehn Prozent gesenkt werden."[197]

Der DPG-Vorsitzende Kurt van Haaren erregte sich über die Informationspolitik Schwarz-Schillings. Mit der öffentlichen Darstellung, „wir seien postalisch Neandertaler und fernmeldetechnisch ein Entwicklungsland", habe der Minister den Eindruck erweckt, „Ingenieure, Verwaltungsexperten und wir alle seien unfähig, die Bundespost verantwortlich zu führen".[198] Van Haarens Stellvertreter, Emil Bock, mutmaßte in einer Pressemitteilung, die Vorgehensweise solle post- und personalpolitische Entscheidungen vorwegnehmen.[199] Der „Mittelstandspolitiker" Schwarz-Schilling, so eine Nachricht des DPG-Hauptvorstands an die Mitglieder, verschweige kommende Gebührenerhöhungen, „um die Gutachten für seine längst fertigen Pläne zu benutzen".[200] Auch der Hauptpersonalrat zeigte sich in einem Brief an den Postminister „[ü]berrascht und enttäuscht", über die Veröffentlichung der Gutachten nicht informiert worden zu sein. Der Vorstand drang auf einen umgehenden Termin und betonte, mögliche Konsequenzen aus dem Gutachten müssten gemeinsam gezogen werden. Sollte in der Presse „der Eindruck erweckt werden, daß die Beschäftigten für bestimmte Mängel bei der DBP verantwortlich sind", sähe sich der Hauptpersonalrat „gezwungen, darauf angemessen zu reagieren".[201]

195 AdsD, 5/DPGA400078, Vermerk über die Präsentation der Unternehmensberater Knight Wendling und Mummert & Partner anläßlich einer Pressekonferenz am 17. 5. 1985, 10.30 Uhr in Bonn, Hotel Tulpenfeld unter Moderation des Pressesprechers des Bundespostministeriums, Jung, S. 2.

196 Ebenda, S. 3.

197 BArch, B 257/61127, „Gutachter empfehlen der Bundespost Personalabbau und höhere Gebühren", in: Süddeutsche Zeitung. Münchner neueste Nachrichten aus Politik, Kultur, Wirtschaft, Sport, 18./19. 5. 1985, Ausgabe 114, o. S.

198 Haaren, Dokumentation, S. 638.

199 AdsD, 5/DPGA400078, Pressemitteilungen des Hauptvorstandes der Deutschen Postgewerkschaft, 37/1985. DPG: Erste Stellungnahme zu Gutachten von Unternehmensberatungsfirmen für die Bundespost, 17. 5. 1985.

200 Czaika, Externe Gutachten zur Entwicklung der Bundespost. Das Acht-Millionen-Ding, in: VL-Info vom Hauptvorstand der DPG, 24. 5. 1985, S. 1.

201 BArch, B 257/47981, Schreiben des Bundesvorstands des Hauptpersonalrats an den Bundesminister für das Post- und Fernmeldewesen, 17. 5. 1985, S. 1.

Diesen Vorwurf wies Schwarz-Schilling von sich: Weder er noch die Medien hätten die Gutachten entsprechend ausgelegt.[202] Durch die unkommentiert verkündeten Beratungsvorschläge stand die entsprechende Deutung jedoch selbstredend im Raum. Die Consultants hatten den Ministerstab gewarnt, der Erfolg der Empfehlungen setze einen „breit angelegten Überzeugungsprozeß gegenüber den verschiedenen Interessengruppen" voraus.[203] Für einen solchen war es nach Veröffentlichung der Gutachtenergebnisse längst zu spät. Hatten die Vorstudien die Gewerkschaften verunsichert, versetzte ihnen die unangekündigte Pressekonferenz einen weiteren Schlag.

Ein ähnlich öffentliches Forum räumte ihnen das Ministerium zur Auseinandersetzung nicht ein. Die zahlreichen Gewerkschaften und Verbände im Post- und Fernmeldewesen verlegten sich daher darauf, durch eine Serie an Stellungnahmen und internen Veröffentlichungen ihre Mitgliederbasis zu mobilisieren. Nachdem DPG-interne Arbeitsgruppen das Mummert + Partner-Gutachten zum Personalbemessungssystem gut ein halbes Jahr ausgewertet hatten, hoben sie als das „wesentliche Ergebnis" der Studie deren einleitenden Satz hervor: „Das DBP-Bemessungssystem ist grundsätzlich sachgerecht."[204] Damit ignorierten sie bewusst die behördeninterne Wahrnehmung des Personalbemessungssystems als schwergängig. Eine Stellungnahme eröffnete der Deutsche Postverband mit der Frage, was die Prüfung überhaupt habe bezwecken sollen. Schließlich habe das Postministerium selbst das Personalbemessungssystem in der Vergangenheit als das national und international führende gepriesen. Unstrittig galt dem Verband der „wahre, wir behaupten, der alleinige Zweck des Auftrags – nämlich Personalabbau".[205]

Als Abwehrstrategie zweifelten van Haaren und Bock die Kompetenz der Berater an. Dabei problematisierten sie die Selbstdarstellung der Berater als „Generalisten": Was die Berater und die Auftraggeber als besondere Befähigung präsentierten – Organisationen aus unterschiedlichsten Gesellschaftsbereichen nach den immer gleichen Kriterien „optimieren" zu können –, erkannten die organisationsinternen Spezialisten nicht als solche an. Der Deutungsanspruch der Berater über postinterne Belange stellte schließlich die Fähigkeiten der Postbeamt*innen und -angestellten infrage. So attackierte die Gewerkschaftsschrift „Deutsche Post" die Vorgehensweise der Mummert + Partner AG als fadenscheinig. Beispiele im Bericht seien „ganz gezielt aufbereitet" worden, um einen „seriösen Eindruck zu erwecken". Die „personaleinsparende[n] ‚Verbesserungsvorschläge'" fußten jedoch

202 BArch, B 257/47981, Schreiben des Bundesministers für das Post- und Fernmeldewesen an den Bundesvorstand des Hauptpersonalrats, 26. 6. 1985, S. 1.

203 BArch, B 257/47969, Bericht der Knight Wendling AG, Strategisches Konzept für das Postwesen für den Bundesminister für das Post- und Fernmeldewesen, S. 20.

204 AdsD, 5/DPGA410111, Deutsche Postgewerkschaft, Betriebspolitische Kurzinformation, Nr. 2/1985 vom 19. Dezember 1985. An die Mitglieder des Hauptvorstandes, S. 1.

205 AdsD, 5/DPGA410111, Deutscher Postverband, Stellungnahme des Deutschen Postverbandes zum Gutachten „Untersuchung der Personalbemessung bei den Ämtern der DBP" der Firma Mummert + Partner, 22. 10. 1985, S. 1.

auf „zweifelhaften Analysen und [...] verzerrenden internationalen Vergleichen".[206] Auch der Postverband hielt fest, im Gutachten werde „wiederholt mit Halbwahrheiten, Begriffsverwechslungen, falscher Anwendung von Fachausdrücken, unzulässigen Hochrechnungen, Weglassungen, Unterstellungen usw. operiert".[207] Damit ähnelte die Gewerkschaftskritik am Bericht der der Oberpostdirektionen. Anders als die mittleren Verwaltungsbeamten versuchten die Arbeitnehmendenvertretungen daraus jedoch dessen Ungültigkeit abzuleiten.

Ganz frei waren sie in ihrer Deutung allerdings nicht. Nicht nur die Zielsetzung des Ministeriums, den Personalbestand zu senken, engte den Deutungsspielraum der Personalvertretungen ein. Auch die postintern geübte Kritik am Personalbemessungssystem verhinderte ein überzeugendes Gegennarrativ. Der Verband Deutscher Postingenieure (VDPI) brachte den daraus resultierenden Konflikt am deutlichsten zum Ausdruck: „Es ist festzustellen, daß zahlreiche Vorschläge von MP zur Verbesserung bestimmter Fragen der Bemessung richtig sind und daß sie vielen in der Bemessung Tätigen und auch dem VDPI schon länger bekannt sind." Gerade für diese Gutachtenvorschläge könne sich „die verbandspolitische Wertung als besonders schwierig herausstellen".[208] Obwohl viele der mit dem Post- und Fernmeldewesen Vertrauten die methodische Kritik am Gutachten teilten, wog die übereinstimmende Problemwahrnehmung schwerer.

Im Gegensatz dazu stand den Personalvertretungen deutlich mehr Munition zur Verfügung, um das „Strategische Konzept" der Knight Wendling AG anzugreifen. Im Postverwaltungsrat erklärten die DPG-Vertreter, dass sie das Gutachten in Übereinstimmung mit dem Bundesministerium als mangelhaft bewerteten. Dessen hohe Kosten seien vor diesem Hintergrund nicht gerechtfertigt gewesen, seine vorschnelle Veröffentlichung „falsch".[209] Anders als Schwarz-Schilling und die höheren Beamten problematisierte die DPG aber die in den Gutachten versuchte Deutung der DBP als Unternehmen und stellte damit wiederum die Passung der herangezogenen externen Wissensbestände infrage. Die „reine Marktorientierung" des Gutachtens werde dem eingeschriebenen „sozialstaatlichen Daseinsvorsorgeauftrag" nicht gerecht.[210] Die Aufteilung des Postwesens in die Geschäftseinheiten „Postdienste" und „Postbankdienste" – den die Führungsspitze als „überzeugend" eingestuft hatte[211] – werde zudem die Dienstgüte schmälern. Vor

206 Personalbemessung, in: Deutsche Post, 20. 6. 1985, o. S.

207 AdsD, 5/DPGA410111, Deutscher Postverband, Stellungnahme des Deutschen Postverbandes zum Gutachten „Untersuchung der Personalbemessung bei den Ämtern der DBP" der Firma Mummert + Partner, 22. 10. 1985, S. 2.

208 BArch, B 257/61128, Verband Deutscher Post-Ingenieure e. V., Bundesvorstand, Rundschreiben Nr. 29/1985, Betr.: Erste Stellungnahme zum Gutachten der Unternehmensberater Mummert + Partner, 30. 9. 1985, S. 2.

209 Deutsche Postgewerkschaft, Sichert die Post, S. 118.

210 Deutsche Postgewerkschaft, Stellungnahme der DPG-Mitglieder im Postverwaltungsrat zum „Strategischen Konzept für das Postwesen" (Knight-Wendling), S. 117.

211 BArch, B 257/47980, Abteilung 1 des Bundespostministeriums, Stellungnahme zum Gutachten „Strategisches Konzept für das Postwesen" der Unternehmensberatung Knight Wendling AG, S. 13.

diesem Hintergrund aktualisierte die DPG ihre eigene Stellung im Rahmen ministerieller Entscheidungsfindungen:

> „Wir empfehlen dringend, zur Lösung betrieblicher Probleme in erster Linie auf den Rat und den Sachverstand der zahlreichen Fachleute bei der DBP zu bauen und das Gespräch mit uns und den Personalräten zu suchen."[212]

Der Protest der Interessenvertretungen beschränkte sich aber nicht auf ihre gewohnten Kommunikationskanäle. Stattdessen nutzten auch sie das Mittel externer Expertise in dem Versuch, den eigenen ordnungspolitischen Positionen mehr Gewicht zu verleihen. Dabei verließen sie vordergründig das Argumentationsfeld politischer Verantwortlichkeit und gewachsener Arbeitnehmeransprüche und verlegten sich scheinbar auf inhaltlich-methodische Schwächen des Beratungsgutachtens, gingen in der Wahl externer Wissensbestände aber ebenso selektiv vor wie das Ministerium. Die DPG engagierte das Progress-Institut für Wirtschaftsforschung (PIW), um eine Stellungnahme zum „Strategischen Konzept" mitsamt seiner sechs Anlagenbände erarbeiten zu lassen.[213] Erst 1984 als interdisziplinäres Forschungs- und Beratungsinstitut gegründet, erstellte das PIW Analysen für Kommunen, Landes- und Bundesministerien sowie Verbände. Im wissenschaftlichen Beirat des PIW befanden sich bei Veröffentlichung des „Strategischen Konzepts" eine Gruppe linker, politisch engagierter Ökonomen und Juristen sowie Gewerkschafter.[214]

Der sechzehnseitige PIW-Bericht kritisierte das Knight-Wendling-Gutachten auf Basis von „methodische[n] Mängel[n]" und dessen genereller Ausrichtung: Bei der Arbeit der Knight Wendling Consultants handele es sich um „nicht mehr als eng betriebswirtschaftliche Untersuchungen".[215] Auf der letzten Seite warfen die Verfasser die Frage auf, warum das Ministerium überhaupt „Unternehmensberatungsfirmen mit einer ausschließlich betriebswirtschaftlichen Ausrichtung" für die Projekte ausgewählt habe. In betont akademischer Manier äußerten die Autoren hier einen „Positivismusverdacht", laut dem „bei der Auftragsvergabe so vorgegangen wurde, daß ‚genehme' Ergebnisse zu erwarten waren".[216]

Das gleiche Vorgehen hatte freilich auch zur Beauftragung des PIW geführt. Auch wenn die Arbeitnehmendenvertretungen die Praktik des Behördenconsultings als „Gutachteritis"[217] verhöhnten, adaptierten sie sie an anderer Stelle. Diesem Manöver waren Grenzen eingeschrieben: Auftragsgutachten kehrten beste-

[212] Deutsche Postgewerkschaft, Stellungnahme der DPG-Mitglieder im Postverwaltungsrat zum „Strategischen Konzept für das Postwesen" (Knight-Wendling), S. 118.

[213] AdsD, 5/DPGA400078, Deutsche Postgewerkschaft Hauptvorstand Abt. Arbeitsbedingungen Postwesen, Sonderschreiben Nr. 13/85. An die Bezirksverwaltungen, 30. 8. 1985.

[214] Zu der namentlichen Aufzählung siehe AdsD, 5/DPGA410114, Progress-Institut für Wirtschaftsforschung GmbH, Zusammenfassende Beurteilung der Einzelgutachten der Unternehmensberatungsfirma Knight-Wendling AG, Düsseldorf, im Auftrag des Bundespostministers, o. D., S. 1.

[215] Ebenda, S. 13.

[216] Ebenda, S. 16.

[217] Gutachteritis bei der Deutschen Bundespost, in: Das Postpersonal, 1985.

hende Machtgefälle nicht um, sondern verfestigten sie. Anders als das Knight-Wendling-Gutachten erfuhr der PIW-Bericht keinerlei öffentliche Aufmerksamkeit; die Position der Gewerkschaften wurde durch die Beauftragung kaum amplifiziert. Dennoch schien der Reflex der Gutachtenerstellung selbstermächtigender zu sein als Tatenlosigkeit. Auch hier verhieß das Verfahren externer Beratung also keinen Erkenntnisgewinn, sondern begründete sich aus sich heraus.

Der Postminister ließ sich ob der gewerkschaftlichen Konter nicht aus der Ruhe bringen. Die „Aufregung und Kritik, die durch die Veröffentlichung der Berichte der Beratungsunternehmen zuweilen entstanden sind", so Schwarz-Schilling im Dezember 1985, könne er nicht teilen. Stattdessen berief er sich einmal mehr auf die Synthese aus Wirtschaftlichkeit und öffentlichem Auftrag, die bereits Gscheidles und Matthöfers Konsolidierungsversuche Anfang der 1980er-Jahre geprägt hatte: „Wir gestalten unseren Postdienst zwar nach gemeinwirtschaftlichen Zielsetzungen, aber wir müssen diese Ziele mit Hilfe betriebswirtschaftlicher Methoden und Verfahren erfüllen."[218] Die Bemühungen des Ministers, Unternehmensberatung für ein öffentliches Unternehmen als selbstverständlich zu rahmen, versuchten die Gewerkschaften aber auch im Nachhinein noch zu brechen. Die Broschüre „Mit einer starken DPG. Sichere Perspektiven für Bundespost und Arbeitnehmer" von 1986 qualifizierte die Neugestaltung des Personalbemessungssystems auf Basis externer Wissensbestände deutlich ab:

> „Wir erkennen die eindeutige Absicht, mit geänderten Bemessungselementen nicht mehr den erforderlichen Personalbedarf zu ermitteln und diesen zur Grundlage des Personalhaushalts zu machen. [...] Die Beschäftigten können eine solche Entwicklung nicht akzeptieren."[219]

Anders als die Gewerkschaften besorgte die Opposition im Bundestag nicht die politische Zielsetzung des Personalabbaus. Die Sparansprüche lagen in ihren Augen allerdings quer zum beträchtlichen Beratungshonorar. Nach den wiederholten Nachverhandlungen um das Knight-Wendling-Gutachten musste sich Schwarz-Schillings parlamentarischer Staatssekretär Rawe im November 1985 den Nachfragen des Bundestags stellen. Die Grünen-Abgeordnete Heidemarie Dann, Mitglied im Ausschuss für das Post- und Fernmeldewesen, hakte nach, warum das Postministerium „das Gutachten für ein strategisches Konzept an eine Privatfirma weitergegeben hat, statt, wie es sonst der Fall sein wird, das Konzept innerhalb des Postministeriums erstellen zu lassen". Mehrere Spitzen aus den Reihen der Grünen zielten auf die Frage, ob die interne Erstellung des Gutachtens nicht „günstiger und billiger" gewesen wäre. Auskünfte zu gezahlten Honoraren verweigerte der Staatssekretär unter Hinweis auf den gesetzlich vorgeschriebenen Vertrauensschutz der Vertragspartner. Stattdessen verwies er auf die vergeblichen Versuche der Vorgängerregierungen, die DBP unternehmerischer auszurichten. Das Ministerium habe es nun für erforderlich gehalten, „auch außerhalb des Hauses vorhan-

[218] BArch, B 257/47980, Sprechzettel für Bundesminister für das Post- und Fernmeldewesen für Zusatzfragen zur Verwaltungsratssitzung am 9. 12. 1985, S. 2.

[219] Deutsche Postgewerkschaft (Hrsg.), Mit einer starken DPG, S. 126.

denen Sachverstand einzusetzen, um zu möglichst brauchbaren Ergebnissen zu kommen".[220] Dass weder der Sachverstand noch die Ergebnisse durchgängig brauchbar gewesen waren, kommentierte er nicht. Einige Wochen später insistierte auch Schwarz-Schilling, diesmal vor dem Verwaltungsrat der DBP, die beträchtlichen Honorarkosten seien „mit Sicherheit keine Fehlinvestition" gewesen.[221]

Die demonstrative Selbstsicherheit des Postministeriums angesichts allseits geäußerter Kritik wurde bald durch den BRH erschüttert. In ihrer jährlichen Unterrichtung des Bundestags von 1986 stellten die Finanzprüfer*innen „Mängel mit teilweise erheblichen finanziellen Auswirkungen" bei der Auftragsvergabe des Folgeauftrags an die Knight Wendling AG fest.[222] Angesichts „des nur theoretisch hochgerechneten Einsparungspotentials", „der zu erwartenden tiefgreifenden Änderungen" und „der erheblichen Honorarforderungen des Auftragnehmers" hätte Schwarz-Schilling vor einer weiteren Projektvergabe sicherstellen müssen, dass die Vorschläge des ersten Berichts umsetzbar seien.[223]

Wohlgemerkt hatte sich der BRH nicht gegen die Nutzung kommerzieller Beratung an sich ausgesprochen, sondern deren sorgsame Notwendigkeitsprüfung angemahnt. Obwohl die Ministeriumsspitze in Kauf nahm und teilweise intendierte, die Personalvertretungen mit Auftragsgutachten zu brüskieren, wollte sie Unfrieden mit der staatlichen Finanzprüfung vermeiden. Die Rüge der Kontrollinstanz bewegte den Beamtenstab daher dazu, externe Auftragsvergaben stichhaltiger zu begründen. Staatssekretär Florian wies den Ministerstab an, bei einem möglichen Folgeauftrag an die Mummert + Partner AG formal gründlich vorzugehen: Die „Ausstellungen des BRH zum Verfahren eines Anschlußauftrages an KW hin […] [gelte] es hier zu vermeiden".[224]

Tatsächlich empfahl die ministerielle Projektgruppe noch im Jahr 1985, die Hamburger Firma erneut zu beauftragen. Diesmal sollten die Berater darlegen, wie ihre Vorschläge aus dem ersten Gutachten konkret umzusetzen seien. Warum dies in den zweieinhalb Jahren, die das Mummert-Team mit der Vorstudie und dem Hauptgutachten zugebracht hatte, nicht bereits geschehen war, kam nicht zur Sprache. Trotzdem unterstützten nicht alle Ministeriumsvertreter das Vorhaben. Angesichts dessen, dass die Berater mit 1,9 Millionen Mark ein noch höheres Honorar veranschlagten, erinnerte man sich an „vorhandene eigene fachkundige Kapazitäten der DBP".[225] Dennoch schien die Wahl des Auftragnehmers gesetzt. Die Mitglieder der Projektgruppe rechtfertigten lediglich in einer ausführlichen

220 BT, PlPr. 10/173, 13. 11. 1985, S. 12969.

221 BArch, B 257/47980, Sprechzettel für Bundesminister für das Post- und Fernmeldewesen für Zusatzfragen zur Verwaltungsratssitzung am 9. 12. 1985, S. 3.

222 BT, Drs. 10/6138, 10. 10. 1986, S. 108.

223 Ebenda, S. 109.

224 BArch, B 257/61129, Vermerk der Unterabteilung 32, Betr.: Vorbereitende Sitzung der geplanten Projektgruppe „Personalwirtschaft,", 30. 5. 1986, S. 2.

225 BArch, B 257/61128, Vermerk des Referats 326, Betr.: Bewertung des Schlußberichts MP und daraus zu ziehende Folgerungen, 23. 10. 1985, S. 1.

Stellungnahme, warum sie für ein weiteres Gutachten mit der Mummert + Partner AG ausgerechnet eine zuvor bereits beauftragte Firma ins Auge fassten.

Dafür deuteten sie den oft bemühten „externen“ Status der Berater um. Einerseits blieben sie bei der ursprünglichen Begründung des Beratungseinsatzes von 1983: Da die Prüfung der Betriebsgüte „mit den zu erwartenden Personaleinsparungen“ als „äußerst sensibel zu betrachten“ sei, könne das Ministerium von postinternen Stellen keine wahrheitsgetreuen Einschätzungen erwarten. Im Unterschied dazu lieferten externe Beratungsfirmen eine „objektive Analyse“ und „realistische Ergebnisse“. Andererseits rechtfertigte sich die Wiederbeauftragung gerade dadurch, dass die Berater nicht mehr vollends als extern gelten konnten. Das Mummert-Team habe sich im Lauf der Vor- und Hauptstudie bereits in die Funktionsweise der DBP eingearbeitet und könne auf Basis seiner Vorkenntnisse unmittelbar mit der Arbeit beginnen. Dieselbe Firma noch einmal zu engagieren, sei daher „zweckmäßig und wirtschaftlich“.[226] Mit dieser Auslegung kam das Postministerium dem BRH zwar entgegen; eine Kontrolle freihändiger Vergaben war dennoch nicht gegeben.

In der Summe erlebten politische Akteure schon bei den ersten groß angelegten Consultingprojekten auf Bundesebene, dass der Einsatz externer Berater keinen einfachen Ausweg aus internen Interessenkonflikten bot. Stattdessen intensivierten sich die Reibungen mit einer beunruhigten Belegschaft, der argwöhnischen Opposition und dem missbilligenden Rechnungshof. Und auch die Consultants taten sich mit Behördenconsulting nicht leicht. Das Zaudern der übrigen angefragten und an den Vorstudien beteiligten Beratungsfirmen schien angesichts der komplizierten Ausgangslage bei der DBP berechtigt gewesen zu sein: Schon im Gespräch mit dem Hauptpersonalrat hatte der Firmenvertreter Arthur D. Littles unverblümt gefragt, was der Minister „mit der Studie [wolle]“.[227] Die Bereitschaft und Fähigkeit der Behördenspitze zu weitreichenden Veränderungen und damit die Durchschlagskraft der eigenen Vorschläge schienen dem Berater begrenzt. Der Grund für seinen lustlos gehaltenen Projektvorschlag reduzierte sich auf das mündlich geäußerte Urteil: „Man kann nicht das gleiche Profil wie in den letzten 50 Jahren behalten und gleichzeitig ein modernes Unternehmen haben wollen.“[228]

Die Knight-Wendling-Berater hatten sich stattdessen auf die Herausforderung des Behördenconsultings eingelassen. Ihre Aufgabe verlangte nach einer Lösung, die weder mit der Gesetzeslage vereinbar noch ohne politische Kosten durch den Minister vertretbar war. Auch sie hatten in der Vorstudie 1983 bereits Bedenken über politische Verflechtungen geäußert. Da sie mehrere „Lager“ im Ministerium ausmachten, die jeweils einen unterschiedlichen Unternehmenskurs befürworteten, lautete ihr Vorsatz, sich „aus parteipolitischen Überlegungen heraus[zu]hal-

[226] BArch, B 257/61129, Schreiben von Referat 326, Betr.: Anschlußauftrag an MP, 17. 7. 1986, S. 1.

[227] AdsD, 5/DPGA400078, Hauptpersonalrat beim Bundespostministerium. Vermerk über die Besprechung am 14. 11. 1983; Vorstudie „Unternehmenskonzept der DBP“, S. 1.

[228] Ebenda, S. 3.

ten".[229] Dass der Minister ihren Bericht dennoch taktisch einsetzen würde und inhaltliche Vorschläge zweitrangig waren, hatten sie dabei unterschätzt.

Das Knight-Wendling-Projekt war daher nicht in erster Linie gescheitert, sondern eher von vornherein zum Scheitern verurteilt gewesen. Für 1985 verbuchte die Firma einen Anteil von 14 Prozent am Gesamtumsatz aus Aufträgen für die öffentliche Verwaltung in der Schweiz und der Bundesrepublik.[230] Obwohl die Berater damit beträchtlich an dem Post-Projekt verdient hatten, endete der Auftrag für sie wenig rühmlich. Weitere Arbeiten für das Bundespostministerium standen daher nicht in Aussicht und die begehrten Empfehlungsschreiben würden bestenfalls gemischt ausfallen. Während sich die Knight Wendling AG ab 1986 um Aufträge in der Schweizer Verwaltung bemühte, absolvierte sie keinen ähnlich dimensionierten Auftrag mehr für die öffentliche Verwaltung in Deutschland.

Der Mummert + Partner AG erging es im Vergleich wesentlich besser. An das erste Folgeprojekt schlossen sich weitere Kurzaufträge an, die die Consultants noch bis zur ersten Postreform 1989 – und darüber hinaus – beschäftigt hielten. Noch während das Hamburger Team das erste Folgeprojekt bearbeitete, erreichte den ministerialen Projektgruppenleiter Walgenbach außerdem eine Anfrage der Stadtverwaltung Hannover. Diese erwog, die Mummert + Partner AG mit einer „umfassenden Aufgaben- und Strukturanalyse" ihrer Einrichtung zu betrauen und bat Walgenbach, die Firma zu bewerten.[231] Der zwischenzeitlich zum Ministerialdirigenten avancierte Beamte gab die ersehnte positive Referenz aus: „Zusammenfassend kann ich der Unternehmensberatung Mummert und Partner eine sehr gute Leistung in bezug auf unsere vergangene und derzeitige Zusammenarbeit bescheinigen."[232]

Die Hamburger Firma konnte damit ihren in der Postverwaltung gesammelten Erfahrungsschatz für weitere Aufträge geltend machen und den Nischenmarkt „öffentliche Verwaltung" bis zum Ende von Eckard Wohlgehagens Laufbahn 1998 erfolgreich bespielen. Im Lauf der 1980er- und 1990er-Jahre zog sie sich von der Beratung industrieller Unternehmen zurück, bei der breiter aufgestellte Konkurrenten wie McKinsey & Company und Roland Berger & Partner deutlich mehr Marktanteile verbuchen konnten. Stattdessen konzentrierte sie sich ganz auf Behörden, Banken und Versicherungen und bot als Querschnittsleistung IT-Beratung an. Bis Ende der 1990er-Jahre wuchs der Firmenbereich „Öffentliche Verwaltung" von anfangs unter 5 auf beinahe 150 Berater*innen an.[233] Der Postminister hatte dafür wichtige Starthilfe geleistet.

229 AdsD, 5/DPGA400078, Hauptpersonalrat beim Bundespostministerium. Vermerk über die Besprechung am 4. 11. 1983; Vorstudie „Unternehmenskonzept für die DBP", S. 4.

230 SWA, H + I D 920, Artikel „Knight Wendling überschritt die 40-Mio.-Franken-Marke", in: Aargauer Tagblatt, 6. 3. 1986, 54, o. S.

231 BArch, B 257/61130, Schreiben des Städt. Ldt. Direktor der Stadt Hannover Schmidt an Ministerialrat Walgenbach, 24. 4. 1989, S. 1.

232 BArch, B 257/61130, Schreiben von Ministerialrat Walgenbach an Schmidt (Städt. Ldt. Direktor der Stadt Hannover), Betr.: Unternehmensberatung Mummert + Partner, 3. 5. 1989, S. 2.

233 Wohlgehagen, Eckard Wohlgehagen, S. 60, S. 62.

7. Resümee: Behördenconsulting als Selbstverständigungsprozess

In der Geschichte des deutschen Behördenconsultings stellten die ersten breiter gefassten Beratungsprojekte auf Bundesebene einen Auftakt dar. Diese drehten sich um die Organisation, die Personalbemessung und die Kostenstruktur der DBP. Die Frage nach dem Monopol klammerte Schwarz-Schilling bei der Auftragsvergabe bewusst aus, sodass die Consultants Vorschläge innerhalb des grundgesetzlichen Rahmens lieferten. Ihre Berichte standen in der Tradition vorheriger Studien, die das Dilemma aus öffentlicher Daseinsvorsorge und kostendeckendem Wirtschaften des Staatsbetriebs DBP aufzulösen versucht hatten. Einen Bruch markierten sie insofern, als zum einen der Minister selbst Gutachten veranlasste, die gegen die Interessen von Beschäftigten verwendet werden konnten. Zum anderen mobilisierten sie mit den Beratungsfirmen Akteurinnen, die polarisierten. Während die Belegschaft der Post die Consultants als bedrohliche Eindringlinge ablehnte, präsentierte der Minister ihre Dienste als für ein öffentliches Unternehmen notwendig und zeitgemäß. Damit offenbarten sich unterschiedliche Zugriffe auf die DBP: Während der Minister die unternehmerische Seite betonte, hielten die Gewerkschaften am Konzept der Hoheitsverwaltung fest.

Beide Seiten, das Postministerium wie die DPG, nutzten mehr das Verfahren der externen Beratung als deren inhaltliche Resultate.[234] Wie das Ministerium das gescheiterte Knight-Wendling-Gutachten als Gewinn auslegte, interpretierten die Gewerkschaften die Untersuchungen von vornherein als Fehlschlag. Die Machtasymmetrie zwischen den Parteien reproduzierte sich in der dominanten Deutung der Studien. Da die Führungskräfte der Behörde das Personalbemessungssystem mehrheitlich als problematisch einstuften, ermöglichten sie den Beratern, realistische Vorschläge zu machen. Während die Personalvertretungen die methodische Basis des Knight-Wendling-Gutachtens angreifen konnten, fand ähnliche Kritik im Fall der Mummert + Partner AG kein Gehör. Der Gewerkschaftsprotest reduzierte sich damit sehr transparent auf die Sorge um Arbeitsplätze im öffentlichen Dienst – eine Sorge, die seit der zweiten sozialliberalen Regierungsperiode immer weniger Gehör fand.

Der Fall der Beratungsgutachten bei der DBP gewährt Einblick in eine weniger bekannte Facette der langwierigen Konsolidierungsbemühungen der frühen 1980er-Jahre. Während Kommissionsberichte und deren Rezeption den öffentlich geführten Diskurs abbilden, offenbart die Einbeziehung der kommerziellen Berater Machtverschiebungen im Inneren des Verwaltungsapparats. Die Praktik des Behördenconsultings ermöglichte hier einen Selbstverständigungsprozess. Entsprechend generierten die Gutachten nicht annähernd das öffentliche Echo, das beispielsweise der Bericht der Regierungskommission Fernmeldewesen 1987 nach

234 Zur Dynamik der „Legitimation durch Verfahren“ nach wie vor erhellend: Luhmann, Legitimation.

sich zog.[235] Die Einrichtung der Kommission 1987 verschob den Fokus deutlich von finanz- hin zu ordnungspolitischen Argumenten.[236] Anlässlich der nun konkret werdenden Privatisierungspläne stellte sich die DPG noch einmal auf die Hinterbeine und mobilisierte zu zwei Jahre andauernden Protestaktionen.[237] Die Beratergutachten verkamen in Anbetracht der weit größeren Bedrohung der Monopolerosion schnell zu einem Nebenkriegsschauplatz.

Erst hier verdichtete sich auch am Rande des Staates das von Wirsching referierte Leitmotiv des Unternehmensberaters als „Typus einer neuen Elite“, das in der Privatwirtschaft schon früher erkennbar gewesen war. Die von Schwarz-Schilling beauftragten Consultants gehörten nicht zu den Impulsgebern in „Wirtschaft und Innovation“[238] und stellten daher eher die Antihelden der Beratungsbranche dar. Ungeachtet dessen hatten die Aufträge der DBP Behördenconsulting als politisches Interventionsmittel vertretbar gemacht und das Interesse anderer Bundes- und Landesverwaltungen geweckt.

235 Dazu Handschuhmacher, Staat, S. 275.
236 Metzler, „Ein deutscher Weg“, S. 167.
237 Ebenda, S. 170.
238 Wirsching, Abschied, S. 442.

IV. „Schulpolitik wird vom Finanzminister gemacht": Die Schulgutachten in Nordrhein-Westfalen, 1990er-Jahre

Ähnlich wie die 1970er-Jahre waren die 1990er Jahre geprägt von massiven Verwaltungsreformen. Dies geschah vor dem Hintergrund anhaltender Konsolidierungsbemühungen in Bund und Ländern der 1980er-Jahre, die sich unter der finanziellen Last der Deutschen Einheit ab den frühen 1990er-Jahren intensivierten. Auf Landesebene bekam das Behördenconsulting in diesen Jahren Auftrieb. Im Zentrum stehen in diesem Kapitel die „Organisationsuntersuchung im Schulbereich" der Kienbaum GmbH und die Studie zur Lehrer*innenarbeitszeit der Mummert + Partner AG in Nordrhein-Westfalen. Hierbei handelte es sich um die ersten einflussreichen Beratungsgutachten im Schulbereich, die bis Mitte der 2000er-Jahre ähnlich konzipierte Projekte in anderen Bundesländern nach sich zogen. Beide Gutachten wurden vom „Arbeitsstab Aufgabenkritik" vergeben, einem kleinen Gremium aus Verwaltungsbeamten, das beim Landesfinanzministerium angesiedelt war. Unter dessen Ägide wurde von 1989 bis 1999 die gesamte Ministerialverwaltung Nordrhein-Westfalens einschließlich aller nachgeordneten Behörden von Unternehmensberater*innen auf potenziell einzusparende Stellen untersucht. Das Schulwesen war dabei der meistumkämpfte Bereich. Die seit Mitte der 1980er-Jahre zunehmenden Unterrichtsausfälle durch unzureichende Personalausstattung bei gleichzeitig grassierender Lehrer*innenarbeitslosigkeit führten zu regelmäßigem Aufbegehren von Lehrkräften, Eltern und Schüler*innen. Weitere Stellenkürzungen, wie sie die SPD-Regierung anstrebte, ließen sich in der direkten Konfrontation mit den Systembeteiligten nur bei hohen Reibungsverlusten erwirken.

Auftragsgutachten sollten dem Landesfinanzministerium daher ermöglichen, die Haushaltsforderungen der Fachministerien zurückzudrängen und den Aushandlungen mit den jeweiligen Anspruchsgruppen vorzugreifen. Indem die Regierung Unternehmensberater*innen auftrug, schulpolitische Fragestellungen unter finanziellen statt pädagogischen Gesichtspunkten aufzuschlüsseln, verlagerte sie die Diskussion weg von den betroffenen Gruppen in die Ministerien. Dem Verwaltungswissenschaftler Thomas Ellwein zufolge bestand der Unterschied darin, „daß Bildungspolitik in einer wie auch immer gearteten Öffentlichkeit stattfand, während sich Bildungsverwaltung in der Stille von Büros und Konferenzräumen vollzog".[1] Indem der Arbeitsstab den Consultants genaue Vorgaben machte und ihre Untersuchungsergebnisse der vorherrschenden Konsolidierungspolitik entsprechend auslegte, formte er öffentliche und schulpolitische Debatten vor und schmälerte die Validität erzieherisch motivierter Argumente der Lehrer*innen und Elternorganisationen. Die resultierenden Beratungsgutachten lieferten Finanzminister Heinz Schleußer wertvolle Argumente dafür, weitere Stellen zu kür-

1 Ellwein, Die deutsche Gesellschaft und ihr Bildungswesen, S. 106.

zen oder dem Kultusministerium zumindest keine zusätzlichen zu gewähren. Dass Bildung und Forschung am Ende des 20. Jahrhunderts weit tiefer auf der finanzpolitischen Prioritätenskala rangierten, als dies in Zeiten der „Bildungsexpansion“ der 1960er- und 1970er-Jahre der Fall gewesen war, ist hinlänglich bekannt.[2] Die Schulgutachten zeigen jedoch, wie die Landesregierung Nordrhein-Westfalen externe Wissenszufuhr nutzte, um Sparmaßnahmen auch angesichts von Protesten durchzusetzen. Weiterhin wird eine Entwicklung aufseiten der Beratungsfirmen sichtbar: Die Spezialisierung auf den Nischenbereich „Öffentlicher Sektor“ versetzte sie mehr und mehr in die Lage, im Sinne der Auftraggebenden brauchbare Vorschläge zu unterbreiten.

1. Bildungspolitik in Zeiten expansiver und restriktiver Haushaltsführung

In der deutschen Bildungspolitik ereignete sich im letzten Drittel des 20. Jahrhunderts ein nachhaltiger Sinneswandel: von Planung zu Pragmatismus. Seit Mitte der 1950er-Jahre hatte eine breite Diskurskoalition aus politischen Parteien, Wirtschafts- und Finanzakteur*innen sowie Schriftsteller*innen massive Investitionen im (Hoch-)Schulwesen gefordert. Sie alle konzipierten Bildung, Forschung und Wirtschaftswachstum als Nexus, dessen aktive Ausgestaltung über die Stellung Deutschlands im Wettstreit der Industrienationen bestimme.[3] Das Gespenst der Systemkonkurrenz sowie ein Chor aus egalitären und emanzipatorischen Appellen[4] fanden bei der Bundespolitik Gehör: Ludwig Erhard erklärte 1963, Bildung und Forschung seien gegenwärtig so gewichtig wie im 19. Jahrhundert die soziale Frage. Mit dem Regierungsantritt Willy Brandts schrieb sich das gesamte Parteienspektrum auf die Fahne, die konstatierten Missstände im Bildungs- und Forschungswesen zu beseitigen. „Chancengleichheit“ für die Land- und Stadtbevölkerung beim Zugang zu Bildungsinstitutionen forderte die SPD, „Chancengerechtigkeit“, als semantische Distinktion, die CDU.[5] Der politische Planungswille übersetzte sich in die Landschulreform und den breiten Ausbau des Mittelschulbereichs. Außerdem wurde das Hochschulwesen deutlich ausgebaut.[6]

2 Zur Abkehr von „Totalentwürfen und Langzeitplanungen“ in der bildungspolitischen Szene seit Mitte der 1970er-Jahre siehe Anweiler, Bildungspolitik, S. 568.

3 Der Bildungsreformer Georg Picht, der 1964 eine drohende „Bildungskatastrophe“ beschwor, agierte dabei als ein besonders exponierter, aber eher später Wortführer: Kenkmann, Von der bundesdeutschen „Bildungsmisere“ zur Bildungsreform in den 60er Jahren.

4 Die strukturelle Bildungsferne unterprivilegierter Milieus, stilisiert in der Sozialfigur des „katholischen Arbeitermädchens vom Lande“, thematisierten Sozialwissenschaftler wie Ralf Dahrendorf. Rudloff, Bildungspolitik, S. 242.

5 Kenkmann, Von der bundesdeutschen „Bildungsmisere“ zur Bildungsreform in den 60er Jahren, S. 413 f.

6 Gerade Nordrhein-Westfalen stach mit einer rasanten Besiedelung der Hochschullandschaft und einem dichten Netz an neu gegründeten Universitäten bis Mitte der 1970er-Jahre hervor. Stallmann, Bochum, S. 171–184, zeigt, wie die Gründung der Ruhr Universität Bochum zur

Mitte der 1970er-Jahre setzte allerdings eine „Periode der bildungspolitischen Ernüchterung" ein.[7] Das Paradigma der Bildungsexpansion stieß in diesem Zeitraum in mehrerer Hinsicht an seine Grenzen. Finanziell sahen sich viele westliche Regierungen nicht mehr in der Lage, den Ausbau von Schul- und Forschungseinrichtungen mit gleichbleibendem Elan voranzutreiben. Gleichzeitig wuchs aber die Abneigung dagegen, die Bildungspolitik weiterhin mit gesellschaftspolitischen Erwartungen aufzuladen. Bildungspolitik, so mehrten sich kritische Stimmen, sei zum „Instrument geplanten sozialen Wandels" geworden.[8] Die in den süddeutschen Ländern neu amtierenden Kultusminister der Union, Hans Maier und Wilhelm Hahn, wehrten sich gegen diesen vermuteten Zugriff und versuchten, das Schulwesen aus dem „Bannkreis der Sozialpolitik" herauszuführen.[9] Dass Erziehungswissenschaftler*innen und Psycholog*innen bestehenden Förderprogrammen im Kampf gegen Bildungsbarrieren in den USA nur mäßige Erfolge attestierten, stärkte diese Forderungen. Der Anspruch auf „Chancengleichheit" wurde zusätzlich durch psychologische Diskurse in Zweifel gezogen, die schulische Begabung vornehmlich als genetisch bedingt konzipierten.[10] Als „realistische Wende" in der sozialliberalen Bildungspolitik bezeichnet Oskar Anweiler die Weigerung des Finanzplanungsrats 1974, den „Bildungsgesamtplan" in der damals vorliegenden Form mitzutragen.[11]

Dennoch diagnostiziert die jüngere Erziehungswissenschaft, dass sich im Streit um die Bildungspolitik in den 1980er-Jahren nur ein „scheinbarer Stillstand" ergab.[12] Lenkten zahlreiche Teilöffentlichkeiten die Bildungsdebatten der 1960er- und 1970er-Jahre, so wandelte sich die Schullandschaft nach Auffassung heutiger Bildungsforschender später „inkrementell" und „im Stillen".[13] Dass die Länder ihre Bildungsausgaben auch 1980 überproportional zum Wachstum des BIP steigerten, signalisierte ein „Neben- und Ineinander von Konsolidierung und Reform".[14] Nachdem kulturkritisch motivierte Mobilisierungsversuche an Einfluss verloren hatten, trat eines umso deutlicher hervor: Auch ohne gesellschaftspolitische Triebfeder bedurfte die Bildungspolitik der Planung. Unmittelbarer als von einer etwaigen Systemkonkurrenz war der Bedarf an Lehrkräften nämlich von demografischen Entwicklungen bestimmt.

Entlastung der „überfüllten" Hochschulen Köln, Münster, München und Hamburg beitragen sollte.

7 Kenkmann, Von der bundesdeutschen „Bildungsmisere" zur Bildungsreform in den 60er Jahren, S. 422.

8 Rudloff, Bildungspolitik, S. 241.

9 Zitiert nach ebenda, S. 260.

10 Ebenda, S. 259 f. Dass es sich hierbei nicht um einen klaren Übergang von Umwelt- und Anlagetheorien, sondern um eine graduelle Verschiebung handelte, zeigt Kössler, Auf der Suche nach einem Ende der Dummheit.

11 Anweiler, Bildungspolitik, S. 697.

12 Hoffmann-Ocon/Criblez, Scheinbarer Stillstand.

13 Ebenda, S. 20.

14 Weihnacht, Bildung und Forschung, S. 635.

Nachdem die erste Studie der Kultusministerkonferenz 1963 zur „Bedarfsfeststellung 1961 bis 1970“ einen Lehrer*innenmangel prognostiziert und die Diskussion um eine drohende „Bildungskatastrophe“ mitausgelöst hatte,[15] war die Attraktivität der Lehrtätigkeit stark gesteigert worden. Bezugserhöhungen, die soziale Aufwertung des Berufs sowie anscheinend gesicherte Beschäftigungsaussichten bewirkten einen wahren „Sogeffekt“ unter Abiturient*innen. Von 1965 bis 1975 verdreifachte sich die Zahl an Lehramtsstudierenden auf gut 240 000.[16] Der ab 1965 einsetzende Geburtenrückgang, im Volksmund bald als „Pillenknick“ apostrophiert, produzierte damit jedoch eine „Reservearmee“ an ausgebildeten, aber arbeitslosen Lehrer*innen. Eine Studie von Volkswirt Adalbert Blüm für das Bundesministerium für Bildung und Wissenschaft 1974 hatte diese Entwicklung registriert und für die 1980er-Jahre eine grassierende Lehrer*innenarbeitslosigkeit vorausgesagt.[17] Die Umsteuerung der einzelnen Länder auf dem betreffenden Arbeitsmarkt erfolgte jedoch erst mit einigen Jahren Abstand und zeitigte kaum Ergebnisse. Trotz offizieller Warnungen davor, das Lehramtsstudium aufzunehmen, stieg die Zahl der Absolvent*innen weiter an: Angesichts zunehmenden Unterrichtsausfalls und eines offensichtlichen Bedarfs an studentischen Aushilfskräften, die stundenweise Lücken in Vertretungsplänen füllten, blieben die düsteren Szenarien zu abstrakt.[18] Anfang der 1980er-Jahre ging mehr als ein Drittel der Akademikerarbeitslosigkeit auf die bundesweit rund 30 000 arbeitslos gemeldeten Lehrer*innen zurück.[19]

Spätestens hier wurde deutlich, dass Lehrer*innenbedarfszahlen keinesfalls objektiv feststellbar, „sondern Ausdruck pädagogischer, bildungs- und finanzpolitischer Zielsetzungen“ waren.[20] Besonders Lehrer*innenorganisationen und verbandsnahe Bildungsforscher*innen betonten die politische Natur der Prognosen, da diese nach Ende der Bildungsexpansion zu ihren Ungunsten ausfielen. Gleichzeitig nutzten auch sie die Strahlkraft suggestiver Zahlenwerke. Die Gewerkschaft Erziehung und Wissenschaft (GEW) brachte beispielsweise eine Bedarfsgröße in die Diskussion, „welche die finanzpolitischen Spielräume offensichtlich überschätzte“.[21] Auch der Bildungsforscher Manfred Sommer präsentierte eine tendenziöse Analyse, als er darauf verwies, dass das Statistische Bundesamt 1985 fast ebenso viele arbeitslose Lehrkräfte wie erwerbstätige Diplom-Chemiker*innen, -Physiker*innen und -Mathematiker*innen zählte.[22] Die in Anschlag gebrachten Größen setzte er nämlich nicht mit der allgemein gestiegenen Arbeitslosigkeit ins

[15] Für einen Rückblick aus Praktikerperspektive auf die Entwicklung von Methoden zur „Lehrerbedarfsfeststellung“ siehe Klemm, Wie viele Lehrer braucht das Land?, S. 192.
[16] Bölling, Lehrerarbeitslosigkeit, S. 243.
[17] Klemm, Wie viele Lehrer braucht das Land?, S. 193.
[18] Bölling, Lehrerarbeitslosigkeit, S. 248.
[19] Ebenda, S. 229.
[20] Bölling, Lehrerarbeitslosigkeit, S. 248.
[21] Ebenda. Siehe auch Duong, Zukunft gestalten, konservieren oder befürchten?, S. 91 f.
[22] Sommer, Darf man schon wieder zum Lehramtsstudium auffordern?, S. 275.

Verhältnis. Immerhin grassierte 1985 mit 25 Prozent auch die Jugendarbeitslosigkeit[23] und die Anzahl der über 50-jährigen Langzeitarbeitslosen nahm weiter zu.[24]

Bei gleichbleibendem Finanzrahmen zusätzliche Stellen zu schaffen, scheiterte an den Lehrer*innenorganisationen, die eine Verschlechterung der Arbeitskonditionen nicht hinnehmen wollten. Der nordrhein-westfälische Kultusminister Jürgen Girgensohn hatte dies 1982 erfahren, als er einen Maßnahmenkatalog zur Senkung der Lehrer*innenarbeitslosigkeit vorgelegt hatte. Bis 1980 waren im Bundesland noch alle Lehrer*innen eingestellt worden.[25] Als stellenbeschaffenden Mechanismus schlug Girgensohn nun vor, das bestehende Arbeitsvolumen umzuverteilen. Die Senkung der Pflichtstundenanzahl aller Lehrkräfte um eine Wochenstunde bei proportionaler Lohnkürzung sollte 6000 bis 7500 zusätzliche Stellen erzeugen. Weiterhin regte er freiwillige oder obligatorische Frühpensionierungen an. Aus Solidarität mit den zahlreichen arbeitslosen Lehrkräften signalisierte die GEW Kooperationsbereitschaft.[26] Für die übrigen Lehrer*innenorganisationen wog jedoch die bereits jahrelang vorgebrachte Forderung nach Arbeitszeitverkürzung bei vollem Lohnausgleich schwerer. Auch Girgensohns Nachfolger Hans Schwier gelang es 1984 nicht, Mehrheiten für die Senkung der Pflichtstundenanzahl einzuholen, sodass der Maßnahmenkatalog ad acta gelegt wurde.[27] Allein die Ausweitung der Teilzeitarbeit zeigte beschäftigungspolitische Wirkung. Während zuvor nur familiäre Gründe für eine Teilzeitbeschäftigung von Lehrkräften sprachen, fielen nun auch arbeitsmarktpolitische Erwägungen ins Gewicht. 40 000 volle Stellen gingen 1984/1985 darauf zurück, dass gut 5 Prozent der Lehrer und 40 Prozent der Lehrerinnen ihr Stundendeputat bis auf die Hälfte reduzierten.[28] Unter den arbeitslosen Pädagog*innen machten Frauen zudem den Löwenanteil aus, sodass sich die prekäre Arbeitsmarktlage für Lehrkräfte auf die Geschlechter stark ungleich auswirkte.[29]

Die Stellensituation verschärfte sich durch die weitreichenden welt- und deutschlandpolitischen Ereignisse von 1989/1990. Im Bildungswesen, wie in allen anderen Zweigen der Leistungsverwaltung, machte sich bemerkbar, dass die Deutsche Einheit im „Hauruck-Verfahren" vollzogen wurde. Im Gleichklang mit Helmut Kohl, der zunächst von einem Zeitkorridor von gut zehn Jahren gesprochen hatte, befürworteten Wissenschaftsvertreter*innen eine Übergangszeit bis zur „Bildungseinheit".[30] Der Wissenschaftsrat sprach sich im Juli 1990 dafür aus, die

23 Raithel, Jugendarbeitslosigkeit in der Bundesrepublik Deutschland und in Frankreich in den 1970er und 1980er Jahren, S. 69.

24 Schlemmer, Abseits der Arbeitsgesellschaft, S. 85. Zur Entstehung des Begriffs und sozialen Status des „Arbeitslosen" in Deutschland Ende des 19. Jahrhunderts siehe Zimmermann, Arbeitslosigkeit.

25 Bölling, Lehrerarbeitslosigkeit, S. 247.

26 Zu GEW-internen Konflikten zum Umgang mit Lehrer*innenarbeitslosigkeit in den 1970er- und 1980er-Jahren siehe Duong, Zukunft gestalten, konservieren oder befürchten?, S. 98 f.

27 Bölling, Lehrerarbeitslosigkeit, S. 256.

28 Ebenda, S. 257.

29 Duong, Lückenbüßerinnen.

30 Anweiler, Bildungspolitik, S. 874–878.

Wiedervereinigung zu nutzen, um Missstände im Bildungssystem auch der alten Bundesrepublik auszubessern. Schneller als gedacht vereitelten die sich überschlagenden Ereignisse aber den Versuch, eine Neuschöpfung aus dem Besten beider Bildungssysteme hervorgehen zu lassen.

Bildungsdebatten spielten sich nun nur noch auf Länderebene, dort aber umso heftiger ab. Die Landesfinanzminister*innen hatten mit der deutsch-deutschen Vereinigung nur ein Dilemma vor Augen: knappere Gelder bei steigenden Schüler*innenzahlen. Obwohl sie sich weigerten, die Lasten mit mehr als einem einmaligen Beitrag zum Sonderfonds Deutsche Einheit mitzufinanzieren,[31] spürten auch sie ab Mitte der 1990er-Jahre vermehrt die Folgen verengter Haushaltsspielräume. Im gleichen Maße wie die Schülerzahlen in den neuen Bundesländern abfielen, nahmen sie in den westdeutschen Ländern zu.[32] Zudem spiegelten sich veränderte Migrationsströme in den Bevölkerungsstatistiken und im Zulauf an den Schulen wider. Während sich die Zahl der Einwandernden aus den kommunistisch regierten Ostblockstaaten und Jugoslawien zwischen 1950 und 1987 auf insgesamt 1,4 Millionen belaufen hatte, wuchs sie in den Jahren vor Öffnung des „Eisernen Vorhangs" 1989 sprunghaft an. Zwischen 1986 und 1988 verfünffachte sich die Anzahl der jährlich ankommenden, nun als „Spätaussiedler*innen" bezeichneten osteuropäischen Menschen deutscher Abstammung.[33] Nach Nordrhein-Westfalen kamen zwischen Mitte der 1980er- und Mitte der 1990er-Jahre über eine Million Zuwandernde, viele davon aus der ehemaligen Sowjetunion und Jugoslawien.[34] Der Zustrom an Schüler*innen entspannte die Lage auf dem Arbeitsmarkt etwas: In der ersten Hälfte der 1990er-Jahre fanden alle Lehramtsabsolvent*innen eine Stelle und die Zahl der arbeitslos gemeldeten Lehrkräfte blieb bis 1995 auf dem gesenkten Niveau von etwa 14 000.[35]

Dennoch blieben die Neueinstellungen in den westdeutschen Ländern hinter der gestiegenen Versorgungslast zurück. Nachdem die verhältnismäßig geringen Schülermengen in den 1980er-Jahren den pädagogisch vorteilhaften Betreuungsschlüssel von 16,6 Zöglingen auf eine Lehrkraft ermöglicht hatte, stieg die als Schüler-Lehrer-Relation bezeichnete Kennzahl nach der Wiedervereinigung auf 17,7[36] – ein von Lehrer*innenorganisationen und Eltern zeitgenössisch als herb empfundener Einschnitt. Anders als während der Bildungsexpansion der 1960er-Jahre wurden Schulen nicht zum Vehikel gemacht, in der nun wahrgenommenen Markt- statt Systemkonkurrenz zu bestehen. Die in den 1990er-Jahren heraufbeschworene Sorge, im internationalen „Konkurrenzkampf um Beschäftigung, Produkte und Kapital"[37] zu unterliegen, war keineswegs ursächlich für die nordrhein-

[31] Ritter, Preis, S. 126–133.
[32] Schützenmeister, Professionalisierung, S. 365–369.
[33] Herbert, Ausländerpolitik, S. 275 f.
[34] Nonn, Kleine Migrationsgeschichte, S. 130.
[35] Schützenmeister, Professionalisierung, S. 365.
[36] Ebenda, S. 366.
[37] Meteling, Internationale Konkurrenz als nationale Bedrohung, S. 292.

westfälische Verwaltungsoffensive der Stellenreduktion. Diese hatte, wie im folgenden Abschnitt gezeigt wird, eine längere Vorgeschichte. Gleichzeitig erschien das Vorhaben der Haushaltskonsolidierung den Landesfinanzminister*innen nach der Zäsur von 1989/1990 noch drängender.

2. Anträge, Kommissionen, Arbeitsstäbe: Wider die administrative Beharrungskraft

Die Diskussionen um die Lehrer*innenarbeitslosigkeit fanden nicht in einem Vakuum statt. Die Bildungspolitik unterlag im Kampf um Ressourcen in einer Zeit, in der Bund und Länder einhellig bemüht waren, zu sparen.[38] Konsolidierungsmaßnahmen über alle Ressorts hinweg wurden auf Länderebene unter dem Schlagwort der „Verwaltungsmodernisierung" verhandelt. Diese bestand im Kern darin, Personal abzubauen, um die steigenden Kosten gerade auf den unteren Verwaltungsebenen in Schach zu halten. Zwischen 1970 und 1975, in einer Phase expansiver Haushaltsführung, hatten die Länder ihr Personal um insgesamt 20 Prozent erweitert. Dies betraf vor allem die Bereiche Bildung und Wissenschaft, öffentliche Sicherheit und Ordnung.[39] Obwohl die Rezession in der Mitte des Jahrzehnts auch die Länder zum Sparen animierte, erhöhte sich deren Schuldenlast eher: Der Bund verringerte seine Ausgaben maßgeblich dadurch, dass er Länder, Gemeinden und Parafisci wie die Sozialversicherungsträger in die Pflicht nahm.[40] Ähnlich wie bei der DBP verengte sich die Diskussion in den Landesverwaltungen auf Parameter, die sie selbst beeinflussen konnten. Ganz oben rangierte das Vorhaben, die Personalkosten zu senken.

Waren sich die Länder in diesem Punkt einig, so wählten sie durchaus unterschiedliche Wege aus der Misere. Parteigrenzen schienen dabei weniger ausschlaggebend zu sein als Personalien: Verwaltungsreformen galten als „Chefsache" und wurden entsprechend mehr oder weniger intensiv verfolgt.[41] Mit einer 1984 eingesetzten Regierungskommission machte der baden-württembergische Ministerpräsident Lothar Späth einen ersten Vorstoß. Nach ihrem Vorsitzenden Manfred Bulling benannt, tat sich die Kommission „Neue Führungsstruktur in Baden-Württemberg" damit hervor, privatwirtschaftliche Managementmethoden in die Stuttgarter Behörden tragen zu wollen.[42] In einem Porträt des Kommissionsvorsitzenden schrieb die „ZEIT", dass mit Bullings Übernahme als Regierungspräsident in Stuttgart 1977 „die Zeiten des geruhsamen Verwaltens zu Ende" gewesen seien. Schon in der Vergangenheit habe er „keine Gelegenheit [ausgelassen], die Verwaltung zu verbessern". Getreu seiner Linie wolle „der mächtige Verwaltungsmann"

[38] Ullmann, Schuldenstaat, S. 301–377.
[39] Ullmann, Steuerstaat, S. 199.
[40] Siehe ebenda, S. 209, und die dort zitierte Literatur.
[41] Bogumil, Modernisierung der Landesverwaltungen, S. 129.
[42] Feuchte, Die verfassungsrechtliche Entwicklung im Land Baden-Württemberg 1977 bis 1987.

mit seiner Kommission nun „Baden-Württemberg umkrempeln“.[43] Neben Bulling und dem Ettlinger Oberbürgermeister Erwin Vetter zählte die Kommission die Chefs der Allianz Lebensversicherung und IBM Deutschland, Arno Paul Bäumer und Lothar Sparberg, zu ihren Mitgliedern.[44] Die Erwartungen an die hochkarätig besetzte Bulling-Kommission waren entsprechend hoch.

Nach Erscheinen des Abschlussberichts 1985 bescheinigte der Politikwissenschaftler Theodor Eschenburg Bulling und seinen Mitstreitern, einen „umfassenden und durchdachten Reformplan“ vorgelegt zu haben.[45] Die Grenzen in der Umsetzung wurden jedoch schnell sichtbar. „Ministerpräsident Lothar Späth wollte die Regierungsarbeit im Ländle rationalisieren. Doch seine Beamten legen sich quer“, titelte der „Spiegel“ im Oktober 1986, ein Jahr nach Vorlage des über tausend Seiten starken Berichts. Hatte Späth 1985 noch verlauten lassen, 80 Prozent der Kommissionsempfehlungen umzusetzen, so die „ZEIT“, blieben nach „harten Runden“ der Verhandlungen mit den Ressorts noch etwa 20 Prozent.[46] Der Ministerpräsident habe „die Beharrlichkeit seiner eigenen Verwaltung grob unterschätzt“, erklärte der SPD-Abgeordnete Lang im baden-württembergischen Parlament und verkündete die „Moral von der Geschichte: Eingefahrene Strukturen lassen sich nicht im Hopplahopp-Verfahren ändern“.[47] Der politische Wille zur Verwaltungsreform war im zweiten Jahrfünft der 1980er-Jahre also gegeben; allein fehlte es an der nötigen Durchschlagskraft, gegen die Beharrungskräfte der Verwaltung anzukommen.

In Nordrhein-Westfalen entstand im selben Zeitraum ebenfalls die Idee, mittels einer Kommission auf die Verwaltung einzuwirken. Seit 1982 hatte die SPD-geführte Landesregierung zunächst auf einen linearen Stellenabbau gesetzt. Während der ersten Monate wurde jede zweite freie oder frei werdende Stelle pauschal nicht besetzt, danach entfielen in den meisten Teilen der Landesverwaltung jährlich ein oder zwei Prozent der Stellen.[48] 1985 drängte die Opposition die Regierung aber dazu, den baden-württembergischen Weg zu gehen und den Rat von Praktikern aus der Privatwirtschaft einzuholen. In einem Antrag an den Landtag forderten die Freien Demokraten,

> „entsprechend dem Vorbild der Bulling-Kommission in Baden-Württemberg Gutachter einzusetzen, um die Arbeit der Landesverwaltung unter den Kriterien der Leistungs- und Innovationsfähigkeit zu analysieren und Empfehlungen zur Effizienzsteigerung der Landesverwaltung auszuarbeiten“.[49]

[43] Jörg Bischoff, Ein Mann der Lüfte, in: Die Zeit, 23. 8. 1985, https://www.zeit.de/1985/35/ein-mann-der-luefte/komplettansicht, zuletzt geprüft am 27. 1. 2019.
[44] Eschenburg, Theodor, Manager voran, in: Die Zeit, 2. 8. 1985, https://www.zeit.de/1985/32/manager-voran/komplettansicht, zuletzt geprüft am 27. 1. 2019.
[45] Ebenda.
[46] Jörg Bischoff, Ein Mann der Lüfte, in: Die Zeit, 23. 8. 1985, https://www.zeit.de/1985/35/ein-mann-der-luefte/komplettansicht, zuletzt geprüft am 27. 1. 2019.
[47] LT BaWü, PlPr. 9/58, 3. 12. 1986, S. 4666.
[48] König, Kritik, S. 26.
[49] LT NRW, Drs. 10/160, 11. 9. 1985, S. 1.

Neben der F.D.P. lobte auch die CDU die Bulling-Kommission dafür, Erfahrungswerte aus der unternehmerischen Praxis zu mobilisieren. Tatsächlich sei es „eine gute Sache", erklärte der CDU-Abgeordnete Heinz Paus im nordrhein-westfälischen Landtag, wenn wie in Baden-Württemberg zwei Wirtschaftsvertreter, ein Oberbürgermeister und ein Regierungspräsident „neu und frei von systembedingten Vorurteilen" zu Verwaltungsreformen beraten.[50] Der F.D.P.-Abgeordnete Achim Rohde adressierte in seinem Plädoyer für den Antrag den Ministerpräsidenten Johannes Rau persönlich und postulierte, „wenn Rau nicht bereit ist, Späth zu imitieren, schadet er unserem Lande".[51]

Unter parteiübergreifender Zustimmung trat die neu gegründete „Kommission zur Effizienzsteigerung der Landesverwaltung" im September 1986 zusammen. Mitglieder waren im Wesentlichen die Abgeordneten, die die Debatte seit dem Vorjahr vorangetrieben hatten: Die SPD entsandte mit Stefan Frechen und Helmut Kupski zwei Abgeordnete, Ottmar Pohl und Heinz Paus vertraten die CDU und Achim Rohde stand für die F. D. P. Die Leitung hatte der Sozialdemokrat Norbert Burger, Mitglied des Hauptausschusses beim Landtag und Kölner Oberbürgermeister, inne.[52] Unterstützt wurde die Kommission durch eine Arbeitsgruppe, der je zwei Vertreter des LRH und der Landesregierung angehörten. Einig waren sich die Mitglieder darüber, dass die Anzahl an Verwaltungsbeschäftigten ressortübergreifend geplant werden müsse. Personalbestand und Aufgabenanfall müssten ständig neu ins Verhältnis gesetzt und so aktiv gesteuert werden, statt, wie bislang, mit einer gleich bleibenden Anzahl an Beamt*innen zu agieren.[53]

Damit griffen die Konsolidierungsbefürworter ein Konzept auf, das in der Verwaltungswissenschaft und -praxis bereits seit Mitte der 1970er-Jahre kursierte: die Aufgabenkritik. Laut einschlägiger Literatur zielte der aufgabenkritische Blick auf die Verwaltung darauf ab, „die Erfüllung der Staatstätigkeit bei begrenzten Ressourcen zu sichern", indem der Aufgabenbestand reduziert und der Aufgabenzuwachs verhindert würde.[54] Der Begriff der Aufgabe bezeichnete hierbei „ein zu erfüllendes Handlungsziel"[55] oder, einfacher, „alle Arten von Aktivitäten, die von seiten der öffentlichen Hand in welcher Form auch immer überlegt und angegangen werden".[56] Richtig angewandt sollte die Aufgabenkritik „ökonomische Verhaltensweisen [...] fördern" und „ungenutzte Leistungsreserven im Personalbereich" ermitteln helfen.[57] „Ökonomisch" bedeutete hier jeweils Unterschiedliches. Während die Verwaltungswissenschaft die „politisch-organisatorische Perspektive"[58]

50 LT NRW, PlPr. 10/7, 30. 10. 1985, S. 276.
51 Ebenda, S. 271.
52 Zum Juristen und Verwaltungsfachmann Burger siehe Schaidt, Porträt, S. 19.
53 LT NRW, APr. 10/585, 13. 5. 1987, S. 2.
54 Laux, Organisatorische Strategien zur Begrenzung öffentlicher Aufgaben, S. 349 f. Ähnlich Dieckmann, Aufgabenkritik.
55 Hoffmann, Stichwort: Aufgabe, S. 199.
56 Laux, Organisatorische Strategien zur Begrenzung öffentlicher Aufgaben, S. 349 f.
57 Ebenda, S. 350.
58 Ebenda, S. 346.

einnahm und nach der Notwendigkeit von Aufgaben bei veränderten gesellschaftlichen Bedürfnislagen fragte, waren Verwaltungspraktiker*innen meist davon motiviert, Personalkosten zu sparen und Aufgaben mit einem geringeren Budget zu erbringen.[59] Letzteres galt auch für die Mitglieder der Burger-Kommission. Selbstverständlich gehe es „nicht um Rationalisierung“, so Rohde in einer Kommissionssitzung. Durch die stark verengte Haushaltslage komme aber „der Sparsamkeit Vorrang“ zu.[60] Investiert werden könne nur noch in Verwaltungsbereiche, die die Politik priorisiere. LRH-Vertreter Hans-Hermann Bücker brachte die Lage auf den Punkt: Es gelte, „nicht mehr wie bisher zu fragen, welche Maßnahmen nötig seien, sondern danach, was sich das Land leisten könne“.[61]

Sorgenvoll berieten die Effizienzbefürworter jedoch über das „Beharrungsvermögen der Ressorts“[62] und das „Lobbytum der Fachausschüsse“[63], die den Wunsch nach einer übergreifenden Personalsteuerung konterkarierten. Eine schriftliche Befragung der einzelnen Ministerien hatte ergeben, „daß konkrete Personalplanungskonzepte von den meisten Häusern gar nicht gewünscht würden“.[64] Der Haushaltskontrollausschuss kam zu ähnlichen Ergebnissen. Hier erklärte SPD-Sprecher Jürgen Guttenberger 1987, gegenwärtig mache nur der LRH Angaben dazu, welche öffentliche Aufgaben wie viel Personal erforderten.[65] Mit Blick auf ihre weitgehende Selbsterhaltung wussten die Ministerien eine neue Personalbedarfsplanung also zu vermeiden.

Aus diesen Überlegungen heraus fiel die Entscheidung, den „Arbeitsstab Aufgabenkritik“ ins Leben zu rufen. In ihrem Abschlussbericht empfahl die Burger-Kommission der Landesregierung 1987, ein eigenes Gremium einzusetzen, das bewerkstelligen sollte, was ihr nicht möglich war: die „Ansprüche“ der Ministerialverwaltung zurückzudrängen.[66] Ein kleiner Arbeitsstab solle vom Landtag die politische Legitimation verliehen bekommen, den Ministerien den „finanzierbaren Gesamtrahmen“ aufzuzeigen und sich „gegenüber ressortinternen Widerständen“ durchzusetzen.[67] Im August wurde der Arbeitsstab Aufgabenkritik mit Beschluss der Landesregierung nach den Vorstellungen der Kommission einberufen.[68]

Der vierköpfige Arbeitsstab unter Leitung von Ministerialdirektor Johannes Kalenberg machte sich daran, mittels Organisationsuntersuchungen den politisch gewollten Stellenabbau in der Verwaltung zu forcieren. Über die folgende Dekade,

59 König, Kritik, S. 25.
60 LT NRW, APr. 10/658, 8. 7. 1987, S. 4.
61 Ebenda, S. 6.
62 LT NRW, APr. 10/585, 13. 5. 1987, S. 2.
63 LT NRW, APr. 10/658, 8. 7. 1987, S. 5.
64 LT NRW, APr. 10/585, 13. 5. 1987, S. 1.
65 O. V., Ministerialorganisation, S. 14.
66 LT NRW, Drs. 10/2787, 18. 1. 1988, S. 3.
67 Ebenda.
68 Zur Funktionsweise des Arbeitsstabs siehe Kalenberg, Aufgabenkritik in Nordrhein-Westfalen, S. 233.

von 1989 bis 1999, forderte das Gremium nach und nach alle Behörden und Ministerien des Landes auf, die internen Abläufe auf den Prüfstand stellen zu lassen. Organisationsuntersuchungen, neben Aufgabenkritik und Personalbestandsplanung eine weitere Vokabel mit organisationswissenschaftlichem Einschlag, definierte der Arbeitsstab als „Verfahren zur systematischen Erfassung und Beurteilung organisatorischer Strukturen und Abläufe sowie organisatorischer Problemstellungen".[69] Dahinter verbarg sich die dezidierte Absicht, Wege zu finden, für gleichbleibende Aufgaben weniger Personal einzusetzen, oder, wo dies nicht möglich war, Aufgaben an private Einrichtungen zu externalisieren.

Obwohl der Arbeitsstab weisungsfrei handelte, atmete er den Geist des Finanzministeriums, bei dem er formell und räumlich angesiedelt war. Erfolg und Misserfolg der Organisationsuntersuchungen bemaß die Gruppe in der Anzahl an resultierenden „k.w.-Vermerken": Stellenkürzungen übersetzten sich in der öffentlichen Verwaltung nicht in unmittelbare Kündigungen, sondern realisierten sich erst beim altersbedingten Ausscheiden der betreffenden Beamt*innen – deren Stellen der Arbeitsstab folglich als „künftig wegfallend" markierte. Die Mitglieder des Arbeitsstabs selbst begriffen ihre Tätigkeit als finanzpolitische Aufklärungsarbeit: „Wirtschaftliches Rechnen ist man in der öffentlichen Verwaltung durch Gesetzmäßigkeit nicht so gewöhnt. Bei uns kommt es darauf an, dass es richtig ist, nicht was es kostet. […] Dieses wirtschaftliche Denken einzuführen war unser Ziel", rekonstruierte Kalenberg seine Mission.[70]

Weder das Finanzministerium noch der Arbeitsstab führten jedoch die geplanten Organisationsuntersuchungen durch. Durch die Ministerien gehen, mit Beamt*innen sprechen und Berichte verfassen sollten kommerzielle Beratungsfirmen, die der Arbeitsstab auswählte und beauftragte. Die Wahl von Consultants als externe Gutachter*innen begründete der Arbeitsstab mit deren „Unabhängigkeit", da bei einer Untersuchung durch Wirtschafts- oder Gewerkschaftsvertreter*innen „diesbezüglich Akzeptanzschwierigkeiten in der Verwaltung" auftreten könnten.[71] Tatsächlich formulierten Kalenberg und seine Mitarbeiter aber Problemstellungen und Lösungsvorschläge in ministeriellen Arbeitsgruppen mit, die die Beratungstätigkeiten in den Behörden begleiteten. Auch durch die Zwischenberichte, die die Consultants dem Arbeitsstab vor Veröffentlichung ihrer Empfehlungen pflichtgemäß vorlegten, stellten Kalenberg und Kollegen den Schwerpunkt auf Stellenkür-

69 LAV NRW R, NW 889, Bd. 43, Schreiben von Johannes Kalenberg (Arbeitsstab Aufgabenkritik) an Innenminister, Justizminister, Kultusminister, Minister für Wissenschaft und Forschung, Minister für Arbeit, Gesundheit und Soziales, Minister für Umwelt, Raumordnung und Landwirtschaft, Minister für Stadtentwicklung, Wohnen und Verkehr, Finanzminister des Landes Nordrhein-Westfalen, Betr.: Organisationsuntersuchungen im Land Nordrhein-Westfalen, 19. 1. 1990, S. 2.

70 Johannes Kalenberg, interviewt von A. M.

71 LAV NRW R, NW 889, Bd. 9, Schreiben der Staatskanzlei an Arbeitsstab Aufgabenkritik, Betr.: „Innovationsoffensive für den Standort NRW". Grundsatzbeschluß der SPD-Fraktion vom 16. 9. 1997, 26. 9. 1997, S. 2.

zungen sicher.[72] Wie im Fall von Schwarz-Schillings Aufträgen bei der DBP ging es dem Arbeitsstab in erster Linie darum, Beratungsgutachten als argumentative Grundlage zu nutzen, um das Stellenvolumen in der Landesverwaltung bedeutsam zu reduzieren.

Für die Aufträge an die Beratungsfirmen verfügte der Arbeitsstab über einen jährlichen Etat von acht bis neun Millionen Mark[73] – ein in der öffentlichen Verwaltung beträchtliches Beratungsbudget. Da Kalenberg mit dieser Form der externen Dienstleistung unvertraut war, informierte er sich bei erfahreneren Kollegen. In einem Briefwechsel mit dem Leiter des Arbeitsstabs bestätigte Harald Schultze, Ministerialrat in Niedersachen, die Vorteile einer zentralen Stelle für die Vergabe von Beratungsprojekten. Diese berge zunächst die Möglichkeit, einen Erfahrungsschatz zum Thema Unternehmensberatung anzusammeln. So sei der Beratungsmarkt „unübersichtlich, wenn nicht undurchsichtig. Er muß auf die besonderen Anforderungen der öffentlichen Verwaltung hin durchforscht werden“, was bei vereinzelten Beratungsgeschäften nicht gelinge. Regelmäßige Geschäftsbeziehungen ermöglichten Einblicke in „Denkweisen, Vorzüge und Schächen [sic] von externen Beratern […], über die Kalkulation von Beratungsunternehmen und über das Verhältnis von Größe und Leistungsfähigkeit dieser Unternehmen“.[74]

Die von Schultze angesprochene Funktion einer „Art Service-Einrichtung“[75] für Ministerien, die selbstständig Beratungsaufträge vergeben wollten, erfüllte der Arbeitsstab augenscheinlich, indem er zu Beginn seiner Tätigkeit eine Datenbank mit über 140 Firmeneinträgen erstellte. Diese entstand auf Basis von Informationen der KGSt, des BDU sowie Selbstbewerbungen durch Firmen.[76] Laut Schultze bewirkte die Einrichtung einer zentralen Vergabestelle aber auch eine höhere Wirksamkeit der Untersuchungen. So würden ressortübergreifende Probleme angegangen, die von den Ressorts selbst aufgrund von Diskretion oder Meinungsverschiedenheiten unbearbeitet blieben, und die Abfassung von Gutachten „für die Schublade“ würde vermieden.[77]

Der Einsatz von Unternehmensberater*innen im Schulwesen barg Chancen und Risiken für die Landesregierung. Einerseits konnte auf diese Weise ein nachgeordneter Verwaltungsbereich durchleuchtet werden, dessen Ausmaß die verwaltungsinternen Untersuchungskapazitäten überstieg. Den Schul- und Hochschulbereich

[72] LAV NRW R, NW 889, Bd. 2, Vermerk Kalenberg (Arbeitsstab Aufgabenkritik), Betr.: Auskunft über Arbeitsstab, 3. 5. 1993.

[73] LAV NRW R, NW 889, Bd. 3, Schreiben von Kalenberg (Arbeitsstab Aufgabenkritik) an Krawaczak, Betr.: Mittel für Organisationsuntersuchung im Schulbereich, 4. 11. 1993, S. 1.

[74] LAV NRW R, NW 889, Bd. 42, Schreiben von Ministerialrat Harald Schultze, Staatskanzlei Niedersachsen, an Johannes Kalenberg (Arbeitsstab Aufgabenkritik), Betr.: Organisations- und Wirtschaftlichkeitsuntersuchungen durch externe Berater, 29. 11. 1989, S. 1.

[75] Ebenda, S. 2.

[76] Johannes Kalenberg, interviewt von A. M.

[77] LAV NRW R, NW 889, Bd. 42, Schreiben von Ministerialrat Harald Schultze, Staatskanzlei Niedersachsen, an Johannes Kalenberg (Arbeitsstab Aufgabenkritik), Betr.: Organisations- und Wirtschaftlichkeitsuntersuchungen durch externe Berater, 29. 11. 1989, S. 2.

hatten die Mitglieder der Burger-Kommission in internen Beratungen mehrfach adressiert. Die „eigentlichen Effizienzreserven" steckten in den „großen, personalintensiven Dienstleistungsbereichen" wie dem Bildungswesen, der Polizei und Justiz, so Burger im Juli 1987.[78] Stefan Frechen, SPD-Abgeordneter und Mitglied der Burger-Kommission, hatte bekräftigt, dass in diesen Bereichen „viele Millionen DM" gespart werden konnten, und die Frage aufgeworfen, ob bei Schule und Polizei „etwa durch Zurückfahren bestimmter Standards" das Verhältnis „zwischen Leistung und Kosten [...] verbessert" werden könne.[79] Einig waren sich Burger und Kollegen aber, dass sie sich mit der Überprüfung eines dieser Bereiche „übernehmen" würden.[80] Trotz anhaltender Motivationsbekundungen der sechs Mitglieder blieb die Kommissionsarbeit eine zusätzliche Verpflichtung, die in den Morgen- und Abendstunden abgehandelt werden musste. Auch die Fachausschüsse seien mit dem Umfang einer derartigen Prüfung der ihnen nachgeordneten Verwaltungsbereiche „überfordert".[81] Derartigen zeitlichen Einschränkungen unterlagen externe Firmen nicht.

Andererseits mussten die Konsolidierungsadvokaten mit rauschenden Protesten der Personalvertretungen und Eltern rechnen, wenn sie die bereits lang umkämpfte Frage der angemessenen Zahl an Lehrkräften erneut aufgreifen würden. Als Kontrahent*innen bei Kürzungsversuchen im Bildungsbereich begegneten ihnen die Beamt*innengewerkschaften und Lehrer*innenverbände. Im sozialdemokratisch regierten Nordrhein-Westfalen galt die GEW als besonders einflussreich, zuweilen hieß es gar, sie säße „mit am Kabinettstisch".[82] Aber auch eine Reihe an Lehrer*innenorganisationen, die dem Deutschen Beamtenbund (DBB) angehörten, mischten in der Landespolitik mit. Während die GEW der SPD nahestand, fanden die DBB-Verbände oft Unterstützung bei der oppositionellen CDU. Im Jahr 1977 hatten sie so in einem Volksbegehren bereits die „Kooperative Schule" verhindert – ein Projekt der seinerzeit sozialliberalen Landesregierung, die alle schulischen Hauptstufen in einer allgemeinen Gesamtschule hatte integrieren wollen.[83] Bildungspolitische Maßnahmen gleich jeder Art bedurften also der Zustimmung der Interessenverbände – und bei Politikvorhaben, die die Arbeitsbedingungen der Lehrkräfte zu verschlechtern drohten, war diese kaum zu gewinnen. Deshalb veranschlagte der Arbeitsstab gleich die zweite externe Organisationsuntersuchung – nachdem zunächst die fünf Landesregierungspräsidien untersucht worden waren – im Schulwesen.[84]

78 LT NRW, APr. 10/658, 8. 7. 1987, S. 4.
79 Ebenda, S. 4 f.
80 Ebenda, S. 5.
81 Ebenda.
82 Anweiler, Bildungspolitik, S. 702.
83 Weinforth, Ein „Schulkampf", S. 514.
84 Kalenberg, Aufgabenkritik in Nordrhein-Westfalen, S. 236 f.

3. Die Kienbaum GmbH

In einem Brief an Landesfinanzminister Schleußer erklärte Kalenberg im August 1990, nur wenige Firmen kämen für eine Überprüfung des Schulbereichs in Betracht, „insbesondere [aufgrund] des Umfanges der Auswirkungen“.[85] Angesichts der Explosivität eines Consultingprojekts im Schulwesen zählten für den Arbeitsstab nicht nur die Vorerfahrungen einer Firma, sondern auch ihre Fähigkeit, Vorschläge gegen mögliche Widerstände des Kultusministeriums und der Öffentlichkeit durchzusetzen. Die Firma Kienbaum GmbH erwies sich in den folgenden zehn Jahren der Zusammenarbeit als besonders verlässlicher Partner im Kampf für die Konsolidierung.[86]

Der Leiter des Bereichs „Öffentlicher Sektor“ der Kienbaum GmbH, Axel Koetz, stand im Vergleich zum Firmengründer für eine neue Generation an Berater*innen. Diese zeichnete statt eines Ingenieurshintergrunds vermehrt ein wirtschaftswissenschaftlicher Hintergrund aus. Der 1954 in Köln geborene Koetz hatte eine volkswirtschaftliche Promotion zum Thema „Optimale Staatsverschuldung“ verfasst. Durch die thematische Passung sei sein Interesse geweckt worden, als er 1982 einen Aushang der Firma am „schwarzen Brett“ der Universität entdeckt habe: Man suche Berater für öffentliche Auftraggebende.[87] Während seiner Zeit bei Kienbaum bis 1998 weitete Koetz den Geschäftsbereich „Öffentlicher Sektor“ stetig aus, auch unter der neuen Firmenleitung des Gründersohns, Jochen Kienbaum.[88] 1991 stieß Ulrich Schückhaus dazu, den ein ähnlicher Werdegang auszeichnete. Nach einer Ausbildung zum Bankkaufmann und dem BWL-Studium war Schückhaus am Lehrstuhl für Handel und Absatz der Universität zu Köln promoviert worden und dort als wissenschaftlicher Mitarbeiter tätig gewesen. Als Projektleiter konzentrierte er sich bei der Kienbaum GmbH auf den kommunalen Bereich, während Koetz Aufträge auf Bundes- und Länderebene verantwortete.[89] Zudem umfasste Koetz’ Arbeitsbereich mit dem Thema Gesundheitsökonomie einen dritten Schwerpunkt. Dazu zählte die Beratung von Betriebs- und Innungskrankenkassen.[90] Ähnlich wie die Mummert + Partner AG fasste die Kienbaum GmbH den Begriff des „öffentlichen Sektors“ also pragmatisch.

Als der Arbeitsstab Aufgabenkritik begann, Organisationsuntersuchungen zu initiieren, war Gerhard Kienbaum bereits einige Jahre im Ruhestand. Weder Koetz noch die Vertreter des Arbeitsstabs nahmen in ihren Auftragsverhandlungen also auf Firmenprojekte Bezug, die weiter als bis zu den 1980er-Jahren zurückreichten.

85 LAV NRW R, NW 889, Bd. 255, Schreiben von Johannes Kalenberg (Arbeitsstab Aufgabenkritik) an Kultusminister Hans Schwier, Betr.: Organisationsuntersuchung im Schulbereich, 6. 8. 1990, S. 3.

86 Johannes Kalenberg, interviewt von A. M.

87 Axel G. Koetz, interviewt von A. M.

88 Kienbaum, Rat, S. 353.

89 Immobilienprofis im Porträt: Dr. Ulrich Schückhaus, in: Immobilien-Zeitung, 2. 8. 2012, S. 8.

90 Axel G. Koetz, interviewt von A. M.

Als Referenzen konnte das Unternehmen auf einige Großprojekte „mit hohem politischen Aufmerksamkeitswert" in der öffentlichen Verwaltung verweisen, unter anderem eine „Funktionsbewertung" der Polizei NRW im Auftrag des Innenministeriums.[91]

Anders als Schwarz-Schilling bei der DBP verwies der Arbeitsstab stets auf die Eigentümlichkeit der Verwaltung und selektierte kommerzielle Berater*innen abhängig davon, wie sehr sich diese kulturell einfügten. Sogenannte „Weltfirmen" mit Sitz im Ausland seien für den Arbeitsstab nicht infrage gekommen, rekonstruierte Johannes Kalenberg. Schon deutschen Wirtschaftsakteuren zuzutrauen, die Irrungen und Wirrungen ihrer heimischen Bürokratie zu begreifen, habe er als bedeutsamen Vertrauensvorschuss empfunden, den die jeweiligen Berater erst einmal einlösen sollten: „Sich in eine Behörde einzudenken ist ja auch schwierig, sie denken anders." Im Fall eines fehlenden deutschen Firmensitzes habe er an der Eignung der betreffenden Firma gezweifelt: „Wer hier keine Niederlassung hat, wer die deutsche Verwaltung nicht kennt, der kann Krupp prüfen, aber ob der die Verwaltung prüfen kann?"[92]

Nun bewarben sich selten bis nie Firmen ohne deutsche Niederlassung auf Ausschreibungen des Arbeitsstabs. Wohl trafen Angebote von Firmen amerikanischen Ursprungs mit deutschen Büros ein: Zur „Organisationsuntersuchung im Schulbereich" gaben neben der Kienbaum GmbH und der WIBERA AG auch McKinsey & Company und Booz Allen & Hamilton Angebote ab.[93] Wie im Fall der DBP überzeugten kleinere und mittlere Unternehmen hier aber vor allem durch ihre Kostenstruktur. Firmen mit wenigen Mitarbeitenden und bescheidenen Räumlichkeiten konnten laufende Kosten mit verhältnismäßig niedrigen Tagessätzen von 1400 bis 1600 Mark abdecken – im Unterschied zu McKinsey & Company, die laut Koetz mehr als das Dreifache verlangen „mussten", um profitabel zu bleiben.[94] Insgesamt waren die Dinge in der Landesverwaltung kleiner dimensioniert, als McKinsey & Company dies aus anderen Projekten gewohnt schien: Das Angebot der Firma verlangte, eine stolze Anzahl Verwaltungsbeamter für den Projektzeitraum abzuordnen. Dies konnte der vierköpfige Arbeitsstab nicht leisten.[95]

Vorbehalte entwickelten die Staatsdiener auch bei „arrogantem" Auftreten der externen Kräfte. In einem frühen Auswahlstadium hatte der Arbeitsstab auch die Firma Roland Berger & Partner für eine Präsentation geladen. Im Vermerk zu dem Gespräch hielten die Beamten allerdings fest, dass eine Zusammenarbeit mit dem

91 LAV NRW R, NW 889, Bd. 252, Kienbaum Unternehmensberatung GmbH, Projektvorschlag „Organisationsuntersuchung im Schulbereich". Präsentationsunterlagen für die Besprechung am 2. 10. 1990, 9:00 Uhr im Kultusministerium NRW, o. S.

92 Johannes Kalenberg, interviewt von A. M.

93 LAV NRW R, NW 889, Bd. 251, Schreiben von Abteilungsleiter Z an den Finanzminister, Betr.: Vergabe des Organisationsgutachtens, 4. 10. 1990.

94 Axel G. Koetz, interviewt von A. M.

95 LAV NRW R, NW 889, Bd. 255, Vermerk des Arbeitsstabs Aufgabenkritik, Betr.: Organisationsuntersuchung im Schulbereich. Bewertung der Angebote der Unternehmen, 18. 9. 1990, S. 5.

entsprechenden Bereichsleiter „im Hinblick auf seinen oft überheblichen und abstrakten Vortrag nicht unproblematisch wäre“.[96] Gleich nach dem Aspekt der Kostenstruktur kam daher der „Wettbewerbsvorteil“ des „bodenständige[n]“, „ruhigen[n]“ Auftretens der Rheinländer und Hamburger Berater, wie Koetz es *ex post* umschrieb. Wem es gelang, sich mit Verwaltungsleitern zu verständigen, der konnte Vertrauen schaffen:

> „Man musste im Grunde die Begriffe kennen, man musste Grundzüge des Verwaltungsrechts kennen und wenn man da hinkam nur mit der Sprache einer amerikanischen Consultingfirma, war man ganz schnell wieder draußen.“[97]

Die wenigen Beratungsfirmen, die sich bereits im „öffentlichen Sektor“ bewegt hatten, bemühten sich um Aufträge des Arbeitsstabs, der in der Branche für sein jährliches Gutachtenbudget bekannt war. Nach den ersten zweieinhalb Jahren im Einsatz befand Kalenberg, dass nur zehn bis fünfzehn der Firmen, die sich bislang um Aufträge des Arbeitsstabs bemüht hatten, für Behördenconsulting geeignet seien.[98] Darunter waren neben der Kienbaum GmbH die Mummert + Partner AG, die Knight Wendling AG und, selten, die Roland Berger & Partner GmbH.

Die Wettbewerbssituation blieb beim Behördenconsulting überschaubar. Wie Schückhaus erinnerte, entstand oft ein kollegialer und gar freundschaftlicher Kontakt zu Konkurrenten, da sich die Wege regelmäßig kreuzten. Das gemeinsame Engagement im BDU beförderte den Austausch zu den „Tücken“ des „öffentlichen Sektors“.[99] Firmengiganten wie McKinsey & Company waren hier nicht anzutreffen, da diese auch ohne Verbandsarbeit mit Erfolg im privatwirtschaftlichen Bereich rechnen konnten. Stattdessen versammelten sich zahlreiche kleine und mittlere Beratungsfirmen unter dem Dach des BDU. Bis Mitte der 1990er-Jahre war die Mitgliederzahl auf knapp 500 angestiegen.[100] Die Gründung eines eigenen Fachverbands „Öffentliche Auftraggeber“ erfolgte 1992 auch unter Mitwirken von Koetz und Schückhaus. Als beratendes Gremium befasste sich die Gruppe vorrangig mit der Aufbereitung aller rechtlichen Rahmenbedingungen, die Consultants bei Aufträgen im „öffentlichen Sektor“ zu beachten hatten. Daneben bemühte sie sich bei gemeinsamen Veranstaltungen aber auch um Kontakt mit öffentlichen Unternehmen und Körperschaften.[101]

Die Schulstudie für den Arbeitsstab Aufgabenkritik stellte einen Bruch im Verhältnis von Landesverwaltung und Lehrer*innenvertretungen dar. Für die Kienbaum GmbH handelte es sich hingegen um eine Chance auf Umsatz und, durch mögliche Folgeaufträge, noch mehr Umsatz. Die Firma rechnete mit Protesten aus

96 LAV NRW R, NW 889, Bd. 17, Vermerk des Arbeitsstabs Aufgabenkritik, Betr.: Besprechung mit der Firma Roland Berger & Partner GmbH. Teilnehmer: Herr Schneider, Senior-Projektmanager, 4. 12. 1989, S. 3.

97 Axel G. Koetz, interviewt von A. M.

98 Kalenberg, Aufgabenkritik in Nordrhein-Westfalen, S. 246.

99 Ulrich Schückhaus, interviewt von A. M.

100 Borchert-Dietz, BDU-Meilensteine, S. 66.

101 Ulrich Schückhaus, interviewt von A. M.

der Landesverwaltung, war sie doch eigens dafür eingesetzt, Begründungsnarrative für die restriktivere Haushaltspolitik des Finanzministeriums zu entwerfen. In ihrer Bewerbungspräsentation griffen Koetz und der freie Mitarbeiter Heinz Jaschke die entsprechenden Wünsche des Arbeitsstabs auf: „Bei Projekten einer bestimmten Dimension muß auch der neutrale Berater mit Interessengruppen und Öffentlichkeit im Interesse des Klienten umgehen können.“ Die „Neutralität“ der Unternehmensberatung stellte sich damit erneut als Euphemismus heraus: Grundlage für den Zuschlag war die Zusicherung der Consultants, die Situation im Schulbereich im Sinne der Auftraggebenden zu lesen und auch gegen den Willen von Lehrer*innen- und Elternorganisationen Möglichkeiten zur Stellenreduktion aufzuzeigen. Für die Organisationsuntersuchung im Schulbereich seien „unabdingbar: Kommunikation, Überzeugung und Durchsetzungsunterstützung“.[102] „Kienbaum hat die Fähigkeit und das ‚Standing‘ hierzu“, versprachen die Consultants.[103] Die Möglichkeit, finanzpolitisch in den Bildungsbereich eingreifen und so langfristig Gehälter und Rentenbezüge sparen zu können, war dem Arbeitsstab gutes Geld wert: Der am 4. Oktober 1990 abgeschlossene Vertrag bepreiste das Kienbaum-Projekt mit knapp 2,4 Millionen Mark.[104]

4. Die „Mutter aller Schulgutachten“

Der Beauftragung im Oktober 1990 ging ein halbjähriger Abstimmungsprozess quer durch die Ressorts voraus.[105] Das Kultusministerium war nämlich nur schwer zu einer Organisationsuntersuchung zu bewegen. Nicht, dass die Bildungsverwaltung eine Wahl gehabt hätte: Mit Einsatz des Arbeitsstabs war die Landesregierung nicht mehr auf den guten Willen der Ressorts angewiesen. Gespräche mit dem Arbeitsstab führten Vertreter des Kultusministeriums aber nur zögerlich und blieben vereinbarten Terminen zuweilen demonstrativ fern.[106] Entgegen den Forderungen des Finanzministeriums wollte Kultusminister Schwier den Anspruch auf zusätzliche Stellen nicht aufgeben. 1988 hatte er in einem Bericht noch von 42 000 fehlenden Lehrer*innenposten gesprochen, woraus ein überdurchschnitt-

102 LAV NRW R, NW 889, Bd. 252, Kienbaum Unternehmensberatung GmbH, Projektvorschlag „Organisationsuntersuchung im Schulbereich“. Präsentationsunterlagen für die Besprechung am 2. 10. 1990, 9:00 Uhr im Kultusministerium NRW, S. 2.

103 Ebenda, S. 3.

104 LAV NRW R, NW 889, Bd. 251, Vertrag zwischen dem Land Nordrhein-Westfalen, vertreten durch das Kultusministerium des Landes Nordrhein-Westfalen und der „Kienbaum Unternehmensberatung GmbH“, Düsseldorf, 4. 10. 1990, S. 3.

105 Die in diesem Abschnitt präsentierten Überlegungen sind bereits in einem Aufsatz erschienen: Marktanner, Wie viel darf Schule kosten?

106 Kalenbergs Mitarbeiter Meichsner vermerkte konsterniert, der Vertreter des Kultusministeriums sei zu einem Termin mit der Firma Roland Berger nicht erschienen. Auf Nachfrage habe er verlauten lassen, dass „ihm dabei ‚einiges sowieso nicht gefalle‘“. LAV NRW R, NW 889, Bd. 251, Vermerk Meichsner (Arbeitsstab Aufgabenkritik), Betr.: Besprechungen mit Unternehmensberatungsfirmen, August 1990, S. 1.

lich häufiger Unterrichtsausfall resultiere.[107] Vor allem betroffene Anspruchsgruppen setzten ihn unter Druck: Eltern- und Lehrer*innenverbände protestierten im Frühjahr 1990 wiederholt vor dem Landtag in Düsseldorf, um Maßnahmen gegen anhaltenden Unterrichtsausfall zu erwirken.[108]

Die Aussicht, sich der öffentlichen Bedrängnis zu entledigen, motivierte das Kultusministerium jedoch gleichzeitig, sich auf ein Auftragsgutachten einzulassen. So sprachen Vertreter des Kultusministeriums von einer „umgekehrten Hierarchie“[109] in den Schulaufsichten, da diese auch bei konkreter Veranlassung davon absahen, Schuldirektionen zu maßregeln, die den Lehrer*innenverbänden nahestanden. Versetzungen von Lehrkräften gestalteten sich nahezu unmöglich, da die Personalvertretungen „grundsätzlich nicht zu Konzessionen bereit“ seien.[110] Aber auch Forderungen aus dem Landtag wollten sie sich erwehren. In Gesprächen mit dem Arbeitsstab wies Staatssekretär Friedrich Besch darauf hin, dass die Parteien zwar schulpolitische Konzepte entwerfen, aber nicht „stellenmäßig“ umsetzen würden. Der „Schwarze Peter“ liege so stets bei der Verwaltung.[111]

Unter der Moderation des Arbeitsstabs glichen Kultus- und Finanzbeamte ab, wozu genau externe Consultants Empfehlungen aussprechen sollten. Kultusminister Schwier wünschte sich flexiblere Möglichkeiten zur Lehrer*inneneinstellung und -versetzung, um geschickter mit dem knappen Lehrkraftbestand operieren zu können. Seine Präferenz lautete daher, Consultants die bestehenden Einstellungsverfahren prüfen zu lassen.[112] Ministerialrat Wild vom Finanzministerium setzte diesem Vorschlag die Konsolidierungsbemühungen der Landesregierung entgegen. In mehreren Zusammenkünften betonte er, Ziel einer Untersuchung könne nur die „Deregulierung“[113] des Schulwesens sein. Gemeint war damit die „Entfernung von einem Anspruchsdenken bei Eltern, Lehrern und anderen Beteiligten“ – also die Durchsetzung finanzpolitischer statt erzieherischer Leitlinien in der Bildungspolitik.[114] Vordergründig behandelte der Arbeitsstab beide Haltungen gleichwertig: Der im August 1990 abgestimmte Auftragstext umfasste sowohl die Prüfung von Einstellungs- und Versetzungsverfahren als auch von rechtlichen Parametern der

[107] Vgl. den Verweis auf den Bericht in LAV NRW R, NW 889, Bd. 242, Vermerk des Arbeitsstabs Aufgabenkritik, Betr.: Besprechung am 2. 4. 1990 im Kultusministerium, S. 2.
[108] LAV NRW R, NW 889, Bd. 244, Artikel „Unterrichtsausfall. Der Zorn der Betroffenen wächst“, in: Westfälische Nachrichten, 30. 3. 1990.
[109] LAV NRW R, NW 889, Bd. 244, Artikel von Ulrich Horn, „Wenn Lehrer nicht lehren“, in: Westdeutsche Allgemeine Zeitung, März 1990.
[110] LAV NRW R, NW 889, Bd. 242, Vermerk des Arbeitsstabs Aufgabenkritik, Betr.: Besprechung am 2. 4. 1990 im Kultusministerium, S. 3.
[111] LAV NRW R, NW 889, Bd. 250, Vermerk des Arbeitsstabs Aufgabenkritik, Betr.: Organisationsuntersuchung im Schulbereich, 9. 8. 1990, S. 2.
[112] LAV NRW R, NW 889, Bd. 242, Vermerk des Arbeitsstabs Aufgabenkritik, Betr.: Besprechung am 2. 4. 1990 im Kultusministerium, S. 1.
[113] LAV NRW R, NW 889, Bd. 250, Vermerk des Arbeitsstabs Aufgabenkritik, Betr.: Besprechung im Kultusministerium am 26. 4. 1990, S. 3.
[114] Ebenda.

Lehrer*innenbedarfsermittlung und -deckung.[115] Im Nachgang zu dem Treffen bekräftigte Kalenberg gegenüber dem Finanzminister aber seine Intention, „auch im Schulbereich die Deckung des fachlich begründeten Bedarfs […] unter dem Vorbehalt der Zuweisung entsprechender Mittel“ zu betrachten.[116] Parallel richtete der Arbeitsstab eine interministerielle Projektgruppe ein, die gemeinsam mit der zu engagierenden Beratungsfirma angrenzende Themen wie die Rolle der Schulaufsicht bei der Personalbewirtschaftung behandeln sollte. Dabei waren neben Kultus- und Finanzministerium auch das Innenministerium und die Staatskanzlei beteiligt: Das Protokoll des Arbeitsstabs zum ersten Treffen listete fünfzehn Gesprächsteilnehmer aus den vier Verwaltungsbereichen auf.[117]

Gegenüber diesem breiten und langwierigen Abstimmungsprozess innerhalb der Verwaltung wurden die Personalvertretungen im Schulbereich auf Distanz gehalten. Vor Auftragsvergabe hatte der Arbeitsstab eigens prüfen lassen, ob sich eine Beteiligung der Hauptpersonalräte der einzelnen Schulformen – sieben an der Zahl – verhindern ließe. Bei der Abstimmung des Auftragstextes im August 1990 zwischen dem Kultus-, Finanz- und Innenministerium sowie der Staatskanzlei hatten die Beamt*innen eingewandt, dass Absprachen mit den Personalvertretungen ein Auftragsverfahren deutlich in die Länge ziehen würden. Erst die Einschätzung des für das Personalvertretungsrecht zuständigen Referenten beim Finanzministerium konnte die Beteiligten umstimmen: Eher als ein Zeitverlust sei zu befürchten, dass die Lehrer*innengewerkschaften und -verbände bei Nicht-Beteiligung nach dem Landespersonalvertretungsgesetz klagen würden.[118] Da das Mitwirkungsverfahren lediglich vorsah, die Personalvertretungen über externe Auftragsvergaben zu informieren, bestand für das Kultusministerium auch nicht die Gefahr, möglichen Einwänden der Lehrer*innenorganisationen Folge leisten zu müssen.

Daher legte der Ministerialrat Richter vom Kultusministerium im September 1990 den einzelnen gewerkschaftlich und verbandlich organisierten Lehrer*innenvertretungen die Pläne für die Organisationsuntersuchung dar. Wie zu erwarten machten diese ihrem Unmut Luft: Die Prüfung der Schulorganisation lehnten insbesondere die Gewerkschaften „als unsinnige Verschwendung von Steuergeldern“ ab. Vielmehr sollten die „derzeitigen bildungspolitischen Strukturen“ geprüft werden, also die Knappheit der Lehrer*innenstellen in einem sich stetig ausdifferenzierenden Schulwesen. Richters Argumentation ähnelte der des Postministeriums in

115 LAV NRW R, NW 889, Bd. 252, Schreiben von Kultusminister Schwier an die Staatskanzlei, das Finanzministerium und das Innenministerium NRW, 14. 8. 1990.

116 LAV NRW R, NW 889, Bd. 251, Schreiben von Kalenberg (Arbeitsstab Aufgabenkritik) an Finanzminister Schleußer, Betr.: Organisationsuntersuchung im Schulbereich, 13. 8. 1990, S. 6.

117 LAV NRW R, NW 889, Bd. 250, Vermerk des Arbeitsstabs Aufgabenkritik, Betr.: Organisationsuntersuchung im Schulbereich, S. 1.

118 LAV NRW R, NW 889, Bd. 250, Anlage zum Schreiben von Kalenberg an das Kultusministerium des Landes Nordrhein-Westfalen, Betr.: Organisationsuntersuchung im Schulbereich, hier: Mitwirkungsverfahren gem. § 73 Nr. 8 LPVG, 9. 8. 1990, S. 4.

den 1980er-Jahren: Fragen zur „Sozialverträglichkeit“ möglicher Maßnahmen kämen viel zu früh und könnten sinnvollerweise erst nach Vorlage des Gutachtens diskutiert werden.[119]

In Medien und Öffentlichkeit ließen es sich die Lehrer*innenorganisationen dennoch nicht nehmen, Stimmung gegen die externe Untersuchung zu machen. Der Verband Bildung und Erziehung (VBE), die GEW sowie der Philologenverband warfen Schwier vor, das aus ihrer Sicht eigentliche Problem des Lehrer*innenmangels durch das geplante Gutachten verschleiern zu wollen.[120] Es sei zu befürchten, die Landesregierung verwende das Gutachten als „Argumentationshilfe […], um die Situation an den Schulen zu verschlechtern“.[121] Dass Schwier die letzte Woche der Sommerferien für Lehrkräfte zur Präsenzzeit erklärte, brachte die Verbände nur noch mehr in Rage: Statt seine Untergebenen zu schützen, erwecke der Kultusminister den Eindruck, die Lehrkräfte seien für den Unterrichtsausfall verantwortlich.[122] Auch die fünf Regierungspräsidenten Nordrhein-Westfalens sprangen den Interessenvertreter*innen bei, indem sie davor warnten, die bildungspolitische Debatte „auf dem Rücken der Lehrer“ auszutragen.[123] Die hitzige Kontroverse steigerte nur den politischen Wunsch, bald über ein Schutzschild in den Auseinandersetzungen mit den Anspruchsgruppen zu verfügen. Wenn schon die Betroffenen im Schulsystem selbst nicht für ein Beratungsgutachten zu begeistern waren, versuchte die Landesregierung damit gegenüber breiteren Teilöffentlichkeiten Tatkraft zu demonstrieren.

Dies tat Ministerpräsident Johannes Rau in seiner Regierungserklärung vom Oktober 1990. Die Landesregierung werde zeitnah „Konzepte“ für Neuerungen im Schulbereich „entwickeln und zur Diskussion stellen“.[124] Eine interministerielle Projektgruppe sei zusammengetreten, „in der eine Unternehmensberatungsfirma mitwirkt“. Rau nutzte die Gelegenheit, die finanzpolitische Rahmung des Schulwesens zu bekräftigen: Viele Vorzüge des Schulsystems der vergangenen Jahre könnten nicht länger als selbstverständlich hingenommen werden. Um eine „sachliche Entscheidung“ treffen zu können, werde die Landesregierung bisherige Gegebenheiten auf den Prüfstand stellen: die Lehrer*innenaus- und -fortbildung,

[119] LAV NRW R, NW 889, Bd. 250, Vermerk des Arbeitsstabs Aufgabenkritik, Betr.: Organisationsuntersuchung im Schulbereich, S. 3.

[120] LAV NRW R, NW 889, Bd. 244, Transkript des Beitrags „Ferien nicht gleich Urlaub“, Deutschlandfunk, vom 30. 9. 1990; LAV NRW R, NW 889, Bd. 244, Artikel „Der Druck auf Schwier wird immer größer“, in: Kölnische Rundschau, 31. 8. 1990.

[121] LAV NRW R, NW 889, Bd. 244, Artikel „GEW kritisiert Schwier-Auftrag: ‚Buchhalterei‘“, in: Welt am Sonntag, 9. 9. 1990.

[122] LAV NRW R, NW 889, Bd. 244, Transkript des Beitrags „Ferien nicht gleich Urlaub“, Deutschlandfunk, vom 30. 9. 1990.

[123] LAV NRW R, NW 889, Bd. 244, Artikel „Regierungspräsident: Mehr Lehrer nötig“, in: Westdeutsche Allgemeine Zeitung, 4. 9. 1990. Ähnlich LAV NRW R, NW 889, Bd. 246, Schreiben von Regierungspräsident Antwerpes (Köln) an Innenminister Schnoor und Kultusminister Schwier, 20. 7. 1990.

[124] LT NRW, PlPr. 11/4, 15. 8. 1990, S. 163.

Stundenbefreiungen von Lehrkräften bei Zusatzaufgaben, die Struktur der Schulaufsicht und mehr.[125]

Nach Vertragsabschluss im Herbst 1990 machte sich das zehnköpfige Berater*innenteam um Koetz an die Arbeit. Wie in der Branche üblich, fungierte der Bereichsleiter Koetz für die Auftraggebenden als Ansprechpartner und nahm repräsentative Funktionen, wie in der begleitenden interministeriellen Projektgruppe, wahr. Das Tagesgeschäft der Erhebungen und Schreibarbeiten erledigten dagegen freie Mitarbeitende und Juniorberater*innen. Diese hatten im Fall der „Organisationsuntersuchung im Schulbereich“ kaufmännische, betriebliche, juristische und ingenieurstechnische Ausbildungshintergründe. Auch der langsam ansteigende Frauenanteil im Consultinggeschäft zeichnete sich im Team ab: Mit drei Frauen waren ungewöhnlich viele weibliche Consultants beteiligt.[126]

Mithilfe dieser breiten personellen Ressourcen führten die Berater Erhebungen durch, die die Regierungskommissionen aus Zeitmangel und die Ressorts aus Eigeninteresse nicht hervorgebracht hatten. Das Berater*innenteam besuchte 58 Schulen, interviewte 60 Schulleitungen sowie mehr als 160 Lehrkräfte und führte „Expertengespräche“ mit Personalvertretungen, Schulamtsleiter*innen und den kommunalen Spitzenverbänden.[127] Darüber hinaus verglichen sie das nordrhein-westfälische Schulsystem auf dem Papier mit dem aller alten Bundesländer sowie mit dem Österreichs, Italiens und der Schweiz.[128] Alle Methoden und Abläufe waren auf das Engste mit dem Arbeitsstab und der interministeriellen Projektgruppe abgestimmt: Schon den ersten Projektvorschlag zierten Kalenbergs handschriftliche Anmerkungen, in denen der Finanzbeamte vermerkte, mit welcher Gruppe die Berater sonst noch sprechen sollten.[129] Regelmäßige Statusberichte vor dem Arbeitsstab sollten sicherstellen, dass das Projekt im Sinne des Auftraggebers verlief. Dessen Erwartung war für die Berater stets eindeutig zu erkennen. Laut Schückhaus drehte sich jedes Gespräch mit Kalenberg um die Frage: „Wie viele Stellen gestrichen? Wie viele Stellen gestrichen?“[130]

Nach fast einem Jahr legte das Berater*innenteam im September 1991 das mehrere Hundert Seiten starke Gutachten vor. Wie vom Arbeitsstab gefordert, gab der Bericht zunächst die bildungspolitische Situation und die unterschiedlichen Interessenlagen wieder. Je nach Betrachtungsweise verfüge das Schulsystem entweder über 17 000 Stellen zu wenig (Kultusministerium) oder über 8000 Stellen zu viel (Finanzministerium).[131] Das Mysterium des Stellenbedarfs lösten die Consultants

125 Ebenda, S. 164.

126 LAV NRW R, NW 889, Bd. 252, Kienbaum Unternehmensberatung GmbH, Projektvorschlag „Organisationsuntersuchung im Schulbereich“. Präsentationsunterlagen für die Besprechung am 2. 10. 1990, 9:00 Uhr im Kultusministerium NRW, o. S.

127 Koetz/Jaschke, Organisationsuntersuchung, S. 4.

128 Ebenda.

129 LAV NRW R, NW 889, Bd. 252, Kienbaum Unternehmensberatung GmbH, Projektvorschlag „Organisationsuntersuchung im Schulbereich“. Präsentationsunterlagen für die Besprechung am 2. 10. 1990, 9:00 Uhr im Kultusministerium NRW, o. S.

130 Ulrich Schückhaus, interviewt von A. M.

131 Koetz/Jaschke, Organisationsuntersuchung – Management Summary, S. 1.

im Sinne des Auftraggebers auf, indem sie die bildungsexpansive Entwicklung der vorangegangenen Jahre und Jahrzehnte als Problem benannten. Das Land habe „auch unter dem Druck der Öffentlichkeit immer mehr pädagogisch und sozialpolitisch sinnvolle, aber personalintensive Leistungen" eingeführt, ohne über die notwendigen Lehrkräfte zu verfügen.[132]

Auf Basis der ausführlichen Befragungen der Systembeteiligten gaben die Consultants die allgemein bekannten Entwicklungen wieder: Klassen seien verkleinert, Lehrdeputate gekürzt und die Stundenanzahl je Klassenstufe erhöht worden. Zudem habe die Regierung das Schulwesen im Ländervergleich immer weiter ausdifferenziert, beispielsweise indem sie Ganztagsschulen, Einrichtungen des zweiten Bildungswegs oder gesonderte Betreuung für ausländische Kinder eingeführt habe. Zusätzliche Lehrer*innenstellen, um den gesteigerten Bedarf aufzufangen, seien jedoch nicht eingeplant worden. Versöhnlich klangen die Passagen, die implizit an die Personalvertretungen adressiert waren: Weder „unwirtschaftliches Verhalten" seitens der Lehrkräfte noch ein zu hoher Bedarf einzelner Schulen verursache den beklagten Unterrichtsausfall.[133] Dieser sei vielmehr „im System vorprogrammiert".[134]

Daher lautete das alarmierende Urteil: „Das System benötigt [...] eine Grundsanierung."[135] Erst wenn Bildungsangebot und Lehrer*innenbedarfsplanung wieder strukturell miteinander verknüpft würden, könnten Einzelmaßnahmen gegen den Unterrichtsausfall greifen.[136] Für die „Grundsanierung" gebe es zwei mögliche Wege: die Finanzierung der zusätzlich benötigten Lehrer*innenstellen oder die „Rückführung von Ansprüchen der Nutzer".[137] Ersteres erfordere zusätzliche Steuereinnahmen oder Umlagen aus anderen Ressorts in Höhe von 1,5 bis 2,25 Milliarden Mark.[138] Dass die Landesregierung diesen Vorschlag nicht weiterverfolgen würde, verriet schon seine Gewichtung im Gutachten, das auf mehreren Hundert Seiten den alternativen Sanierungsvorgang skizzierte.[139] Diesem zufolge sollten größere Klassen, eine höhere Pflichtstundenanzahl für Lehrkräfte und ein weniger differenziertes Bildungsangebot zusätzliche Stellen entbehrlich machen.

Nach der „Grundsanierung" müssten die Einzelmaßnahmen „mit einem hohen Maß an politischer Disziplin gegenüber den (vielfach berechtigten, aber nicht finanzierbaren) Forderungen" der Lehrkräfte, Schüler und Eltern umgesetzt wer-

[132] Ebenda, S. 2.
[133] Ebenda.
[134] Koetz/Jaschke, Organisationsuntersuchung, S. 161.
[135] Koetz/Jaschke, Organisationsuntersuchung – Management Summary, S. 2.
[136] Ebenda.
[137] Ebenda, S. 8.
[138] Ebenda, S. 7.
[139] Auch in einem WDR-Interview waren sich die Moderatorin und der Projektleiter Koetz einig, dass der Finanzminister hinsichtlich eines solch gewaltigen Postens „passen" würde. LAV NRW R, NW 889, Bd. 245, Transkript der Radiosendung „Forum West", WDR: „Das System muss von Grund auf renoviert werden." Ein Gespräch mit Axel Koetz von der Unternehmensberatung Kienbaum und Christa Cloppenburg, o. D.

den, so das Gutachten weiter.[140] In erster Linie erfordere dies weniger „Rechtsförmlichkeit“ in der Lehrer*innenbedarfsbestimmung und eine „Flexibilisierung“ der Einstellungs- und Versetzungsverfahren.[141] Auch damit echote das Gutachten den Tenor des Finanzministeriums. Dieses hatte im Frühjahr 1991 bemängelt, dass das Schulfinanzgesetz die Stellenplanung mit der Schüler-Lehrer-Relation verband und Interessengruppen „daraus [ableiteten], daß der Lehrerstellenbedarf präzise auf die einzelne Schule herunterzurechnen sei und daß [...] dann auch ein konkreter Anspruch auf berechnungsgemäße Personalausstattung der einzelnen Schule besteht“.[142] Sinnvoller sei es, den Haushalt für Schulausgaben jährlich festzuschreiben und den Betreuungsschlüssel daran zu koppeln – ganz im Sinne der seit Mitte der 1980er-Jahre verfolgten Konsolidierungspolitik.

Indem sie auf eine breite Materialgrundlage verwiesen und die bildungspolitischen Forderungen für inhaltlich berechtigt erklärten, wurden die Berater ihrem Ruf der „Neutralität“ gerecht. Da sie aber dem beim Finanzministerium angegliederten Auftraggeber verpflichtet waren, fiel die Studie genauso wenig objektiv aus wie die Lehrer*innenbedarfsprognosen in den Jahrzehnten zuvor. Die vieldeutige Ausdrucksweise der Unternehmensberater*innen ermöglichte es, alle widerstreitenden Forderungen an das Schulwesen darzulegen und den Sparkurs dabei als einzig sachlich vertretbaren zu kennzeichnen. Als „sachlich“ galt hierbei die Prämisse, staatliche Ausgaben im Schulwesen an Personalkosten zu binden und bei minimalem personellen Aufwand ein Maximum an Schulstunden zu erbringen. Fragen der Lernqualität oder individuellen Belastung der Lehrkräfte hatte die Landesregierung geschickt aus der Debatte ausgespart oder auf einen unbestimmten späteren Zeitpunkt verschoben. In dieser Rahmung erschienen die Vorstellungen von Lehrkräften, Eltern und Schülern einer wünschenswerten Schulsituation unverhältnismäßig.

Schon im November 1991 verabschiedete die Landesregierung unter Berufung auf das Gutachten ein „Handlungskonzept zur effektiveren Gestaltung der Schulorganisation und bedarfsgerechten Zuweisung von Lehrerstellen“.[143] Was Minister unterschiedlicher Ressorts seit Jahren vergeblich zu erwirken versucht hatten, war nun Kabinettsbeschluss: Klassen wurden vergrößert, in einigen Schulformen die Stundenpläne verkürzt und Entlastungsstunden für Lehrkräfte für unterrichtsbegleitende Aktivitäten (zum Beispiel Arbeitsgemeinschaften und Förderkurse) restriktiver gewährt.[144] Zum Haushaltsjahr 1992/1993 griffen zahlreiche im „Handlungskonzept“ niedergelegten Kürzungen im Schulwesen.[145] Um den nach 1990

140 Koetz/Jaschke, Organisationsuntersuchung – Management Summary, S. 19.

141 Koetz/Jaschke, Organisationsuntersuchung, S. 161.

142 LAV NRW R, NW 889, Bd. 257, Vermerk Ministerialrat Rombach, Finanzministerium NRW, Betr.: Starrheit und Verrechtlichung der Bedarfsparameter, 3. 5. 1991, o. S.

143 LT NRW, Vorlage 11/933, 26. 11. 1991.

144 Ebenda, S. 2–4.

145 LAV NRW R, NW 889, Bd. 259, Arbeitsstab Aufgabenkritik, Zwischenbericht über den Stand und das weitere Verfahren zur Umsetzung der einzelnen Maßnahmen des Handlungskonzepts (Maßnahmenkatalog), Inkrafttreten 1993, September 1992.

gestiegenen Lehrer*innenbedarf zumindest notdürftig zu decken, griff die Regierung zu einmaligen Zahlungen. Das Programm „Geld statt Lehrerstellen“ erlaubte es Schulen, im Erziehungsurlaub befindliche Lehrkräfte übergangsweise vertreten zu lassen. Zudem finanzierte es 150 Kurzanstellungen, um den Hausunterricht zu gewähren, der Schüler*innen zustand, die längerfristig erkrankt waren.[146] Stellenpläne wurden allerdings nicht mehr dauerhaft ausgeweitet; wie Anfang der 1980er-Jahre herrschte gar ein Einstellungsstopp.[147]

Ganz ohne Gegenwehr blieben diese Schritte nicht. Dieselbe interpretatorische Offenheit, die das Gutachten als „neutral“ ausweisen sollte, ermöglichte es nämlich den Lehrkräften, die schulpolitische Marschrichtung zu kritisieren. Obwohl die Berater*innen ein Sparprogramm empfohlen hatten, war doch gleichzeitig die Problemwahrnehmung von fehlenden Lehrer*innenstellen bestätigt worden. Personalvertretungen nahmen dies zum Anlass, weiterhin auf Neueinstellungen zu pochen und das Zugeständnis zu verlangen, „daß auf dieses Mehr an Stellen [...] ein rechtlicher Anspruch [...] besteht“.[148] Einige Monate nachdem die Landesregierung das „Handlungskonzept“ beschlossen hatte, wandten sich zudem zahlreiche Kollegien unterschiedlicher Schulformen mit Protestschreiben an die Landesregierung.[149] Mediale Aufmerksamkeit fanden auch weitere Aktionen: groß angelegte Demonstrationen, Unterschriftenlisten und kreative Formen des Widerstands wie das Angebot von Kindern einer Aachener Schule, dem Kultusminister ihr Taschengeld zu spenden.[150] Hier fand sich die Fundamentalkritik an finanzpolitischen Prämissen im Bildungsbereich, die der Arbeitsstab bei der Gutachtenerstellung außen vor gelassen hatte. Als nachgereichte Kritik entfalteten die Meinungsbekundungen aber keine signifikante Wirkung. Indem die Landesregierung den Entscheidungskreis auf die beteiligten Ministerien, den Arbeitsstab und die Beratungsfirma verengt hatte, hatte sie sich gegen den Druck von Anspruchsgruppen immunisiert.

Nur auf den Kurs der Oppositionsparteien wirkte sich der öffentliche Unmut aus. CDU, F.D.P. und, seit 1990 im Landtag mit dabei, Bündnis 90/Die Grünen schossen in der verbleibenden Regierungsperiode scharf gegen die mit dem Kienbaum-Gutachten begründete Schulpolitik. Abweichend von ihren früheren Forderungen, in der Leistungsverwaltung ressortübergreifend Stellen einzusparen, verlangten CDU und F.D.P. nun Investitionen in die Bildung. In erster Linie stützten sie dies auf die öffentliche Positionierung von Lehrkräften, Eltern und Schüler*innen. Sie zogen aber auch das Gutachten heran, das der Landesregierung für ihre Zwecke diente, und legten es in ihrem Sinne aus. Aus der Phrase der „Grundsanierung“ leiteten die Abgeordneten ab, dass die Firma eine Schulstrukturreform emp-

146 LT NRW, Vorlage 11/1611, 22. 9. 1992, S. 30.
147 LT NRW, Vorlage 11/2455, 15. 9. 1993, S. 11.
148 O. V., Organisationsuntersuchung. Hauptpersonalrat zu Kienbaum-Gutachten, S. 176.
149 LT NRW, Information 11/284, 10. 3. 1992; LT NRW, Information 11/286, 31. 3. 1992; LT NRW, Information 11/285, 3. 4. 1992; LT NRW, Information 11/283, 14. 4. 1992.
150 LT NRW, Drs. 11/3958, 24. 6. 1992.

fohlen habe. Die SPD sollte das „Kienbaum-Gutachten umsetzen“ und das Schulsystem in Gänze reformieren.[151] Die Vorstöße der gegnerischen politischen Lager wiesen bildungspolitische Sprecher der Sozialdemokrat*innen als „ganz und gar überflüssig“ und „falsch“ zurück und bekräftigten den Konsolidierungskurs, der die Debatte seit den 1980er-Jahren bestimmt hatte.[152]

Wie versprochen verteidigten die Kienbaum Berater ihre Empfehlungen – und damit das Sparprogramm der Regierung – auch in der Öffentlichkeit. Dafür nutzten sie Fernseh- und Radiointerviews, die ihnen nebenbei auch eine kostenlose Werbeplattform boten. Journalist*innen versuchten hier hauptsächlich zu ergründen, was Unternehmensberater*innen dazu befähige, das Schulwesen zu analysieren. Im Gespräch mit dem WDR postulierte Koetz, die Schule sei im Unterschied zu Wirtschaftsunternehmen zwar nicht gewinnorientiert, „aber vom Grundsatz her […] mit über 150 000 Mitarbeitern mit einem enormen Budget […] eines der wichtigsten Dienstleistungsunternehmen des Landes“. Vieles an diesem Unternehmen sei Consultants durchaus zugänglich und könne, „auch wenn manchmal gesagt wird, es ginge nicht, gemessen, berechnet und überprüft werden“.[153] Journalist*innen versuchten auch, die Berater zu bildungspolitischen Einschätzungen zu bewegen. Obwohl Koetz und seine Mitarbeitenden sich mit medialen Stellungnahmen zur Schulpolitik zurückhielten („Das ist eine politische Entscheidung, das dürfen Sie mich als Unternehmensberater nicht fragen“[154]), fand hier eine Kompetenzzuschreibung statt, die Consultants zu legitimen Diskussionsteilnehmenden machte und die Organisationsuntersuchung im Schulbereich mit Glaubwürdigkeit versah.

Der Kienbaum-Bericht eröffnete eine Serie an Auftragsgutachten zum nordrhein-westfälischen Schulwesen, die unterschiedliche Beratungsfirmen, Bildungsexpert*innen und Regierungskommissionen im Lauf der 1990er-Jahre erstellten. Apostrophiert als die „Mutter aller Schulgutachten“, ermunterte das Projekt auch die Landesregierungen Hamburg, Berlin, Baden-Württemberg, Sachsen, Bayern und Bremen, schulpolitische Debatten von Unternehmensberater*innen flankieren zu lassen.[155] Bis in die 2000er-Jahre bezogen sich Parteien, Lehrer*innenverbände und Bildungsforscher auf das Kienbaum-Gutachten, um bildungspolitische Vorstöße zu begründen oder abzuwehren.[156] Die Präsenz von Unternehmensberater*innen im Bildungssektor hatte es merklich normalisiert.

151 LT NRW, Drs. 11/3644, 29. 4. 1992, S. 27.
152 O. V., Schwier, S. 6.
153 LAV NRW R, NW 889, Bd. 245, Transkript der Radiosendung „Forum West“, WDR: „Das System muss von Grund auf renoviert werden“. Ein Gespräch mit Axel Koetz von der Unternehmensberatung Kienbaum und Christa Cloppenburg, o. D.
154 Ebenda.
155 Bank, Stiftungen und Unternehmensberatungen, S. 272.
156 LT NRW, Drs. 13/1045, 6. 4. 2001.

5. Lehrkräfte unter Aufsicht: Unternehmensberater*innen als „Sachverständige"

Die Diskussion um den Lehrer*innenbedarf setzte sich auch über die Mitte der 1990er-Jahre hinaus fort. Das zweite groß angelegte Schulgutachten, das der Arbeitsstab in Auftrag gab, entstand zwischen 1997 und 1999: das Gutachten der Mummert + Partner AG zur Lehrer*innenarbeitszeit. Im Unterschied zum Kienbaum-Gutachten waren die Hauptpersonalräte der einzelnen Schulformen sowie die Lehrer*innenorganisationen hier deutlich stärker involviert. Der Fall zeigt jedoch, dass der Arbeitsstab die Ergebnisse vorformte, indem er den beteiligten Unternehmensberater*innen zu quantitativen Erhebungen eindeutige Wunschergebnisse vorgab. Aufgrund ihrer häufigen Beauftragung als Rechenmeister*innen bezeichnet Steffen Mau Unternehmensberater*innen als „Experten des Kalkulativen".[157] Eine wichtige Differenzierung nimmt hier Peter Miller vor: Berater*innen überzeugten nicht mit unfehlbaren Berechnungsmethoden; tatsächlich ist es Methoden der Quantifizierung laut Miller inhärent, nur eine Annäherung an reale Sachverhalte darzustellen und am Test konkreter Verwendungen zu scheitern. Berater*innen warteten genauso wenig mit den schlussendlich „korrekten" Rechenwegen auf wie Beamt*innen und wissenschaftliche Ratgeber*innen. Dafür hielten sie aber den Glauben am Leben, dass Menschen, Objekte und Sachverhalte grundsätzlich berechenbar *seien*, solange sich nur eine noch bessere Methode als ehemals finde.[158] So schufen sie einen Katalog an Instrumenten, die zunächst vermarktet, verkauft und später mit weiteren Instrumenten korrigiert werden konnten. In der Rahmung des Arbeitsstabs wurden die externen Akteure zudem zu „Sachverständigen", die keine Fremdkörper mehr in der Leistungsverwaltung darstellen sollten.

Ihren Ursprung nahm die Untersuchung zur Lehrer*innenarbeitszeit im Jahr 1996, als im nordrhein-westfälischen Schulsystem die „Vorgriffsstunde" eingeführt wurde: eine zeitweise Erhöhung der Lehrdeputate mit der Aussicht, diese bei den sich ankündigenden geburtenschwächeren Jahrgängen einige Jahre darauf wieder zu senken. Anhaltende demografische Veränderungen erforderten Anpassungsleistungen dieser Art, wenn die Landesregierung nicht vom Primat der Finanzpolitik abrücken wollte. Ihre widerwillige Zustimmung hatten die Lehrer*innenorganisationen an eine Forderung geknüpft: Sie verlangten ein unabhängiges Gutachten über die Arbeitsbelastung der Lehrkräfte. Sollte dieses außergewöhnliche Belastungen belegen, wollten sie die Pflichtstundenerhöhung zurückgenommen wissen. In der Gemengelage aus Sparmaßnahmen und Qualitätsansprüchen rückte nun die Arbeitszeit ins Zentrum der Aufmerksamkeit – eine Größe, an dem sich „Belastungen" ablesen lassen sollten.

Die Diskussion verlief allerdings unter anderen Vorzeichen, als dies beim Kienbaum-Gutachten der Fall gewesen war. Statt einer disziplinarischen Maßnahme

[157] Mau, Wir, S. 194.
[158] Miller, Accounting and objectivity, S. 80.

glich die Studie zur Lehrer*innenarbeitszeit einer gemeinsamen Initiative von Regierung und Opposition, Schulverwaltung und Interessenvertretungen. Von allen Seiten war sie daher von Beginn an mit hohen Erwartungen aufgeladen. Herbert Reul, ehemals schulpolitischer Sprecher der CDU, ließ beispielsweise kein gutes Haar an der Idee der Vorgriffsstunde und drang ebenfalls auf die angeregte Untersuchung. Entscheidungen über den „Beitrag“, den die Lehrer*innen in Zeiten der Not zu treffen hätten, müssten „sachlich und fundiert“ getroffen werden und „nicht so locker vom Hocker“: „Erst einmal ist Sachverstand zu organisieren und dann ist sachgerecht zu entscheiden. Wir brauchen ein Gutachten über die Arbeitszeit.“[159] Hier klang das Versprechen an, die Lehrkräfte auf Grundlage von Zahlen und Fakten vor Mehrbelastungen zu bewahren.

Die Verhandlungen um die Lehrer*innenarbeitszeit unterschieden sich auch von der Diskussion um Arbeitszeitverkürzung, die seit Mitte der 1980er-Jahre die Tarifkonflikte in der Industrie bestimmte. Hier sollte die sukzessive Reduzierung der Wochenarbeitsstunden seit den 1960er-Jahren unter anderem bestehende Arbeitsplätze erhalten und zusätzliche schaffen. Die Debatte um die Einführung der 35-Stunden-Woche 1984 war zudem durch „das neue Lebensgefühl der Selbstverwirklichung, der temporalen Selbstaneignung“ geprägt, das auch die Gewerkschaftsmitglieder erfasste. Dass Gewerkschaften wie die IG Metall weiterhin an tarifvertraglichen Vorgaben festhalten wollten, galt vielen Mitgliedern nun als „anachronistisch“ und „starr“.[160] Das Gleiche galt nicht unter pädagogischen Fachkräften. Denn die Arbeitsstunden auf dem Papier zu verringern, würde weder den tatsächlichen Arbeitsaufwand an den Schulen mindern noch eine „flexiblere“ Arbeitsgestaltung erlauben. Viele außerunterrichtliche Tätigkeiten würden stattdessen aus der offiziellen Arbeitszeit in die Freizeit verlagert. Das gemeinsame Anliegen von Lehrkräften und ihren Vertretungen war es daher, durch nachgewiesene hohe Belastungen auf zusätzliche Stellen zu dringen.

Dass sich das Schulministerium den Verlust der Pflichtstundenerhöhung und Zusatzeinstellungen nicht erlauben konnte, ergab sich indessen aus dem finanzpolitischen Druck, dem die seit 1995 amtierende Ministerin Gabriele Behler (SPD) ausgesetzt war.[161] Im Landtagsausschuss für Verwaltungsstrukturreform hielt man ihr vor, sie sei „im Schulbereich in Sachen Verwaltungsreform noch nicht sehr schnell weitergekommen“.[162] Zahlreiche Initiativen seien begonnen, aber noch nicht zu Ende geführt worden, darunter die Entwicklung von Leitbildern für Ministerium, Schulaufsicht und nachgeordnete Bereiche. Mit Blick auf „die Finanzprobleme des Landes“ bohrte das reformbemühte Gremium nach, „in welchem Zeitraum bestimmte finanzielle Ergebnisse erwartet würden“.[163]

159 LT NRW, PlPr. 12/30, 19. 6. 1996, S. 2223.

160 Süß, Stempeln, Stechen, Zeit erfassen, S. 146.

161 Das Kultusministerium war mit Beginn der elften Legislaturperiode zum Ministerium für Schule und Weiterbildung umbenannt worden.

162 Ausschuß für Verwaltungsstrukturreform, 4. 12. 1996, S. 10.

163 Ebenda, S. 12.

Maßnahmen wie die Vorgriffsstunde in Kombination mit dem in Aussicht gestellten Gutachten zur Lehrer*innenarbeitszeit schien die Haushaltskonsolidierer*innen milde zu stimmen. Im Gespräch zog Behlers Parteikollege Johannes Pflug einen Vergleich mit der „Aufregung nach dem ersten Gutachten durch Kienbaum". Das Ausschussprotokoll hielt fest: „Nach mittlerweile fünf Jahren sei Ruhe eingekehrt, da sich auch die Schulen in das Notwendige eingefügt und begriffen hätten, daß man nicht fortlaufend neue Zuwächse oder neue Einstellungen fordern könne."[164] Die Ministerin bekräftigte, dass „Ruhe und […] Einsicht in die Notwendigkeit von Maßnahmen" in der Schullandschaft eingekehrt seien, warb jedoch dafür, ihr diese nicht als Zeichen von „Statik und fehlender Weiterentwicklung" auszulegen.[165] Es stand mithin von vornherein nicht zur Debatte, etwaigen Forderungen der Lehrer*innenverbände zu entsprechen. Eine weitere Untersuchung im Rahmen des Arbeitsstab-Programms sollte Behler stattdessen dabei helfen, die Diskussion um Mittel im Schulbereich weiter zu „versachlichen" und die vorgefasste Entscheidung für einen weiterhin restriktiven Kurs zu legitimieren. Kurz nach Ankündigung der temporären Pflichtstundenerhöhung ersuchte das Schulministerium den Arbeitsstab Aufgabenkritik um Mittel für eine Studie zur Lehrer*innenarbeitszeit.[166]

Im Februar des Folgejahres lud Volker Oerter, der nach Kalenbergs Pensionierung 1995 den Vorsitz des Gremiums übernommen hatte, zu einer Besprechung.[167] Gemeinsam mit Vertreter*innen des Schulministeriums, des Innenministeriums, des Finanzministeriums sowie der Staatskanzlei wollte er die Auftragsinhalte abstimmen.[168] In dem anhaltenden Dialog wurden die Betroffenenvertretungen diesmal, anders als beim Kienbaum-Gutachten, bei der Formulierung der Leistungsbeschreibung miteinbezogen.[169] Dabei saß die GEW als Gewerkschaft mit am Tisch, während der VBE, der Philologen-, der Realschullehrerverband, der Verband für Lehrerinnen und Lehrer an Berufsschulen, der Verband für Lehrer an Wirtschaftsschulen sowie der Verein katholischer deutscher Lehrerinnen als DBB-Verbände vertreten waren. Von Beginn an verliefen die Verhandlungen zwischen Lehrer*innenorganisationen und Ministerium weit weniger harmonisch, als die Landesregierung nach außen hin kenntlich machen wollte. Denn die Diskussion um die Erhöhung der Pflichtstundenanzahl verlagerte sich auf die Frage, welches Problem ein zu engagierendes Consultingteam eigentlich lösen sollte. In den ersten Monaten

164 Ebenda, S. 9.

165 Ebenda, S. 10.

166 LAV NRW R, NW 889, Bd. 294, Schreiben von Fernau (Knight Wendling AG) an Oerter (Arbeitsstab Aufgabenkritik), Betr.: Lehrerarbeitszeit/Knight Wegenstein-Gutachten, 20. 8. 1996.

167 Zum Wechsel auf Leitungsebene des Arbeitsstabs siehe: o. V., Langfristige Sicherung, S. 10.

168 LAV NRW R, NW 889, Bd. 294, Vermerk des Arbeitsstabs Aufgabenkritik, Betr.: Besprechung mit dem Ministerium für Schule und Weiterbildung, dem Innenministerium, der Staatskanzlei und dem Finanzministerium, 4. 2. 1997.

169 LAV NRW R, NW 889, Bd. 294, Schreiben von Ministerialdirigent Jülich (Ministerium für Schule und Weiterbildung, Wissenschaft und Forschung) an Hauptpersonalräte der Schulen Nordrhein-Westfalens, 23. 1. 1997.

stritten sich Ministerium und Verbände unter Moderation des Arbeitsstabs allein um die Formulierung des Auftrags.

Dies hing eng mit der Frage zusammen, mit welchen Parametern die Lehrer*innenarbeitszeit messbar gemacht werden sollte. Bislang hatten Verwaltungsgerichte in ständiger Rechtsprechung niedergelegt, „daß die Tätigkeit der Lehrerinnen und Lehrer mit der Tätigkeit der anderen Beamten nicht wesentlich gleich, sondern nur in Grenzen vergleichbar ist". Lehrtätigkeiten seien „nur hinsichtlich der eigentlichen Unterrichtsstunden exakt meßbar", weswegen statt der im übrigen öffentlichen Dienst geltenden Arbeitszeitverordnung das Pflichtstundenmaß gelte.[170] Allen anderen Tätigkeiten wie „Vor- und Nachbereitung, Korrekturen von Klassenarbeiten und Klausuren, [...] die Beratung von Schülern und Eltern, die Betreuung außerhalb des Unterrichts, Verwaltungs- und Organisationsaufgaben, Prüfungen"[171] war eine stechuhrengleiche Bemessung bis dahin vorenthalten. Je nach Grundlage konnte diese nun mehr oder minder vorteilhaft für Arbeitnehmende oder -gebende ausfallen.

Der erste Entwurf der Leistungsbeschreibung, den der Arbeitsstab den Lehrer*innenorganisationen zur Begutachtung vorlegte, formulierte als Ziel der Studie, „auf der Grundlage einer methodisch abgesicherten empirischen Erhebung eine Bewertung der Bemessung der Arbeitszeit der Lehrerinnen und Lehrer zu erarbeiten".[172] Dabei sollte eine zu beauftragende Beratungsfirma „die mit der Arbeitszeit in kausaler Beziehung stehenden Tätigkeiten und Belastungen" berücksichtigen. Zum Missfallen der DBB-Verbände wies der Entwurf Gutachter*innen aber nicht an, auch psychische und physische Komponenten im Ermessen der Arbeitsbelastung zu berücksichtigen. Ein weiteres Ärgernis waren für sie die Prämissen, die der Arbeitsstab der Auftragsbeschreibung vorangestellt hatte. Als „Orientierungswert" solle ein möglicher Gutachter die allgemeine Arbeitszeitregelung für den öffentlichen Dienst beachten – die nach Auffassung der Verbände eine weit niedrigere Monatsarbeitszeit veranschlagte, als Lehrkräfte sie erbrachten. Außerdem müssten sich Änderungsvorschläge „im gegenwärtigen Finanzrahmen bewegen; dessen Ausweitung ist nicht möglich".[173]

Hier entsprang die Forderung der DBB-Verbände, die sie bis zum Ende der Untersuchung und darüber hinaus wiederholten: Eine Untersuchung der Lehrer*innenarbeitszeit solle psychische und physische Belastungen des Personals einbeziehen, da der reine Zeitaufwand nur begrenzt Einblick in den Lehrer*innenalltag eröffne. Die vorgelegte Aufgabenstellung könne nur eine „Verteilungsbeschreibung" der Lehrer*innenarbeit hervorbringen. Für eine adäquate Darstellung fehle

170 LAV NRW R, NW 889, Bd. 294, Arbeitsstab Aufgabenkritik, Leistungsbeschreibung, Betr.: Untersuchung zur Ermittlung, Bewertung und Bemessung der zeitlichen Arbeitszeit der Lehrerinnen und Lehrer im Land Nordrhein-Westfalen, 14. 5. 1997, S. 27.

171 LT NRW, PlPr. 12/30, 19. 6. 1996, S. 2219.

172 LAV NRW R, NW 889, Bd. 294, Arbeitsstab Aufgabenkritik, Leistungsbeschreibung, Betr.: Untersuchung zur Ermittlung, Bewertung und Bemessung der zeitlichen Arbeitszeit der Lehrerinnen und Lehrer im Land Nordrhein-Westfalen, 14. 5. 1997, S. 6.

173 Ebenda, S. 2.

„der lehrerspezifische Einbezug der qualitativen Belastungsfaktoren, durch die die Lehrerarbeitszeit erst vollständig bewertet und gemessen werden kann".[174] Vernichtend befand der Vorsitzende Beckmann, bei dem gegenwärtigen Entwurf bestünde „nicht die Möglichkeit einer Korrektur", und forderte „vielmehr eine Änderung der Grundintention für diesen Untersuchungsauftrag".[175] Die Bewertung der GEW fiel dagegen deutlich moderater aus. In seiner Replik an die Schulministerin bestand der Vorsitzende Jürgen Schmitter lediglich darauf, alle sieben Hauptpersonalräte in der mit dem Arbeitsstab zu gründenden Projektgruppe vertreten zu sehen, statt wie in der Vorlage anvisiert nur insgesamt zwei Vertreter*innen. Seine Stellungnahme schloss mit dem versöhnlichen Hinweis, „daß der vorliegende Entwurf der Leistungsbeschreibung Mängel aufweist, die aber […] behoben werden können und müssen".[176] Die Personalvertretungen gerieten in den Verhandlungen um die Leistungsbeschreibung daher schon dadurch ins Hintertreffen, dass sie keinen einheitlichen Block bildeten.

Tatsächlich gab der Arbeitsstab den Anspruch eines gemeinsamen Vorgehens schnell auf. Oerter nahm die Kritik der GEW auf, je eine*n Vertreter*in aller Hauptpersonalräte im Schulbereich in die Projektgruppe zu berufen, wenn auch mit wenig Begeisterung.[177] Darüber hinaus blieb die Leistungsbeschreibung – bis auf redaktionelle Überarbeitungen – unverändert. Die DBB-Verbände quittierten die Richtungsentscheidung des Arbeitsstabs und des Ministeriums, psychische und physische Belastungen aus der Untersuchung auszuklammern, mit Rückzug. Ein für April 1997 anberaumtes „Dialoggespräch" mit Ministerin Behler und Oerter sagten sie wenige Stunden vor dem Termin ab.[178] Die Entstehung der Leistungsbeschreibung habe mit dem viel beschworenen „fairen Dialog zwischen Partnern […] nichts mehr zu tun".[179] Einmal mehr war der Arbeitsstab Aufgabenkritik mit Rat und Tat zur Stelle, um die Verhandlungsposition einer Behördenspitze gegen Interessenvertreter*innen zu stärken. Gemeinsam mit Vertretern des Schulministeriums eruierten Oerter und seine Mitarbeiter, wo sich im Verlauf der gesamten Untersuchung „Stör- und Obstruktionspotentiale der Lehrerverbände und möglicherweise Personalräte" verbergen könnten.[180] Damit sollte das „Risiko" abgeschätzt werden, „eine derartig umfassende Untersuchung auch gegen den Willen, zumindest eines Teils der Lehrerverbände, durchzuführen".[181] Nachdem die

[174] LAV NRW R, NW 889, Bd. 294, Schreiben des VBE-Vorsitzenden Beckmann an Schulministerin Behler, 7. 2. 1997, S. 2.
[175] Ebenda, S. 3.
[176] LAV NRW R, NW 889, Bd. 294, Schreiben des GEW-Vorsitzenden Schmitter an Schulministerin Behler, 12. 2. 1997, S. 2.
[177] LAV NRW R, NW 889, Bd. 294, Ergebnisvermerk über die Besprechung am 14. April 1997, 24. 04. 1997.
[178] LAV NRW R, NW 889, Bd. 294, Schreiben der Verbände des Deutschen Beamtenbunds an Volker Oerter (Arbeitsstab Aufgabenkritik), 14. 4. 1997.
[179] Ebenda, S. 3.
[180] LAV NRW R, NW 889, Bd. 295, Schreiben Oerter (Arbeitsstab Aufgabenkritik) an Finanzminister Schleußer, 16. 4. 1997, S. 3.
[181] Ebenda, S. 2.

GEW der Leistungsbeschreibung als einzige Lehrer*innenorganisation zugestimmt hatte, bat Behler den Arbeitsstab, den Auftrag umgehend auszuschreiben. Die „weiterhin ablehnende Haltung" der DBB-Verbände „sollte kein Hinderungsgrund sein".[182] Die Zustimmung einer einzigen Lehrer*innenorganisation sollte mithin als Feigenblatt genügen.

Auf die Ausschreibung, die Oerter noch im Februar 1997 veröffentlichen ließ,[183] meldeten sich mit der Kienbaum GmbH, der Mummert + Partner AG, der Knight Wendling AG, der WIBERA AG und der Firma Arthur Andersen die erfahrensten Wettbewerber in der Sparte „öffentlicher Sektor". Daneben hatten sich auch weniger bekannte Firmen wie die St. Gallen Consulting Group oder das UBT Unternehmer-Berater-Team beworben. Von zehn interessierten Firmen gaben schließlich nur fünf ein schriftliches Angebot ab, von denen der Arbeitsstab vier zu einer Präsentation einlud. Die nachfolgende Auswertung ergab ein Kopf-an-Kopf-Rennen zwischen der Kienbaum GmbH und der Mummert + Partner AG. Beide Firmen hätten „eine sehr professionelle Präsentation" dargeboten, sicherlich nicht unwesentlich der wachsenden Erfahrung der Projektleiter geschuldet.[184] Nachdem beide auf Nachfrage auch ihr methodisches Vorgehen präzisiert hatten, fiel die Wahl schließlich auf die Hamburger Firma. Am 8. Juli 1997 unterzeichnete die Mummert + Partner AG einen Vertrag über knapp vier Millionen Mark – viermal mehr als seinerzeit für den ersten Auftrag des Postministeriums.[185]

Bereits in der Leistungsbeschreibung hatten Schulministerium und Arbeitsstab festgehalten, „[der] methodische Ansatz spielt stärker als in vielen anderen Projekten eine zentrale Rolle. Der Wert des Gutachtens hängt davon ab, daß es auf objektiv nachvollziehbaren Daten und Fakten beruht." [186] Diesem Anspruch schien die Firma durchaus gerecht zu werden. Der Projektleiter Dietger Hamacher hatte sich in seiner Tätigkeit beim Konkurrenzunternehmen Knight Wendling AG auf den „öffentlichen Sektor" spezialisiert – unter anderem beim großdimensionierten Postprojekt – und diese Laufbahn seit den frühen 1980er-Jahren bei der Mummert + Partner AG fortgesetzt.[187] Neben einem Wirtschaftsingenieur, einem Diplom-Ökonomen und einer promovierten Volkswirtin zählte das Projektteam auch zwei Verwaltungswissenschaftler.[188] Darüber hinaus kooperierten die Consultants

182 LAV NRW R, NW 889, Bd. 297, Schreiben der Ministerin für Schule und Weiterbildung, Wissenschaft und Forschung an den Leiter des Arbeitsstabes, 9. 5. 1997, S. 1.

183 LAV NRW R, NW 889, Bd. 294, Arbeitsstab Aufgabenkritik, Ausschreibungstext, 12. 2. 1997.

184 LAV NRW R, NW 889, Bd. 297, Vermerk des Arbeitsstabs Aufgabenkritik, Betr.: Untersuchung zur Ermittlung, Bewertung und Bemessung der zeitlichen Arbeitsbelastung der Lehrerinnen und Lehrer in Nordrhein-Westfalen. Auftragsvergabe, 7. 7. 1997, S. 2, S. 4.

185 LAV NRW R, NW 889, Bd. 297, Arbeitsstab Aufgabenkritik, Vertrag, 8. 7. 1997, S. 3.

186 LAV NRW R, NW 889, Bd. 294, Arbeitsstab Aufgabenkritik, Leistungsbeschreibung, Betr.: Untersuchung zur Ermittlung, Bewertung und Bemessung der zeitlichen Arbeitszeit der Lehrerinnen und Lehrer im Land Nordrhein-Westfalen, 14. 5. 1997, S. 7.

187 Eckard Wohlgehagen, interviewt von A. M.

188 Mummert + Partner Unternehmensberatung AG, Arbeitsbelastung, S. 241.

für ihr Methodenkonzept mit dem Fachbereich Statistik der Universität Dortmund. Als einer der Gründerväter des Lehrstuhls „Mathematische Statistik und Biometrische Anwendungen“ galt der dort ansässige Siegfried Schach schon seit den frühen 1970er-Jahren als Koryphäe auf seinem Gebiet.[189]

Aufzeichnungen lassen jedoch vermuten, dass die Mummert + Partner AG dem Arbeitsstab aus anderen Gründen als die sichere Wahl galt. Die Firma wirke in Sachen Schule „unverbraucht“:

> „Mit Mummert + Partner kommen neue ‚frische‘ Kräfte in den Lehrerbereich. Bei Beauftragung von Kienbaum wären sowohl bei den Lehrern als auch bei den Verbänden schnell Vorurteile gebildet worden aufgrund der Voruntersuchungen durch diese Firma.“[190]

Erneut ging es dem Arbeitsstab und den beteiligten Ministerien also darum, welche Firma ihre Position erfolgreich gegen äußere Forderungen immunisieren würde.

Trotz der Querelen mit den Lehrer*innenorganisationen verlief die Auftragsvergabe öffentlich sehr viel weniger aufsehenerregend, als dies beim ersten Schulgutachten 1991 der Fall gewesen war. In einer Pressekonferenz zu schulpolitischen Vorhaben im September 1997 schien Behlers entsprechende Ankündigung regelrecht unterzugehen. „[E]rstmals in der 120jährigen Geschichte staatlicher Unterrichtsverwaltung“ würde der Versuch unternommen, „die Lehrerarbeitszeit, über die es mehr Vorurteile als Urteile gibt, aufgaben- und belastungsbezogen zu bewerten und zu bemessen“. Die Schulministerin betonte, die Landesregierung betrete damit „Neuland – national wie international“.[191] Dass die Knight Wegenstein AG Anfang der 1970er-Jahre eine methodisch simplere Arbeitszeituntersuchung der Lehrkräfte der gesamten Bundesrepublik vorgenommen hatte, blieb dabei unerwähnt.[192] Wie der Dialog mit den Lehrer*innenverbänden sollte das Heranziehen der Gutachter als Signum moderner Staatsführung gelten.

Die Arbeitszeitstudie gliederte sich in mehrere Untersuchungsbereiche, die der Arbeitsstab vorgab. Zwei Aspekte nahmen den Großteil der Untersuchung ein: Zunächst sollten die Consultants die „berufsbedingt[e] Arbeitszeit“ der Lehrkräfte ermitteln.[193] In einem zweiten Schritt sollten sie eine neue Arbeitszeitregelung vorschlagen, „mit dem Ziel einer gerechteren Verteilung der Arbeitslasten“ unter den verschiedenen Schulformen und -stufen.[194] Schnell wurden beide Teile des zu erarbeitenden Gutachtens nur noch der „Ist-Zustand“ und das „Soll-Konzept“ genannt. Die Erhebungsmethoden, um die Jahresarbeitszeit der Lehrkräfte (den

189 Laudatio für Herrn Prof. Dr. Siegfried Schach zum 80. Geburtstag, https://gmds.de/fileadmin/user_upload/Preise_Ehrungen/Schach.pdf, zuletzt geprüft am 14. 3. 2018.

190 LAV NRW R, NW 889, Bd. 297, Vermerk des Arbeitsstabs Aufgabenkritik, Betr.: Untersuchung zur Ermittlung, Bewertung und Bemessung der zeitlichen Arbeitsbelastung der Lehrerinnen und Lehrer in Nordrhein-Westfalen. Auftragsvergabe, 7. 7. 1997, S. 5.

191 LT NRW, Vorlage 12/1531, 9. 9. 1997, S. 6.

192 Knight Wegenstein AG, Arbeitszeit Bd. I; Knight Wegenstein AG, Arbeitszeit Bd. II.

193 Mummert + Partner Unternehmensberatung AG, Arbeitsbelastung, S. 1.

194 LAV NRW R, NW 889, Bd. 294, Arbeitsstab Aufgabenkritik, Leistungsbeschreibung, Betr.: Untersuchung zur Ermittlung, Bewertung und Bemessung der zeitlichen Arbeitszeit der Lehrerinnen und Lehrer im Land Nordrhein-Westfalen, 14. 5. 1997, S. 4.

„Ist-Zustand“) zu ermitteln, fielen deutlich intrusiver aus als vorherige Organisationsuntersuchungen im Schulbereich. Die Kienbaum GmbH hatte einzelne, meist ranghohe Vertreter*innen von Statusgruppen befragt. Andere Gutachten waren ganz ohne Berührungspunkte mit den tatsächlich Systembeteiligten ausgekommen und rein theoretisch ausgefallen.[195] Beim Gutachten zur Lehrer*innenarbeitszeit irritierten die Berater*innen mit ihrer physischen Präsenz an den Schulen und ungewollten Eingriffen in den Arbeitsalltag der Bediensteten. Die Gegenwehr der Beteiligten fiel entsprechend penetrant aus und nahm erheblichen Einfluss auf den Untersuchungsverlauf – wenn auch nicht auf die Ergebnisse, die der Arbeitsstab in seinem Sinne zu rahmen wusste.

Zwei Erhebungsphasen setzten die Mummert-Berater*innen an: zunächst einmalige Termine, bei denen Kollegien unter Aufsicht der Consultants ad hoc schriftlich schätzen sollten, wie viel Zeit sie für regelmäßige Tätigkeiten aufwandten; danach eine detaillierte „Selbstaufschreibung“ in drei je vierwöchigen Intervallen, bei der die Befragten ihre alltäglich anfallenden Aufgaben schriftlich dokumentierten.[196] Insgesamt 7000 pädagogische Fachkräfte wurden auf diese Weise befragt. Zusätzlich wurde die Hälfte der Gruppe in einer der drei Erhebungsperioden von einem Datenerfassungsgerät namens „Data Fox“ begleitet. Wenn die Lehrkräfte Klassenarbeiten korrigierten, Unterrichtsmaterialien erstellten oder sich einer anderen Aufgabe widmeten, sollten sie Beginn und Ende ihrer Arbeitszeit per voreingestellter Tastenkombinationen festhalten. Zudem gab das „flache Kästchen“, das in seiner Aufmachung an eine „TV-Bedienung“[197] erinnerte, zu willkürlichen Zeiten einen Signalton von sich. Darauf hatten die Lehrkräfte mit einem weiteren Knopfdruck zu reagieren und damit ihre fortdauernde Anwesenheit zu bestätigen. Zum Ende jeder der drei Erhebungsperioden sollten die Schulsekretariate die Data-Fox-Geräte sowie die ausgefüllten Fragebögen an die Mummert + Partner AG zur Auswertung übermitteln.[198]

Bevor an die Erarbeitung des „Soll-Konzepts“ nur zu denken war, kam es zu Reibungen mit den Verbänden und einzelnen Lehrkräften. Statistikprofessor Schach hatte in seinen Ausführungen zur Stichprobenauswahl betont, dass zu erwartende Erfassungsfehler mit einer angemessenen Samplegröße neutralisiert würden. „Andere“ mögliche Fehlerquellen wie „fehlerhafte Erinnerung, fehlerhafte Abschätzung der Zeiten oder gar bewußte Falschangaben auf Seiten der Lehrerinnen und Lehrer“ entzögen sich jedoch der statistischen Kontrolle.[199] Eben diese

195 Wie das des Erziehungswissenschaftlers Klemm: LAV NRW R, NW 889, Bd. 242, Klaus Klemm, Expertise zur Unterrichtsversorgung bei steigenden Schülerzahlen in Nordrhein-Westfalen, 1996.

196 LAV NRW R, NW 889, Bd. 293, Mummert + Partner Unternehmensberatung AG, Detaillierung des im Angebot vom Juni 1997 dargelegten methodischen Ansatzes, Februar 1998.

197 LAV NRW R, NW 889, Bd. 299, Artikel „Ein ‚Tamagotchi‘ überwacht die Arbeitszeit der Lehrer“, in: Stuttgarter Nachrichten, 12. 11. 1997, o. S.

198 LAV NRW R, NW 889, Bd. 299, Mummert + Partner Unternehmensberatung AG, Erläuterung zur Selbstaufschreibung für Studienteilnehmende, 1997, S. 6.

199 Schach, Arbeitszeitermittlung, S. 7.

bereiteten dem Arbeitsstab durch wiederauflebende Verbandsaktivitäten Kopfzerbrechen. Klientelpolitisch hatten die im DBB versammelten Lehrer*innenorganisationen mit ihrer grundsätzlichen Ablehnung der Studie das richtige Gespür bewiesen. Nach ersten Beschwerden aus den Kollegien realisierte dies auch die GEW und überschlug sich im Herbst 1997 nahezu mit aufsehenerregenden Aktionen. An die betroffenen Schulen versandte sie umfangreiche Instruktionen zum Schätzverfahren und zur Selbstaufschreibung und tauchte überraschend selbst bei einigen Besuchen der Mummert-Berater*innen auf.[200] Das Schachern um möglichst hohe oder niedrige Ergebnisse der Ist-Erhebung zeigte sich hier deutlich. Die Gewerkschafter*innen ermutigten die Kollegien, sich bei der Selbstaufschreibung „nicht unter Zeitdruck setzen" zu lassen und „[b]eschwichtigende oder ausweichende Auskünfte" der Firma nicht zu akzeptieren. Sie erinnerten die teilnehmenden Lehrkräfte zudem an verschiedene alltäglich zu verrichtende Arbeiten, die diese beim Ausfüllen der Bögen nicht vergessen sollten: „Suchaufwand für Material, fallengelassene Prüfungsvorschläge, Gespräche mit Lehramtsanwärtern etc.".[201] Der Widerstand, der sich unter den Lehrkräften gegen die Untersuchung regte, zeigte sich in schriftlichen Angaben wie „Renovierung des Arbeitszimmers (Arbeitsaufwand 60 Stunden)" oder „Pflege des Muskelkaters vom Treppensteigen im Kölner Dom (Nachbereitung eines Schulausfluges nach Köln, 2 Stunden 45 Minuten)".[202]

Neben provokanten Spitzen in den Fragebögen brachten Lehrkräfte ihre „grundsätzlichen Vorbehalte gegen diese sog. objektive Arbeitszeiterfassung" auch in zahlreichen Zuschriften und Anrufen zum Ausdruck.[203] Zu erwarten seien allein Maßnahmen, die dem Finanzminister genehm seien, statt solcher, die „pädagogisch-bildungspolitischen und gar sozialen Kriterien" entsprächen. Die Betroffenen stuften die Erhebung daher als keineswegs unvoreingenommen ein: „[M]an kann zig Fragebögen ausfüllen – je nach interessegeleiteter Erkenntnis!"[204] Während die meisten Zuschriften unlautere Motive der Schulbehörde hinter der Untersuchung vermuteten, schossen einige auch explizit gegen die ausführenden Kräfte: „Ich wünsche all den Handlangern und Schreibtischtätern, die skrupellos Aufträge übernehmen, deren Ergebnisse bereits feststehen, dabei Millionen von Steuergeldern verpulvern, ein gutes Gewissen."[205] Dem Beratungsteam schlug die Stim-

[200] LAV NRW R, NW 889, Bd. 299, Vermerk des Arbeitsstabs Aufgabenkritik, Betr.: Gespräch mit Vertretern des Ministeriums für Schule und Weiterbildung und den Schulaufsichtsbeamten der Bezirksregierungen, 16. 12. 1997, S. 3.

[201] LAV NRW R, NW 889, Bd. 300, Schreiben der GEW an teilnehmende Schulen, 21. 11. 1997, S. 2.

[202] LAV NRW R, NW 889, Bd. 293, Vermerk des Arbeitsstabs Aufgabenkritik, Betr.: Untersuchung zur Ermittlung, Bewertung und Bemessung der zeitlichen Arbeitsbelastung der Lehrerinnen und Lehrer im Land Nordrhein-Westfalen; hier: Problembereiche, o. D., S. 2.

[203] LAV NRW R, NW 889, Bd. 299, Schreiben von Keimer (Lehrerin) an Frechen (Leiter des Arbeitsstabs), 30. 12. 1997, S. 1.

[204] Ebenda, S. 2.

[205] LAV NRW R, NW 889, Bd. 293, Vermerk des Arbeitsstabs Aufgabenkritik, Betr.: Untersuchung zur Ermittlung, Bewertung und Bemessung der zeitlichen Arbeitsbelastung der Lehrerinnen und Lehrer im Land Nordrhein-Westfalen; hier: Problembereiche, o. D., S. 1.

mung der Kollegien bei seinen Schulbesuchen in Form „krasse[r] bis hin zu beleidigender Ablehnung“ entgegen.[206]

Auch das Data-Fox-Gerät erzeugte binnen kürzester Zeit Unmut bei den Lehrkörpern. Angelehnt an das in den 1990er-Jahren populäre „Tamagotchi“ – eine Art elektronisches Haustier im Taschenformat, dessen Wohlergehen von der stetigen Aufmerksamkeit der Nutzer*innen abhing – erhielt die kleine Maschine schnell den Spitznamen „Pädagotchi“. Der „Kasten“ sei „nervig wie sonst was“, beklagte sich eine Oberhausener Lehrerin in einem Zeitungsinterview.[207] Berufsschullehrer*innen, die im Alltag häufig zwischen Klassenzimmer und Werkstatt hin- und herwechselten, erregten sich darüber, dass das „Pädagotchi“ stets an den Strom angeschlossen bleiben musste – offenbar, um mögliches „Schummeln“ zu verhindern: „Sollen wir dann immer mit einer Kabeltrommel herumlaufen?“[208]

Kurz vor Beginn der ersten Schätzverfahren hatte der Arbeitsstab noch öffentlich geäußert, „daß die Mitarbeit an der Studie für die beteiligten Lehrerinnen und Lehrer […] zumutbar ist“ – schließlich liege sie in deren eigenem Interesse.[209] Nachdem sich jedoch von den ersten 50 besuchten Schulen 9 weigerten, die Bögen zur Jahresschätzung sofort abzugeben und von 350 Teilnehmenden 23 die Annahme des Data-Fox-Geräts ablehnten,[210] erkannte die Trias aus Arbeitsstab, Schulministerium und Unternehmen, dass die einzelnen Lehrkräfte erst für die Untersuchung gewonnen werden mussten. Die beteiligten Kultusbeamten sprachen sich dagegen aus, die Lehrkörper durch schulaufsichtliche Maßnahmen zur Kooperation zu zwingen. Zu groß erschien ihnen das Risiko weiterer Boykottaktionen. Stefan Frechen, der Volker Oerter im Sommer 1997 auf den leitenden Posten des Arbeitsstabs gefolgt war, entschied daher, die Untersuchung statt mit Disziplinarverfahren „mit viel Überzeugungskraft“ fortzusetzen.[211] Arbeitsstab und Berater*innen fingen damit erneut die Reaktionen ab, von denen das Schulministerium verschont blieb. Die Firma richtete eine „Hotline“ für Anfragen und Beschwerden ein.[212] Während der vier Monate der Datenerhebung gingen rund 2000 Anrufe

206 LAV NRW R, NW 889, Bd. 300, Arbeitsstab Aufgabenkritik, Ergebnisniederschrift über die 4. Sitzung der projektbegleitenden Arbeitsgruppe am 16. 12. 1997, 19. 12. 1997, S. 2.

207 Zitiert nach LAV NRW R, NW 889, Bd. 300, Artikel „NRW-Schulministerium will Arbeitszeit-Rätsel knacken“, in: Westdeutsche Allgemeine Zeitung, 25. 2. 1998, S. 8.

208 Zitiert nach LAV NRW R, NW 889, Bd. 299, Artikel „Ein ‚Tamagotchi‘ überwacht die Arbeitszeit der Lehrer“, in: Stuttgarter Nachrichten, 12. 11. 1997, o. S.

209 LAV NRW R, NW 889, Bd. 300, Presseinformation des Arbeitsstabs Aufgabenkritik, Betr.: Lehrerarbeitszeituntersuchung: Beginn der Datenerhebung Anfang Dezember, 25. 11. 1997, S. 2.

210 LAV NRW R, NW 889, Bd. 299, Vermerk des Arbeitsstabs Aufgabenkritik, Betr.: Gespräch mit Vertretern des Ministeriums für Schule und Weiterbildung und den Schulaufsichtsbeamten der Bezirksregierungen, 16. 12. 1997, S. 2.

211 LAV NRW R, NW 889, Bd. 293, Schreiben von Stefan Frechen (Arbeitsstab Aufgabenkritik) an Finanzminister Schleußer, Betr.: Zur Untersuchung der Lehrerarbeitszeit, 12. 12. 1997, S. 2.

212 LAV NRW R, NW 889, Bd. 300, Mitteilung Frechen an Mitglieder der PAG: „M + P haben kostenlose Hotline eingerichtet“, Februar 1998.

ein, die sich um Formalitäten wie Einsendefristen, Nachforderungen von Vordrucken oder Fragen zum Datenschutz drehten. In erster Linie ließen die Lehrkräfte die Leitung aber mit Beschwerden und mit „grundsätzlichen bildungspolitischen Meinungsäußerungen“ heiß laufen, wie die Firma festhielt.[213] Die eigene Auskunftbereitschaft bezeichneten die Berater*innen dem Arbeitsstab gegenüber als „vertrauensbildende Maßnahme“, die die Untersuchung erst möglich mache.[214] In einem Schreiben an Frechen hatte der Projektleiter Hamacher bei Einrichten der Hotline allerdings deutlich gemacht, dass sich das Projektteam „außerstande“ sehe, alle Anfragen entgegenzunehmen.[215]

Ein Forum, um den Widerstand der Lehrkräfte zu kanalisieren, sollte daher eine gemeinsame Projektgruppe aus dem Arbeitsstab, der Firma, dem Schulministerium und den verschiedenen Hauptpersonalräten darstellen. Bis zum Abschluss der Untersuchung Anfang Dezember 1999 trat die Konstellation aus Untersuchungsleitung und Interessenvertretungen zehnmal zusammen. Die Projektleiter der Mummert + Partner AG, Hamacher und Rieff, berichteten hier über den Fortgang der Untersuchung und nahmen Kritikpunkte der Personalratsvorsitzenden entgegen. Die Rolle letzterer blieb dabei bis zum Ende zwiespältig: Bei Treffen agierten sie als „Doppelagent*innen“, die einerseits vom Arbeitsstab zu Vertraulichkeit verpflichtet wurden, andererseits ihrem Auftrag als Interessenvertreter*innen nachkommen wollten und dies auch taten. Frechen beanstandete wiederholt, dass einzelne Personalratsvertreter*innen Inhalte der Treffen nach außen trugen oder Kollegien von einzelnen Projektetappen warnten.[216] Die Treffen der Projektgruppe gerieten damit zu Miniaturen der politischen Streitkonstellation, bei der der Arbeitsstab seine orchestrierende Funktion wahrte. Die Mummert-Berater*innen mussten Ergebnisse liefern, konnten aber bei Widerständen der Arbeitnehmenden auf den Rückhalt Frechens und seiner Mitarbeiter zählen. Persönliche Absprachen zwischen Frechen und Hamacher fanden deutlich häufiger statt als die Zusammenkünfte in der großen Runde. In kritischen Untersuchungsphasen telefonierten oder faxten die beiden mehrmals die Woche und bereiteten gemeinsam vor, was den Personalratsvorsitzenden unterbreitet wurde.[217]

Mithilfe der flankierenden Maßnahmen konnte das Consultingteam während der drei Erhebungsperioden verwertbare Daten von gut 6000 Lehrkräften ein-

[213] Mummert + Partner Unternehmensberatung AG, Arbeitsbelastung, S. 43.

[214] Ebenda, Anführungszeichen im Original.

[215] LAV NRW R, NW 889, Bd. 300, Schreiben von Hamacher (Mummert + Partner AG) an Frechen (Arbeitsstab Aufgabenkritik), 2. 2. 1998, S. 2.

[216] LAV NRW R, NW 889, Bd. 300, Harda Zerweck, Vorsitzende an die Lehrerinnen und Lehrer an Sonderschulen in NRW, Informationen des Hauptpersonalrats Sonderschulen zur Arbeitszeituntersuchung. Stand November 1997, 21. 11. 1997, S. 8.

[217] LAV NRW R, NW 889, Bd. 300, Schreiben von Hamacher (Mummert + Partner AG) an Frechen (Arbeitsstab Aufgabenkritik); LAV NRW R, NW 889, Bd. 301, Schreiben der Mummert + Partner Unternehmensberatung AG an Arbeitsstab, Betr.: Ergänzung zur 6. PAG-Sitzung: Validität der Daten, 19. 6. 1998; LAV NRW R, NW 889, Bd. 302, Schreiben von Frechen (Arbeitsstab Aufgabenkritik) an Hamacher (Mummert + Partner AG), Betr.: Gesprächsnotiz vom 31. März 1999, 6. 4. 1999.

holen.[218] Wegen der zahlreichen Verzögerungen lagen die Ergebnisse der Ist-Erhebung erst im Dezember 1998, mit einigen Monaten Verspätung, vor. Nun begannen weitere wesentliche Arbeitsschritte von Berater*innen und Arbeitsstab, um die Ergebnisse in ihrem Sinne zu frisieren. Die Erhebungen zeigten nämlich für den Auftraggeber unerfreuliche Ergebnisse auf. Die Arbeitszeit der Lehrkräfte lag deutlich über dem Durchschnittswert von 1702 Jahresarbeitszeitstunden im öffentlichen Dienst: zwischen 1750 Stunden an Grundschulen und 1976 Stunden an Gesamtschulen. Nach Absprache mit dem Arbeitsstab fanden die Berater*innen eine Stellschraube, um weniger konfrontative Größen zu präsentieren. Die Befragung hatte ergeben, dass je nach Schulform 90 bis 175 Stunden im Jahr auf Fortbildungsmaßnahmen verwendet wurden, was 5 bis 8 Prozent der Gesamtarbeitszeit ausmachte. Diese bezog die Mummert + Partner AG nur anteilig ein, da im übrigen öffentlichen Dienst sowie im privatwirtschaftlichen Bereich nur 3 Prozent der bezahlten Jahresarbeitszeit für Fort- und Weiterbildung aufgewandt würde.[219] Im vertraulichen Zwischenbericht teilten die Berater*innen dem Arbeitsstab mit, dass sie durch diese Rechenweise zu einer durchschnittlichen Jahresarbeitszeit von 1767 Stunden gelangt waren, was den im öffentlichen Dienst üblichen 1702 Stunden deutlich näher kam.

Neben Fortbildungsveranstaltungen verwiesen die Berater*innen auch auf andere außerunterrichtliche Tätigkeiten wie Konferenzen und Schulleitungs- und Verwaltungsaufgaben, um offensichtliche Differenzen in der Jahresarbeitszeit auch innerhalb derselben Schulform zu erklären. An Gymnasien reichte diese beispielsweise von 930 bis 3562 Stunden, an Berufsschulen von 606 bis 3000 Stunden. Im Zwischenbericht führten die Consultants aus, die ungleiche Arbeitsbelastung sei zum einen auf die Aufgabenvolumina unterschiedlicher Fächer zurückzuführen. Zum anderen liege sie jedoch in den knapp „2/3 der erfaßten Arbeitszeit" außerhalb des Klassenraums begründet, die „nicht klar definiert" seien. „Zeitgrenzen", die anderweitig im öffentlichen Dienst galten, würden so „fließend überschritten oder unterschritten".[220]

Der Arbeitsstab verdeckte diese Rechenkünste in seiner öffentlichen Vorstellung des „Ist-Zustands" gekonnt. Als „erste[s] Ergebnis" der Untersuchung präsentierte Frechen Ende 1998 der Presse die für die Landesregierung zentrale Deutung: „Die Lehrerinnen und Lehrer in Nordrhein-Westfalen wenden für ihre Arbeit im Durchschnitt die gleiche Zeit auf wie die Kolleginnen und Kollegen in anderen Bereichen des Öffentlichen Dienstes." Der „marginale Unterschied" – von teilweise Hunderten bis Tausenden von Stunden – liege in der Tatsache begründet, dass Lehrkräfte einen bedeutenden Anteil ihrer Tätigkeiten zu Hause verrichteten. Arbeiten, die im privaten Umfeld ausgeführt würden, erforderten „nach allen Erfahrungen" mehr Zeit.[221] Trotz der Unmutsbekundungen der Lehrkräfte und ihrer

218 Mummert + Partner Unternehmensberatung AG, Arbeitsbelastung, S. 56.
219 Ebenda, S. 81.
220 Ebenda, S. 73.
221 LAV NRW R, NW 889, Bd. 301, Presseinformation des Arbeitsstabs Aufgabenkritik, Betr.: Lehrerarbeitszeituntersuchung: Datenerhebung an den Schulen abgeschlossen, 1. 12. 1998,

Vertreter*innen im Hintergrund validierte der Leiter des Arbeitsstabs die vorgestellten Zahlenwerke mit der erneuten Formulierung, die Studie gehe „auf Forderungen der Lehrerverbände zurück“.[222]

Diese wollten die offizielle Auslegung der Stundenanzahl so nicht gelten lassen. Der VBE-Vorsitzende Udo Beckmann verkündete, der Zwischenbericht habe „eines unumstösslich und klar fest[gestellt]: Die Jahresarbeitszeit der Lehrerinnen und Lehrer in NRW liegt erheblich über der Jahresarbeitszeit des übrigen öffentlichen Dienstes. Und dieses wichtige Teil-Ergebnis lassen wir durch nichts und durch niemanden kleinreden.“ Da diese Interpretation der Verbandspolitik genehm war, betonte Beckmann in diesem Fall, die Mummert-Studie sei „von ihrem wissenschaftlichen Verfahren her im Gegensatz zu den bisherigen nur wenig angreifbar“.[223] Die Schulministerin wiederum wies die Deutung der Arbeitnehmervertreter*innen auch nach Untersuchungsende mit dem Hinweis zurück, „dass interessengelenkt Teile der Ist-Erhebung verabsolutiert wurden“.[224] Trotz Behlers Beteuerung, man müsse „von Durchschnittsergebnissen ausgehen, wenn man seriös diskutieren will“,[225] traf dieser Vorwurf sicherlich gleichermaßen auf die Lehrer*innenorganisationen wie das Schulministerium zu.

Während die Prämissen, die den Unternehmensberater*innen auferlegt wurden, bei der „Ist-Erhebung“ im Verborgenen wirkten, kamen sie beim „Soll-Konzept“ deutlich zum Tragen. Die absoluten Arbeitsstunden der Lehrkräfte schienen dem Arbeitsstab auch nach Herausrechnen der Fortbildungszeiten noch nicht vorzeigbar, weswegen die Berater*innen nun weitere nicht standardisierte Tätigkeitsbereiche in den Blick nehmen sollten. Mit ersten Vorschlägen, wie eine Durchschnittsarbeitszeit festgelegt werden könne, zeigten sich die Finanzbeamten aber nicht zufrieden. So sei der Gutachter „einfach von erhobenen Mittelwerten ausgegangen, die er teilweise noch aufgerundet hat“. Dagegen gebe es „noch genügend Möglichkeiten, durch entsprechende Festlegungen von Normen und Zuschlägen […] die erhobenen Aufwandszeiten zu reduzieren“.[226]

Auf Verlangen des Auftraggebers legten die Berater*innen also bestimmte „Normaufwände“ für die zeitintensivsten Lehrer*innentätigkeiten fest.[227] Die Re-

S. 1. Den sich wandelnden Diskurs über „Telearbeit“ von den 1980er- zu den 1990er-Jahren thematisiert Winkelmann, Vom Risiko zur Verheißung?.

222 LAV NRW R, NW 889, Bd. 301, Presseinformation des Arbeitsstabs Aufgabenkritik, Betr.: Lehrerarbeitszeituntersuchung: Datenerhebung an den Schulen abgeschlossen, 1. 12. 1998, S. 2.

223 LAV NRW R, NW 889, Bd. 293, Udo Beckmann, Rede zur Eröffnung der VBE-Fachtagung und Personalrätekonferenz, abgedruckt in „Ergebnis-Reader: Arbeitszeitmodelle aus Österreich, der Schweiz, Dänemark und den Niederlanden im Vergleich. Verkappte Arbeitszeiterhöhung durch neue Arbeitszeitmodelle?“, 4. 2. 1999, S. 5.

224 LAV NRW R, NW 889, Bd. 303, Artikel „Behler: Arbeitsstunden angleichen, Klassenstärke halten“, in: Kölner Stadtanzeiger, 24. 9. 1999, o. S.

225 Ebenda.

226 LAV NRW R, NW 889, Bd. 303, Schreiben von Frechen (Arbeitsstab Aufgabenkritik) an den Staatssekretär des Finanzministeriums NRW, 8. 7. 1999, S. 1.

227 Mummert + Partner Unternehmensberatung AG, Arbeitsbelastung, S. 6.

chenarbeit der Consultants kann mit Uwe Vormbusch als „Soziokalkulation“ gelten, bei der es „nicht um eine Repräsentation dessen [geht], was ist, sondern um die Herstellung neuer Beziehungen zwischen Objekten, welche die gesellschaftliche Wertigkeit derselben neu justieren.“[228] Vollzeitkräfte sollten pro Schuljahr nur 3 Prozent der jährlichen Arbeitszeit mit Fort- und Weiterbildung verbringen, nicht länger als 30 Stunden konferieren und bei mehrtägigen Klassenfahrten nicht mehr als 7 Stunden zusätzlich zum „Normalarbeitstag“ aufwenden – beziehungsweise diese als Arbeitszeit verbuchen können. Auch für Unterrichtsvor- und -nachbereitung sowie für Korrekturen von Klassenarbeiten setzte die Firma Zeitwerte an. Durch die „Normung“ ergäben sich neue offizielle Arbeitszeiten je Schulform, die sich „rechnerisch“ in einer „neuen Bandbreite von 1670 Stunden (Hauptschule) und 1765 Stunden (Gymnasium)“ befänden. Damit liege „die gewichtete durchschnittliche Jahresarbeitszeit über alle Schulformen bei 1718 Stunden und ist damit vergleichbar zur Arbeitszeit im öffentlichen Dienst“.[229] Zufrieden war der Arbeitsstab damit zwar nicht, da sich das Gremium noch niedrigere absolute Werte gewünscht hatte.[230] In einem Vermerk räumte Arbeitsstabmitglied Meichsner aber ein, man „tangiert […] inzwischen in den meisten Bereichen die Grenze zwischen tatsächlichen Fehlern/Mängeln und der gutachterlichen Unabhängigkeit“.[231]

Letztlich enthielt das Soll-Konzept zwei mögliche Varianten der Arbeitszeitgestaltung: ein leicht flexibilisiertes Pflichtstundenmodell, das sich an einer „Bandbreite“ orientierte und den einzelnen Schulen erlaubte, das Lehrdeputat individuell festzulegen, sowie ein Jahresarbeitszeitmodell, bei dem die Schulleitungen nicht nur die Unterrichtsstunden, sondern alle im Schulalltag anfallenden Aufgaben flexibel unter den Lehrkräften aufteilen konnten.[232] Das Beratungsteam wies darauf hin, dass eine Angleichung der zeitlichen Belastungen keinesfalls darauf abzielen solle, „zu Lasten der Schüler den […] Unterricht zu reduzieren oder die Lehrerinnen und Lehrer in ihrem Beruf einzuschränken“.[233] Die Hauptpersonalräte und Verbände sahen als mögliche Konsequenzen der Vorschläge aber genau dies heraufziehen. „Rechenspiele werden nicht die Arbeitsbelastung der Beschäftigten verringern und bedeutende negative Folgen für die Qualität von Schule haben“, lautete das Urteil des Hauptpersonalrats der Gesamtschullehrer*innen, das sich von den Einschätzungen der anderen Interessenvertretungen nur unwesentlich unterschied.[234] Auch die Verbände kritisierten, die von der Mummert + Partner AG generierten Werte sprächen „den realistischen Möglichkeiten und der Verfasstheit

228 Vormbusch, Die Kalkulation der Gesellschaft, S. 55.
229 Mummert + Partner Unternehmensberatung AG, Arbeitsbelastung, S. 8.
230 LAV NRW R, NW 889, Bd. 303, Vermerk des Arbeitsstabs Aufgabenkritik, Betr.: Grobentwurf konzeptioneller Teil, 13. 9. 1999, S. 1.
231 Ebenda, S. 4.
232 Mummert + Partner Unternehmensberatung AG, Arbeitsbelastung, S. 132–173.
233 Ebenda, S. 91.
234 LAV NRW R, NW 889, Bd. 303, Schreiben des Hauptpersonalrats für Pädagoginnen und Pädagogen an Gesamtschulen NRW an den Arbeitsstab und die Mummert + Partner AG, Betr.: Entwurf vom September 1999, 21. 10. 1999, S. 5.

unserer Schulen Hohn“, und forderten eine erneute Untersuchung „mit Relationen, die die Realität abbilden“.[235]

Das Jahresarbeitszeitmodell, das die Mummert + Partner AG befürwortet hatte, kam in der Schulverwaltung nicht mehr zur Sprache. Auch andere Vorschläge des Abschlussberichts bewertete das Ministerium als „schulfachlich nicht zu vertreten“. Dass dazu unpopuläre Vorschläge wie die Erhöhung von Klassengrößen, die „Zusammenfassung von Klassen in Form von ‚Vorlesungen‘“ oder die Einstellung von „Hilfskräften“ zur Pausenaufsicht gehörten, erlaubten der Schulministerin, Fürsorge für ihre Untergebenen zu demonstrieren.[236] Dennoch blieb die 1996 eingeführte differenzierte Pflichtstundenerhöhung bestehen und aufkommende Forderungen der Arbeitnehmendenvertretungen, die Vorgriffsstunde zurückzunehmen,[237] verhallten in der verbleibenden Wahlperiode ungehört. Mit über 20 Milliarden Mark im Jahr entfiel dennoch auch in der darauffolgenden Wahlperiode einer der größten Posten des nordrhein-westfälischen Haushalts auf die Bildungspolitik und machten diese weiterhin zu einem finanzpolitischen Zankapfel.[238]

Die Konflikte um das „Kampfthema“[239] Schule waren mit dem jüngsten Beschluss der Bandbreitenregelung keineswegs beigelegt, aber die Konjunktur der Expertisen, Consultingfirmen und Kommissionen im Kultusbereich Nordrhein-Westfalens flaute ab. Mit dem planmäßigen Auslaufen des Arbeitsstabs 1999 entschwand ein treibender Akteur der Konsolidierungspolitik. Innerhalb von zehn Jahren hatte er durch von ihm angestoßene Organisationsuntersuchungen 22 000 künftig wegfallende Stellen in der Landesverwaltung erwirkt.[240] In der Erinnerung Kalenbergs kam die Mission des Gremiums dennoch einer temporären Intervention statt einer „Daueraufgabe“ gleich: „Aufgabenkritik ist wichtig, muss dann aber auch wieder abgeschlossen werden.“ Gerade die mahnende Präsenz externer Consultants habe dies bedingt: „Es können nicht immer Fremde da sein [...]. Man muss die Verwaltung auch arbeiten lassen.“[241]

Obwohl mit dem Arbeitsstab ein zuverlässiger Auftraggeber im „öffentlichen Sektor“ verloren gegangen war, gaben Unternehmensberater*innen ihre Bemühungen um weitere Klient*innen auf Landesebene nicht auf. Anhand der Vorreiterstellung, die der Arbeitszeitstudie in den Finanz- und Kultusressorts über Landesgrenzen hinaus zugesprochen wurde, zeichnete sich ihre längerfristige Wirkung ab. Mehrere Bundesländer taten es Nordrhein-Westfalen gleich und

[235] Boese, Fakten, S. 4.

[236] LAV NRW R, NW 889, Bd. 303, Entwurf „Sachstand und Eckpunkte für die öffentliche Diskussion“, erstellt für Schulministerin, 30. 7. 1999, S. 6.

[237] LAV NRW R, NW 889, Bd. 303, Schreiben des Hauptpersonalrats für Lehrerinnen und Lehrer an Grund- und Hauptschulen an die Mummert + Partner AG und den Arbeitsstab, Betr.: Entwurf des Schlussberichtes vom September 1999, 22. 10. 1999, S. 2.

[238] LT NRW, PlPr. 13/23, 21. 3. 2001, S. 2103.

[239] Ebenda, S. 2153.

[240] LAV NRW R, NW 889, Allgemeines, Bd. 10, Bericht Landesrechnungshof 1998.

[241] Johannes Kalenberg, interviewt von A. M.

erwogen, den Schulbereich durch neue Arbeitszeitmodelle kostengünstiger zu gestalten. In Hamburg dienten mehrere Mummert-Berater um die Jahrtausendwende zwei entsprechenden Kommissionen als Impulsgeber und Informationslieferanten.[242] Später erteilte ihnen der Hamburger Senat einen Evaluationsauftrag, in dem sie die dort gefundene Neuregelung der Lehrer*innenarbeitszeit bewerten sollten.[243] Obwohl die Finanzbeamten jeden Schritt der nordrhein-westfälischen Untersuchung mitgelenkt hatten, war es den Consultants gelungen, sich als kompetente „Sachverständige" zu Fragen der Lehrer*innenarbeitszeit zu positionieren.

6. Resümee: Behördenconsulting als Instrument politischer Steuerung

Die Schulstudien, -expertisen und -kommissionen der letzten Dekaden des 20. Jahrhunderts zeugen davon, dass die nordrhein-westfälische Landesregierung bildungsgegen finanzpolitische Prioritäten abwog. Orientiert am Primat der Sparsamkeit, forderten die frühen Konsolidierungsadvokaten von den Ressorts, Personal abzubauen. Die vielfältigen Aufgaben der Leistungsverwaltung suchten sie mit den vorhandenen Mitteln „so gut wie möglich" zu erfüllen, wohlwissend, dass das Ergebnis den Wünschen der Arbeitnehmer*innen und Leistungsempfänger*innen nicht mehr entsprach. Im Zuge dessen erschien es ihnen notwendig, sich der Forderungen von Interessengruppen zu erwehren. Regierungskommissionen wie die Burger-Kommission waren dafür zeitlich und personell nicht ausreichend aufgestellt. Erst der Arbeitsstab Aufgabenkritik beim Finanzministerium verfügte ab 1989 sowohl über die Legitimation durch die Regierung als auch über das Budget, externe Organisationsuntersuchungen in der gesamten Ministerialverwaltung durchführen zu lassen.

Auftragsgutachten wurden damit zu einem wichtigen Steuerungsinstrument des Finanzministeriums, um auf die unteren Verwaltungsebenen und Anspruchsgruppen einwirken zu können. Sie strukturierten die Verhandlungen mit Interessenverbänden vor und verlagerten deren offenen Widerstand erfolgreich von der Straße in die Verwaltungszimmer. Der Arbeitsstab akzeptierte zwar die Anwesenheit der Personalräte in gemeinsamen Arbeitsgruppen. Gleichzeitig behielt er die Zügel in der Hand, indem er separate Absprachen mit den engagierten Unternehmensberater*innen traf, die ihm als Auftraggeber verpflichtet waren. In der Konsequenz drang die schulpolitische Kritik der Interessenvertretungen nur noch dosiert an die Öffentlichkeit und verlor in bildungspolitischen Fragen stark an Einfluss. Der Haushaltsplan Nordrhein-Westfalens sah zwar auch zur Jahrtau-

242 Klaus Klemm, interviewt von A. M.

243 Heinrich, Winfried, Das Lehrerarbeitszeitmodell in Hamburg. Bericht zur Evaluation, Freie und Hansestadt Hamburg, 31. 3. 2005, https://www.hamburg.de/contentblob/70400/d0ac91b7862358862ec1cbd52864a741/data/laz-bericht.pdf, zuletzt geprüft am 21. 2. 2019.

sendwende noch die höchsten Ausgaben für das Schulministerium vor. Im politischen Raum war nun jedoch die Vorrangstellung des Haushalts über pädagogischer und öffentlicher Bedarfsanmeldung festgeschrieben.

Und die Unternehmensberater*innen? Die Nische der Schulgutachten war den Auftragnehmer*innen zuträglich: Obwohl sie sich als Generalist*innen präsentierten, die Organisationen jeder Gesellschaftssphäre unter denselben Kriterien betrachteten, spezialisierten sie sich zeitweilig auf den Bildungsbereich und warben eine Serie an Projekten in mehreren Bundesländern ein.[244] Darüber hinaus lernten sie, sich noch mehr auf die regelgebundene Welt der Verwaltung einzulassen. Im Unterschied zur Bundesebene der 1980er-Jahre erwartete die Klientel in Nordrhein-Westfalen mehr als nur prozedurale Legitimation: Berater*innen sollten eine gemeinsame Sprache mit den Finanzbeamt*innen finden und deren Vorstellungen mit realistischen Vorschlägen untermauern. Behördenconsulting in den 1990er-Jahren auf Länderebene stellte daher für die wenigen Firmen ein Erfolgsmodell dar, die sich die Mühe machten, das Vertrauen öffentlicher Auftraggebender zu gewinnen. Dies taten sie, indem sie sich sprachlich und habituell auf die Beamt*innen einstellten und – ebenso wichtig – argumentatives Geschick im Umgang mit Anspruchsgruppen bewiesen. Im Unterschied zu weitverzweigten Firmen wie McKinsey & Company standen die mittelgroßen Firmen Kienbaum GmbH und Mummert + Partner AG damit für einen Sozialtypus der Beratung, die dem Beamtentum nicht allzu fremd war.

244 Bank, Stiftungen und Unternehmensberatungen, S. 275, präsentiert eine tabellarische Aufstellung der zwischen 1991 und 2005 von Beratungsfirmen erstellten Gutachten zur Schulverwaltung. Neben der Kienbaum GmbH und der Mummert + Partner AG waren hier auch Roland Berger & Partner (Bayern im Jahr 2000) und Booz Allen & Hamilton (Bremen im Jahr 2003) vertreten.

V. Unter Beratungseinsatz: Von der Bundesanstalt zur Bundesagentur für Arbeit, 2000er-Jahre

Die Bundesrepublik der späten 1990er-Jahre charakterisierten mehrere Brüche. Nicht nur endete die lange Amtszeit Helmut Kohls, des „Kanzlers der Einheit", auch wandelten sich die Leitmotive, die die Finanz- und Sozialpolitik der Bundesrepublik seit den späten 1970er-Jahren bestimmt hatten. Die Losung der Konsolidierung hatte die zweite sozialliberale Koalition und die ersten Jahre der Kohl-Regierung begleitet. Einige Jahre nach der Wiedervereinigung bemühte die Regierung eine neue Rhetorik: vom „schlanken" zum „aktivierenden" Staat. Die erste Regierung Gerhard Schröders griff das Motiv des „aktivierenden" Staates auf und fügte mit hohem medialen Sendebewusstsein weitere politische Leitvokabeln hinzu: die „Modernisierung" des Staates sowie die „Eigenverantwortung" von Individuum und „Zivilgesellschaft". Mit Blick auf die Verwaltung etablierte sich – in den Verwaltungswissenschaften sowie im Diskurs der Bundesregierung – das Bild von Behörden als „Dienstleistern". Diese Neuerungen verblieben häufig auf diskursiver Ebene, übersetzten sich in einzelnen Politikbereichen aber in weitreichende Reformen. Besonders markant vollzogen sich diese im Bereich der Arbeitsmarktpolitik und der Arbeitsverwaltung im Zuge der Umgestaltung der Bundesanstalt für Arbeit zur Bundesagentur für Arbeit (beide: BA).

Im folgenden Kapitel rückt daher der Beratungseinsatz in der Arbeitsverwaltung um 2003/2004 in den Mittelpunkt. Nachdem der BRH Ende 2001 festgestellt hatte, dass die BA ihre Vermittlungsstatistiken signifikant geschönt hatte, sollte die „Kommission für moderne Dienstleistungen am Arbeitsmarkt" (vulgo: Hartz-Kommission) den Umbau der Behörde nach dem Vorbild eines Konzerns forcieren. Die BA entsprach dem politischen Druck zügig, um die Behörde zu rehabilitieren und eine gefürchtete Privatisierung der Stellenvermittlung abzuwenden. Dafür zog der neue BA-Vorstand wiederum externe Beratung heran, die betriebswirtschaftliches Wissen für einen Umbau zum „modernen Dienstleister" einbringen sollte. Der Aufgabenbereich der Beratungsfirmen weitete sich hier also deutlich: Nicht nur entwarfen und kommunizierten sie Reformkonzepte an eine streitbare Öffentlichkeit und betroffene Anspruchsgruppen. Sie wirkten auch an deren Umsetzung mit.

Für die Marktgiganten McKinsey & Company und Roland Berger Strategy Consultants (bis 2001: Roland Berger & Partner GmbH) stellte dies eine willkommene Gelegenheit dar. Da die Konkurrenz im Consultinggeschäft zunahm, sahen sich die großen Firmen im zweiten Jahrfünft der 1990er-Jahre nach neuen Beratungsmärkten um – unter anderem nach der öffentlichen Verwaltung, die sie zuvor verpönt hatten. Obwohl die staatlichen Honorare im Vergleich zum privatwirtschaftlichen Kund*innenfeld weiterhin vernachlässigbar blieben, versprachen sich die Berater*innen wertvolle Kontakte und mediale Sichtbarkeit. Ihre Erfolgsbilanz fiel jedoch gemischt aus: Als der BRH mehrere Consultingverträge der BA als vergaberechtlich bedenklich einstufte, schadete dies nicht nur dem Image des BA-Vorstands, sondern auch dem der Beratungsbranche. Nachdem Consultants jahrzehntelang an ihrer Außenwirkung gearbeitet hatten, verloren sie in der Bundesrepublik nun die Deutungshoheit über ihr Tun. Medien und Parlament diskutierten erstmals über einen längeren Zeitraum kontrovers zum Einsatz von Unternehmensberater*innen in Politik und Verwaltung; der BRH ermahnte die Verwaltung dahin gehend, Beratungsprozesse stärker zu steuern. Der großflächige Einsatz von Unternehmensberater*innen bei der BA um 2003/2004 mit den diesen begleitenden medialen Skandalen kann daher als Wendepunkt in der Geschichte des Behördenconsultings gewertet werden.

1. Von der „aktiven" zur „aktivierenden" Arbeitsmarktpolitik

Mit 90 000 Mitarbeitenden war die BA bei Antritt der Regierung Gerhard Schröder 1998 eine der größten der insgesamt 654 Bundesbehörden.[1] Anders als in den Dekaden zuvor ging es bei Verwaltungsreformen um die Jahrtausendwende nicht mehr primär um die Verringerung des Personalbestands und die Konsolidierung des Staatshaushalts. Vielmehr strebten Verwaltungswissenschaften und die rot-grüne Regierung ein neues Verwaltungsleitbild an: Öffentliche Behörden sollten sich als Dienstleister verstehen, die „effizientere, ergebnis- und kundenorientiertere" Arbeit darbrachten.[2]

Beiträge der Nachbarwissenschaften kommen zu unterschiedlichen Ergebnissen dahin gehend, inwieweit sich Leitbilder der Verwaltungswissenschaften der 1990er- und 2000er-Jahre in der Reform der Arbeitsverwaltung niederschlugen. Verwaltungswissenschaftler Werner Jann stellt auf Bundesebene kaum Auswirkungen der theoretischen Debatte zu unternehmerischen Leitbildern in der Verwaltung fest.[3] Die vorliegende Darstellung hält mit dem Wirtschaftswissenschaftler Dirk Salmon dafür, dass der politisch forcierte Wandel der Bundesanstalt zur Bundesagentur im Kontext der zeitgenössischen Debatten um „Neue Steuerungsmodelle" in der öffentlichen Verwaltung gelesen werden muss.[4] An dieser Stelle sollen die Vorläufer des Neuen Steuerungsmodells als Leitbild der Verwaltungswissenschaften herausgearbeitet und eine Verbindungslinie zum Bild des „aktivierenden Staates" gezogen werden, das unter Schröder prominent wurde. Denn die Umgestaltung der Bundesanstalt zur Bundesagentur ist weniger unter finanzpolitischen Vorzeichen zu sehen als vor dem Hintergrund neuer Steuerungsbemühungen der Politik gegenüber der Verwaltung. Nachdem Ende 2001 ein politischer

1 Zur Mitarbeiter*innenzahl siehe Weise, Umbau, S. 71. Zur Anzahl der Bundesbehörden siehe Bundesministerium des Innern, Modernisierung, S. 3.

2 Salmon, New Public Management, S. 14.

3 Jann, Verwaltungsmodernisierung auf Bundesebene.

4 Salmon, New Public Management, S. 37.

Kontrollverlust über die BA als dem Bundesministerium für Arbeit und Sozialordnung nachgelagerte Behörde offenbar geworden war, sollte externe Wissenszufuhr in Form von Kommissionen und Behördenconsulting dazu dienen, die Behörde schnell und wirksam nach Vorbild eines Konzerns umzuwandeln. Dahinter standen zweierlei Motive: einerseits das Bemühen der Regierung, angesichts steigender Arbeitslosenzahlen Tatkraft zu demonstrieren, andererseits die zeitgenössische Vorstellung vom Wirtschaftsunternehmen als überlegene Organisationsform.

Seit den 1980er-Jahren kursierten in westlichen Industriestaaten Variationen von Verwaltungsleitbildern, die sich die Organisationsform des Unternehmens zum Vorbild nahmen. Präskriptiven Einfluss hatten dabei Publikationen der OECD, die unter ihren Mitgliedsstaaten Debatten zur staatlichen Verwaltung als *public service* und deren Führung als *public management* initiierte.[5] Das daraus resultierende Paradigma des New Public Management postulierte

> „a shift in emphasis from policy making to management skills, from a stress on process to a stress on output, from orderly hierarchies to an intendedly more competitive basis for providing public services, from fixed to variable pay and from a uniform and inclusive public service to a variant structure with more emphasis on contract provision“.[6]

Eher als Nachzügler griff das wiedervereinigte Deutschland das Konstrukt 1991 auf.[7] Hier war es die KGSt, die ein eigenes, auf die deutsche Verwaltung abgestimmtes Pendant zum Ansatz des New Public Management entwickelte: das Neue Steuerungsmodell.[8] Wortführer der Debatte war Gerhard Banner, seit 1975 Leiter der KGSt. Die vorherrschende Trennung von Ressourcen- und Fachverantwortung führte laut Banner zu „organisierte[r] Unverantwortlichkeit“ in der Kommunalverwaltung.[9] Zur Behebung dieses Zustands verschrieb das Neue Steuerungsmodell eine „unternehmensähnlich[e], dezentral[e] Führungs- und Organisationsstruktur“.[10] Diese trenne klar zwischen Politik und Verwaltung, um die Verwaltung an eigenen Themensetzungen zu hindern und sie somit kostengünstiger zu gestalten. Statt durch Anordnungen, wie bis dahin üblich, sollte sich Führung durch „Kontrakte“ ergeben: Vereinbarungen, nach denen die Verwaltung zu gesetzten Zeitpunkten bestimmte durch die Politik ausgegebene Ziele erreicht haben sollte. Wettbewerbselemente in Form von Benchmarking sollten einzelnen Abteilungen innerhalb einer Behörde wie auch Kommunalverwaltungen untereinander zu ef-

5 OECD, Administration as Service.

6 Hood, New Public Management, S. 95.

7 Zur vielfältigen internationalen Ausgestaltung des Rahmenwerks des New Public Management siehe ebenda.

8 Zunächst KGSt, Dezentrale Ressourcenverantwortung. Danach KGSt, Wege zum Dienstleistungsunternehmen Kommunalverwaltung; KGSt, Das Neue Steuerungsmodell. Vgl. auch die regelmäßig erscheinenden Veröffentlichungen der darauffolgenden Jahre. Eine historische Aufarbeitung der Entwicklung des NSM liegt noch nicht vor. Erste Befunde präsentiert Vogel, Herkunft.

9 Banner, Behörde, S. 31.

10 KGSt, Das Neue Steuerungsmodell, S. 3.

fektiverer Arbeit und „kundenfreundlicherer" Ansprache der Bürger*innen anspornen.[11]

Zur Verbreitung des Neuen Steuerungsmodells organisierte die KGSt „Leistungswettbewerbe" unter Kommunen, die sich um die Teilnahme bewerben mussten. Unterstützung erhielt sie von weiteren Akteur*innen aus Wissenschaft und Wirtschaft: Die Professoren Hermann Hill und Helmut Klages der Hochschule für Verwaltungswissenschaften Speyer agierten als „Promotoren"[12], die Bertelsmann Stiftung als „Financier"[13] der Wettbewerbe. Beratungsfirmen spielten ebenfalls eine Rolle, indem sie, bezahlt von der Bertelsmann Stiftung, verschiedene Gemeinden weltweit bereisten und Rankings ob deren NSM-Konformität erstellten.[14] Basierend darauf prämierten der „Speyerer Qualitätswettbewerb"[15] und der „Carl-Bertelsmann-Preis"[16] die global „innovativsten" Kommunen.[17] Einem Fingerzeig gleich belohnten sie dabei ausschließlich Stadtverwaltungen, bei denen die Umsetzung oder Reflexion der NSM-Kriterien erkennbar waren.[18]

Die Bewegungen in Verwaltungswissenschaft und -praktik in Ländern und Gemeinden der 1990er-Jahre spielten sich jedoch weitgehend abgekoppelt von der Bundesebene ab. Kohl hatte, wie Schmidt vor ihm, keine grundsätzlichen Verwaltungsreformen angeregt.[19] Den einigungsbedingten Umzug der Bundesregierung von Bonn nach Berlin nahmen zwar sowohl der BRH als auch die Opposition aus SPD und Grünen zum Anlass, organisatorische Verbesserungen der Verwaltungsstruktur zu fordern. Eine schließlich von 1995 bis 1997 eingesetzte Regierungskommission „Schlanker Staat" stellte auch ein Bündel an als notwendig erachteten Maßnahmen zusammen. Diese zielten aber primär auf Rechtsvereinfachung und organisatorische Änderungen in Verwaltungsstruktur, Personal- und Haushaltswesen ab und verblieben damit im Leitbild der Konsolidierung.[20] Im Gegensatz dazu griffen die Hartz-Reformen von 2003/2004 unter Kanzler Schröder zahlreiche der im Neuen Steuerungsmodell präskriptiv formulierten Leitlinien einer unternehmerischen Verwaltung auf, darunter die Prinzipien des Kontraktmanagements, eines innerbehördlichen Controllingsystems und einer „serviceorientierten" Gestaltung der Ämter.[21]

[11] Ebenda, S. 22 f.
[12] Vogel, Herkunft, S. 49.
[13] Ebenda, S. 58.
[14] Eckard Wohlgehagen, interviewt von A. M. Den heterogenen Zusammenschlusses aus KGSt, Verwaltungswissenschaft, Bertelsmann und Beratungsfirmen konzeptionalisiert Bernd Vogel als „Arena": Vogel, Herkunft, S. 47–74.
[15] Hill/Klages (Hrsg.), Spitzenverwaltungen.
[16] Bertelsmann Stiftung (Hrsg.), Demokratie und Effizienz Bd. 1.
[17] So das Grußwort des Gründers der Bertelsmann Stiftung: Mohn, Begrüßung.
[18] Vgl. die Beiträge in Bertelsmann Stiftung (Hrsg.), Demokratie und Effizienz Bd. 1; Bertelsmann Stiftung (Hrsg.), Demokratie und Effizienz Bd. 2.
[19] Jann/Wewer, Helmut Kohl und der „schlanke Staat", S. 231.
[20] Ebenda, S. 249.
[21] Zu den der Reform zugrunde liegenden Ideen siehe Hassel/Schiller, Hartz IV, S. 184–195.

Voraus gingen dem Umbau der Arbeitsverwaltung aber über längere Zeit angewachsene Missverhältnisse zwischen politischer Zielsetzung und administrativer Routine. Aus verwaltungshistorischer Sicht kann die Überforderung, die sich Anfang 2002 in den Arbeitsämtern manifestierte, auf den administrativen Kraftakt der Deutschen Einheit zurückgeführt werden. Anders als Winfried Süß für die Agenda Politik insgesamt festhält, war die Neuaufstellung der BA eine Korrektur der vereinigungsbedingten Überlastung der Arbeitsverwaltung und weniger eine Reaktion „auf langfristige Strukturprobleme des deutschen Sozialstaatsmodells“.[22] Ab 1989/1990 hatte die Bundesregierung die Sozialversicherungen und damit auch die BA strapaziert. Die Entscheidung, die Einheit statt über Steuererhöhungen „geräuschlos“ über Kredite und Sozialversicherungsbeiträge zu finanzieren, war politisch motiviert gewesen: Bürger*innen in Ost und West sollte die Lust am Zusammensein nicht gleich wieder vergehen. Bereits in den vorangegangenen Dekaden hatte man entsprechend dem Arbeitsförderungsgesetz von 1969 eine „aktive“ Arbeitsmarktpolitik verfolgt.[23] Der Arbeitslosigkeit sollte diesem Ansatz zufolge durch eine breite Palette an Ausbildungs- und Umschulungsangeboten vorgebeugt werden. Im Zuge der Deutschen Einheit wurde die aktive Arbeitsmarktpolitik beispiellos ausgedehnt, um die Vielzahl an durch den wirtschaftlichen Umbruch arbeitslos gewordenen Ostdeutschen in neue Versorgungssysteme einzugliedern. Frühverrentungen, Altersübergangsgeld, Umschulungen, Fortbildungen und vor allem die starke Ausweitung von Arbeitsbeschaffungsmaßnahmen entlasteten den ostdeutschen Arbeitsmarkt zwischen 1991 und 1994 um knapp 7 Millionen Erwerbslose.[24]

Für die Beamt*innen und Angestellten der BA bedeutete dies, dass sie eine Masse an Versorgungsleistungen zu gewähren und verwalten hatten. Die befristeten Arbeitsmarktprogramme trug die Bundesregierung der BA ad hoc durch Rechtsverordnungen und Verwaltungsvereinbarungen auf.[25] In der Konsequenz kam es zu einer „Weisungsflut“ von der Hauptstelle der BA in Nürnberg an die lokalen Arbeitsämter, in denen Mitarbeitende immer neue Verordnungen umsetzen mussten.[26] Nicht lange nach der Wiedervereinigung beklagten die Vermittler*innen der BA – also diejenigen Mitarbeitenden, die Arbeitsplätze an Arbeitslose und Arbeitnehmende an Arbeitgebende vermitteln sollten – diesen Zustand offen. In der Fachzeitschrift „arbeit und beruf“, die in der Arbeitsverwaltung zirkulierte, bekannte der Leiter der Abteilung Arbeitsvermittlung und Arbeitsberatung Helmut Knab 1991: „Es ist schwer, ein guter Hauptvermittler zu sein!“[27] Seiner Erfahrung nach seien Arbeitsvermittler*innen in den Ämtern so mit Vorgängen der Leis-

[22] Süß, Ein Jahrhundert der Sicherheit, S. 262.
[23] Trampusch, Arbeitsmarktpolitik, S. 342; Altmann, Arbeitsmarktpolitik.
[24] Ritter, Preis, S. 301.
[25] Dies war ihr laut Arbeitsförderungsgesetz möglich: Arbeitsförderungsgesetz, S. 583, § 3, Absatz 5.
[26] Mosley u. a., Effizienz, S. 98.
[27] Knab, Arbeitsvermittlung, S. 343.

tungsgewährung beschäftigt, dass sie sich nicht dem Kerngeschäft der Vermittlung widmen könnten. Ein Mangel an qualifiziertem Fachpersonal sowie zunehmend unattraktive Löhne erschwerten die Situation. Auch der stellvertretende Leiter der Abteilung Arbeitsvermittlung beim Arbeitsamt Pirmasens, Erwin Bixler, forderte 1993, die Mitarbeitenden seines Bereichs „von allen kontraproduktiven ‚Nebenarbeiten' [zu] befreien".[28] Zu letzteren zähle insbesondere die stetige Verarbeitung neuer Vorschriften, die von der Hauptstelle in Nürnberg erlassen wurden. Die Fülle der „Runderlasse, Rundverfügungen, Ergänzungslieferungen etc." lähme die Ämter und werde im Tagesgeschäft daher zunehmend ignoriert.[29]

Sowohl der Gesetzgeber als auch die BA selbst versuchten im Lauf der 1990er-Jahre, der Überlastung der Arbeitsverwaltung entgegenzuwirken. Auf Ansinnen von Wirtschaftsvertreter*innen bedeutete dies zunächst eine Öffnung der Vermittlungstätigkeit für kommerzielle Anbieter*innen, ein erster Schritt weg von der Philosophie der „aktiven" Arbeitsmarktpolitik: Das Arbeitsförderungsgesetz hatte das Alleinvermittlungsrecht der BA noch dahin gehend gestärkt, dass sie nicht staatliche Instanzen nur ausnahmsweise beauftragen durfte. Unerlaubte Arbeitsvermittlung konnte mit Bußgeldern von bis zu 30 000 Mark geahndet werden.[30] Der „Alleinvermittlungsanspruch" hatte sich auch in den „Grundsätze[n] zur Abgrenzung von Personalberatung und Arbeitsvermittlung bei der Besetzung von Stellen für Führungskräfte der Wirtschaft" niedergeschlagen, auf die sich die BA mit dem Bundesministerium für Arbeit und dem BDU bereits 1957 geeinigt hatte.[31] Die Neufassung von 1970 hatte expliziert, dass es der BA vorbehalten blieb, Stellensuchende und Stellenangebote zusammenzuführen. Personalberater*innen durften im Unterschied dazu potenzielle Kandidat*innen für eine Stelle lediglich beurteilen, und auch dies nur auf Geheiß von Arbeitgebenden.[32]

Nach der Wiedervereinigung zweifelte der zweite Bericht der Deregulierungskommission 1991 die Restriktion der privaten Arbeitsvermittlung verstärkt an. Die Steuerungsbemühungen der BA, Arbeitslosigkeit durch die passende Weiterbildung von Arbeitnehmenden zu verhindern, schienen der „Unabhängigen Expertenkommission zum Abbau marktwidriger Regulierungen" überzogen: „Der Staat übernimmt sich mit solchen Aufgaben."[33] Ein Urteil des Europäischen Gerichtshofs von 1991 intensivierte den Druck auf die BA, einer wettbewerbsbasierten Gestaltung von Vermittlungsangeboten zuzustimmen. Ein Alleinvermittlungsrecht verstieße gegen die Wettbewerbsbestimmungen in Artikel 86 des EWG-Vertrags, da „die Vermittlung von Führungskräften eine wirtschaftliche Tätigkeit" und die BA damit als Marktakteurin zu werten sei.[34] Die Liberalisierung der Arbeitsver-

[28] Omlor/Bixler, Perspektiven, S. 313.
[29] Ebenda.
[30] Weisshuhn/Rauschhofer, Arbeitsvermittlungsmonopol, S. 93.
[31] Borchert-Dietz, BDU-Meilensteine, S. 16.
[32] Weisshuhn/Rauschhofer, Arbeitsvermittlungsmonopol, S. 94.
[33] Deregulierungskommission, Marktöffnung, S. 142.
[34] Schmuhl, Arbeitsmarktpolitik, S. 598.

mittlung in Dänemark, den Niederlanden und Schweden im selben Zeitraum übte eine zusätzliche Zugkraft auf die bundesdeutsche Entwicklung aus.[35] 1992 kündigte die Bundesregierung in einem ersten Schritt das Übereinkommen 96 der Internationalen Arbeitsorganisation, das die gewerbsmäßige Arbeitsvermittlung untersagte.[36] Ab 1994 war der BA nur noch die Vermittlung von Lehrstellen und die Berufsberatung vorbehalten. Private Arbeitsvermittler*innen mussten von Verwaltungsseite nicht mehr beauftragt werden, sondern lediglich eine Erlaubnis einholen, auf die ein Rechtsanspruch bestand.[37]

Für die Selbstverwaltung der BA war die Teilprivatisierung des Vermittlungsgeschäfts von jeher ein rotes Tuch.[38] Verwaltungsrat und Vorstand aus Arbeitgebenden, Arbeitnehmenden und der öffentlichen Hand versuchten schon seit den 1980er-Jahren, Zweifel an der Effektivität der Selbstverwaltung abzuwehren.[39] Mehrere von der Behörde geförderte Studien zielten auf eine arbeitsteilige Organisation in den Ämtern ab, die die Arbeitsvermittler*innen von anderen verwaltungsbezogenen Aufgaben entlasten sollte. Auch das Bundesministerium für Arbeit nahm sich der Frage an, wie der erhöhte Arbeitsanfall im Vermittlungsgeschäft effizient bewältigt werden solle, setzte dabei aber auf Informations- und Kommunikationstechnik in den Ämtern. Einige Gutachten entwickelten den Vorschlag zweier computergestützter Systeme – „coArb" und „coLei" –, die die Prozesse der Arbeitsvermittlung sowie die Verwaltung von Leistungen unabhängig voneinander unterstützen sollten. Eine Untersuchung des gewerkschaftsnahen Forschungsinstituts für Arbeit, Technik und Kultur, gefördert von der Hans-Böckler-Stiftung, stellte Anfang der 1990er-Jahre schließlich auf eine Synthese der als rein organisations- beziehungsweise als rein technikorientiert kritisierten Reformkonzepte ab. Im Gegensatz zu den Vorstößen von Behörde und Ministerium stellte das Gewerkschaftskonzept die „ganzheitliche Bearbeitung von Kundenanliegen" in den Mittelpunkt. „Integrierte Teams" in den Ämtern sollten sich um Vermittlung kümmern und Sachleistungen verwalten.[40] Dieser Ansatz floss in das Reformprogramm „Arbeitsamt 2000" ein (bald bekannt als „AA 2000"),

35 Ebenda, S. 599.

36 Ebenda, S. 597. Vgl. Hagedorn, Auslaufmodell, S. 275, ebenfalls mit der entsprechenden Forderung.

37 Schmuhl, Arbeitsmarktpolitik, S. 600.

38 Ursula Engelen-Kefer, Arbeitnehmendenvertreterin im BA-Vorstand, hatte 1983 gewarnt, eine Lockerung des staatlichen Alleinvermittlungsrechts würde der „Ausbeutung der Arbeitnehmer, der Gefährdung des tariflichen, arbeits- und sozialrechtlichen sowie Qualifikationsschutzes und eines sozial verantwortungslosen Menschenhandels [sic] durch illegale Beschäftigung Tür und Tor öffnen". Engelen-Kefer, Vermittlungsmonopol, S. 259. Ähnlich Mann, Vermittlungsmonopol, S. 257–259.

39 Schmuhl, Arbeitsmarktpolitik, S. 150 f. Für eine rechtshistorische Betrachtung des Prinzips der Selbstverwaltung in Einrichtungen wie der Deutschen Bundesbank, Beiräten, Kirchen, Anstalten und Stiftungen des öffentlichen Rechts etc. vgl. Hendler, Selbstverwaltung. Eine interviewgestützte Studie zu Mitwirkungsmöglichkeiten von Interessengruppen in der Selbstverwaltung der BA leistet Wübbels, Verhältnis.

40 Hielscher/Ochs, Arbeitslose, S. 15.

das der frisch eingesetzte BA-Präsident Bernhard Jagoda 1994 präsentierte.[41] Jagoda ließ keine Krisenstimmung vermuten: „Natürlich ist es schwierig, sich zu verändern, wenn man bereits gut ist."[42] Die Wahrnehmung der Arbeitsvermittler*innen überging diese Redeweise freilich, auch, weil das Konzept erst drei Jahre später und dann nur *peu à peu* eingeführt wurde.[43]

Die Schritte der BA konnten die Regierung nicht zufriedenstellen. Angesichts der steigenden Arbeitslosigkeit arbeitete das Bundesarbeitsministerium ab 1994 Vorschläge zur Reform des Arbeitsförderungsgesetzes aus. Als neue Grundlage der Arbeitsmarktpolitik trat Ende 1997 das Arbeitsförderungsreformgesetz in Kraft und wurde im Januar 1998 als Drittes Sozialgesetzbuch (SGB III) in das Sozialrecht eingegliedert.[44] Angesichts der bereits angelaufenen Liberalisierung der Arbeitsvermittlung kann die Gesetzesnovelle kaum, wie Gerhard Ritter argumentiert, als „scharfe Umsteuerung in der Arbeitsmarktpolitik" betrachtet werden.[45] Vielmehr stellt diese das Ergebnis einer Jahre währenden Umsteuerung vom „aktiven" hin zum „aktivierenden" Ansatz dar. Ausgehend von einer stärkeren Konzipierung der Arbeitslosenversicherung als Versicherung verpflichtete das SGB III Erwerbslose dazu, regelmäßig beim Arbeitsamt vorstellig zu werden und sich dezidiert um eine neue Anstellung zu bemühen. So sollte der Schaden der „Versichertengemeinschaft" begrenzt werden. Neue „Zumutbarkeitsregelungen" begründeten weitere Maßnahmen, wie die Verlängerung der als akzeptabel eingestuften Pendelzeit von 2,5 auf 3 Stunden und die Anrechenbarkeit von Abfindungen auf das Arbeitslosengeld.[46] Die angestrebte verkürzte Arbeitslosigkeit vieler Beitragszahlenden sollte die Abgabe an die Arbeitslosenversicherung senken, die durch die Umlage der Einigungskosten von 4,3 auf über 6 Prozentpunkte geklettert war. Statt Arbeitslosigkeit durch Beihilfen vorzubeugen, sollte sich die Rolle des Staates also darauf reduzieren, Erwerbslose zur eigeninitiativen Jobsuche zu animieren. Auch die Abläufe in der BA und den Arbeitsämtern waren Thema des Arbeitsförderungsreformgesetzes. Durch eine größere Dezentralisierung der Arbeitsverwaltung und teilweise eigene Budgetverantwortung für jedes Arbeitsamt sollten lokale Maßnahmen zielgerichteter wirken können. Zudem öffnete die Bundesregierung nun auch die Ausbildungsvermittlung und Berufsberatung für private Anbieter*innen.[47]

Die Missstände in den Ämtern, konkret, die Überlastung der Arbeitsvermittler*innen, löste das SGB III nicht. Es erhöhte aber den Druck auf Sachbearbeiter*innen, bei völliger Überforderung glänzende Vermittlungsquoten präsentieren zu müssen. Im August 1998, mitten im Wahlkampf, berichtete Jagoda der Presse

[41] Mosley u. a., Effizienz, S. 92.
[42] Jagoda, „Arbeitsamt 2000", S. 100.
[43] Mosley u. a., Effizienz, S. 92.
[44] Zohlnhöfer, Ära Kohl, S. 292–295.
[45] Ritter, Preis, S. 302.
[46] Zohlnhöfer, Ära Kohl, S. 298.
[47] Ebenda, S. 310.

von 1,8 Millionen erfolgreich vermittelten Arbeitslosen – dies seien 11 Prozent mehr als im Jahr zuvor.[48] Verschiedene Taschenspielertricks, die diesen Zahlen zugrunde lagen, offenbarten sich aber schon kurz darauf. Nur eine Woche vor der Bundestagswahl im September 1998 berichtete das ARD-Fernsehformat *Panorama* von systematisch gefälschten Vermittlungsstatistiken: Das von der BA genutzte EDV-System biete den Mitarbeitenden zahlreiche Möglichkeiten, die Statistik erfolgreich vermittelter Arbeitsplätze nach oben zu manipulieren. Bei einer erfolgten Vermittlung konnten die Sachbearbeiter*innen beispielsweise manuell die Anzahl erhöhen, sodass das Programm statt einer vermittelten Person fünf oder zehn dokumentierte. Eine Sachbearbeiterin demonstrierte dies live vor der Kamera. Mehrere Arbeitsämter derselben Region konnten auch ein und dieselbe Vermittlung als ihre eigene verzeichnen. „Unsere Software lässt uns wirklich alle Möglichkeiten, die Vermittlungszahlen zu beschönigen bzw. die Zahlen auszuweiten, so wie wir es möchten", erklärte ein anonymer Stellenvermittler.[49] Auf die Bemerkung des Interviewers, dass die von der BA veröffentlichten Vermittlungsstatistiken in diesem Fall nicht korrekt seien, erwiderte der Vermittler: „Die stimmen nicht. Definitiv nicht."[50]

Obwohl nicht alle Vermittler*innen betrügerisch agierten, so der *Panorama*-Beitrag, griffen doch mehr und mehr zu entsprechenden Mitteln, da sie den Forderungen nach Erfolgsquoten der Landesarbeitsamtsdirektionen und der Nürnberger Zentrale anders nicht gerecht werden könnten. Die Ansage des frisch berufenen Leiters des Arbeitsamts Hamburg-Eimsbüttel verstärkte diesen Eindruck:

> „Als ich hier vor zwei Monaten den Dienst begonnen habe, hat jeder Vermittler an jedem zweiten Tag einem Arbeitslosen Arbeit gebracht. Das ist für mich zu wenig. Das Arbeitsamt ist eine Art Kostenstelle, und jeder Vermittler verdient sein Geld und verdient seine Sachkosten erst – das kann ich Ihnen rechnerisch belegen –, wenn er pro Tag einen in Arbeit bringt. So, und diese gesellschaftliche Verpflichtung, die habe ich auf die Mitarbeiter übertragen, das hat auch jeder jetzt erkannt."[51]

Im Bundestagswahlkampf 1997/1998 traten Verwaltungsangelegenheiten dieser Art allerdings hinter arbeitsmarktpolitische Kampagnen zurück. Nachdem die Anzahl der Erwerbslosen Mitte der 1990er-Jahre erstmals vier Millionen überstiegen hatte, positionierte sich die SPD mit einer offensiven Arbeitsmarktpolitik. „Arbeitslosigkeit kann man bekämpfen", verkündete die „Garantiekarte" mit den neun populärsten Wahlversprechen der SPD. „[M]ehr Arbeitsplätze" sowie ein „Sofortprogramm" mit 100 000 Stellen für Jugendliche und zusätzliche Ausbil-

48 Arbeitsämter vermittelten mehr Stellen als im Vorjahr, in: Tagesspiegel, 18. 8. 1998, https://www.tagesspiegel.de/wirtschaft/arbeitsaemter-vermittelten-mehr-stellen-als-im-vorjahr/55028.html, zuletzt geprüft am 14. 12. 2019.

49 ARD, Panorama, Phantomstellen und Scheinvermittlungen. Gefälschte Zahlen beim Arbeitsamt, 17. 9. 1998, https://daserste.ndr.de/panorama/archiv/1998/Phantomstellen-und-Scheinvermittlungen-Gefaelschte-Zahlen-beim-Arbeitsamt,erste7006.html, zuletzt geprüft am 11. 12. 2020.

50 Ebenda.

51 Ebenda.

dungsplätze stellte die Partei für den Fall ihrer Wahl in Aussicht.[52] Als ersten „Prüfstein" für seine mögliche spätere Politik, so Kanzlerkandidat Gerhard Schröder, solle deren „Beschäftigungswirksamkeit" gelten.[53]

Innerhalb der SPD hatte Schröder schon seit Mitte der 1990er-Jahre als niedersächsischer Ministerpräsident wirtschaftsliberale Positionen bezogen. Da der SPD von der Wählerschaft wie auch von Parteiangehörigen nur geringe wirtschaftspolitische Kompetenz bescheinigt worden war, versuchte er dieses Vakuum zu füllen.[54] Über Schröders Aussage, es gebe „keine linke oder rechte Wirtschaftspolitik mehr, sondern nur eine moderne oder unmoderne",[55] hatte ihm der Parteivorsitzende Rudolf Scharping die Rolle als wirtschaftspolitischer Sprecher entzogen.[56] Dies hinderte seinen Kontrahenten aber nicht daran, sein Credo in Interviews und Publikationen zu reiterieren und eine Bewegung der „Modernisierer" innerhalb der SPD anzuführen.[57] Diese feierten Vorstöße einer „ökonomischen Angebotspolitik ‚von links'"und forderten außerdem eine „Professionalisierung der Politik".[58] Diese sah unter anderem die „Schulung der Mandatsträger" und die Öffnung der Parteistrukturen für Nicht-Mitglieder vor, um „externen Sachverstand in die Politik zurückzuholen".[59] Der medial begleitete und stark auf den Kandidaten ausgerichtete Wahlkampf[60] veranlasste Politikwissenschaftler*innen zu dem Urteil, Schröder stehe „nicht für eine neue Botschaft, nicht für eine neue Utopie, er steht für einen neuen Stil".[61] Anders als Kohl, der seit 1989/1990 mit der deutschen Wiedervereinigung und einer visionären Europapolitik identifiziert wurde, formulierte Schröder kein „Herzensthema".[62] Stattdessen betonte er die Notwendigkeit zum Pragmatismus, um „politische Handlungsfähigkeit zurückzuerobern".[63] Für die „Modernisierer" sollte der „befähigende, aktivierende Staat"[64] ein neues Politikkonzept transportieren: „mehr Eigenverantwortung und Risikobereitschaft" unter Bürger*innen, Unternehmen und Verwaltungen als „neue Ziele der Sozialpolitik".[65]

[52] Zitiert nach Jun, Der Wahlkampf der SPD zur Bundestagswahl 1998, S. 83.
[53] Schröder, o. T., S. 222.
[54] Nawrat, Agenda 2010, S. 96.
[55] Gerhard Schröder, Gegen den Luxus der Langsamkeit, in: Der Spiegel, 19. 5. 1997, S. 92.
[56] Nawrat, Agenda 2010, S. 97.
[57] Die „Modernisierer" fielen unter die „Enkelgeneration", eine Gruppe von aufstrebenden SPD-Politiker*innen, die in der Nachkriegszeit aufgewachsen und sozialisiert worden waren. Zum politischen Werdegang einiger Enkel*innen – Björn Engholm, Oskar Lafontaine, Rudolf Scharping, Gerhard Schröder und Heidemarie Wieczorek-Zeul – siehe Micus, Enkel. Autobiografisch: Lafontaine, Herz, S. 11–23. Vgl. Mudge, Leftism, S. 355, die fälschlich alle Vertreter*innen der „Enkelgeneration" mit den „Modernisierern" gleichsetzt.
[58] Becker, New Labour – Modernisierung der SPD – Dritte Wege?, S. 106.
[59] Ebenda.
[60] Jun, Der Wahlkampf der SPD zur Bundestagswahl 1998, S. 73–81.
[61] Weidenfeld, Zeitenwechsel, S. 57.
[62] Meng, Medienkanzler, S. 56.
[63] Schröder, o. T., S. 222.
[64] Hombach (Hrsg.), Aufbruch, S. 68.
[65] Ebenda, S. 66.

Damit konnte die SPD-Wahlkampagne an wirtschaftsliberale Äußerungen von Bundespräsident Roman Herzog anschließen. Die Wahl Herzogs zum Bundespräsidenten 1994 hatte für die SPD zwar eine Niederlage bedeutet, da ihr Kandidat Johannes Rau knapp verlor. Die bürokratiekritischen Anschauungen Herzogs boten Schröder jedoch eine Plattform für eine weitere Zuspitzung seiner in der SPD nicht unumstrittenen Thesen. In seiner als „Ruck-Rede“ bekannt gewordenen Berliner Rede 1997 beklagte der Bundespräsident den „Reformstau“, der sich in Deutschland ergeben habe. Er diagnostizierte den „Verlust wirtschaftlicher Dynamik, die Erstarrung der Gesellschaft, eine unglaubliche mentale Depression“, für die er implizit die langjährige Regierung Kohl verantwortlich machte. Mangelnder Veränderungswille resultiere im „rituellen Ruf nach dem Staat“, der der „Komplexität des modernen Lebens“ jedoch „einfach nicht gewachsen“ sei.[66] Die Rede des „Reformstaus“ stärkte den Verdruss, der sich nach sechzehn Jahren der Kanzlerschaft Kohls in der Öffentlichkeit breitgemacht hatte. Seit Mitte der 1990er-Jahre hatte die Regierung Kohl zwar versucht, die ausgeweitete Staatsquote zurückzufahren, konnte unpopuläre Maßnahmen wie einen gelockerten Kündigungsschutz bei Gewerkschaften und Opposition jedoch nur schwer durchsetzen.[67] Als einen „Erfolg der Kommunikationsstrategie der vormaligen Opposition“ wertete es der Journalist Richard Meng, dass „die These vom angehäuften Reformstau von großen Teilen der Gesellschaft akzeptiert wurde“.[68]

Herzogs Sprachmotive aufgreifend erklärte Schröder 1997 in einem von mehreren Zeitungsartikeln aus seiner Feder: „Politik hat zu steuern, nicht zu rudern, Resultate zu fördern statt Regeln vorzugeben.“ Die „Malefiz-Gesellschaft“ der vielen Interessengruppen hemme die „Innovationsfähigkeit“ des Landes und verlange nach neuen Führungskonzepten.[69] Schröders Wahlkampfmanager Bodo Hombach, der sich auch nach der Wahl als „Propagandist bei den Medien und als Ideengeber für den Regierungschef“[70] verstand, kleidete in diesem Sinne den Begriff des „aktivierenden Staates“ aus:

> „Wir müssen den Sozialstaat vom Sicherheitsnetz zum Trampolin machen, von der Hängematte zum Sprungbrett, das den einzelnen zurückfedert in das Arbeitsleben, in Eigenverantwortung, in die Teilhabe an der Gesellschaft.“[71]

Im ersten Jahr nach seiner Wahl führte Schröder die wirtschaftsliberale Rhetorik fort. Der Slogan des „Dritten Weges der Sozialdemokratie“, angelehnt an das 1998 erschienene Werk „The Third Way“ des britischen Sozialwissenschaftlers Anthony Giddens, rahmte den vom Kanzler anvisierten Kurs. Giddens' Vorstoß zur „Erneuerung der Sozialdemokratie“, die die Schwächen der „Alten Linken“ und der

[66] Aufbruch ins 21. Jahrhundert, http://www.bundespraesident.de/SharedDocs/Reden/DE/Roman-Herzog/Reden/1997/04/19970426_Rede.html, zuletzt geprüft am 6. 11. 2019.
[67] Zohlnhöfer, Wirtschaftspolitik, S. 382.
[68] Meng, Medienkanzler, S. 15.
[69] Gerhard Schröder, Gegen den Luxus der Langsamkeit, in: Der Spiegel, 18. 5. 1997, S. 93.
[70] Niclauß, Kanzlerdemokratie, S. 268.
[71] Hombach (Hrsg.), Aufbruch, S. 18.

„Neuen Rechten“ zugleich überwinden sollte, fand Widerhall in allen seinerzeit elf sozialdemokratisch regierten Ländern Westeuropas.[72] Die Ausgestaltung in den einzelnen Staaten erfolgte jedoch denkbar unterschiedlich.[73] In Deutschland konsternierten Aussagen wie Hombachs die Parteilinke und standen quer zur weiterhin gewerkschaftsverbundenen Basis. Auch das von Hombach mitverfasste Schröder-Blair-Papier, in dem die beiden Regierungschefs einen Kurs für die „Neue Linke“ proklamierten, fand wenig Rückhalt und zog in der ersten rot-grünen Regierungsperiode keine programmatische Entsprechung nach sich.[74]

Die Arbeitsmarktpolitik hingegen stellte anfangs tatsächlich eine Priorität dar. Das Bundeskanzleramt belebte das 1995/1996 kurzzeitig bestandene – und dann an Interessenkonflikten zwischen Gewerkschaften und Arbeitgebenden gescheiterte[75] – „Bündnis für Arbeit“ als „Bündnis für Arbeit, Ausbildung und Wettbewerbsfähigkeit“ wieder. Das Gremium aus Arbeitnehmendenverbänden, Arbeitgebendenverbänden und Regierungsvertreter*innen sollte ein Lehrstück „moderner sozialdemokratischer Regierungspolitik“ werden.[76] Als Leitmotiv galt dem Kanzleramt dabei der „innovative Konsens“. Um die von Herzog und der „Neuen Linken“ diagnostizierten Funktionsschwächen der etablierten politischen Institutionen auszugleichen, visierten die Regierungsparteien an, die Vertretungen der Sozialpartnerschaft und weitere Betroffene politischer Maßnahmen am sprichwörtlichen „runden Tisch“ zu Zugeständnissen zu bewegen. Expert*innenkreise, Bündnisse und Kommissionen sollten vor allem in „blockierten“ Politikbereichen zu mehr Spielraum verhelfen.[77] Gegen den Vorwurf, die Bundesregierung schaffe „parallel[e] Entscheidungsstrukturen“, lobte Frank-Walter Steinmeier – nach Hombachs Abgang 1999 alleiniger Kanzleramtschef[78] – die Runden und Gremien als „temporär wirksame Instrumente, die die politische Willensbildung beschleunigen und auf eine möglichst breite gesellschaftliche Grundlage stellen“.[79] Einerseits verglich Schröder seine Initiative mit der „Konzertierten Aktion“ der

[72] Jun, Transformation, S. 1503.

[73] Wie unterschiedlich die britischen und schwedischen Sozialdemokrat*innen den Begriff der „Modernisierung“ auslegten, zeigt Andersson, The Library and the Workshop, S. 43–61. Während New Labour einen radikalen Bruch mit Politiktraditionen verkündete, ging es der SAP darum, das soziopolitische „Schwedische Modell“ durch Anpassung zu bewahren.

[74] Zu den gemischten Reaktionen der SPD-Basis und der europäischen Schwesterparteien auf das Papier siehe Wolfrum, Rot-Grün, S. 147–157, und Seibring, Konflikt, S. 57 f.

[75] Heinze, Das „Bündnis für Arbeit“, S. 143.

[76] Schröder, Das Bündnis als Fokus unserer Politik der neuen Mitte, S. 55.

[77] Murswieck, Des Kanzlers Macht, S. 118.

[78] Schröder hatte Hombach hauptsächlich als „Troubleshooter“ im Machtkampf mit Oskar Lafontaine eingesetzt. Nach dessen plötzlichem Rücktritt als Finanzminister versetzte der Kanzler Hombach an den Balkan, sodass dieser die bundespolitische Bühne nicht länger mitbespielte. Müller/Walter, Eminenzen, S. 171 f.

[79] Steinmeier, Konsens und Führung, S. 266. Auch der „Atomkonsens“, mit dem die Regierung Schröder den Ausstieg aus der Atomkraft einleitete, entstand durch neokorporatistisch geprägte Verhandlungskonstellationen, wenngleich er nicht konfliktfrei ablief: Egle, Lernen unter Stress.

ersten Großen Koalition.[80] Andererseits beriefen sich die Befürworter*innen des Bündnisses auf zeitgenössische Erfahrungen im europäischen Ausland, prominent darunter die Niederlande, in denen neokorporatistische Verhandlungsstrukturen aus Beschäftigungskrisen geführt hätten.[81]

Neben dem Verweis auf historische und ausländische Vorbilder bemühte sich das Kanzleramt um eine betont sachbezogene Rahmung der Gespräche. Zusätzlich zu dem tripartistischen Bündnis wurde die „Arbeitsgruppe Benchmarking“ eingesetzt. In dieser kontrastierten je zwei als gewerkschafts- und zwei als arbeitgeber*innennah geltende Forschende die Arbeitsmarktpolitik der Bundesrepublik mit derjenigen anderer, strukturell vergleichbarer Länder.[82] Zwei Mitarbeiter der Bertelsmann Stiftung unterstützten die Arbeit der Professor*innen. Das Kanzleramt strukturierte den Aushandlungsprozess darüber hinaus, indem es eine Steuerungsgruppe, sieben Arbeitsgruppen, eine „Expertenrunde“ sowie „Fach- und Themendialoge“ zu verschiedenen Politikbereichen einrichtete.[83] Mit der wissenschaftlichen Unterfütterung des Bündnisses markierte die Regierung ihren Willen, vom kritisierten „Besitzstanddenken“ abzurücken und Diskussionen um potenzielle arbeitspolitische Maßnahmen auf eine möglichst objektive Grundlage zu stellen.[84] Als frühen Erfolg verwies Schröder auf den „Ausbildungskonsens“ vom Sommer 1999, bei dem sich die Bündnisparteien dazu verpflichteten, Lehrstellen für alle arbeitsuchenden Jugendlichen und Schulabgänger*innen zu schaffen.[85] Schon kurz darauf drohte das Bündnis jedoch an Interessenkonflikten zu zerbrechen und wurde nur „durch informelle Spitzengespräche“ vor dem Scheitern bewahrt.[86] Aus Sicht der Beteiligten, inklusive der Mitglieder der Benchmarking-Gruppe, „entzaubert[e]“ dies das Idealbild des innovativen Konsenses.[87] In den folgenden zwei Jahren setzten die Bündnispartner die Abstimmungen ohne nennenswertes Engagement und ohne den ursprünglich formulierten Steuerungsanspruch fort.[88]

Dies zeugte von der Losung der „Politik der ruhigen Hand“, die Schröder für seine Wirtschafts- und Finanzpolitik ausgab. Damit suchte er sich gegen ein Denken in „verdammt kurzen Zeiträumen“ und „Strohfeuerprogramme“ zu verwah-

80 Wenngleich das Bündnis nicht den gesamtgesellschaftlichen Anspruch teilte, von dem die Konzertierte Aktion getragen war: Rehling, Die konzertierte Aktion im Spannungsfeld der 1970er Jahre, S. 86.

81 Schröder, Das Bündnis als Fokus unserer Politik der neuen Mitte, S. 50.

82 Ursprünglich bestand die „Arbeitsgruppe Benchmarking“ aus Gerhard Fels vom Institut der Deutschen Wirtschaft, Rolf G. Heinze der Ruhr-Universität Bochum, Heide Pfaff vom Wirtschafts- und Sozialwissenschaftlichen Institut der Hans-Böckler-Stiftung und Wolfgang Streeck vom Max-Planck-Institut für Gesellschaftsforschung. Wenig später folgte Professor Günther Schmid vom Wissenschaftszentrum für Sozialforschung. Hassel/Schiller, Hartz IV, S. 202.

83 Schröder, Das Bündnis als Fokus unserer Politik der neuen Mitte, S. 52.

84 Heinze, Das „Bündnis für Arbeit“, S. 144.

85 Schröder, Das Bündnis als Fokus unserer Politik der neuen Mitte, S. 53.

86 Heinze, Das „Bündnis für Arbeit“, S. 148 f.

87 Ebenda, S. 152.

88 Ebenda.

ren, wie sie medial gefordert würden.[89] Der FDP-Abgeordnete Rainer Brüderle kritisierte im Juli 2001 im Parlament: „Die Floskel mit der ruhigen Hand ist ja das Alibi für Nichtstun, gleichgültig, ob man es jetzt aussitzen nennt oder eher Ratlosigkeit, Hilflosigkeit, Einfallslosigkeit."[90] Obwohl die Koalition einen Gegenentwurf zur Vorgängerregierung hatte darstellen wollen, traf nun sie die Kritik, einen „neuen Reformstau" produziert zu haben.[91] Im Herbst 2001 verabschiedete der Bundestag zwar das Job-AQTIV-Gesetz, das die Vermittlung von Arbeitslosen beschleunigen sollte und die von Kohl mit dem SGB III initiierte „aktivierende" Arbeitsmarktpolitik stärkte.[92] Der im Koalitionsvertrag als „wichtigstes Ziel" ausgelobte „Abbau der Arbeitslosigkeit"[93] schien allerdings in weite Ferne gerückt.

Das Thema Arbeitsmarktpolitik trat erst wieder auf den Plan, als die BA Ende 2001 von der größten Krise ihres Bestehens heimgesucht wurde. Im Zuge des sogenannten Vermittlungs- oder Statistikskandals kamen die Missstände bei der Arbeitsvermittlung ans Licht, die intern lang bekannt gewesen waren. Bei einer Prüfung in fünf Arbeitsämtern stellte der BRH fest, dass gut 70 Prozent der von den BA-Angestellten als erfolgreiche Vermittlungsfälle geführten Einträge fingiert waren: Fälle, in denen entweder Unternehmen die Bewerber*innen selbst gefunden, Bewerber*innen eigenständig in Arbeit gekommen waren oder es gar nicht zur Einstellung gekommen war.[94] Nachdem sich in der Arbeitsmarktpolitik jahrelang kaum etwas bewegt hatte, entstand nun innerhalb weniger Tage ein immenser Handlungsdruck für die Regierung. Ein weiterer „Stern"-Bericht legte, basierend auf Interviews mit Vermittler*innen, detailliert die Manipulationstechniken dar, mit denen diese die Statistik jahrelang geschönt hatten. Diese waren nicht heimlich vorgenommen, sondern im EDV-System offenkundig als Simulationen dokumentiert worden und somit für Vorgesetzte auf allen Verwaltungsebenen ersichtlich gewesen. Alarmierend bilanzierte der Artikel: „Die Vermittler vermitteln nicht. Die Statistiker zählen falsch. Die Kontrolleure schauen weg. Pflichtverletzung gehört zum Verhaltenscodex der Bundesanstalt."[95]

Die öffentlich finanzierte Begleitforschung zu den Hartz-Reformen schrieb später, die Schröder-Regierung habe den „Vermittlungsskandal" als „*Gelegenheits-*

89 Aussagen des Kanzlers anlässlich einer Pressekonferenz. Ruhige Hand ..., in: Die Welt, 13. 7. 2001, https://www.welt.de/print-welt/article462945/Ruhige-Hand.html, zuletzt geprüft am 18. 11. 2019.

90 BT, PlPr., 14/180, 29. 6. 2001, S. 17750.

91 Schmidt, Rot-grüne Sozialpolitik (1998–2002), S. 240.

92 Mohr, Von „Welfare to Workfare"?, S. 54. Das Akronym stand für die Leitbegriffe „Aktivieren, Qualifizieren, Trainieren, Investieren, Vermitteln".

93 Aufbruch und Erneuerung – Deutschlands Weg ins 21. Jahrhundert, https://www.spd.de/fileadmin/Dokumente/Beschluesse/Bundesparteitag/koalitionsvertrag_bundesparteitag_bonn_1998.pdf, zuletzt geprüft am 15. 9. 2019.

94 Zu den genauen Zahlen siehe Trampusch, Bundesanstalt für Arbeit, S. 5.

95 „Jetzt fliegt alles auf", in: Stern, 12. 2. 2002, https://www.stern.de/politik/deutschland/arbeitsaemter--jetzt-fliegt-alles-auf--3284944.html, zuletzt geprüft am 17. 6. 2019. Konzeptionell zu Verwaltungsskandalen als „öffentliches Aufsehen erregende Normerletzungen [sic] in der Administration" siehe Böhret/Jann, Verwaltungsskandale, S. 108.

fenster [genutzt], um die bisher für unüberwindbar gehaltene *BA-Festung* in Nürnberg zu stürmen".[96] Die Redeweise der überlegenen Organisationsform des Unternehmens schien sich angesichts des organisationalen Versagens einer der größten Bundesbehörde zu plausibilisieren. In einer von den Regierungsparteien angesetzten Aktuellen Stunde suchten Abgeordnete aller Parteien nach den Schuldigen in der Vermittlungsmisere. Die FDP-Fraktion, allen voran Dirk Niebel, der ehemals selbst als Vermittler bei der BA beschäftigt gewesen war, forderte die Landesarbeitsämter und die Strukturen der Selbstverwaltung aufzulösen. Diesen Vorstoß wiesen die Regierungsparteien als „abenteuerlich" zurück.[97] Arbeitsminister Walter Riester verkündete zwar, dass BA-Präsident Jagoda nicht zu halten sei. Gleichzeitig mahnte er dazu, die Verantwortlichen nicht allein im Innern der Behörde zu suchen. Schließlich müsse sich die Politik selbst anlasten, der BA „über Jahrzehnte hinweg Aufgaben übertragen [zu haben], bei denen es sich um reine Verwaltungsaufgaben handelt".[98] SPD und Grüne drückten den deutlichen Willen zu einer grundsätzlichen Reform der Organisationsstruktur der BA aus, die die Vermittlungstätigkeit ins Zentrum stellen sollte. Klaus Brandner, Vorstandsmitglied der SPD-Fraktion, erklärte, man wolle „alles daran setzen, dass aus einer Bundesanstalt für Dienstanweisungen und Runderlasse ein kundenorientierter Dienstleister wird".[99] Die parlamentarischen Debatten demonstrieren zum einen die Vorbildfunktion, die privatwirtschaftlichen Unternehmen aus Sicht der Zeitgenoss*innen innewohnte. Zum anderen zeigen sie, dass Behördenconsulting in den frühen 2000er-Jahren gängige Praxis geworden war: Wie selbstverständlich erklärte die grüne Sozialpolitikerin Thea Dückert, eine Reform der BA müsse nicht nur von der Körperschaft selbst, „sondern auch von einer namhaften Unternehmensberatung wie Roland Berger oder PWC [sic] vorbereitet werden".[100]

Noch im Februar 2002 griff die Bundesregierung tief in die Verantwortungsstruktur der BA ein. Zunächst beendete sie Bernhard Jagodas Karriere als BA-Präsident. Einige Tage später präsentierte sie einen „Zweistufenplan für kunden- und wettbewerbsorientierte Dienstleistungen am Arbeitsmarkt". Sofortmaßnahmen in fünf Schwerpunktbereichen sollten zunächst die gröbsten Missstände beheben. Die Leitung der Behörde wurde einem dreiköpfigen Vorstand übergeben, dessen Mitglieder ausdrücklich nicht verbeamtet, sondern vertraglich für maximal fünf Jahre mit Möglichkeit auf Wiedereinsetzung angestellt werden sollten. Arbeitnehmenden- und Arbeitgebendenvertretungen trugen weiterhin die Selbstverwaltung mit, allerdings sollten sie einen Verwaltungsrat nach Vorbild eines privatwirtschaft-

96 Mosley u. a., Effizienz, S. 11, Hervorhebung im Original; ähnlich bei Blancke/Schmid, Bilanz der Bundesregierung Schröder in der Arbeitsmarktpolitik 1998 – 2002, S. 228, die den Vermittlungsskandal als „Einfallstor für Schröder und die Reformer der SPD" bezeichnen.

97 BT, PlPr. 14/218, 21. 2. 2002, S. 21620.

98 Ebenda, S. 21627.

99 Ebenda, S. 21620.

100 Zitiert nach SPD und Grüne dringen auf Reform der Bundesanstalt, in: Berliner Zeitung, 13. 2. 2002. Gemeint ist die Firma PricewaterhouseCoopers.

lich agierenden Aufsichtsrats bilden.[101] Dieser zählte nur noch 21 statt wie bislang 51 Mitglieder. Private Vermittlungsagenturen sollten künftig ohne Erlaubnis der BA ihre Dienste anbieten können und so den Wettbewerb zum staatlichen Angebot ankurbeln. Zudem sollte die BA mehr Kooperationen mit Dritten schließen, um Vermittlungen zu beschleunigen. Schließlich wurde die „Kundenorientierung" ins Zentrum gestellt, indem intern eine große Anzahl an Mitarbeitenden in den Bereich Vermittlung versetzt werden sollte. Die Erfolgsbilanzen aller Arbeitsämter sollten mithilfe von Benchmarking abgebildet und verglichen werden.[102]

In einem zweiten Schritt wurde eine Regierungskommission einberufen: die Kommission „Moderne Dienstleistungen am Arbeitsmarkt". Diese sollte ein Konzept entwickeln, um die Arbeitsverwaltung nach Vorbild eines effizient funktionierenden Dienstleistungsunternehmens umzugestalten.[103] Wie in den vorigen Kapiteln gezeigt, kamen Regierungskommissionen schon vor den rot-grünen Regierungsperioden regelmäßig zum Einsatz. Schröder setzte aber darauf, den Austausch mit Vertreter*innen aus Wirtschaft und Wissenschaft besonders öffentlichkeitswirksam zu gestalten.[104] Seine kurzfristige Entscheidung, eine Kommission einzusetzen, erfüllte in zweifacher Hinsicht eine strategische Funktion. Zum einen demonstrierte sie den Handlungswillen der Bundesregierung: Die Kommission sollte noch bis Ende der laufenden Legislaturperiode – und damit innerhalb weniger Monate – ihre Empfehlungen abgeben. Zum anderen entstand ein zeitlicher Abstand zum Vermittlungsskandal, der der Regierungskoalition kurz vor der anstehenden Bundestagswahl einen Strich durch die Rechnung zu machen drohte.[105]

Die Person des Kommissionsvorsitzenden versinnbildlichte, welche Stoßrichtung die Regierung für die Kommission intendierte: Peter Hartz stand als Manager, SPD- und Gewerkschaftsmitglied für den Kurs der „Modernisierer". Bereits im ersten Jahr als Arbeitsdirektor und Personalvorstand des Volkswagen-Konzerns hatte er zahlreiche Maßnahmen eingeleitet, um das Unternehmen durch gesenkte Personalkosten aus einer Krise zu verhelfen. Statt betriebsbedingte Kündigungen auszusprechen, führte Hartz vorübergehend die „4-Tage-Woche" oder „Volkswagenwoche" ein: eine um 20 Prozent verminderte Regelarbeitszeit bei 10 Prozent Lohnkürzung. Zusätzlich wurden zahlreiche Beschäftigte in Kurzarbeitsverhältnisse überführt und anschließend in den Vorruhestand versetzt.[106] Von 1994 bis 2001 publizierte der Personaler mehrere Managementhandbücher, in de-

101 Nur bedingt trifft daher die zugespitzte Formulierung in Engelen-Kefer, Kämpfen, S. 269, zu: „Die Selbstverwaltung wurde entmachtet."

102 Zweistufenplan der Bundesregierung, https://doku.iab.de/chronik/31/2002_03_06_31_zweistufenplanderbundesregierung.pdf, zuletzt geprüft am 19. 2. 2019.

103 Hartz u. a., Moderne Dienstleistungen, S. 15.

104 Wolfrum, Rot-Grün, S. 165 f.

105 Siehe die interviewgestützte Studie von Siefken, Expertenkommissionen, S. 191, außerdem den Verweis auf Steinmeiers entsprechendes „Kalkül" in Reformer aus Not, in: Der Spiegel, 25. 2. 2002, S. 23.

106 VW: 28-Stunden-Woche und weniger Lohn, https://taz.de/VW-28-Stunden-Woche-und-weniger-Lohn/!1593638/, zuletzt geprüft am 24. 2. 2019.

nen er dazu animierte, die Maßnahmen auf andere Industriezweige zu übertragen.[107] Durch seine Doppelstellung als Personalmanager genoss Hartz sowohl in der Wirtschaft als auch bei den Gewerkschaften laut der stellvertretenden DGB-Vorsitzenden und Arbeitnehmendenvertreterin des ehemaligen BA-Vorstands Ursula Engelen-Kefer „höchstes Ansehen“.[108]

Auch mit der Auswahl der Kommissionsmitglieder machte die Regierung deutlich, dass die Selbstverwaltung der BA das politische Vertrauen verspielt hatte. Bereits kurz nach Bekanntwerden der Vorwürfe Anfang Februar 2002 hatte die BA-Spitze selbst geplant, eine Arbeitsgruppe – auch unter Einbeziehung externen Sachverstands – einzusetzen. Von den behördlich vorgeschlagenen Mitgliedern berief die Regierung allerdings nur eines in die Hartz-Kommission.[109] Stattdessen schlugen sowohl Hartz als auch das Kanzleramt und das Arbeitsministerium verschiedene Ansprechpartner*innen aus Wirtschaft und Wissenschaft zum Thema Arbeitsmarkt vor.[110] Das klassisch drittelparitätische Modell bildete die Kommission damit keineswegs ab: Neben je zwei Vertretern aus Politik und Wissenschaft, einer Gewerkschafterin und je einem Vertreter von Arbeitgeberseite und der BA saßen vier Manager und drei Unternehmensberater mit am Tisch. Bei letzteren handelte es sich um einen freiberuflichen Berater sowie um den ehemaligen McKinsey-Partner Peter Kraljic und den Leiter des Bereichs „Öffentlicher Sektor“ der Firma Roland Berger Strategy Consultants, Jobst Fiedler. Der Politikwissenschaftler Sven Siefken zitiert dazu einen Interviewpartner aus dem Kanzleramt: „Das waren zwar […] keine Outsider in Bezug auf das Beschäftigungssystem, aber immerhin Outsider im Vergleich zu den bislang dort agierenden Verbänden.“[111] Auch die administrative Unterstützung der Kommission erledigte nicht die BA, sondern die Geschäftsstelle des Bundesarbeitsministeriums sowie Hartz’ Stab an Mitarbeitenden.

Der Hartz-Bericht enthielt „ganz wenige neue Ideen“[112], sondern versammelte Themen, die in Arbeitgebendenkreisen und der NSM-nahen Verwaltungswissenschaft die vorangegangenen Jahre debattiert worden waren. Diese zielten durchweg auf eine Neugestaltung der Bundesanstalt nach den Prinzipien der „aktivierenden“ Arbeitsmarktpolitik und dem Leitbild der öffentlichen Verwaltung als „Dienstleistung“ ab. In ihrem abschließenden Bericht konzipierte die Kommission die öffentliche Körperschaft konsequent als Versicherung, wie es auch das unter Kohl verabschiedete SGB III tat. Ziel der „Kernaufgaben“ Beratung, Vermittlung und Integration sei die „Reduzierung der ‚Schadensfälle‘ und der Dauer der Inanspruchnahme von Versicherungsleistungen“.[113] Alle Tätigkeiten der im Bericht als

107 Hartz, Arbeitsplatz; Hartz, Unternehmen; Hartz, Job Revolution.
108 Engelen-Kefer, Kämpfen, S. 269.
109 Siefken, Expertenkommissionen, S. 186 f.
110 Ebenda, S. 189.
111 Ebenda.
112 Werner Jann, interviewt von A. M.
113 Hartz/Kloepfer, Macht und Ohnmacht, S. 57.

„[BAneu]" titulierten Einrichtung sollten daher auf die zügige Vermittlung von Arbeitslosen in neue Beschäftigungsverhältnisse ausgerichtet werden. Zu diesem Zweck sollten „die bestehenden gesetzlichen Regelungen verschlankt und Verwaltungsprozesse vereinfacht" werden.[114]

Von den dreizehn im Hauptbericht aufgeführten „Innovationsmodulen" zielten einige auf eine Neuorganisation der Arbeitsverwaltung ab. Arbeitslosenhilfe und Sozialhilfe sollten zum Arbeitslosengeld II (ALG II) verschmelzen – die Grundlage für das auf viele Jahre kontrovers diskutierte „Vierte Gesetz für moderne Dienstleistungen am Arbeitsmarkt" oder „Hartz IV". Den Arbeitsämtern verordneten die Autor*innen eine entsprechende Rundumerneuerung zu „Jobcentern", in denen Arbeitslose und Sozialhilfeempfänger*innen gemeinsam betreut werden sollten. Die übrigen Module präsentierten eine Reihe an arbeitsmarktpolitischen Instrumenten, die den Arbeitsmarkt „flexibilisieren" sollten. Unter dem Stichwort „[n]eue Zumutbarkeit" regten die Autor*innen beispielsweise Sanktionsmöglichkeiten an, falls Arbeitsuchende angebotene Maßnahmen oder Stellen ausschlügen.[115] Neben den Arbeitnehmenden konzipierten die Autor*innen auch die Arbeitgebenden als „Kund*innen". Beiden sollte die umgestaltete BA „eine hervorragende Qualität bei den Dienstleistungen und besten Kundenservice [...] bieten", um „als erster Dienstleister am Markt für Arbeit anerkannt zu werden". Dass diese oder andere Maßnahmen bewirken könnten, die Arbeitslosenzahlen bis 2005 um zwei Millionen zu senken und „in Deutschland wieder Vollbeschäftigung zu erreichen und zu halten", war nur eine der zahlreichen Überspitzungen des Textes.[116]

Am 16. August 2002, fünf Wochen vor der anstehenden Bundestagswahl, händigte Peter Hartz dem Kanzler den 343 Seiten starken Bericht in einem medienwirksamen Zeremoniell aus. Vormittags erfolgte die Übergabe des Berichts im Kanzleramt, nachmittags präsentierte der Kommissionsvorsitzende dessen wesentliche Inhalte vor „600 geladenen Gästen aus Politik, Wirtschaft und Gesellschaft" im prestigeträchtigen Französischen Dom am Berliner Gendarmenmarkt.[117] Zahlreiche Journalist*innen begleiteten beide Anlässe. Die hinterher oft zitierte Zusicherung Schröders, die Empfehlungen der Hartz-Kommission „eins zu eins" umzusetzen, relativierte sich später in der Auseinandersetzung mit Ländern und Kommunen.[118] Dennoch erhielt Hartz am Tag nach der von Schröder knapp errungenen Wiederwahl im September einen Anruf aus dem Kanzlerbüro: „Ich sitze hier im Präsidium und rufe jetzt ein paar Leute an, die mir geholfen haben, die Wahl zu gewinnen. Da gehörst du dazu."[119] Trotz nicht eingehaltener Wahlversprechen – statt gesunkener Arbeitslosenzahlen hatte die erste rot-grüne Regierungsperiode nur die Missstände in der Arbeitsverwaltung zutage geför-

114 Hartz u. a., Moderne Dienstleistungen, S. 57.
115 Ebenda, S. 93–101.
116 Ebenda, S. 58.
117 Siefken, Expertenkommissionen, S. 209.
118 Jann/Schmid (Hrsg.), Eins zu eins, S. 7.
119 Hartz/Kloepfer, Macht und Ohnmacht, S. 207.

dert – war es dem Kanzler durch die Inszenierung externer Wissenszufuhr also gelungen, sich die Macht zu sichern. Durch die gezielte Auswahl der Wissenslieferant*innen war zudem das anzustrebende Bild der Arbeitsverwaltung als effizient funktionierendem Dienstleistungsbetrieb etabliert.

2. McKinsey & Company und Roland Berger Strategy Consultants

Vereinzelte Deutungen in der politikwissenschaftlichen Literatur, die Hartz-Kommission sei „von kommerziellen Beratungsorganisationen organisiert" worden, schießen über das Ziel hinaus.[120] Dennoch ist festzuhalten, dass eine Vielzahl an Wirtschaftsakteur*innen die Arbeit am Hartz-Bericht flankierte.[121] Sie alle hofften darauf, die weitere Reformagenda mitprägen zu können. Neben Zugehörigen der Sozialpartnerschaft zählte dazu die Bertelsmann Stiftung, die einen Ländervergleich hinsichtlich Arbeitsmarkt- und Beschäftigungspolitik beisteuerte. Firmen mit „Lobbyinteressen" wie das Zeitarbeitsunternehmen Adecco boten ebenfalls ihre „Hilfe" bei einzelnen Fragestellungen an.[122] Auch die Initiative von McKinsey & Company, ein eigenes Team zu den Beratungsthemen einzurichten, ist unter diesen Vorzeichen zu bewerten. Nach Wahrnehmung des Verwaltungswissenschaftlers Werner Jann, ebenfalls Kommissionsmitglied, geschah dies „ungefragt".[123] Obwohl die Ideen der Firma kaum in den finalen Bericht einflossen, arbeiteten dort „30 bis 40 Leute im Hintergrund" und hielten eine tägliche „Lagebesprechung" ab.[124] Da die Firma dies augenscheinlich mit der Hoffnung auf spätere Projektzuschläge verknüpfte, vermutet Siefken hier „Spezialinteressen".[125]

Wie in den vorigen Kapiteln dargestellt, waren die Berührungspunkte zwischen den großen Beratungsfirmen und der öffentlichen Verwaltung bis zu dem Zeitpunkt überschaubar geblieben: Anlässlich der Arbeit der Projektgruppe Regierungs- und Verwaltungsreform hatte McKinsey & Company 1973 einige Vorschläge zur Neuorganisation der Ministerialverwaltung beigesteuert; auch hatte die

120 Felder/Grunow, Das administrative Kommunikationsmanagement, S. 31, zitiert nach Siefken, Expertenkommissionen, S. 200.
121 Im Lichte der Aufmerksamkeit standen freilich vornehmlich der Kommissionsvorsitzende und, im letzten Drittel des Tagungszeitraums, einzelne Mitglieder: Siefken, Expertenkommissionen, S. 201–204.
122 Ebenda, S. 198.
123 Werner Jann, interviewt von A. M.
124 Zitiert nach Siefken, Expertenkommissionen, S. 196.
125 Ebenda, S. 193. Auch Peter Hartz' Biografin Inge Kloepfel spricht davon, dass die drei Consultants, die mit in der Kommission saßen, „nicht ganz uneigennützig" gehandelt hätten: Hartz/Kloepfer, Macht und Ohnmacht, S. 214.

Firma in den 1970er-Jahren kleinere Aufträge für die DBP erledigt.[126] Ganze Firmenbereiche zur Akquirierung von Aufträgen im staatlichen Bereich hatten McKinsey & Company und Roland Bergers Firma aber nicht eingerichtet. Auch die Wiedervereinigung mit ihren vielfältigen Beratungseinsätzen sowohl in der ostdeutschen Wirtschaft als auch in der Verwaltung des Bundes markierte für die großen Firmen lediglich eine Episode und nicht den Beginn einer dauerhaften Geschäftsbeziehung mit dem Staat.

Die Einführung der sozialen Marktwirtschaft in den neuen Bundesländern wendeten sie gewiss lukrativ für sich: Die Bundesregierung band sie aktiv in die kurzfristige Umgestaltung der zuvor zusammengebrochenen Volkswirtschaft ein. Nachdem sich die ehemals sozialistischen Betriebe abrupt dem freien Wettbewerb ausgesetzt sahen – auf einen Schlag nicht nur mit Westdeutschland, sondern auch mit der restlichen EWG –, initiierte die scheidende SED/PDS-Regierung noch im März 1990 deren Überführung in eine „Zwischeneigentümerin", die Treuhandanstalt. Was die Sozialist*innen als Rettung der Volksbetriebe vor kapitalistischen Machenschaften intendierten, wandelte sich mit dem „Gesetz zur Privatisierung und Reorganisation des volkseigenen Vermögens" vom Juni 1990.[127] Auftrag der Treuhandanstalt war es nun, die ehemaligen Staatsbetriebe zu privatisieren, sanieren oder, wo dies wirtschaftlich aussichtslos erschien, zu liquidieren.[128] Dies sollte sie unter Anleitung westdeutscher Industrieunternehmer bewerkstelligen. Die neue Organisationsstruktur der Treuhandanstalt als dezentraler Einrichtung mit fünfzehn Außenstellen ging auf die Firma Roland Berger & Partner zurück,[129] ebenso der „Sanierungsleitfaden", anhand dessen die Unternehmen bewertet wurden.[130]

Eine Gruppe aus etwa einhundert Unternehmensberater*innen, Wirtschaftsprüfer*innen und Finanzmanager*innen unterschiedlicher Firmen rief das Bundesfinanzministerium zusätzlich im „Leitungsausschuss" der Treuhandanstalt zusammen.[131] Ihre Aufgabe war es, die Unternehmenskonzepte der in der Treuhand versammelten Betriebe in kürzester Zeit zu sichten, zu bewerten und dem Vorstand eine Empfehlung über ihre „Sanierungsfähigkeit" vorzulegen. „Zeitdruck" und „[u]ngenügende Kenntnisse [...] über die branchenspezifischen und betrieblichen Gegebenheiten" bestimmte die Tätigkeit der „Wirtschaftsexperten", die noch dazu überwiegend Berufsanfänger waren.[132] Dennoch bewertete der Lei-

126 McKinsey & Company Inc., Management-System; McKinsey & Company Inc., Neuordnung, S. 46.

127 Böick, Das ist nunmal der freie Markt, S. 448–473.

128 Fischer/Hax/Schneider (Hrsg.), Treuhandanstalt, S. 3. Neuere Forschungsergebnisse zur Geschichte der Treuhandanstalt versammelt Hoffmann (Hrsg.), Transformation. Zum Organisationsalltag der Treuhandanstalt einschlägig: Böick, Treuhand.

129 Seibel/Kapferer, Die organisatorische Entwicklung der Treuhandanstalt, S. 121

130 BWA, S011/97, Roland Berger & Partner GmbH, Jahresbericht 1989. Presseinformation ll: Die DDR und ihre Betriebe, S. 1.

131 Böick, Entdeckung, Expansion, Ernüchterung, S. 232. Siehe auch Böick/Goschler/Nietzel, Die beratene Transformation.

132 Schwalbach/Gless, Begleitung sanierungsfähiger Unternehmen auf dem Weg zur Privatisierung, S. 193.

tungsausschuss etwa 4500 ehemalige DDR-Unternehmen, die in der Folge „saniert" privatisiert oder stillgelegt wurden. „[S]tändig wechselnde Zweierteams" hatten für einen Fall jeweils zwei Wochen Zeit.[133] Consultants von McKinsey & Company, Roland Berger & Partner, der KPMG und anderen Gesellschaften arbeiteten hier Seite an Seite. Auch in den Spitzengesprächen oder „Elefantenrunden", die Helmut Kohl ab Mitte 1991 alle drei Monate mit etwa 50 westdeutschen Managern und einigen Ministern führte, waren sie vertreten – wenn auch in dritter Reihe nach den Geschäftsführern der großen und mittleren Industrieunternehmen.[134] Gleichzeitig ergab sich ein Wettlauf um den unverhofften und noch gänzlich unbestellten Beratungsmarkt der neuen Bundesländer, in dem den Unternehmen „fast jedes Mittel recht" zu sein schien.[135]

Anders als vielleicht anzunehmen verstetigten sich die hier entstandenen Kontakte zu Politik und Verwaltung allerdings nicht in Form wiederkehrender öffentlicher Aufträge. Als die umsatzstarken Beratungshäuser zwischen 1995 und 2002 den „öffentlichen Sektor" gezielt erschlossen, geschah dies nicht mittels der Verbindungen, die während der Arbeit für die Treuhand entstanden waren. Vielmehr lag die Motivation in veränderten Wettbewerbsbedingungen und einer vorübergehenden Umsatzdelle in diesem Zeitraum begründet. Neue Wettbewerber*innen tummelten sich auf dem Markt, in Kippings Worten die „dritte Welle" der Beratungsbranche[136]: Wirtschaftsprüfungsgesellschaften und EDV-Unternehmen boten spezialisierte Dienstleistungen an, in denen strategisch orientierte Managementberatungsfirmen keine Erfahrung gesammelt hatten. Seit den 1980er-Jahren waren sie auf dem Vormarsch und gewannen in den 1990er-Jahren deutlich an Marktanteilen.[137]

Zudem fragten Unternehmen zeitweise weniger Beratungsdienste nach: Die Implosion der *New Economy* 2000/2001, in der seit 1995 aus dem Boden sprießende Internet-Startups teilweise milliardenschwer an der Börse gehandelt worden waren, ohne profitabel zu sein,[138] erforderte massive Neuausrichtungen unter den bis dahin erfolgreichen Beratungsfirmen. Obwohl die Rezession nach dem Platzen der „Dotcom-Blase" in der Bundesrepublik nicht so gravierend ausfiel wie in den USA,[139] haushalteten Konzerne vorsichtiger mit ihrem Geld. Viele Unternehmen froren ihr zuvor festes jährliches Beratungsbudget ein oder reduzierten es drastisch. Industrieunternehmen wie Daimler und Siemens richteten zudem Inhouse-Beratungen ein, um sich von externen Firmen unabhängig zu machen.[140] „Der

133 So aus autobiografischer Perspektive ein ehemaliger Mitarbeiter Roland Bergers, der für den Leitungsausschuss Unternehmenskonzepte prüfte: Schwarzer, Inside Ost, S. 45.
134 Konsterniert vermerkt in Henzler, Limit, S. 199–202.
135 Böick, Entdeckung, Expansion, Ernüchterung, S. 231.
136 Kipping, Trapped in Their Wave, S. 34–38.
137 Ulrich Friese, Hauen und Stechen, in: Capital, 1. 11. 1998, S. 48.
138 Herbert, Geschichte Deutschlands, S. 1214–1218; Wolfrum, Rot-Grün, S. 118–120.
139 Hier kam noch der Schock des 11. September 2001 dazu, Herbert, Geschichte Deutschlands, S. 1218.
140 Oft daneben: Unternehmensberater, in: Capital, 15. 11. 2001, S. 40.

Markt konsolidiert", bekannte Klaus Droste, der Direktor der Frankfurter McKinsey-Niederlassung Ende der 1990er-Jahre.[141]

Neue Einkommensquellen versprachen angrenzende, bis dahin vernachlässigte Geschäftsbereiche. So warf Roland Bergers Firma bereits Mitte der 1990er-Jahre ein Auge auf potenzielle staatliche Kund*innen. Aufträge für öffentliche Einrichtungen waren dabei vornehmlich auf Reputationsgewinn gemünzt. Die „Jahresberichte", in denen die Firma seit 1975 ihre finanziellen Zugewinne dokumentiert und ihre Sicht auf aktuelle wirtschaftliche Herausforderungen zirkuliert hatte, erschienen ab 1997 nicht mehr. Wirkungsvoller für die öffentliche Meinungsbildung waren Bergers eigenes mediales Auftreten und die durch verwaltungsbezogene Aufträge generierten Schlagzeilen. Der Vorstoß in den Bereich Behördenconsulting ging mit Personalien einher: Ohne eine Persönlichkeit, die die Sprache der Verwaltung verstand, hatten Roland Berger & Partner das Vertrauen öffentlicher Auftraggeber nicht gewinnen können. Mit immer geringeren Expansionsmöglichkeiten musste kurz vor der Jahrtausendwende ein Partner her, der sich in Verwaltungsfragen eindenken konnte. Zunächst verantwortete Burkhard Schwenker Bergers Geschäft mit dem Staat. 1996 warb dieser Jobst Fiedler an, der den neu etablierten Bereich „Verwaltungsberatung" bis Mitte der 2000er-Jahre ausbaute.[142]

Als Fiedler mit gut 50 Jahren in die Firma eintrat, hatte er bereits mehrere institutionelle Stationen durchquert. Als frischer Absolvent der Rechts-, Politik- und Wirtschaftswissenschaften hatte er Anfang der 1970er-Jahre bei der Sozialwissenschaftlerin Renate Mayntz und dem Politikwissenschaftler Fritz W. Scharpf in einem Teilprojekt der Projektgruppe Regierungs- und Verwaltungsreform mitgewirkt.[143] In den 1980er-Jahren hatte er mehrere politische Ämter innegehabt, unter anderem als Bezirksbürgermeister von Hamburg-Harburg. Von 1990 bis 1996 war er Oberstadtdirektor Hannovers.[144] Wie in der Beratungsbranche seit den 1990er-Jahren üblich, sammelte er auch akademische Meriten: 1998 wurde er mit einer Sammlung an Aufsätzen zum „Management von politisch-administrativen Reformen" promoviert[145]; 2005 kehrte er der Beraterkarriere den Rücken, um bis zum Ruhestand an der Hertie School of Governance zu lehren. Für seine Beratertätigkeit setzte Fiedler sich daher nur einen anderen figurativen Hut auf, ohne sein Netzwerk zu wechseln. Auf einem 1997 vom regierungsamtlichen Sachverständigenrat „Schlanker Staat" einberufenen Kongress mit 2000 Teilnehmer*innen „aus allen Behördenebenen" traf der Berger-Vertreter beispielsweise auf Hermann Hill von der Hochschule für Verwaltungswissenschaften Speyer und Bahnchef Heinz Dürr. Einstimmig empörten sie sich über den „verkrusteten ‚Sta-

[141] Ulrich Friese, Hauen und Stechen, in: Capital, 1. 11. 1998, S. 48.
[142] Jobst Fiedler, interviewt von A. M. Zu Schwenker, dem Geschäftsführer nach Bergers Eintritt in den Ruhestand 2003, siehe Fink/Knoblach, Management Consultants, S. 104 f.
[143] Mayntz u. a., Programmentwicklung.
[144] Jobst Fiedler, interviewt von A. M.
[145] Fiedler, Management.

tus quo" der Ministerialverwaltung.[146] In diesem Umfeld hatten sich zuvor hauptsächlich die mittelgroßen Beratungsfirmen getummelt – nun auch Roland Berger Strategy Consultants.

McKinsey & Company versprach sich Mitte der 1990er-Jahre demgegenüber noch keine direkten finanziellen Zugewinne von öffentlichen Auftritten. Politik und Verwaltung stellten für die Firma vielmehr eine Bühne dar, mit deren Hilfe sie den eigenen Aufmerksamkeitswert steigern konnte. In regelmäßigen „Pro-bono-Projekten" stellten die „Mäckies" ihre Dienste nicht profitorientierten Einrichtungen kostenfrei zur Verfügung. So berieten McKinsey-Teams neben der bayerischen Evangelischen Kirche und dem FC Bayern München auch kommunale Kulturstätten. In seiner Autobiografie scheint durch, dass Herbert Henzler betriebswirtschaftliche und organisationswissenschaftliche Kenntnisse in jedem Gesellschaftsbereich für angebracht hielt: „So halfen wir nicht-kommerziellen Akteuren, richtige Entscheidungen zu treffen."[147] Für die Berater*innen lohnte sich die entgeltlose Arbeitszeit trotz der ein oder anderen Negativ-Schlagzeile,[148] denn im Gegenzug lernten sie „Entscheidungsträger kennen, die uns sonst nicht unbedingt begegneten"[149]: wertvolle Kontakte für künftige Auftragsvermittlungen. Jürgen Kluge, seit 1999 deutscher McKinsey-Chef, besetzte außerdem das Thema Bildung für sich, indem er in Buchpublikationen massive Investitionen forderte. Mit der Initiative „McKinsey bildet" finanzierte er einen Kongress zu frühkindlicher Bildung, auf dem Politiker*innen, Künstler*innen und Wissenschaftler*innen sprachen.[150] Der Antrieb war dabei stets die internationale „Wettbewerbsfähigkeit" Deutschlands, denn „Bildungsarmut erzeugt Wachstumsarmut".[151] Auch zu anderen Anforderungen an den Sozialstaat tat der Geschäftsführer medial seine Meinung kund. Angesichts der zunehmenden Überalterung der Gesellschaft fragte er in einem Interview: „Wer soll die [Senior*innen] denn pflegen? Und wer bezahlt das? […] Wir brauchen langfristig tragfähige soziale Sicherungssysteme." Derlei Gespräche mündeten stets in der betriebswirtschaftlich gefassten Diagnose der Bundesrepublik als „Sanierungsfall, ein klassischer Übernahmekandidat".[152] Ganz in alter Tradition der öffentlichen Meinungspflege empfahl sich McKinsey & Company also als Ansprechpartnerin für Organisationsprobleme in allen Gesellschaftsbereichen.

146 Viele Hürden auf dem Weg zum schlanken Staat, in: Welt am Sonntag, 23. 2. 1997, https://advance.lexis.com/api/document?collection=news&id=urn:contentItem:4BJN-HB00-TWCN-H27B-00000-00&context=1516831, zuletzt geprüft am 6. 12. 2019.

147 Henzler, Limit, S. 161.

148 Die Leiterin einer evangelischen Weiterbildungsstätte beklagte in der Presse, McKinsey habe sich zu weit vorgewagt. Im Sinne des „Lean Managements" hatten die Berater*innen der Protestantischen Kirche Bayerns empfohlen, sich auf ihr „Kerngeschäft", die „Glaubensvermittlung", zu konzentrieren. Weltlich orientierte Angebote wie Erwachsenenbildung sollten laut der Consultants zurückgefahren werden: Hat McKinsey recht?, in: Süddeutsche Zeitung, 12. 1. 1996, S. 37.

149 Henzler, Limit, S. 161.

150 Vorträge nachzulesen bei Killius/Kluge/Reisch (Hrsg.), Bildung.

151 Kluge, Schluss, S. 13.

152 Ausgebrannt und abgebrannt, in: Süddeutsche Zeitung, 7. 9. 2002, S. 3.

Nachdem der Honorarumsatz der Firma in der Bundesrepublik 2002 erstmals gesunken war – vom „Rekordergebnis“ von 603 Millionen Euro im Vorjahr auf „nur“ 580 Millionen Euro –, beschloss McKinsey & Company jedoch, das bis dahin hauptsächlich unentgeltliche öffentliche Engagement gezielter zu monetarisieren.[153] In einer Pressemitteilung ließ Kluge Mitte 2003 verlauten, ein „Rezept gegen die Krise und Umsatzrückgänge in der Branche [...] in der Beratung von Behörden und Ämtern gefunden zu haben“. Dieser „Markt sei bisher kaum von Beratern erschlossen, doch das ändere sich nun“. „50 bis 60“ McKinsey-Berater*innen seien bereits mit dem Bereich Public Sector betraut: „Die Steigerungsrate ist sehr zufriedenstellend“, gab Kluge der Presse zu Protokoll.[154]

Obwohl McKinsey & Company und Roland Berger Strategy Consultants sich nun auch beim Behördenconsulting Konkurrenz machten, ergab sich ein kollegiales Verhältnis: Die zuständigen Partner Jobst Fiedler und Michael Jung tauschten sich zum Vergaberecht und anderen formalen „Hürden“ aus, die in der Privatwirtschaft nicht vorherrschten.[155] Medial versuchten die beiden Wettbewerber dennoch, sich voneinander abzuheben. Dabei verfielen sie in die über die jeweils andere Firma verbreiteten Stereotype: McKinsey & Company als „Job-Killer“, Roland Berger als „Networker“.[156] Auch gegenüber kleineren Unternehmen wollte man sich abgrenzen. Neue Geschäftsbereiche waren den Branchengrößen willkommen, nicht aber der „Mief“, der dem „öffentlichen Sektor“ in den Augen der meisten Unternehmensberater*innen weiterhin anhaftete. Die Kienbaum GmbH, die Mummert + Partner AG und andere Mitbewerberinnen, die in der Verwaltung schon lange Fuß gefasst hatten, hätten sie laut Fiedler „gar nicht ernst genommen“.[157]

Auch im „öffentlichen Sektor“ bemühten sich McKinsey & Company und Roland Berger Strategy Consultants darum, die eigene Rolle als neutral und unabhängig zu zeichnen. Im öffentlichen Raum bedeutete dies, keine parteipolitischen Präferenzen erkennen zu lassen. So erschien Behördenconsulting in Bergers Worten von staatlicher Nachfrage getrieben, derer seine Branche sich weder erwehren könne noch wolle:

> „Wenn Regierungen uns um Rat fragen, verweigern wir uns nicht. Wir halten uns natürlich aus der Parteipolitik heraus, helfen aber gerne, gesamtwirtschaftliche, regionale und branchenspezifische Strukturen als Grundlage jeder gesellschaftlichen Entwicklung zu analysieren und Strategien für ihre Zukunft zu entwickeln.“[158]

[153] McKinsey peilt in Deutschland 2003 Rekordergebnis an, in: dpa, 25. 9. 2003, https://advance.lexis.com/api/document?collection=news&id=urn:contentItem:49MB-92V0-TWB6-K287-00000-00&context=1516831, zuletzt geprüft am 6. 12. 2019.

[154] Ebenda. Eine weitere Einkommensquelle stellte das Investmentbanking dar: McKinsey greift an, in: Capital, 1. 11. 1998.

[155] Jobst Fiedler, interviewt von A. M.

[156] Berater: die heimliche Macht, in: Stern, 5. 12. 2003, https://www.stern.de/wirtschaft/job/berater-die-heimliche-macht-3518700.html, zuletzt geprüft am 27. 11. 2019.

[157] Jobst Fiedler, interviewt von A. M.

[158] Roland Berger: „Es gibt nur einen Weg: Gnadenlose Offenheit“, in: Facts, 11. 9. 1997, S. 76.

Ähnlich argumentierte Kluge im April 2001, als er betonte, sein Unternehmen sei „so unpolitisch, wie es nur sein könnte": „Wo wir helfen können, das ist beim Beitragen von Fakten, und das tun wir auch."[159] Tatsächlich gaben weder Vertreter*innen der einen noch der anderen Firma offenkundig parteipolitische Losungen aus. Berger bezeichnete sich gar als „klassische[n] Wechselwähler".[160] Zum Bundestagswahlkampf 2002 stand er im engen Austausch sowohl mit Schröder als auch mit dessen Rivalen Edmund Stoiber.[161] Auch die Firma McKinsey & Company schlug sich auf keine parteipolitische Seite. Während ein Team den Umbau der BA begleitete und damit indirekt Schröder stützte, saß der frühere McKinsey-Leiter Herbert Henzler der bayerischen „Deregulierungskommission" vor, ein Projekt Stoibers.[162] Neutral agierten die Consultants daher in dem Sinne, dass sie all diejenigen Kontakte pflegten, die einmal wieder nützlich werden konnten.

Wie schon bei Gerhard Kienbaum in den 1960er-Jahren waren die geschäftlichen Aktivitäten der hochprofilierten Consultants mithin nicht von ihrem Auftreten im politischen Raum zu trennen. Einladungen in Gremien wie die Deregulierungs- oder die Hartz-Kommission erreichten sie als Einzelpersonen, nicht als Firmenangehörige; ihren Ruf als Expert*innen verdankten sie jedoch ihrem sozialen Kapital als breit vernetzte Unternehmensberater*innen. Durch die Kommissionsarbeit entstanden und festigten sich wiederum Kontakte zu Entscheidungsträger*innen weit gestreuter Institutionen. Dabei lernten die Berater*innen deren Handlungszwänge und Ziele kennen, ein Wissensvorsprung, der ihnen, wie im Fall der Hartz-Kommission, in späteren Ausschreibungsverfahren half. Das kommerzielle und das ehrenamtliche Wirken von Henzler, Kluge, Berger und ihren weniger prominenten Mitarbeitenden befruchteten sich so stets gegenseitig.

Betrachtet man genauer, in welchen Netzwerken sich die Person Roland Berger bewegte und engagierte, relativieren sich seine apolitischen Bekundungen noch mehr. Stattdessen tritt eine, wenn nicht partei-, so doch gesellschaftspolitische Ausrichtung deutlich hervor. In zahlreichen Interviews demonstrierte der Berater ein klar wirtschaftsliberal geprägtes Staatsverständnis, das dem des „Dritten Weges" entsprach und für das auch Roman Herzog einstand. Kurz nach dem Amtsantritt Schröders 1998 äußerte Berger die Hoffnung, „daß wir vor einem Aufbrechen des konservativsten Blockes unserer Gesellschaft, nämlich der traditionellen

159 Elite außer Kontrolle, in: Berliner Zeitung, 21. 4. 2001, https://advance.lexis.com/api/document?collection=news&id=urn:contentItem:4G9X-GBM0-TWX2-82F6-00000-00&context=1516831, zuletzt geprüft am 6. 12. 2019.

160 Der mit der Vision tanzt, in: Frankfurter Rundschau, 6. 12. 2003, S. 3.

161 Beide Kontakte reichten viele Jahre zurück: Während seiner Regierungszeit in Niedersachsen habe Schröder „ein kleineres Problem" gehabt und ihn zu Rate gezogen. Stoiber dagegen kenne er seit dessen Amtsantritt in Bayern, als sich der Ministerpräsident „systematisch Zeit für viele Gespräche zu den großen Themen der Wirtschaft" genommen habe: Den Wahlsieg schon fest in der Tasche: Roland Berger berät zugleich Bundeskanzler Schröder und Herausforderer Stoiber, in: Süddeutsche Zeitung, 15. 6. 2002, S. 30.

162 Bayerische Staatsregierung/Deregulierungskommission, Entbürokratisieren, deregulieren, flexibilisieren.

Sozialdemokratie, stehen".[163] Zum Wahlkampf 2002 wartete er gar mit einem „10-Punkte-Programm" zur „Wiederherstellung der sozialen Marktwirtschaft" auf: „1. Mehr Markt und weniger Staat durch Privatisierung und Deregulierung. 2. Befreiung der Arbeitsmärkte. 3. Abbau von Bürokratie. 4. Reform und deutliche Kostensenkung der sozialen Sicherungssysteme und des Gesundheitssystems". Auch die übrigen Stichworte – „Subventionsabbau", „Innovationsausgaben", „Rückführen der Verschuldungsquote auf null", „Förderung von Selbständigkeit und Firmengründungen" – entsprachen einem „aktivierenden" Staatsbild.[164]

Bergers Person kann auch mit dem Zuwachs an wirtschaftsliberalen, privat finanzierten Denkfabriken Anfang der 2000er-Jahre in Verbindung gebracht werden, die die Rede des „aktivierenden" Staates und der „Eigenverantwortung" des Individuums perpetuierten. Diese „außerparlamentarische Opposition von oben"[165] bestand aus gut 30 kurzzeitig auflebenden Initiativen mit sprechenden Namen wie *Klarheit in die Politik*, *Marke Deutschland* und *Deutschland packt's an*. Für die im Jahr 2000 gegründete Initiative Neue Soziale Marktwirtschaft (INSM) agierte Berger neben anderen Personen des öffentlichen Lebens als „Botschafter".[166] Arbeitgebendenverbände der Metall- und Elektroindustrie finanzierten die GmbH als „PR-Kampagne der Arbeitgeber für marktwirtschaftliche Reformen". Ihre bedeutenden finanziellen Ressourcen setzte die INSM dafür ein, einen „wirtschafts- und reformfreundlichere[n] Wandel des politischen Klimas über die Beeinflussung der öffentlichen Meinung" herbeizuführen.[167] Zu diesem Ziel startete sie großflächige Anzeigenwellen, platzierte Beiträge im öffentlich-rechtlichen Fernsehen und erregte mediale Aufmerksamkeit durch „spontane Aktionen" nach dem Vorbild sozialer Bewegungen.[168] Wenngleich Berger selbst nur in Nebenrollen auftrat, wird hier die Absicht deutlich, die politische Landschaft nachhaltig wirtschaftsliberal zu färben, auch, um der Beratungsbranche einen dauerhaften Platz darin zu sichern. Auf unterschiedliche Weise setzten die exponierten Köpfe der beiden größten Beratungsgesellschaften Deutschlands also ihre öffentliche Präsenz und ihre weit verzweigten Netzwerke ein, um Aufträge zu generieren und die Wirtschaftsland-

[163] Unternehmensberater Berger über das Schröder/Blair-Papier, Haushaltskürzungen und Rentenpolitik, in: Welt am Sonntag, 20. 6. 1999, https://advance.lexis.com/api/document?collection=news&id=urn:contentItem:4BJK-J1J0-TWCN-H26Y-00000-00&context=1516831, zuletzt geprüft am 27. 11. 2019.

[164] Unternehmensberater Roland Berger über die Programme der Parteien, in: Welt am Sonntag, 5. 5. 2002, https://advance.lexis.com/api/document?collection=news&id=urn:contentItem:4BJW-JM10-TWCN-H1RV-00000-00&context=1516831, zuletzt geprüft am 6. 12. 2019.

[165] Revolution von oben, in: Stern, 18. 12. 2003, S. 160.

[166] Initiative Neue Soziale Marktwirtschaft, Stimmen der sozialen Marktwirtschaft, https://www.insm.de/insm/ueber-die-insm/kuratoren-und-botschafter, zuletzt geprüft am 15. 11. 2019.

[167] Nuernbergk, Die PR-Kampagne der Initiative Neue Soziale Marktwirtschaft und ihr Erfolg in den Medien, S. 169.

[168] Beispielsweise versenkte die INSM im Sommer 2004 ein Plakat mit dem Schriftzug „Höchste Zeit für Reformen" halb in der Spree. Dem Untertitel „Deutschland" stand dabei das Wasser gleichsam bis zum Hals. Nicoll, Rationalität, S. 106. Weitere Aktionen der INSM beleuchtet Nicoll, Rationalität, S. 104–117.

schaft in ihrem Sinne mitzugestalten. Das „manager magazin" zählte Herbert Henzler, Jürgen Kluge und Roland Berger 2003 zu den „50 mächtigsten Manager[n]" Deutschlands.[169] Ihr direkter Draht sowohl zu Vorständen der bundesdeutschen Wirtschaft als auch zu Schröders Entourage rechtfertigte diese Einschätzung.

3. Der „Masterplan"

Tatsächlich ergingen nach Veröffentlichung des Hartz-Berichts großdimensionierte Aufträge der BA an Roland Berger Strategy Consultants und McKinsey & Company. Die Wahl der Firmen kann sicherlich auf die Mitarbeit ihrer Vertreter in der Kommission zurückgeführt werden: Wie Fiedler einräumte, hatte diese „einen gewissen Startvorteil" in der Ausarbeitung überzeugender Projektangebote gewährleistet.[170] Die Entscheidung, für eine Neustrukturierung der BA überhaupt auf kommerzielle Beratung zurückzugreifen, war aber primär dem politischen Druck geschuldet, die Behörde innerhalb kürzester Zeit gemäß neuen gesetzlichen Vorgaben in einen „modernen Dienstleister" zu verwandeln. Denn die „Sofortmaßnahmen" nach dem Vermittlungsskandal allein hatten noch keine Verbesserung auf dem Arbeitsmarkt bewirkt. Im Gegenteil stiegen die Erwerbslosenzahlen in den Monaten nach der Wahl besorgniserregend an: Mit 12,5 Prozent oder 4,7 Millionen lag die höchste Arbeitslosenquote seit Februar 1999 vor.[171]

Vor diesem Hintergrund präsentierte Schröder in einer Regierungserklärung vom 15. März 2003 seine „Agenda 2010".[172] Nachdem das SGB III unter Kohl bereits einen arbeitsmarkt- und beschäftigungspolitischen Umschwung eingeläutet hatte, markierte die Agenda-Rede „den Einstieg in eine konsequenter aktivierende Arbeitsmarktpolitik".[173] Diese verlangte von Erwerbslosen, anstehende Arbeitslosigkeit frühzeitig zu melden, stets eigene Bemühungen um eine neue Anstellung nachzuweisen, dabei härteren „Zumutbarkeitsregeln" unterworfen zu sein und bei ausbleibenden Anstrengungen sanktioniert zu werden. In einem Kernsatz formulierte der Kanzler das Credo des „Förderns und Forderns", das die zweite rot-grüne Regierungsperiode bestimmte: „Wir werden Leistungen des Staa-

169 Zu Berger: Andreas Nölting, Ein begnadeter Verkäufer, in: manager magazin online, 6. 3. 2003, https://www.manager-magazin.de/unternehmen/maechtigste/a-238870.html, zuletzt geprüft am 27. 11. 2019; zu Henzler: Arne Stuhr, Makaay-Deal und Schrempp-Gedicht, in: manager magazin online, 26. 8. 2003, https://www.manager-magazin.de/unternehmen/maechtigste/a-262239.html, zuletzt geprüft am 18. 11. 2019; zu Kluge: Andreas Nölting, Der messerscharfe Analytiker, in: manager magazin online, 26. 6. 2003, https://www.manager-magazin.de/unternehmen/maechtigste/a-254646.html, zuletzt geprüft am 18. 11. 2019.

170 Jobst Fiedler, interviewt von A. M. Ähnlich zum Mitwirken von Unternehmensberater*innen in Regierungskommissionen allgemein: Fiedler, Managementberatung und Politikberatung, S. 217.

171 Eichhorst/Zimmermann, Agenda 2010, S. 10.

172 Zu Schröders Agenda-Rede siehe Wolfrum, Rot-Grün, S. 239–241.

173 Eichhorst/Zimmermann, Agenda 2010, S. 10.

tes kürzen, Eigenverantwortung fördern und mehr Eigenleistung von jedem Einzelnen abfordern müssen."[174] Damit bedeutete die Agenda-Rede die deutliche Abkehr von der Politik der „ruhigen Hand" und schloss an die Rhetorik des „Dritten Weges" aus der Wahlkampfzeit 1998 an.

Die Arbeitsverwaltung bekam die neuen Vorzeichen unmittelbar zu spüren. Schon zu Beginn der zweiten Regierungsperiode legte Rot-Grün die Ressorts Wirtschaft und Arbeit zu einem „Superministerium" zusammen. Traditionell hatte die Selbstverwaltung mit dem Bundesministerium für Arbeit und Sozialordnung kooperiert, während das Bundeswirtschaftsministerium die Arbeits- und Beschäftigungspolitik ausgeklammert hatte.[175] Nun löste die Regierung das Thema Arbeitsmarkt aus dem Zuständigkeitsbereich des Arbeitsministeriums und schlug sie dem neuen Bundesministerium für Wirtschaft und Arbeit zu. Während die Beamt*innen des Bundesministeriums für Arbeit „die meisten Fragen aus der Sicht der Empfänger" betrachtet hatten, wichen diese nun dem wirtschaftspolitisch orientierten Personal des vorigen Wirtschaftsministeriums.[176] Der verantwortliche Minister Wolfgang Clement erklärte, es käme darauf an, „ein anderes Verständnis von Arbeitsmarkt, Vermittlung Arbeitsloser und Arbeitsmarktpolitik in Deutschland zu entwickeln".[177] Was die Wirtschaftsverbände als versöhnliches Zeichen der SPD begrüßten, scheuchte die Gewerkschaften auf, die traditionell dem vormals bestehenden Arbeitsministerium nahegestanden hatten. Auch die BA wurde durch den neuen Zuschnitt der Ministerialverwaltung genötigt, „die Arbeitsmarktpolitik viel stärker unter Effizienzgesichtspunkten zu sehen".[178]

Die Agenda 2010 bot auch den Rahmen für die vier arbeitsmarktpolitischen Gesetze, die aus den Vorschlägen der Hartz-Kommission hervorgingen. Die vier Gesetze „für moderne Dienstleistungen am Arbeitsmarkt" sollten die Rahmenbedingungen für Neueinstellungen und Existenzgründungen ändern sowie den Verwaltungsaufwand für Leistungszahlungen und Arbeitsvermittlung mindern. Flankiert wurden die Hartz-Gesetze von weiteren Reformen der sozialen Sicherungssysteme, wie die Senkung der Lohnnebenkosten, und Steuerentlastungen für Unternehmen und Bürger*innen.[179] Während „Hartz I" und „Hartz II" rechtliche Grundlagen für Zeitarbeit, geringfügige Beschäftigung und Förderung der Selbstständigkeit schufen, bezog sich das „Dritte Gesetz für moderne Dienstleistungen am Arbeitsmarkt" unmittelbar auf die Umgestaltung der BA. Öffentlich weit weniger diskutiert als das gefürchtete „Hartz IV", schrieb dieses ihre grundsätzliche Neustrukturierung vor. Wie Schröder in seiner Regierungserklärung betont hatte,

174 BT, PlPr. 15/32, 14. 3. 2003, S. 2479.
175 Altmann, Arbeitsmarktpolitik, S. 90, S. 98 f.
176 Arbeitsmarktforscher Bernhard Boockmann vom Zentrum für Europäische Wirtschaftsforschung, zitiert nach Zurück zur alten Arbeitsteilung, in: Handelsblatt, 12. 10. 2005, https://www.handelsblatt.com/politik/deutschland/experten-bedauern-trennung-der-ministerien-zurueck-zur-alten-arbeitsteilung/2562646-all.html, zuletzt geprüft am 26. 11. 2019.
177 Ebenda.
178 Boockmann zitiert in ebenda.
179 Eichhorst/Zimmermann, Agenda 2010, S. 11.

sollten alle Strukturen der BA auf die Vermittlung ausgerichtet werden. So sollte sie „ihrer eigentlichen Aufgabe nachkommen [können], nämlich Arbeitslose in Arbeit zu vermitteln und sie nicht bloß zu verwalten“.[180] Bei Verabschiedung von „Hartz III“ griff Clement die Formulierung des Kanzlers auf: „Wir müssen weg von der Administration und der Finanzierung von Arbeitslosigkeit und hin zur Vermittlung in Arbeit kommen.“[181] Dies implizierte die „Abkehr von der übermäßigen Regulierungs- und Erlasskultur“, die die Arbeitsvermittler*innen seit über einem Jahrzehnt beklagt hatten.[182]

„Hartz III“ formalisierte die in den Sofortmaßnahmen kurzfristig eingesetzte Führungsstruktur der BA: Der Verwaltungsrat blieb als drittelparitätisch besetztes Kontrollorgan erhalten, die Verkleinerung von 51 auf 21 Mitglieder wurde aber bestätigt. Von dem dreiköpfigen, nicht verbeamteten, sondern auf Zeit berufenen Vorstand konnte er jederzeit Innenrevisionsberichte anfordern sowie externe Prüfungen anordnen.[183] Gegen den Kommissionsvorschlag, die mittlere Verwaltungsstufe der BA ganz abzuschaffen, hatten sich die Ministerpräsident*innen der Länder und der BA-Vorstand gleichermaßen gewehrt. Die Landesarbeitsverwaltungen blieben daher erhalten, wenn auch in abgeschwächter Form. Ihr Personalkörper reduzierte sich deutlich und ihre Selbstverwaltungsstruktur wurde aufgelöst, sodass der Vorstand ihre Leitung eigenständig besetzen konnte.[184] Kosmetische Vorschläge des Hartz-Berichts, die den Dienstleistungscharakter ausdrücken sollten, griff die Regierung ebenfalls auf: Die Bundesanstalt nannte sich fortan Bundesagentur, kommunale Arbeitsämter wurden äquivalent zu „Agenturen für Arbeit“ umgetauft; die Hauptstelle in Nürnberg wurde zur „Zentrale“, die Landesarbeitsämter zu „Regionaldirektionen“.

Während sich der Ärger um das SGB III – der Grundlage der „aktivierenden“ Arbeitsmarktpolitik – Mitte der 1990er-Jahre an den verschärften Zumutbarkeitsregeln entzündet hatte, fand die grundsätzliche Stoßrichtung der Agenda 2010 außer bei den beiden Abgeordneten der PDS im Jahr 2002 parteiübergreifend Zustimmung.[185] Der Juniorpartner der Koalition, Bündnis90/Die Grünen, entwickelte in der zweiten Legislaturperiode kein eigenständiges wirtschafts- und sozialpolitisches Profil,[186] sodass das Reformprogramm zu einem Verhandlungsgegenstand zwischen SPD und CDU/CSU geriet.[187] War die Agenda-Politik innerhalb der SPD

180 BT, PlPr. 15/32, 14. 3. 2003, S. 2484.

181 BT, PlPr. 15/17, 17. 10. 2003, S. 5737.

182 Vaut, Umbau der BA, S. 64.

183 Bundesanstalt für Arbeit, Geschäftsbericht 2001, S. 24 f.

184 Vaut, Umbau der BA, S. 72 f.

185 Zur „Anti-Agenda-Kampagne“ der PDS siehe Holzhauser, Nachfolgepartei, S. 369–381.

186 Egle, In der Regierung erstarrt? In der Legislaturperiode zuvor hatten die Grünen die Hinwendung zur kapitalgedeckten Teilprivatisierung der Rente („Riester-Rente“) mitgetragen. Das Stichwort der „Generationengerechtigkeit“, das den älteren Begriff des „Generationenvertrags“ verdrängte, hatte dafür parteiinterne Mehrheiten geschaffen: Hoffmann, Wirtschaftsliberalismus bei den Grünen?, S. 142–144.

187 Zeitgenössische politikwissenschaftliche Analysen werteten die Verhandlungen der Agenda-Politik zwischen SPD und Union als Vorbereitung auf die Große Koalition ab 2005: Nullmeier, Die Agenda 2010.

„eher toleriert als akzeptiert“[188], forderten Unionspolitiker*innen teilweise noch weitreichendere Maßnahmen. So kritisierte die Bayerische Arbeitsministerin Christa Stewens, dass die Hartz-Gesetze „durchaus richtige und wichtige Ziele“ verfolgten, aber zu einer „Minireform“ verkommen seien.[189] Im Bundesrat stießen „Hartz III“ und „Hartz IV“ auf heftigen Widerstand, allerdings nicht aufgrund verschärfter Zumutbarkeitsregelungen: Länder und Kommunen taten sich vielmehr schwer damit, die massiven Verwaltungsreformen mitzutragen, solange die finanzielle und soziale Lastenverteilung mit dem Bund nicht geregelt war. Da bis dahin die BA für Arbeitslosen- und die Kommunen für Sozialhilfe zuständig gewesen waren, mussten ihre Zuständigkeiten mit Zusammenlegung der Leistungen zum ALG II neu abgegrenzt werden. Erst nachdem der Vermittlungsausschuss das Verfahren im Oktober 2003 ohne Einigung für beendet erklärte, traten „Das Dritte“ und „Das Vierte Gesetz für moderne Dienstleistungen am Arbeitsmarkt“ in Kraft.[190]

Dennoch schwebten die neuen Regelungen seit Veröffentlichung des Hartz-Berichts 2002 über der BA und alarmierten Mitarbeitende aller Ebenen. Ein Kommentar des Politikwissenschaftlers Marian Döhler verdeutlicht, dass die Intervention der Exekutiven einen drastischen Einschnitt im Dasein einer öffentlichen Körperschaft darstellte: „Funktionsdefizite der Verwaltung ziehen nur ausnahmsweise, meist in gravierenden Fällen wie […] der ex-Bundesanstalt für Arbeit, politische Korrekturmaßnahmen in Gestalt von Gesetzesnovellen nach sich.“[191] Neue Köpfe im Vorstand der BA versinnbildlichten die Neuausrichtung. Der zum Vorstandsvorsitzenden berufene Florian Gerster hatte sich als Protagonist einer „aktivierenden“ Arbeitsmarktpolitik bereits einen Namen gemacht. Als sozialdemokratischer Arbeits- und Sozialminister in Rheinland-Pfalz hatte er im Jahr 2000 das vom Bündnis für Arbeit entwickelte „Mainzer Modell für Beschäftigung und Familienförderung“ umgesetzt. Hier übernahm der Staat einen Teil der Sozialversicherungsbeiträge, wenn Geringqualifizierte eine, auch schlecht bezahlte, Beschäftigung aufnahmen.[192] Indem Gerster in der Beschäftigungspolitik auf Anreize und Responsibilisierung von Individuum und Zivilgesellschaft setzte, war er bei Schröder so beliebt wie bei der BA-Belegschaft gefürchtet.[193] Auch Frank-Jürgen Weise, den der Verwaltungsrat neben Heinrich Alt in den Vorstand berufen hatte, stand für einen neuen Kurs. Weise hatte bislang keine Erfahrung mit Fragen der öffentlichen Verwaltung. Stattdessen war er Manager in der Automobilzulieferbranche und, nachdem er Anfang der 2000er-Jahre seinen Anteil an dem von ihm mitge-

188 Nawrat, Agenda 2010, S. 237.

189 BR, PlPr. 791, 26. 9. 2003, S. 304.

190 BR, Drs. 942/03, 16. 12. 2003; BT, Drs. 15/2259, 16. 12. 2003.

191 Döhler, Vom Amt zur Agentur?, S. 30.

192 Gerster (Hrsg.), Arbeit muss sich lohnen, S. 8.

193 Eine foucaultsche Analyse der Funktionsweise von „Anreizen“ präsentiert Dix, Incentivization.

gründeten Börsenunternehmen Microlog Logistics veräußert hatte, zu beträchtlichem Vermögen gelangt.[194]

Aufgrund ihrer unterschiedlichen Vorerfahrungen teilten die dezidiert behördenfremden Vorstandsmitglieder die Zielsetzung der Hartz-Kommission, die Arbeitsverwaltung zu einem „modernen Dienstleister" umzugestalten. Darin sahen sie sich zu schnellen Erfolgen verpflichtet. Parallel zu den Sofortmaßnahmen der Bundesregierung leiteten Gerster, Weise und Alt im Inneren der Zentrale in Nürnberg sowie in allen Regionaldirektionen „Personalrochaden" ein.[195] Zahlreiche Leiter*innen der ehemaligen Landesarbeitsämter wurden dazu bewegt, sich in den Vorruhestand versetzen zu lassen. Diejenigen Mitarbeitenden, die bereits zuvor durch Veränderungswillen und unkonventionelle Vorschläge aufgefallen waren, waren dagegen besonders gefragt. Der Vorsitzende des Hauptpersonalrats, Eberhard Einsiedler, trug die Entwicklungen mit. Einsiedler hatte sich nach dem „Statistikskandal" auch öffentlich über den Ansehensverlust der Arbeitsvermittler*innen empört.[196] Das nahende „Hartz III" bereitwillig umzusetzen schien die einzige Möglichkeit, die staatliche neben der privaten Arbeitsvermittlung zu erhalten.

Um die Empfehlungen der Hartz-Kommission und die antizipierten Regelungen von „Hartz III" zügig umzusetzen, startete der BA-Vorstand eine groß angelegte Beratungsoffensive. Von Januar bis Juni 2003 tagten etwa zweihundert Mitarbeitende gemeinsam mit Vertreter*innen von etwa zehn Beratungsgesellschaften in der Führungsakademie der BA in dem kleinen Ort Lauf an der Pegnitz, unweit von Nürnberg. Regelrecht „kaserniert"[197] sollten sich BA-Mitarbeitende und Berater*innen sechs Monate lang ganz der Neustrukturierung der Arbeitsverwaltung widmen. Die Projektarbeit verlief dreistufig: fünfundzwanzig Gruppen arbeiteten themenbezogene Vorschläge aus, die eine Projektleiter*innenrunde begutachtete; ein Lenkungsausschuss koordinierte die gesamte Unternehmung.[198] Fiedler von Roland Berger Strategy Consultants und Michael Jung, Vertreter von McKinsey & Company, kam die Sonderstellung zu, die gesamte Unternehmung gemeinsam mit dem BA-Vorstand als Teil des Lenkungsausschusses zu leiten. „Das wird ein Befreiungsschlag auch gegenüber der Politik", so Vorstandsmitglied Alt in einem Zeitungsinterview: Das in Lauf ausgearbeitete Programm sollte die Rettung der BA garantieren.[199]

BA-Mitarbeiter Michael Kühn verantwortete das „Lagezentrum" oder „Projektbüro" in der Nürnberger Zentrale, das die Fortschritte der einzelnen Projektgrup-

194 Eintrag „Weise, Frank-Jürgen" in Munzinger Online/Personen – Internationales Biographisches Archiv, http://www.munzinger.de/document/00000024786, zuletzt geprüft am 19. 2. 2019.
195 Vaut, Umbau der BA, S. 72.
196 Beispielsweise anlässlich der 50-Jahr-Feier der Bundesanstalt im April 2003: Der Effe aus Nürnberg, in: Der Spiegel, 2002, S. 125.
197 Jobst Fiedler, interviewt von A. M.; Michael Kühn, interviewt von A. M.
198 Bundesanstalt für Arbeit, Geschäftsbericht 2001, S. 27.
199 Robert Jacobi, Florian Gerster macht Tempo, in: Süddeutsche Zeitung, 13. 6. 2003, S. 17.

pen dokumentierte.[200] Der Verwaltungsrat und die Personalvertretungen sollten sich auf diesem Wege stetig über den Fortgang des Umstrukturierungsprozesses informieren können – „weil die Gemütslage natürlich extrem angespannt war", wie Weise rekonstruierte.[201] Regelmäßige Anrufe aus dem Kanzleramt und Besuch von SPD-Abgeordneten sowie Politiker*innen anderer Parteien ließen den Lenkungsausschuss nicht vergessen, dass sich die BA noch rehabilitieren musste.[202] Einen Vertrauensvorschuss sollten kurzfristige Einsparungen in Millionenhöhe erwirken, von den BA-Reformern als „quick wins" bezeichnet. Diese konnten beispielsweise durch Nachverhandlungen beim Einkauf und durch Großkundenrabatte erzielt werden.[203]

Die neue Gestalt der „modernen Dienstleisterin" BA sollte allerdings im Zuge eines „Masterplans" in Lauf ausgearbeitet und umgesetzt werden.[204] In den nachträglichen Schilderungen Kühns relativierte sich das Bild eines Reißbretts: „Ich habe den Plan immer gesucht. Der Plan hat sich irgendwann ergeben, weil dafür war die Dimension zu groß."[205] Die Schwerpunkte der fünfundzwanzig Projektgruppen waren dennoch schnell gesetzt: Teilweise waren sie den Weisungen der Hartz-Kommission entlehnt, teilweise griffen sie Ideen des Vorstands auf. Dem Managementjargon entspringende Gruppennamen signalisierten, dass ein neuer, betriebswirtschaftlicher Wind in der alteingesessenen Behörde wehen sollte: „Neues Leitbild der BA", „Steuerung durch geschäftsübergreifendes und operatives Controlling", „Steigerung der operativen Leistungsfähigkeit", „Neues Personalmanagementkonzept", „Veränderungsmanagement zur Gestaltung und Steuerung des Wandels" waren nur einige der definierten Themen.[206] Fast jeder Gruppe ordnete der Vorstand je eine*n externe*n Berater*in zu. Für Weise als ehemaligen Manager galt es dabei, „Organisations- und Führungswissen" aus der Privatwirtschaft in die Behörde einzuspeisen.[207] Der Wandel hin zum „modernen Dienstleister" sollte in dieser Form vollzogen werden.

Das Selektionsverfahren gestaltete sich ungleich komplexer als einst bei der Deutschen Bundespost. Um passende Beratungsquellen ausfindig zu machen, hatte der Vorstand europaweit ausgeschrieben. An der Auswahl waren neben Weise und Kühn auch Fachleute aus der BA beteiligt. Vertreter*innen der BA-Einkaufsabteilung bewilligten das Honorar.[208] Das mehrstufige Auswahlverfahren dokumentierte das Projektbüro nicht nur „bundesrechnungshofsicher", sondern auch „konkurrentenklagensicher", indem sie die Angebote der Firmen auf einer Punk-

200 Jahre später wurde Kühn Geschäftsführer für den Personalbereich der BA.
201 Frank-Jürgen Weise, interviewt von A. M.
202 Ebenda.
203 Becker/Heuke, Controlling wirkt, S. 52; Alexander Smoltczyk/Matthias Geyer, Das Nürnberger Labor, in: Der Spiegel, 1. 12. 2003, S. 36.
204 Vaut, Umbau der BA, S. 67.
205 Michael Kühn, interviewt von A. M.
206 Bundesanstalt für Arbeit, Geschäftsbericht 2001, S. 27.
207 Frank-Jürgen Weise, interviewt von A. M.
208 Ebenda.

teskala bewerteten.[209] Ausschlaggebend war dabei vor allem die Vorerfahrung der Bewerber*innen, aber auch eine Verteilung der Aufträge auf mehrere Firmen. Damit sollte „Ärger in der [Beratungs-]Szene“ vermieden werden.[210] Das Auftragsvolumen lag bei insgesamt etwa 40 Millionen Mark, sodass die Ausschreibung der BA ein attraktives Angebot für die Beratungsgesellschaften darstellte.

Im „Masterplan“ wies der Lenkungsausschuss verschiedenen Beratungsfirmen spezifische Rollen zu. Die Firmenvertreter*innen, die den Projektgruppen zugeordnet waren, erfüllten die Funktion des Wissenstransfers. Weise rekonstruierte *ex post* das Vorhaben, auch nach Weggang der Consultants deren Kenntnisse in der Behörde zu halten:

> „Wir haben hinter jeden externen Berater eben mindestens zwei bis drei [...] interne Leute gestellt und der Auftrag war von Anfang an gegeben: Alles, was ihr da erlebt, in der Arbeitsmethodik, in der Präsentationsmethodik [...] – alles haben wir aufgenommen.“[211]

Inhaltlich war hierbei unerheblich, ob sich die Externen kommerziell oder öffentlich finanzierten, sich als Wirtschaftspraktiker*innen oder -theoretiker*innen präsentierten. Ein Berater der Kienbaum GmbH war Teil der Projektgruppe „Personalassessment“, die Wirtschaftsprüfungsgesellschaft KPMG begleitete eine Projektgruppe zum Thema Einkaufsprozesse und IBM agierte in der Projektgruppe „Personal Service Agenturen“, mit der die Zeitarbeitsvermittlung bei der BA institutionalisiert wurde. Die Firma Accenture wiederum arbeitete an einer internetbasierten Stellenbörse. Neben kleineren Beratungsfirmen und Einzelberater*innen waren auch wissenschaftliche Dienstleister vertreten. Dazu zählte das Forschungsinstitut zur Zukunft der Arbeit und die WHU – Otto Beisheim School of Management. Auch das BA-eigene Institut für Arbeitsmarkt- und Berufsforschung trug zur Arbeit der Projektgruppen bei.[212]

Eine Sonderstellung hatten Jobst Fiedler von Roland Berger Strategy Consultants und Michael Jung von McKinsey & Company. Sie wurden mit der Koordination des gesamten Prozesses in der Laufer Führungsakademie betraut und waren entsprechend Teil der Projektleiter*innenrunden und unmittelbare Ansprechpartner des BA-Vorstands. Kühn erinnerte sich, dass die Zusammenarbeit mit beiden Firmen gleichzeitig „insofern nicht ganz einfach [war], dass man zwei Kampfhähne da hatte, die ein bisschen anders tickten“. Schon aufgrund ihrer äußeren Erscheinung seien die Consultants klar einer der Marken zuzuordnen gewesen: „Die einen tragen dickere Uhren, die einen tragen blaue Anzüge, und Partner tragen handgenähte Schuhe.“[213] Trotz der erkennbaren Profilierungsversuche arbeiteten die jeweiligen Firmenvertreter im Team mit Kühn und Weise und dirigierten die Tätigkeiten aller anderen Externen.

209 Ebenda.
210 Ebenda.
211 Ebenda.
212 Ebenda.
213 Michael Kühn, interviewt von A. M.

Wie gestaltete sich die Zusammenarbeit zwischen BA-Mitarbeitenden und Consultants in den Projektgruppen? Wie im Post- und Bildungsbereich trafen diese „nicht friktionsfrei“[214] aufeinander. Das selbstbewusste Auftreten der Consultants schürte die Ängste der Verwaltungsangestellten. Dazu trugen neben einem deutlichen Altersunterschied auch Differenzen in Arbeitsethik und „Habitus“ bei. Die BA-Mitarbeitenden, die Frank-Jürgen Weise und sein Kreis zu Projektleiter*innen auserkoren hatten, konnten mitunter auf lange, erfolgreiche Karrieren zurückblicken. Viele von ihnen hatten regionale Zweigstellen der BA geleitet, sie befanden sich in der Spätphase ihres Arbeitslebens und waren in einem Alter zwischen 50 und 60 Jahren. Konfrontiert mit der Behördenkrise, bangten sie nun um ihre Zukunft. Kühn erinnerte sich daran, wie die Kooperation mit jungen Consultants die bereits verunsicherten Mitarbeitenden in Bedrängnis brachte:

> „Denen ging die Düse wie sonst was. Die wussten nicht, wie es mit ihnen weitergeht. Die hatten teilweise Existenzangst. […] Dann treffen die auf selbstgefällige Berater, die voll fit sind. Da so einen Gegenpart zu bieten, das war schon schwierig.“[215]

Trotz des allseits herrschenden Drucks lag aber auch Aufbruchstimmung in der Luft. Die BA-Mitarbeitenden waren von der Aussicht angetrieben, die Zukunft der Behörde sichern zu können. Von Montag bis Donnerstag nächtigten BA-Vertreter*innen wie auch die Berater*innen in Lauf. Den Freitag verbrachten die BA-Mitarbeitenden in ihrer Heimatagentur und tauschten sich dort zu den entstehenden Ideen aus. Viele Projektgruppen saßen bis spät abends beieinander und einzelne Mitarbeitende fand man auch noch um Mitternacht an ihren Laptops vor.[216] Warme Küche bis zehn Uhr abends und ein angrenzendes Schwimmbad sollten die „Klausursituation“ versüßen.[217] „Es war eine schöne Zeit“, erinnerte sich nicht ohne Nostalgie Michael Pflügner, der als Leiter der Führungsakademie für die Räumlichkeiten zuständig war.[218]

Im Rahmen der Großoffensive kam es zu einigen Fehlschlägen. Mit dem „Virtuellen Arbeitsmarkt“ hatte die Firma Accenture eine „zentrale und web-basierte Plattform für alle am Arbeitsmarktgeschehen beteiligten Personengruppen“ schaffen sollen.[219] Vier unterschiedliche Softwaresysteme sollten sowohl für Arbeitsuchende als auch für Vermittler*innen alle relevanten Jobbörsen, Metasuchmaschinen und Informationsportale in einer Anwendung vereinen.[220] Bereits im Jahr 2000 als Vorzeigeprojekt konzipiert, entwickelte sich der „Virtuelle Arbeitsmarkt“ zu einer Kostenfalle für die BA. Da die anfänglich mit 57 Millionen Euro veran-

[214] Ebenda.

[215] Ebenda.

[216] Alexander Smoltczyk/Matthias Geyer, Das Nürnberger Labor, in: Der Spiegel, 1. 12. 2003, S. 36.

[217] Jobst Fiedler, interviewt von A. M.

[218] Alexander Smoltczyk/Matthias Geyer, Das Nürnberger Labor, in: Der Spiegel, 1. 12. 2003, S. 36.

[219] Bundesagentur für Arbeit, Geschäftsbericht 2003, S. 54.

[220] Der Virtuelle Arbeitsmarkt, https://www.bpb.de/politik/innenpolitik/arbeitsmarktpolitik/317051/der-virtuelle-arbeitsmarkt, zuletzt geprüft am 1. 2. 2021.

schlagten Kosten um mehr als 100 Millionen überschritten wurden, musste sich Weise vor dem Haushaltsausschuss des Bundestags erklären. Hier berief er sich darauf, dass angesichts des fortgeschrittenen Stadiums des Projekts dessen Ende „eine echte Abschreibung gewesen“ wäre. Die Frage, ob tatsächlich eine Behörde „eine solch mächtige Internetplattform“ zur Verfügung stellen sollte, sei zu spät aufgeworfen worden.[221] In der Tat gab es bereits private Anbieter*innen, die ähnlich umfassende Dienste weit kostengünstiger im World Wide Web ermöglichten und sich an der staatlichen Konkurrenz störten.[222]

Die meisten anderen Projekte gestalteten sich aber ganz im Sinne der Hartz-Empfehlungen und zur Zufriedenheit des Vorstands. Die Einrichtung von „Kundenzentren“ in den Arbeitsagenturen sowie ein agenturweites „Controllingsystem“ symbolisierten am deutlichsten den Wandel vom Amt zum „Dienstleister“. In der Weimarer Republik hatten Arbeitssuchende in Warteräumen verweilt, bis Beamt*innen aktuelle Stellenangebote ausriefen.[223] Technisch-organisatorische Veränderungen in den Ämtern der 1970er- und 1980er-Jahre, wie Beschilderungen und Wartenummern, veränderten die Umstände der Wartesituation, beseitigten sie aber nicht.[224] In Zeiten hoher Arbeitslosigkeit, wie Anfang der 2000er-Jahre, warteten Erwerbslose daher oft stundenlang in überfüllten Fluren, bis sie an die Reihe kamen. Häufige Anrufe unterbrachen zudem die Vermittlungsgespräche, da Arbeitslose sich mit Anliegen telefonisch direkt an die für sie zuständigen Sachbearbeiter*innen wandten.

Das „Kundenzentrum der Zukunft“ sollte die Abläufe in den Agenturen räumlich und zeitlich neu strukturieren und mehr Ruhe für das eigentliche Vermittlungsgespräch schaffen.[225] Telefonanrufe erreichten fortan nur noch die „Servicecenter“ der Agenturen. Wie der Empfang in der „Eingangszone“ sortierten diese eintreffende Anliegen vor und beantworteten kleinere Fragen sofort. Arbeitslose mit umfangreicheren Anliegen wurden in die Büroräume weitergeleitet. Hier wichen Holztüren Glastüren, damit die Wartenden sich der Aktivität der Vermittler*innen vergewissern konnten. Vermittlungsgespräche erfolgten nur noch terminiert und auf Basis eines schriftlichen Fragebogens. Bereits im November 2003, wenige Monate nach Abschluss der Projektarbeiten in Lauf, wurde das „Kundenzentrum der Zukunft“ modellhaft in Heilbronn, im Jahr darauf in neun weiteren Arbeitsagenturen eingeführt.[226]

221 Parlamentsarchiv, 3106-8, Protokoll des Haushaltsausschusses, 15/64, 1. 12. 2004, S. 43.
222 Stellenmarkt des Arbeitsamts startet, in: Frankfurter Allgemeine Zeitung, 1. 12. 2003, https://www.faz.net/aktuell/wirtschaft/wirtschaftspolitik/virtueller-arbeitsmarkt-stellenmarkt-des-arbeitsamts-startet-1129394.html, zuletzt geprüft am 12. 12. 2019.
223 Schlehahn, Arbeitsamt.
224 Wiede, Von Zetteln, S. 477–480.
225 Zum Folgenden: Schütz/Ochs, Das Neue im Alten, S. 5 f.; Bundesagentur für Arbeit, Geschäftsbericht 2003, S. 51–53.
226 Warteschlangen und Kaffeepausen adé, in: Frankfurter Rundschau, 5. 11. 2003, S. 12.

Das außerdem etablierte Controllingsystem war Teil eines neuen, dem Neuen Steuerungsmodell entlehnten Führungskonzepts.[227] Unter Anleitung des Wirtschaftswissenschaftlers Jürgen Weber[228] erarbeitete eine Projektgruppe ein umfassendes Verfahren, um die Fortschritte der Arbeitsagenturen zu messen und bei ausbleibendem Erfolg nachzubessern. Auf allen Ebenen der BA wurden „Zielvereinbarungen" getroffen, deren Einhaltung in regelmäßigen „Führungsdialogen" überprüft wurde. Quartalsberichte und wiederkehrende Rankings der Kundenzentren sollten stärkere „Transparenz" über die Agenturleistungen herstellen. Zudem wurde das klassische kameralistische Rechnungswesen durch die Kosten- und Leistungsrechnung ersetzt. Hier wurden nun, wie in privatwirtschaftlichen Unternehmen, Einnahmen und Ausgaben in getrennten Büchern geführt. Beiträge wurden im Versicherungssinne für Leistungsgewährung und Vermittlungsanstrengungen verwendet, während Bundesmittel „gesamtgesellschaftlichen Aufgaben" wie Reha-Maßnahmen vorbehalten waren.[229]

Nach Umsetzen der Hartz-Vorschläge hatte die Bundesagentur also kaum noch etwas mit der Bundesanstalt gemein. Die Aufmachung der Kundenzentren, die Art der Buchführung, aber auch die internen Mechanismen der Kontrolle und Leistungsbemessung brachen mit bis dahin vorherrschenden Routinen im öffentlichen Dienst. Die verschärft „aktivierende" Arbeitsmarktpolitik verlangte von den Mitarbeitenden zudem ein neues Selbstverständnis. Es galt, sich an das neue Behördenleitbild anzupassen oder die BA zu verlassen. Ein „Spiegel"-Artikel fasste die Botschaft in Worte, die die Koalition aus internen Veränderungswilligen und externen Berater*innen an die gesamte Belegschaft sandte:

> „Ihr seid keine Anstalt, ihr seid eine Agentur. Ihr seid Vermittler, keine Verwalter. Ihr betreut Kunden, keine Arbeitslosen. Ihr werdet in Job-Centern arbeiten, sie werden hell und freundlich sein, Wellness-Tempel des Sozialstaats, nie wieder wird es wartende Menschen in stinkenden Arbeitsämtern geben. Ihr seid modern, modern, modern, ihr modernisiert das Land."[230]

Wie im Hartz-Bericht dargelegt, sollte jede Tätigkeit der Arbeitsvermittler*innen an einem einzigen Indikator ausgerichtet werden: die Dauer von Arbeitslosigkeit. Um diese möglichst kurz zu halten, sollten Sachbearbeiter*innen alle verfügbaren Maßnahmen dafür einsetzen, Arbeitslose schnell in neue Beschäftigung zu bringen. Weise war dieses Denkmodell vertraut: Als ehemaliger Automobilzulieferer hatte sich bei ihm die Auffassung verfestigt, „*just in time* ist das Effizienteste".[231] Im Sinne der „Aktivierung" meldeten sich Bürger*innen daher bereits vor Verlust

227 Bereits die KGSt hatte in der Hochphase des Neuen Steuerungsmodells auf Kommunalebene ein Controllingkonzept für die öffentliche Verwaltung ausgearbeitet: KGSt, Verwaltungscontrolling im Neuen Steuerungsmodell.

228 Weber war als Koryphäe auf dem Gebiet des Controllings in öffentlichen Einrichtungen bekannt. Siehe etwa Weber, Aspekte, S. 438–461; Weber, Controlling, S. 183–192.

229 Vaut, Umbau der BA, S. 67–69; Bundesagentur für Arbeit, Geschäftsbericht 2003, S. 56 f.

230 Alexander Smoltczyk/Matthias Geyer, Das Nürnberger Labor, in: Der Spiegel, 1. 12. 2003, S. 36.

231 Frank-Jürgen Weise, interviewt von A. M.

einer Arbeitsstelle und hätten bei Eintritt der Erwerbslosigkeit schon die nächste in Aussicht.

Für das Personal der Arbeitsvermittlung bedeutete dies einen erheblichen Bruch mit Handlungsroutinen. Im Paradigma der „aktiven“ Arbeitsmarktpolitik waren sie erfolgreich gewesen, wenn sie Arbeitslosen passende Weiterbildungsmaßnahmen gewährt hatten. Nun sollten sie Arbeitsanwärter*innen zu Bewerbungen und Vorstellungsgesprächen animieren und ausbleibende sichtbare Bemühungen sanktionieren. „Dieses Neu-Denken der Bundesagentur nicht als ein Verwalter von Bestandsarbeitslosigkeit, sondern eine aktive Steuerung, das war nicht vorhanden“, resümierte das Vorstandsmitglied im Nachhinein den grundlegenden kulturellen Wandel.[232] Aus Sicht der Vermittler*innen ging hier freilich noch mehr verloren: die empfundene Berufsehre, sich beispielsweise „monatelang mit Einstellungsbemühungen für einen 54-jährigen schwer behinderten ungelernten Arbeitnehmer“ zu befassen.[233] Auch die Evaluationsforschung zeichnete in dieser Hinsicht ein gemischtes Bild: „Die Reform kennt klare Gewinnerinnen und Verlierer und siebt in Assessmentverfahren nüchtern die Mitarbeiter aus, welche für die ‚neue BA-Welt‘ der Wirkungs- und Effizienzorientierung nicht geeignet erscheinen.“[234]

Der Vorstand bewertete den Einsatz der Consultants als „überragend gut im Ergebnis“.[235] Im Jahr 2006 kam die BA erstmals seit 1985 ohne Zuwendungen aus dem Bundesetat aus und konnte einen Gewinn erzielen.[236] Zwei weitere Jahre später verfügte sie über Rücklagen von beinahe 18 Milliarden Euro.[237] Dieser Überschuss speiste sich hauptsächlich aus dem Rückgang an Arbeitsförderungsmaßnahmen und kostengünstiger geführten Ämtern.[238] Auch in den folgenden Jahren engagierte die BA immer wieder Beratungsfirmen. Anders als bei der Bundespost oder dem Arbeitsstab Aufgabenkritik wurde Beratung aber nicht über mehrere Jahre hinweg hinzugekauft. Stattdessen internalisierte die Behörde die punktuell herangezogenen externen Wissensbestände und verstetigte sie: Als eine der weni-

232 Ebenda.

233 Müller, See, S. 67. Dazu hatten sie bald keine Gelegenheit mehr, denn die in der Sprache des Hartz-Berichts als „Kunden“ gefassten Arbeitslosen wurden mit der Hartz IV-Reform fortan in vier Kategorien eingeteilt: „Marktkunden“, die aufgrund ihrer guten Ausbildung und jungen Jahre voraussichtlich ohne große Mühe selbst eine neue Arbeitsstelle finden konnten; „Beratungskunden Aktivieren“, die als ausreichend qualifiziert eingestuft wurden, aber zur Bewerbung „motiviert“ werden mussten; „Beratungskunden Fördern“, die erst durch Weiterbildung vermittelbar würden; und „Betreuungskunden“, die persönlich in so vielfältiger Weise unterstützungsbedürftig erschienen, dass eine Vermittlung in Arbeit als wenig aussichtsreich galt. Letztere verschwanden meist über kurz oder lang aus dem Zuständigkeitsbereich der BA, da für sie als Empfänger*innen von Arbeitslosengeld II die Kommunen zuständig waren. Kaltenborn/Knerr/Schiwarov, Agenturen für Arbeit, S. 2.

234 Schütz/Ochs, Das Neue im Alten, S. 4.

235 Frank-Jürgen Weise, interviewt von A. M.

236 Bundesagentur für Arbeit, Geschäftsbericht 2005, S. 7.

237 Bundesagentur für Arbeit, Geschäftsbericht 2008, S. 28.

238 Ebenda, S. 29 f.

gen öffentlichen Körperschaften richtete sie eine „Inhouse-Beratung“ ein. Hier waren viele Mitarbeitende der BA vertreten, die auch die Laufer Projektgruppen mitgetragen hatten. Stellen der BA, aber auch andere staatliche Einrichtungen konnten bei der BA-eigenen Inhouse-Beratung für geringe Beträge Organisationsgutachten anfragen.[239] Unter dem neuen Vorstand und unter massiver Mobilisierung privatwirtschaftlicher Wissensbestände war die BA zu einer Behörde geworden, die in ihrer Zielsetzung und Funktionsweise einem „modernen Dienstleister“ entsprach.

4. Beratungsskandal bei der BA: Geburtsstunde des Ökonomisierungsnarrativs?

Mit der Zeit des groß angelegten Behördenconsultings in der zweiten rot-grünen Regierungsperiode brach auch die Zeit der Beratungsskandale an. Noch vor Verabschiedung von Hartz III und IV und der Serie an „Montagsdemonstrationen“[240] Mitte 2004, regte sich um den Jahreswechsel 2003/2004 Unmut ob der Vergabepraktiken der Bundesregierung. Anders als zuvor stellten Gewerkschaften nicht den direkten Gegenpart in den Auseinandersetzungen um das Behördenconsulting dar. Die Differenzen im Bündnis für Arbeit und in der Rentenpolitik hatten eine Distanz zwischen den ehemaligen Bündnisorganisationen aus Arbeitnehmendenvertretungen und Sozialdemokratie geschaffen.[241] Angesichts der bevorstehenden Bundestagswahlen und der formellen Zustimmung der SPD zu Schröders Kurs war es dem DGB und der IG Metall 2002/2003 nicht gelungen, zu Protesten gegen die Agenda-Politik zu mobilisieren.[242] Zwischen Frühjahr und Herbst 2004 galten ihre Bemühungen dann ganz dem (erfolglosen) Aufbegehren gegen die Hartz-Reformen.[243] Kritik am Beratungseinsatz bei der BA rührte stattdessen von den Oppositionsparteien, in bedeutendem Maße aber auch von der Publizistik her. Vorgehalten wurde der Regierung eine zu große Nähe zu Beratungsfirmen, die im Zuge der Umgestaltung der Behörde offenbar geworden sei. Einige wenige Firmen würden durch informelle Beziehungen immer wieder von öffentlichen Aufträgen profitieren; die Notwendigkeit externer Beauftragungen sei häufig nicht ausreichend begründet. Nachdem Entscheidungsträger*innen die Praktik des Behördenconsultings ausgeweitet und zur Routine gemacht hatten, stand nun also ihre Einhegung zur Debatte.

239 Im Jahr 2019 fand sich diese gemeinsam mit sechs weiteren Inhouse-Beratungen öffentlicher Einrichtungen, darunter des Statistischen Bundesamts und der Bundeswehr, zu einem „Inhouse Consulting Network für Behörden“ zusammen. Startschuss für das Inhouse Consulting Network für Behörden, https://www.bwconsulting.de/startschuss-icnb/, zuletzt geprüft am 13. 12. 2019.

240 Siehe Bitzegeio, Hartz IV, und die dort angeführte Literatur.

241 Seibring, Konflikt, S. 62–66.

242 Ebenda, S. 78–88.

243 Ebenda, S. 88–94.

Auslöser dafür waren zunächst nicht die Verträge von McKinsey & Company und Roland Berger Strategy Consultants bei der BA, die ordnungsgemäß ausgeschrieben und medial kaum thematisiert worden waren. Stattdessen ging es um Beratungsaufträge, die der BA-Vorstandsvorsitzende Florian Gerster freihändig, ohne vorschriftsgemäßes Vergabeverfahren ausgelobt hatte. Einen Bericht in der „Bild am Sonntag“ vom November 2003 nahmen andere Medienhäuser schnell auf: Für 820 000 Euro habe Gerster seit April 2003 den Vorstand der Berliner Firma WMP EuroCom, Bernhard Schiphorst, mit Vertragslaufzeit bis Ende 2004 beschäftigt. Dieser habe eine Imagekampagne für die BA entworfen und den Vorstandsvorsitzenden persönlich in PR-Fragen beraten. Gegenüber dem Wirtschaftsausschuss des Bundestags habe der BA-Chef nähere Informationen zu dem Auftrag verweigert: Das Honorar sei schließlich „nicht aus Steuermitteln [...], sondern aus Beiträgen der Arbeitgeber und Arbeitnehmer zur Arbeitslosenversicherung“ geflossen.[244] Statt sein Ansehen aufzuwerten, fiel Gerster über die beitragsfinanzierte Kampagne in Ungnade. Aber auch die ausgreifende Beratungsbranche geriet bald ins Visier von Medien und Opposition.

Anfangs signalisierten Schröder und der Wirtschafts- und Arbeitsminister Wolfgang Clement, bislang Gersters Wegbegleiter, dass sie den Agenturchef weiterhin uneingeschränkt unterstützten. So erklärte die Bundesregierung im Namen der BA zügig, warum sich deren Vorstand gegen eine Ausschreibung entschieden habe. Zum Zeitpunkt des Engagements Schiphorsts sei die BA mit „einer sehr kritischen öffentlichen Wahrnehmung“ konfrontiert gewesen.[245] Gerster habe eine Imagekampagne „zügig“ in die Wege leiten wollen, um für die Behörde und ihre Angestellten eine annehmlichere Situation zu schaffen.[246] Je mehr Details der BRH aber rund um die Vergabepraxis zutage förderte, desto mehr schwand Gersters Rückhalt. Als der BRH begann, nicht nur den Auftrag an Schiphorst, sondern insgesamt siebenundzwanzig Beratungsverträge der vorangegangenen Monate zu prüfen, entzogen die Arbeitgebenden- und Arbeitnehmendenverbände im Verwaltungsrat dem BA-Leiter ihr Vertrauen.[247] Auch beim Wirtschafts- und Arbeitsministerium verdichtete sich der Eindruck, dass der Beschuldigte nicht länger zu halten war. Denn die Union nutzte den Skandal, um am Stuhl von Rot-Grün zu sägen. In einer Kleinen Anfrage zitierten drei CDU-Abgeordnete ausführlich aus der vernichtenden Kritik des BRH,

> „dass die BA vor Abschluss des Vertrages keine Bedarfsanalyse vorgenommen hat, gegen Vergaberecht verstoßen wurde, der Vertrag nicht hinreichend bestimmt war, die vereinbarte Leistung nicht notwendig war, die erbrachten Leistungen nicht dokumentiert wurden und der Einsatz

244 Gerster leistet sich Medienberater für 820.000 Euro, in: Der Spiegel, 23. 11. 2003, https://www.spiegel.de/wirtschaft/bundesanstalt-fuer-arbeit-gerster-leistet-sich-medienberater-fuer-820-000-euro-a-275254.html, zuletzt geprüft am 19. 2. 2019.

245 BT, Drs. 15/2108, 28. 11. 2003, S. 5.

246 Ebenda, S. 6.

247 Robert Jacobi/Jonas Viering, Der schnelle Abschied von Nürnberg, in: Süddeutsche Zeitung, 26. 1. 2004, S. 3.

des Projektverantwortlichen der WMP mit haushaltsrechtlichen Grundsätzen nicht in Einklang stand".[248]

In ihrer Antwort verwies die Bundesregierung zwar erneut darauf, dass Gerster seine Entscheidung mit einer „Eilbedürftigkeit" begründet hatte, die „durch äußere Umstände" gegeben gewesen sei.[249] Gleichzeitig konzedierte sie nun aber, dass der Auftrag an WMP EuroCom nicht vergaberechtmäßig ergangen war. Dabei berief sie sich auf eine von der BA abgegebene Stellungnahme. Was diese zu ihrer Verteidigung formuliert hatte, offenbarte die informelle Vorgehensweise des Vorstands in nahezu naiver Weise. Danach habe sich Gerster vor Auftragsvergabe

> „in der deutschen Wirtschaft und bei maßgeblichen Persönlichkeiten umgehört, wer die BA bei der Aufgabe Kommunikation und Marketing unterstützen könnte. Verschiedene Empfehlungen haben dann schließlich zu einer sehr kleinen denkbaren Auswahl geführt. Der Vorstandsvorsitzende der BA hat dann mit Herrn Schiphorst über die Konditionen gesprochen und hat dann [...] die Zentrale Beschaffungsstelle der BA gebeten, einen Weg zu finden, der rechtlich einwandfrei ist und schnell geht."[250]

Die Bundesregierung sah explizit davon ab, den von der BA geschilderten „Meinungsbildungsprozess" zu kommentieren und distanzierte sich somit.[251] In den folgenden Wochen wurde Gerster unter hoher medialer Aufmerksamkeit zu mehrmaligen Aussprachen mit Minister Clement gebeten, bevor der Verwaltungsrat der BA ihm Ende Januar 2004 offiziell das Misstrauen aussprach. Als seinen Nachfolger berief der Verwaltungsrat den bisherigen Vize Frank-Jürgen Weise, den Kopf der Operation „Masterplan".

Neben den Debatten in Politik und Verwaltung kreiste allerdings auch die Tagespresse um das Thema Behördenconsulting. Eine präzedenzlose Welle an journalistischen Leitartikeln und Hintergrundanalysen wollte Licht in das dunkle Beratungsgeschäft bringen. Selten verurteilten Publizist*innen dabei den Einsatz externer Berater*innen in der öffentlichen Verwaltung per se. Im Kreuzfeuer standen stattdessen „Grenzgänger" und „Doppelagenten"[252] – derer es aber zahllose zu geben schien. Am Beispiel von WMP EuroCom deckte die Berichterstattung weit verzweigte Netzwerke auf, die die deutsche Wirtschaft, Medienwelt und Politik umspannten. So hielten mitunter der ehemalige BILD-Chefredakteur Hans-Hermann Tiedje, der ehemalige Bundeswirtschaftsminister Günter Rexrodt (FDP) und auch Roland Berger Anteile an der PR-Firma.[253] Dass die Beiträge zur Arbeitslosenversicherung indirekt in Schiphorsts Honorar einflossen, erhitzte die publizistischen Gemüter.

In diesem Zuge erhielten nun auch die Firmen McKinsey & Company und Roland Berger Strategy Consultants negative Aufmerksamkeit, standen sie doch

248 BT, Drs. 15/2330, 14. 1. 2004, S. 1.
249 Ebenda, S. 3.
250 Ebenda.
251 Ebenda, S. 6.
252 Berater: die heimliche Macht, in: Stern, 5. 12. 2003, https://www.stern.de/wirtschaft/job/berater-die-heimliche-macht-3518700.html, zuletzt geprüft am 27. 11. 2019.
253 Der Beigeschmack der Republik, in: Süddeutsche Zeitung, 25. 11. 2003, S. 17.

durch ihre Involviertheit in die Hartz-Kommission und die Projektgruppenarbeit in Lauf zur Genüge mit der BA in Verbindung. Hier ging es um weit mehr als Vergabefragen: In der Öffentlichkeit personifizierten Consultants nun den mit der Agenda 2010 eingeleiteten Sozialabbau. Der Frust und die Sorge, die die Hartz-Reformen auslösten, fanden in der Anklage der millionenschweren Umsetzer*innen der Kürzungspolitik ein Ventil. Eine neue Form der Enthüllungsliteratur brachte den schwelenden Unmut geballt zum Ausdruck. In „Unser effizientes Leben" postulierte der Journalist Dirk Kurbjuweit, McKinsey & Company sei „mehr als eine Firma, die Unternehmen und andere Einrichtungen berät".[254] Die Beratungsmarke sei vielmehr „eine Metapher" für eine „dritte Phase des Kapitalismus": den Kapitalismus des 21. Jahrhunderts, der, durch konkurrierende Wirtschaftssysteme nicht länger infrage gestellt, „alle Lebensbereiche seinen Bedingungen unterwerfen will".[255] McKinsey stehe für „die Diktatur der Effizienz, für die totale Ökonomisierung der Gesellschaft".[256] Rolf Hochhuths Drama „McKinsey kommt" thematisierte die titelgebende Firma zwar gar nicht explizit.[257] Die Überschrift stellte sie aber in einen ursächlichen Zusammenhang mit den betriebsbedingten Kündigungen, denen die Protagonist*innen ausgesetzt waren. Gestützt auf Interviews mit „Aussteigern" der Beratungsszene beleuchteten die Publizisten Thomas Leif und Werner Rügemer in ihren Bänden unterschiedliche Beratungsprojekte im öffentlichen Raum.[258] Für eine verdeckte Recherche durchlief ihrerseits die Journalistin Julia Friedrichs den bislang opaken Recruiting-Prozess bei McKinsey & Company – und beschrieb ihre Gewissenskonflikte angesichts stolzer Gehälter und unerwartet netter Kolleg*innen.[259] Andere Publikationen beschränkten sich nicht auf die Beratungsbranche, sondern richteten sich gegen Lobbyismus als nicht demokratisch legitimierte Form der Einflussnahme im politischen Prozess.[260]

In diesen und anderen populärwissenschaftlichen Darstellungen evozierten der Begriff der Unternehmensberatung und einschlägige Firmennamen nun das Bild einer „globale[n] Privatarmee des neoliberalen Kapitalismus".[261] „Nowhere else in the world – not even in the United States – has the sociocultural response to the ‚consultocracy' been as pointed and as persistent", urteilt McKinsey-Historiograf McDonald im internationalen Vergleich.[262] Das charakteristische Auftreten, mit dem die Firmen absichtsvoll einen Wiedererkennungswert geschaffen hatten, wirkte düsterer aufgeladen als je zuvor: Allein beim Anblick der „einheitlichen Kleidung und Haarschnitte" packte „Kenner der Szene" laut Zeitungsinterviews

254 Kurbjuweit, Unser effizientes Leben, S. 18.
255 Ebenda, S. 14.
256 Ebenda, S. 11.
257 Hochhuth, McKinsey kommt.
258 Leif (Hrsg.), Beraten und verkauft; Rügemer (Hrsg.), Berater.
259 Friedrichs, Recruiting bei McKinsey. Die Recherche inspirierte die Arbeiten zum einige Jahre später folgenden Sachbuch-Bestseller Friedrichs, Elite.
260 Leif/Speth (Hrsg.), Macht.
261 Rügemer (Hrsg.), Berater, S. 7.
262 McDonald, Firm, S. 213.

nun das „kalte Grausen“.[263] Anders als McDonalds Wertung vermuten lässt, blieb das Thema Beratung nicht lange auf der publizistischen Agenda. Was blieb, war aber ein nachhaltig misstrauischer Blick auf die externen Dienstleister*innen. „Unternehmensberater sind von Nutzen – aber keineswegs im herrschenden Ausmaß. Und: Es gibt solche und solche“, schrieb die „Frankfurter Rundschau“.[264]

Zum ersten Mal schien es, als könnten die Schlagzeilen der Branche gefährlich werden. In der Nachkriegszeit hatten die Branchenvertreter*innen schlechte Presse noch genutzt, um sich von als „schwarzen Schafen“ gebrandmarkten Kolleg*innen abzugrenzen und eigene Qualitätsstandards aufzustellen. In den 1980er- und 1990er-Jahren hatten die Berater*innen der Kienbaum GmbH und der Mummert + Partner AG Medienkritik „abperlen“ lassen und sich auf das Vertrauensverhältnis mit den auftraggebenden Behördenspitzen verlegt. Die McKinsey-Consultants hielten sich im Fall der BA auch weiterhin an das Diskretionsgebot der Branche. Kluge verwies die Kritiker*innen im Dezember 2003 an gewählte Entscheidungsträger*innen: „Wir müssen wieder zurück zur Politik. Die Kommissionen können die Probleme nicht lösen, sie können nur die Fakten klarmachen.“[265] Auch Roland Berger selbst versuchte in Zeitungsinterviews, die Wogen zu glätten: Der Geschäftsbereich „Öffentlicher Sektor“ mache lediglich sechs Prozent des Gesamtumsatzes seines Unternehmens aus.[266]

Im Unterschied dazu brach der für die BA-Projekte zuständige Jobst Fiedler das ungeschriebene Schweigegelübde der Branche, indem er sich an der medialen Auseinandersetzung beteiligte: „Wir haben uns nicht aufgedrängt, sondern sind berufen worden“, insistierte er in einem Interview mit der „Süddeutschen Zeitung“ 2004. Die in die Hartz-Kommission involvierten Firmen vom Vergabeprozess der anschließenden Umbauprojekte auszuschließen, halte er für eine „absurde Übersteigerung des Prinzips der Chancengleichheit“.[267] In einem Leserbrief an den „Spiegel“ beschuldigte er die Berichterstattung zudem, sein Unternehmen „unberechtigt in eine Ecke“ gerückt zu haben.[268] Der BDU sprang Fiedler bei. So führte der BDU-Sprecher Klaus Reiners in einer Pressemitteilung aus, das gegenwärtige Diskussionsklima sei für die beteiligten Unternehmen „nicht erträglich“: „Wir hoffen auf eine sachlichere Phase.“[269] Unter der Überschrift „Berater fühlen sich verunglimpft“ zitierte die „Süddeutsche Zeitung“ auch den damaligen BDU-

[263] Nicht selten verstecken sich Manager hinter teuren Experten, in: Frankfurter Rundschau, 24. 1. 2004, S. 2.

[264] Ebenda.

[265] Berater: die heimliche Macht, in: Stern, 5. 12. 2003, https://www.stern.de/wirtschaft/job/berater-die-heimliche-macht-3518700.html, zuletzt geprüft am 27. 11. 2019.

[266] Deutsches Misstrauen gegenüber Beratern, in: Neue Zürcher Zeitung, 23. 1. 2004, S. 21.

[267] Robert Jacobi, „Wir haben uns nicht aufgedrängt“, in: Süddeutsche Zeitung, 20. 1. 2004, S. 24.

[268] Platitüden auf Hochglanzpapier, in: Der Spiegel, 16. 2. 2004, S. 12.

[269] Unternehmensberater hoffen auf „sachlichere Diskussion“, in: Agence France Presse – German, 3. 2. 2004, https://advance.lexis.com/api/document?collection=news&id=urn:contentItem:4BM8-JVR0-TWB6-H2JJ-00000-00&context=1516831, zuletzt geprüft am 23. 11. 2019.

Präsidenten Rémi Redley: „Ich warne vor einer allgemeinen Hysterie, die ausbricht, wenn nur das Wort Beratungsvertrag fällt."[270] Die Beratungsbranche werde zwar nicht aus dem „Public Sector"-Bereich aussteigen, aber künftig „vorsichtiger agieren".[271] Mit Fiedlers Abschied von Roland Berger Strategy Consultants 2005 zog sich einer der Wortführer der Branche aus dem Geschäft mit dem Staat zurück. Auch andere Firmen entschieden, das Licht der Öffentlichkeit zeitweilig zu meiden.

Zu ihrer Verteidigung hatten die Branchenvertreter*innen wiederholt vorgebracht, der Umbau einer so komplexen Organisation wie der BA sei „ohne externe Expertise nicht zu leisten".[272] Dies stellten Anfang der 2000er-Jahre weder Journalist*innen noch Abgeordnete in Abrede. Externe Beratung, ob wissenschaftlicher oder wirtschaftlicher Art, war schließlich über die vorangegangenen Dekaden fester Bestandteil des Verwaltungsbetriebs geworden. Vielmehr entbrannte eine politische Debatte darüber, unter welchen Umständen und zu welchen Konditionen der kommerzielle Beratungseinsatz gerechtfertigt sei. Dirk Niebel von der FDP forderte, Mitglieder von Regierungskommissionen für Folgeaufträge zu sperren, „allein, um den bösen Anschein zu vermeiden".[273] Der innenpolitische Sprecher der SPD-Fraktion, Dieter Wiefelspütz, sprach sich gegen eine solche Regelung aus – aus Sorge, dass sich dann keine Kommissionsmitglieder mehr finden ließen. Bevor es aber um Details gehen konnte, mussten grundsätzliche Fragen geklärt werden. Nachdem die Consultingbranche jahrzehntelang unermüdlich daran gearbeitet hatte, ihre ungeschützte Berufsbezeichnung durch Standards und Zuständigkeitsbeteuerungen zu formalisieren, stritten nun die politisch Verantwortlichen über Begrifflichkeiten. Wie war die externe Beratung, die in Politik und Verwaltung womöglich eingehegt gehörte, rechtlich zu fassen?

Das Innenministerium bekannte vor der Presse, es gebe „keine juristisch klassifizierte Norm dafür, was eine Beratung ist".[274] Auch lagen kaum systematische Aufstellungen der quantitativen und qualitativen Nutzung externer Dienstleistungen in den Ministerien vor. Unter dem Druck der Parlamentarier*innen versuchte die Ministerialverwaltung nun, den Überblick zu gewinnen. Der vom Innenministerium frisch berufene Staatssekretär Göttrik Wewer hatte im Mai 2003 auf die Frage eines CDU-Abgeordneten hin ein zirkuläres Definitionsangebot gemacht: „Unter Beratern [...] werden solche Einzelpersonen oder Firmen verstanden, die auf vertraglicher Basis im Auftrag eines Ministeriums beratend tätig geworden

270 Karl-Heinz Büschemann/Elisabeth Dostert, Privat im öffentlichen Dienst, in: Süddeutsche Zeitung, 22. 4. 2004, S. 2.

271 Unternehmensberater hoffen auf „sachlichere Diskussion", in: Agence France Presse – German, 3. 2. 2004, https://advance.lexis.com/api/document?collection=news&id=urn:content Item:4BM8-JVR0-TWB6-H2JJ-00000-00&context=1516831, zuletzt geprüft am 23. 11. 2019.

272 BDU-Präsident Redley im Interview. Privat im öffentlichen Dienst, in: Süddeutsche Zeitung, 22. 4. 2004, S. 2.

273 Hinter dem Milchglas, in: Frankfurter Rundschau, 20. 1. 2004, S. 2.

274 „Wir haben uns nicht aufgedrängt", in: Süddeutsche Zeitung, 20. 1. 2004, S. 24.

sind.“[275] Von diesen habe die Bundesregierung durch die einzelnen Ministerien seit Beginn der 14. Legislaturperiode (also seit Antritt von Rot-Grün) insgesamt 361 beauftragt. 1720 Gutachten seien für eine Gesamtsumme von beinahe 129 Millionen Euro erstellt worden.[276]

Diese Angaben reichten der Opposition aber nicht aus. Dass sich einige Firmen vertraglich vorbehalten hatten, Honorarsummen unter Verschluss zu halten,[277] rief Empörung hervor. Der Unionsabgeordnete Michael Fuchs forderte im Bundestag „Transparenz, Information und klare Einhaltung der Vergaberegeln“ als „Grundsätze, die jede Regierung bei externer Beratertätigkeit zu beachten hat“.[278] In einer Kleinen Anfrage mit immerhin 46 Unterpunkten stellte seine Fraktion detaillierte Nachforschungen zu „Vergabepraxis und Kosten externer Beratung der Bundesregierung“ an.[279] Statt auf die konkret vorgebrachten Punkte einzugehen, unterstellte die Regierung der Opposition, unberechtigte Fundamentalkritik zu äußern. Erneut verwies die Koalition auf die Erblast des „Reformstaus“, der „Nachholbedarf an Analysen, Gutachten und Abwägungen“ geschaffen habe.[280] Die Regierung habe „nicht nur das Recht, sondern auch die Pflicht, sich zur optimalen Erfüllung ihrer Aufgaben unabhängiger Berater zu bedienen“. Dies entspreche „dem Leitbild des modernen Staates“, an die zentrale Vokabel der Schröder-Regierung anschließend.[281]

Der Haushaltsausschuss des Bundestags trug die im Parlament begonnenen Streitigkeiten in langen Sitzungen aus. Vordergründig verhandelten die Abgeordneten der Regierungs- und Oppositionsparteien, was unter externer Beratung zu verstehen sei. Dahinter stand allerdings die Frage, wer den jüngsten Vorfall bei der BA zu verantworten habe. Die SPD äußerte sich daher primär apologetisch zum Beratungseinsatz in der öffentlichen Verwaltung: Dieser könne sich „sehr schnell bezahlt machen und tue dies auch in einer Vielzahl von Fällen“.[282] Mit Allgemeinplätzen dieser Art lenkten sie von der eigentlichen Kontroverse um ihren Parteigenossen Gerster ab, etwas, was ihnen die Ausschussmitglieder der anderen Parteien nicht zugestanden. Der Unionsabgeordnete Dietrich Austermann betonte, es „gehe nicht darum, dass man grundsätzlich Misstrauen gegenüber Beratern habe“.[283] Vielmehr habe sich in verschiedenen Verwaltungsressorts ein „Vergabesumpf“ gebildet, der „ausgetrocknet“ gehöre: Dieselbe Handvoll Firmen würde immer wieder beauftragt, statt dass ein offener Wettbewerb veranstaltet werde.[284] Die Verflechtungen rund um Roland Berger und Schiphorst lieferten dafür die Evidenz.

275 BT, Drs. 15/980, 9. 5. 2003, S. 12.
276 BT, Drs. 15/791, 4. 4. 2003, S. 10.
277 BT, Drs. 15/2458, 4. 2. 2004, S. 4.
278 BT, PlPr. 15/95, 5. 3. 2004, S. 8548.
279 BT, Drs. 15/2458, 4. 2. 2004.
280 Ebenda, S. 2.
281 Ebenda, S. 3.
282 Parlamentsarchiv, 3106–8, Protokoll des Haushaltsausschusses, 15/39, 14. 1. 2004, S. 75.
283 Ebenda, S. 74.
284 Ebenda, S. 73.

Nicht nur die Parlamentarier*innen diskutierten mögliche Wege, externe Beratung in Politik und Verwaltung einzuhegen. Auch der BRH sah sich nach Gersters Eskapaden zu einer umfassenden Stellungnahme genötigt. Während das Prüforgan in den Dekaden zuvor zahlreiche Einzelfälle externer Dienstleistungen in der Ministerialverwaltung kontrolliert und, wo es dies für nötig erachtet hatte, gerügt hatte, veröffentlichte es 2006 im Namen des Präsidenten Dieter Engels eine eigene Denkschrift zum „Einsatz externer Berater in der Bundesverwaltung". Diese erschien als vierzehnter Band in der „Schriftenreihe des Bundesbeauftragten für die Wirtschaftlichkeit in der Verwaltung" und markierte den Klärungsbedarf des Sujets. Als „Arbeitshilfe" sollte die Publikation Behördenleitungen, die über die Einbindung externen Sachverstands zu befinden hätten, „Vorschläge für ein wirtschaftliches und transparentes Verfahren" unterbreiten.[285] Grundlage des Werks waren die Diskussionen im Haushaltsausschuss, denen ein Rechnungshofmitarbeiter als ordentliches Mitglied beiwohnte, sowie Gespräche mit der Bundesregierung[286] – zu diesem Zeitpunkt bereits unter Kanzlerin Angela Merkel.

Zunächst klärte das Werk Begrifflichkeiten, um den zu erläuternden Gegenstand von bestehenden Verwaltungstermini abzugrenzen. Der Präsident des BRH, Engels, wollte weder den Begriff der „Sachverständigen" verwenden, den der Titel 526.2 der Haushaltstechnischen Richtlinien des Bundes aufgriff, noch die Bezeichnung der „Unterstützungsleistung" der Koordinierungs- und Beratungsstelle der Bundesregierung für Informationstechnik in der Bundesverwaltung übernehmen. Stattdessen wählte er eine praxeologische Definition: Anstelle von Berufsbezeichnungen oder Organisationen ging er von Kommerzialität, Inhalt und Funktion der fraglichen Dienstleistung aus:

> „Gegenstand der externen Beratung ist eine entgeltliche Leistung, die dem Ziel dient, im Hinblick auf konkrete Entscheidungssituationen des Auftraggebers praxisorientierte Handlungsempfehlungen zu entwickeln und zu bewerten, den Entscheidungsträgern zu vermitteln und ggf. ihre Umsetzung zu begleiten."[287]

Wissenschaftliche Gutachten schloss der BRH damit von seiner Betrachtung aus, ebenso Wachdienste, Lieferbeziehungen und andere Dienstleistungen, „bei denen der Auftragnehmer Tätigkeiten oder Arbeitsergebnisse schuldet, mit denen die von der Verwaltung verfolgten Ziele unmittelbar verwirklicht werden".[288] Die Bundesregierung hatte zwar eingewandt, dass Werkverträge grundsätzlich von der Definition ausgenommen werden sollten, da sie meistens nicht auf Beratungsprojekte hindeuteten. Der Haushaltsausschuss machte sich jedoch dafür stark, den Zugriff des BRH beizubehalten, weswegen es bei der „Positivdefinition mit den Ausnahmetatbeständen" blieb.[289]

[285] Der Bundesbeauftragte für Wirtschaftlichkeit in der Verwaltung, Einsatz, S. 1.
[286] Ebenda, S. 15 f.
[287] Ebenda, S. 14.
[288] Ebenda, S. 15.
[289] Ebenda, S. 17.

Die folgenden Ausführungen appellierten an die Ministerien, im Umgang mit externer Beratung die Kontrolle zu bewahren oder zurückzuerobern. In der Rolle der Auftraggebenden sollten Ministerien Beratungsvorgänge aktiv steuern und nicht von den Firmen selbst bestimmen lassen. Bevor über eine Auftragsvergabe nachgedacht werde, sollte sichergestellt werden, dass diese „notwendig" und „wirtschaftlich" sei, ihr Erfolg kontrolliert werden könne und unterschiedliche Anbieter*innen die Möglichkeit hätten, sich zu bewerben.[290] Die Veröffentlichung handelte kapitelweise zehn Schritte eines Beratungsverfahrens ab: von „Problem beschreiben und Ziel festlegen" und „Notwendigkeit des Beratereinsatzes prüfen" über „Leistung eindeutig beschreiben" und „Verträge eindeutig formulieren" bis hin zu „Abschließende Erfolgskontrolle durchführen" und „Gesamtes Verfahren dokumentieren". Im Anhang konnten Entscheidungsträger*innen die Punkte zusammengefasst in einer „Check-Liste" finden.[291] Außerdem beschrieb der Autor Szenarien vorbildlicher Auftragsvergaben.

Indem der Bundesbeauftragte für Wirtschaftlichkeit in der Verwaltung insistierte, dass Ministerien die von ihnen engagierten Berater*innen führen sollten statt umgekehrt, stellte er den gegenteiligen Status quo umso deutlicher heraus. Farbig unterlegte Kästen mit „Negativbeispielen" aus den Prüfungstätigkeiten durchbrachen regelmäßig den Text. Ein Ministerium habe beispielsweise geplant, einen Reinigungsdienst zu engagieren, und eine weitere Reinigungsfirma damit beauftragt, eine Leistungsbeschreibung zu erstellen – angeblich aus mangelnder Kenntnis der Materie. „Sieht sich die Verwaltung nicht in der Lage, die Leistung selbst zu beschreiben, ist dies ein Indiz, dass das Projekt noch nicht dafür geeignet ist, um externen Sachverstand hinzuzuziehen", belehrte Engels die Leser*innen.[292] Eine andere Bundesbehörde habe ein externes Unternehmen engagieren wollen, um die Beratungsleistungen einer bereits beauftragten Firma zu evaluieren, aus Sicht des BRH ein Anzeichen von bedenklichem Kompetenzverlust:

> „Solcher Kernaufgaben darf sich eine Bundesbehörde nicht entledigen. Ohne die Fähigkeit, z. B. die Projektentwicklungen eigenständig zu bewerten und mit den angestrebten Zielen zu vergleichen, ist es auch nicht möglich, Fehlentwicklungen rechtzeitig zu erkennen und ihnen entgegenzusteuern."[293]

Angesichts des teils nachlässigen, teils naiven Vergabeverhaltens der Ministerialverwaltung erschien Gersters Vorgehen wie die Spitze des Eisbergs. Anhand zahlreicher Beispiele schlussfolgerte Engels, dass „die Notwendigkeit der externen Beratung oftmals vorschnell bejaht wird". Häufig zögen Ministerien Berater*innen unter der Begründung heran, über nicht genügend Sachverstand zu verfügen. Die hinzugezogenen Dritten stützten sich dann aber auf intern erarbeitetes Material.[294] Zudem verwerte die Verwaltung eigene Erkenntnisse nicht ausreichend,

[290] Ebenda, S. 2.
[291] Ebenda, S. 75–78.
[292] Ebenda, S. 43.
[293] Ebenda, S. 25.
[294] Ebenda, S. 26.

sodass Beratungsfirmen entweder bereits bekannte Informationen lieferten oder nicht umsetzbare Vorschläge machten.[295] Mögliche taktische Intentionen der Auftraggebenden ließ der BRH-Präsident in seiner Aufzählung außen vor.

Indem er anmahnte, die dargelegten Richtlinien zu beachten, stellte Engels implizit den Bezug zu den Verfehlungen Gersters her. Obgleich viele Verantwortliche die formalen Vorbereitungen eines Beratungsauftrags als „aufwendig und unbequem" betrachteten, lieferten sie doch „die beste Garantie gegen die Risiken einer Fehlleitung öffentlicher Mittel".[296] Der Haushaltsausschuss des 16. Bundestags begrüßte die Empfehlungen des Rechnungshofs und nahm sich vor, diese in den Haushaltsberatungen heranzuziehen.[297] Was seit den 1970er-Jahren durch eine Ansammlung bundesdeutscher und später EU-weiter Verordnungen geregelt wurde und letztlich doch immer vom Gutdünken der Beteiligten abgehangen hatte, war durch die Fehltritte des BA-Chefs endlich benannt und quantifiziert worden. Gleichzeitig stellten Veröffentlichungen des BRH keine rechtlich bindenden Vorgaben, sondern nur einen eindringlichen Appell dar. Die Einhegung und Steuerung externer Beratung in Politik und Verwaltung blieb also weiterhin individuellen Entscheidungsträger*innen überlassen. Regulativ wirkten auch in den folgenden Jahren nur punktuell aufscheinende Vergabefehler, die medial amplifiziert und teilweise parlamentarisch aufgegriffen wurden. Skandalisierte Vorfälle dieser Art machten temporär sichtbar, was in der Bundes-, Landes- und Kommunalverwaltung zur Norm geworden war: die regelmäßige Einbindung von Unternehmensberater*innen als Wissens- und Legitimationslieferant*innen.

5. Resümee: Behördenconsulting als Skandalon

Anfang der 2000er-Jahre trat die Praktik des Behördenconsultings in eine neue Phase ein. Beim Umbau der BA trafen sich erneut die Interessen der politisch Verantwortlichen und die der kommerziellen Anbieter*innen: Die Schröder-Regierung demonstrierte Tatkraft und, entsprechend der Rhetorik der „Neuen Linken", den Willen zu einer „modernen", faktenbasierten Entscheidungsfindung über verbandliche Interessen hinaus; die Beratungsfirmen ihrerseits waren dankbar, mit öffentlichkeitswirksamen Aufträgen ihr Portfolio erweitern zu können und sich in Zeiten eines wettbewerbsintensiven Beratungsmarkts mit dem „öffentlichen Sektor" ein weiteres Standbein aufzubauen. Wo Unternehmensberater*innen in den 1980er- und 1990er-Jahren aber primär konfliktschürende Entscheidungen begründet hatten, waren sie nun an jedem Element der Entscheidungskette beteiligt. Als Teil der Hartz-Kommission arbeiteten sie Empfehlungen für eine Neugestaltung der BA aus; in Frank-Jürgen Weises Projektteams setzten sie diese mit um.

295 Ebenda, S. 29.
296 Ebenda, S. 1.
297 Parlamentsarchiv, 3106–8, Protokoll des Haushaltsausschusses, 16/40, 21. 3. 2007, S. 1.

Während sich die Auftraggebenden im Fall der DBP und der Schulstudien für den Einsatz kommerzieller Beratungsfirmen rechtfertigen mussten, waren sich nun nahezu alle Parteien einig, dass Managementconsultants für ein so komplexes Unterfangen wie die Umgestaltung der BA ideal befähigt seien. Die politisch geforderte neue Organisationskultur konnte aber nicht herbeigezaubert, sondern in der gebotenen Geschwindigkeit am ehesten hinzugekauft werden. Durch ihre intensive, teilweise ungefragte Beschäftigung mit der Situation der BA hatten sich McKinsey & Company und Roland Berger Strategy Consultants selbst als erste Wahl hierfür empfohlen. Um die Jahrtausendwende hatten sie zudem die meisten vergleichbaren Anbieter*innen aus dem Markt gedrängt. Zahlreiche spezialisierte Consultingfirmen bekamen daher den Zuschlag für Einzelprojekte, während die Marktgrößen mit der Gesamtkoordination des Umbaus den gewaltigsten Posten für sich verbuchten.

Vor dem Hintergrund der stark polarisierenden Hartz-Reformen erlitt ihr öffentliches Ansehen dabei bedeutenden Schaden. Die Tages- und Wochenpresse prangerte mehrere Beratungsverträge für staatliche Behörden als verschwenderisch an und zeichnete das Bild einer kaltblütigen Branche. Die Praktik des Behördenconsultings aber auch die Einflussmöglichkeiten der Branche im Allgemeinen wurden in der Folge öffentlich so kontrovers diskutiert wie noch nie. War die Sinnhaftigkeit des Beratungseinsatzes in den vorangegangenen Dekaden hauptsächlich von betroffenen Anspruchsgruppen angezweifelt worden, schien Behördenconsulting nun auch in einer breiteren Öffentlichkeit als Skandalon auf. Der Aufschrei ergab sich nicht allein aus der Tatsache, dass sich der Aufgabenbereich von Unternehmensberater*innen im „öffentlichen Sektor" weitete. Denn die Großoffensive der fünfundzwanzig reformorientierten Projektgruppen bei der BA, an denen zahlreiche namhafte Firmen beteiligt waren, erregte kaum journalistische Aufmerksamkeit. Vielmehr wurden Berater*innen nach der Affäre um WMP EuroCom mit öffentlicher Geldervergeudung und Sozialabbau statt mit der von den Sozialdemokrat*innen proklamierten „modernen" Regierungsführung assoziiert. Auch über parteipolitische Querelen hinaus lenkte der Fall Gerster das politische und regulative Augenmerk auf die scheinbar selbstverständlich gewordene Regierungspraktik Behördenconsulting. Zwar wurden keine neuen Gesetze erlassen, der BRH verfasste aber einen umfangreichen Merkzettel über die größten Fallstricke im Umgang mit externen Berater*innen und bündelte damit erstmals existierende Richtlinien.

VI. Schluss: Beratene Verwaltung oder verwaltete Beratung?

Die vier Auflagen des Berater*innenhandbuchs „Management Consulting", herausgegeben und mehrfach überarbeitet vom International Labour Office zwischen 1976 und 2002, illustrieren, dass Consultants Politik und Verwaltung seit den 1970er-Jahren schrittweise als Zielmarkt für sich definierten. Während sich die Erstausgabe von 1976 nicht zu Unternehmensberatung im staatlichen Raum äußerte,[1] enthielt die Version von 1986 einen Abschnitt zu „consulting in public enterprise management".[2] Erst die dritte Auflage handelte 1996 „consulting for the public sector" in einem längeren Kapitel neben zehn weiteren „areas of management" ab. Als ein „success factor" für Unternehmensberatungen galt dabei, Auftraggeber*innen aus Politik und Verwaltung in ihren gesellschaftlichen Kontexten zu situieren:

> „The worst error a consultant can make in entering the public sector is to believe that management is the same everywhere and a solid private sector experience provides all the answers. Most, if not all, public sector problems are embedded in larger social, economic, political or administrative issues."[3]

Die hier untersuchten Fallstudien haben gezeigt, dass es sich beim Geschäft zwischen Beratungsfirmen und staatlichen Einrichtungen weniger um eine einseitige Akquisebeziehung als um ein Geben und Nehmen handelte: „Nach dem Boom" wurden Beratung und Staat, mit Mitchell Ash gesprochen, zu „Ressourcen füreinander".[4]

Die vorangegangenen Kapitel verfolgten die Etablierung der Regierungspraktik Behördenconsulting bis zu den Anfängen der Bundesrepublik zurück. Dazu zeichneten sie zunächst die Entstehung der modernen deutschen Beratungsbranche nach (Kapitel I). Nach Ende des Zweiten Weltkriegs setzten Vertreter der ehemaligen Rationalisierungsbewegung ihre wirtschaftsberatenden Tätigkeiten fort. Um sich von konkurrierenden Verbänden abzugrenzen, prägte der 1954 gegründete BDU die deutsche Wortschöpfung der „Unternehmensberatung". Zu Einzelberater*innen, kleinen und mittleren Beratungsbüros gesellten sich in den 1960er-Jahren Firmen wie McKinsey & Company und Roland Berger & Partner, die früh Großkonzerne berieten und sich um einen professionellen Stil nach dem Vorbild von Anwaltskanzleien bemühten. Consultants betrieben diskrete Formen der öffentlichen Meinungsbildung, indem sie themenbezogene Veranstaltungen organisierten, Artikel in Fachzeitschriften und Zeitungen publizierten und sich so als Expert*innen zu einer Bandbreite an industriellen Fragestellungen empfahlen.

1 Kubr, Management Consulting 1976.
2 Kubr, Management Consulting 1986, S. 307–314.
3 Kubr, Management Consulting 1996, S. 427 f. Ebenso in der Neuauflage Kubr, Management Consulting 2002, S. 589.
4 Ash, Wissenschaft(en) und Öffentlichkeit(en) als Ressourcen füreinander.

Inhaber*innengeführte deutsche Unternehmen zeigten sich im Lauf der 1960er-Jahre aber durchaus skeptisch gegenüber kommerziellen Beratungsangeboten. Betriebliche Beratung erfolgte hauptsächlich durch das RKW und die Handelskammern. Zwischen korporatistischen Beratungseinrichtungen und freien Berater*innen entstand zunächst ein kooperatives Verhältnis: Stellen wie der RKW-Beratungsdienst vermittelten kleinen und mittleren Unternehmen „Betriebsbegehungen" durch Einzelberater*innen und übernahmen dabei einen Großteil des Honorars. Die positive Reputation des RKW verschaffte der noch unbekannten kommerziellen Dienstleistung Sichtbarkeit und Akzeptanz in Unternehmenskreisen. Angesichts des steigenden Erfolgs subventionierter Beratung nahmen kommerziell agierende Firmen diese jedoch als Konkurrenz wahr und versuchten sich Ende der 1970er-Jahre verstärkt von Einrichtungen wie dem RKW abzugrenzen. Auch in der staatlichen Verwaltung mussten sich Consultants zunächst neben verwaltungsinternen Beratungsinstanzen wie der KGSt oder dem BRH positionieren. Bis in die 1970er-Jahre kam ihnen hier nur selten eine öffentlichkeitswirksame, konfliktschlichtende Rolle zu. Stattdessen erledigten sie hauptsächlich organisations- und automationsbezogene Aufgaben, für die kommunalen Einrichtungen die personelle Kapazität fehlten.

Die schwarz-gelbe Bundesregierung unter Helmut Kohl setzte ab 1982 mit wechselnden Schwerpunkten die Politik der Haushaltskonsolidierung der Regierung Schmidt fort (Kapitel II). Verschärfte Kriterien der Mittelverwendung bildeten sich an einem der größten öffentlichen Unternehmen der alten Bundesrepublik ab: der DBP. Nachdem die Vorgängerregierungen am Widerstand des Postministeriums und der DPG darin gescheitert waren, den Unternehmenscharakter der öffentlichen Einrichtung zu stärken, griff Postminister Schwarz-Schilling dieses Vorhaben wieder auf. Um Mittel für den Ausbau der Nachrichten- und Telekommunikationstechnologie freizusetzen, drang er darauf, die defizitären Brief- und Paketdienste der „gelben" Post kostengünstiger erbringen zu lassen. Das Gutachten der Mummert + Partner AG zeigte Wege auf, an welchen Stellen Personal eingespart und vor allem, wie der Personalbedarf der DBP so berechnet werden konnte, dass für zahlreiche Tätigkeiten dauerhaft weniger Kräfte veranschlagt wurden. Mit dieser Argumentationsbasis manövrierte die Ministeriumsspitze die DPG in die Defensive: Die Interessen der Postangestellten verloren im Konsolidierungsdiskurs an Überzeugungskraft. Nachfolgende Proteste der Gewerkschaften gegen die dem Gutachten zugrunde liegenden Parameter richteten wenig aus, da die Interessenvertretungen nicht in den Untersuchungsprozess mit einbezogen worden waren.

Durch die enge Zusammenarbeit mit den Fachbeamten der DBP gewann die Firma Mummert + Partner AG sowohl zahlreiche Kenntnisse über die Wirkungsweisen der öffentlichen Hand als auch wertvolle Referenzen, mit denen sie weitere staatliche Aufträge einwerben konnte. Das Gutachten der Knight Wendling AG wiederum demonstrierte, wie sehr das Postministerium politische Legitimation allein aus dem Verfahren der externen Beratung ableitete. Obwohl die Ministeriumsbeamten selbst die Empfehlungen zur Umgestaltung der Unternehmensbereiche als unrealistisch ablehnten, verteidigten sie den Wert des Gutachtens im Bundestag und gegenüber dem BRH: Wenn selbst die angeblichen Experten keine validen Verbesserungsvorschläge machen könnten, zeige dies schließlich, dass Schwarz-Schilling bereits auf dem richtigen Weg sei. Indem das Ministerium auf der Richtigkeit seines Handelns insistierte, erfuhren die Unternehmensberater eine Überhöhung, die ihr eigentlicher Beitrag nicht rechtfertigte.

Die Konsolidierungspolitik der Bundesregierung wirkte sich in den 1980er-Jahren auch auf die Ausgabenprioritäten der Länder aus (Kapitel III). Diese trieben vor allem den Stellenabbau im öffentlichen Dienst voran. In Nordrhein-Westfalen richtete das Finanzministerium 1989 einen „Arbeitsstab Aufgabenkritik" ein, um alle Ministerien einschließlich nachgelagerter Behörden auf einzusparende Stellen hin zu untersuchen. Um die Konfrontation mit den einzelnen Ressorts zu vermeiden, beauftragte der Arbeitsstab Unternehmensberatungsfirmen mit den geforderten Organisationsuntersuchungen. Der prüfende Blick der Finanzbeamten erfasste schnell den kostenintensiven Bildungsbereich: Nach der expansiven Bildungspolitik der 1960er- und 1970er-Jahre wurden Konsolidierungskriterien auch auf die Ausgaben für Schulen und Hochschulen angewandt. In der ersten Schuluntersuchung zeigten die Berater*innen der Kienbaum GmbH zur Zufriedenheit der Lehrer*innenverbände, dass der Aufgabenanfall ohne zusätzliche Lehrer*innenstellen nicht bewältigt werden könne. Auftragsgemäß präsentierte das Gutachten aber auch Möglichkeiten, um im Sinne der Haushaltspolitik im Schulbereich zu sparen. Diese setzte die Landesregierung in der Folge um.

Bei der zweiten groß angelegten Studie im Schulbereich, der Untersuchung der Lehrer*innenarbeitszeit der Mummert + Partner AG 1997 bis 1999, hatten die Verbände bereits einen Großteil ihres Einflusses auf die Bildungspolitik verloren. Der Arbeitsstab nutzte die externe Beratung, um seine eigenen Zielgrößen hinsichtlich der Lehrer*innenarbeitszeit zu zementieren und derart zu begründen, warum keine zusätzlichen Stellen gewährt wurden. Dass die tatsächliche Vereinnahmung der Lehrkräfte weit über den frisierten Arbeitszeiten lag, verschwand aus den Haushaltsberechnungen der Landesregierung. Durch ihre marginalisierte Position im Verbund aus Arbeitsstab, Kultusministerium und Berater*innen konnten die Lehrer*innenorganisationen wenig ausrichten. Mit dem grundsätzlichen Vorgehen einer externen Studie zur „Arbeitsbelastung" im Schulbereich hatten Gewerkschaften und Verbände eigene Hoffnungen verknüpft. Dabei hatten sie nicht bedacht, dass die Finanzbeamten die Parameter für Untersuchungsauftrag und -ergebnis mitbestimmen würden. Über den Konflikt zwischen Regierung und Interessenvertretungen konnten sich die Projektleiter der Mummert + Partner AG wiederum als „Sachverständige" in Sachen Arbeitszeitstudien profilieren und in anderen Bundesländern Folgeaufträge generieren.

Der polarisierende Effekt des Behördenconsultings, der von den Auftraggebenden der 1980er- und 1990er-Jahre bewusst eingesetzt wurde, um Anspruchsgruppen auf Abstand zu halten, kippte im Kontext der Agenda 2010 ins Extreme (Kapitel IV). Die deutsche Spielart des „Dritten Weges" der Sozialdemokratie berief sich vornehmlich auf einen „modernen" Regierungsstil. Dazu zählte die Wiederauflage korporatistischer Verhandlungskonstellationen im Sinne eines „innovativen Konsenses", aber auch die verstärkte Einbindung von Regierungskommissionen, Thinktanks und Beratungsfirmen zur politischen Entscheidungsvorbereitung. Externe Wissenszufuhr galt der Bundesregierung daher auch als Mittel der Wahl, als der BRH Ende 2001 feststellte, dass die BA die Zahlen der angeblich erfolgreich vermittelten Arbeitslosen systematisch nach oben beschönigt hatte und das Problem der Arbeitslosigkeit noch gravierender war als bereits bekannt. Die eilig einberufene „Hartz-Kommission" legte eine Reihe an arbeitsmarkt- und beschäftigungspolitischen Empfehlungen vor, die der „aktivierenden" Arbeitsmarktpolitik oder dem Leitspruch des „Forderns und Förderns" entsprachen. Die Arbeitsverwaltung in Gestalt der BA sollte zum „modernen Dienstleister" umgewandelt werden. Die Kontroverse um eine nicht ordnungsgemäß ausgeschriebene PR-Beratung des BA-Vorstands bündelte dabei Ende 2003 die Anspannung, die die Hartz-Reformen begleitete. Schon seit den 1990er-Jahren hatte sich die politische wie öffentliche Debatte um den Einsatz von Unternehmensberater*innen in der öffentlichen Verwaltung nicht mehr um das „Ob", sondern um das „Wie" gedreht. Anfang der 2000er-Jahre klaffte die Binnen- und Außenwahrnehmung der kommerziellen Dienste aber weiter auseinander denn je. Der Vorstand der BA machte wie selbstverständlich und zum überwiegenden Großteil vergaberechtlich einwandfrei von Beratungsfirmen Gebrauch, um den neuen gesetzlichen Vorgaben eines „modernen Dienstleisters" gerecht werden und die staatliche Arbeitsverwaltung bewahren zu können. In der Öffentlichkeit wirkten die Berater*innen dagegen in erster Linie als berechnende Ausbeuter*innen, die einen entfesselten Kapitalismus und gleichzeitig das Gegenstück zu einem neu entstehenden Prekariat symbolisierten.[5]

Die Arbeit trug zu zwei Forschungssträngen bei: zur Geschichte der Expertise sowie zu Debatten um Begriffe der „Neoliberalisierung" oder „Ökonomisierung" als Interpretationsrahmen für eine Geschichte des 20. Jahrhunderts. Die Studie zeichnete nach, wie sich Unternehmensberater*innen in ihren Professionalisierungsbemühungen selbst einen Expert*innenstatus zuschrieben und wie sich dieser durch Fremdzuschreibungen von Reputationsträger*innen verfestigte. Nach dem Vorbild von Kanzleien und Arztpraxen entwickelten verschiedene Firmen in den 1950er- bis 1970er-Jahren zunächst ein einheitliches und einladendes Auftreten und einigten sich in Berater*innenverbänden auf anzustrebende Qualitätsstandards. Darüber hinaus äußerten sie sich in Publikationen und Veranstaltungen zu wirtschaftlichen und gesellschaftlichen Themen und positionierten sich

[5] Wie sich im Begriff des „Prekariats" „die Sorge um die Verfestigung materieller und kultureller Benachteiligung sowie jene um die Ausweglosigkeit sozialen Handelns und das damit verknüpfte politische Risiko einer tendenziell wachsenden gesellschaftlichen Abkoppelung und Spaltung" ausdrückte, beschreibt der Soziologe Vogel, Prekarität und Prekariat, https://www.bpb.de/shop/zeitschriften/apuz/31024/prekaritaet-und-prekariat-signalwoerter-neuer-sozialer-ungleichheiten/?p=all#footnodeid_5-5, zuletzt geprüft am 24. 2. 2019. Zur soziologischen Diskussion neuer Ungleichheiten im 21. Jahrhundert siehe auch die Beiträge in Castel/Dörre/Bescherer (Hrsg.), Prekarität.

damit als Ansprechpartner*innen für Unternehmen und Verwaltung. Ohne durch penetrantes Marketing aufzufallen, blieben sie so doch ständig im Gespräch. Um möglichst anschlussfähig zu sein und sich für ein breites Spektrum an Problemstellungen in unterschiedlichen organisationalen Kontexten zu empfehlen, stilisierten sich die Branchenvertreter*innen nicht als Spezialist*innen, sondern als Generalist*innen. Erst mit steigenden Auftragszahlen bildeten sich inhaltliche Schwerpunkte heraus. Von Projekt zu Projekt erweiterten Consultants ihren Erfahrungsschatz und übertrugen Lektionen aus einem Auftrag auf den nächsten.[6]

Das Bild von Unternehmensberater*innen als Expert*innen wurde auch stark von Akteur*innen mit hoher Reputation geformt. In den ersten Dekaden zählten dazu wirtschaftseigene Beratungseinrichtungen wie das RKW oder Verbände, die ihren Mitgliedern kommerzielle Beratung nahelegten. Aber auch der Staat validierte die Beratungsbranche. Nicht nur gewährte auch er in den Anfangsjahren Subventionen für Honorarkosten, die die Akzeptanz externer Beratung unter kleinen und mittleren Unternehmen erhöhten. Indem der Staat selbst zum zahlenden Kunden wurde, verlieh er der Branche zusätzlich Glaubwürdigkeit. Einen Status als „Sachverständige“ schrieben Entscheidungsträger*innen Consultants zu, wenn sie ihre Wahl externer Berater*innen gegen Kritik des Parlaments und des BRH verteidigten. Zudem erreichten Aufträge in Politik und Verwaltung weit größere Teilöffentlichkeiten als im privatwirtschaftlichen Bereich. Zuzeiten vermehrter „Beratungsskandale“ in den 2000er-Jahren lernten Unternehmensberater*innen auch unwillkommene Berichterstattung kennen und rangen um Deutungshoheit über ihr eigenes Image. Die kostenfreie Werbeplattform öffentlicher und medienwirksamer Aufträge war ihnen bis dahin jedoch zugutegekommen.

Worin bestand nun die Expertise, die Consultants in Politik und Verwaltung in Anschlag brachten? Detaillierte Absprachen zwischen führenden Beamt*innen und Berater*innen ermöglichten es, einem größeren Rezipient*innenkreis politische Entscheidungen zu vermitteln und eventuelle Widerstände zu antizipieren. In diesem Sinne schätzten Regierungen und Behördenspitzen Consultants als Expert*innen für Entscheidungsvermittlung in konfliktträchtigen Situationen. Unternehmensberater*innen erwiesen sich dabei über den gesamten Untersuchungszeitraum hinweg als äußerst anpassungsfähige, wenn nicht gar opportunistische Akteur*innen. Obwohl sie den Status einer diskursiven und gesellschaftlichen Elite anstrebten und diesen Platz mit der Zeit auch konzediert bekamen, blieb die Antriebsfeder stets dieselbe: den eigenen Zuständigkeitsbereich zu erweitern und immer weitere, möglichst hoch dotierte Aufträge zu generieren.[7] Daher lernten Consultants aktuelle politische Strömungen zu lesen, zu befördern und sich darin einen Platz als ratgebende Instanz zu sichern. Anders als die von der Forschung untersuchten wissenschaftlich Beratenden waren Con-

6 Aus Berater*innenperspektive: Hofmann, Spezialisierung als Trumpf; Kubr, Management Consulting 2002, S. 43–45.

7 Marktanner, Von Leistungs- zu Geldelite.

sultants nur in Einzelfällen von Großentwürfen über gesellschaftliches oder staatliches Funktionieren motiviert.

„Ökonomisierung" oder „Neoliberalisierung" als Verlaufsbegriffe hätten die ausdifferenzierten Befunde der einzelnen Fallstudien eher verdeckt als offengelegt. Auf semantischer Ebene setzte die Einbeziehung von Beratungsfirmen sicherlich neue Akzente: Die angeforderten Gutachten waren gespickt mit Vokabular der Berater*innen, das Behörden an deren Idealbild einer funktionierenden Organisation maß: dem privatwirtschaftlichen Unternehmen. Aufseiten der Auftraggebenden fielen diese Angebote aber jeweils auf unterschiedlich fruchtbaren Boden. Obwohl die expansive Haushaltspolitik der ersten sozialliberalen Koalition gegen Ende der 1970er-Jahre als überholt galt, lassen Haushaltsbilanzen hier keine bruchlose Linie erkennen. Die frühe und die späte Kanzlerschaft Kohls standen unter der Prämisse der Haushaltskonsolidierung. Eine gegenläufige Entwicklung dazu waren aber die Jahre nach der Deutschen Einheit. Bis Mitte der 1990er-Jahre verwarf die Bundesregierung ihre Sparsamkeitsmotive, weitete die Staatsquote und das eigene Kreditvolumen bedeutend aus und stützte sich auf die Sozialsysteme als „geräuschlose" Einnahmenquelle. Die Regierung Schröder wiederum schloss nicht an das Leitthema der Konsolidierung an, sondern griff das Motiv des „aktivierenden Staates" auf. Damit schuf sie eine neue Form des Korporatismus, die eine demonstrative Nähe zu Wirtschaftsvertreter*innen einschloss. Allein um derlei qualitative Unterschiede des Wechselverhältnisses zwischen Ökonomie und Staat herauszupräparieren, erweisen sich die Begriffsangebote als zu grobschlächtig.

Die hier beleuchteten Beratungsprojekte mündeten auch nicht in private Rechtsformen, wie eine Neoliberalisierungsdiagnose suggerieren könnte. Die DBP wurde zwar nach jahrzehntelangen Verhandlungen in drei Reforminitiativen 1989, 1994 und 1996 schrittweise privatisiert.[8] Die Beratungsgutachten von 1983 hatten daran aber nur einen sehr geringen Anteil. Ihre Funktion war es vielmehr, lang geplanten Personalabbau auch gegen den Willen der Gewerkschaften durchzusetzen. Im Bildungsbereich erlebten es die Zeitgenoss*innen als einschneidend, dass die Landesregierung schul- gegen finanzpolitische Kriterien aufwog. Der Kultusbereich wurde allerdings nicht unter ordnungspolitischen, sondern unter Gesichtspunkten der Wirtschaftlichkeit und Sparsamkeit gefasst – Prämissen, die der Verwaltung bereits in der Reichshaushaltsordnung 1922 eingeschrieben worden waren.[9] Die BA wiederum durchlebte Anfang der 2000er-Jahre tatsächlich einen fundamentalen organisationalen Wandel, der mit hergebrachten Führungsstrukturen brach. Obwohl weiterhin öffentlich finanziert, sollte sie zum „modernen Dienstleister" umfunktioniert werden, der anhand von Kennzahlen die eigene „Performance" transparent machen und stetig optimieren sollte. Hier handelte es sich um eine Adaptation betriebswirtschaftlicher Funktionslogiken und Maßstäbe, die bis dahin erfolgte Vorstöße dieser Art weitaus übertraf. Im Vergleich zu

[8] Zur „Postreform I" siehe Handschuhmacher, Staat, S. 251–297.
[9] Hüttl, Wirtschaftlichkeit.

anderen Ländern fiel der Trend zur *agencification* in der Ministerialverwaltung der Bundesrepublik dennoch inkrementell aus.[10] Zeitgenössische Problemwahrnehmungen, wie sie sich beispielsweise in der Formierung der Linkspartei ausdrückten, wurden in der vorliegenden Studie daher nicht als „Indiz" für eine „realitätskonstituierende Funktion" des „Neoliberalismus" gewertet.[11] Statt als Analyse- tauchten die Termini „Ökonomisierung" und „Neoliberalisierung" hier ausschließlich als Quellenbegriffe auf.

Selbstverständlich brachten die vorgenommenen forschungspraktischen Entscheidungen auch Limitationen mit sich. Erstens war diese Arbeit von der methodischen Prämisse informiert, den Akteur*innen in ihren Selbst- und Fremdzuschreibungen zu folgen. Daher standen Firmenvertreter*innen im Zentrum, die sich selbst als „Unternehmensberater*innen" identifizierten oder als solche identifiziert wurden. In der zweiten Hälfte des 20. Jahrhunderts wurde aber eine Vielzahl weiterer kommerzieller Beratungsformate in Politik und Verwaltung virulent, die die zeithistorische Forschung ebenfalls noch kaum untersucht hat. Dazu zählen Wissensangebote wirtschaftsliberaler Denkfabriken wie der Bertelsmann Stiftung oder dem Centrum für angewandte Politikforschung.[12] Diese mit hohem Eigenkapital ausgestatteten Einrichtungen brachten durch die Recherchearbeit qualifizierter Akademiker*innen und selbst verlegte Veröffentlichungen parteiprogrammatische Ausarbeitungen und Impulse für Sozial- und Verwaltungsreformen ein. Regelmäßig organisierte Veranstaltungen führten exponierte Köpfe aus Politik, Wissenschaft und Wirtschaft zusammen. Arbeiten zu bislang unterbelichteten kommerziellen Beratungsangeboten könnten damit auch zu jüngeren Forschungen zu Netzwerken der Expertise beitragen.[13]

Zweitens legte der verwaltungshistorische Zugriff eine nationalgeschichtliche Perspektive nahe. Von hohem Interesse wäre es, die Entwicklung sowohl der Unternehmensberatung als auch kommerzieller Beratungsformen in Politik und Verwaltung aus transnationaler und globaler Perspektive zu beleuchten. Behördenconsulting wurde im Lauf des 20. Jahrhunderts in unterschiedlichen Ausprägungen auch in anderen Staaten und Erdteilen prominent. Konzeptionell orientierten Arbeiten der Organisations- und Managementforschung[14] sowie der

10 Jann, Ministerien und verselbstständigte Behörden in Deutschland.

11 So bei Holzhauser, Neoliberalismus und Nostalgie, S. 588.

12 Zum Wandel des Bertelsmann-Konzerns siehe Berghoff, Blending. Aus politikwissenschaftlicher Perspektive wurde sowohl der Einfluss der Bertelsmann Stiftung als auch der Friedrich-Ebert-Stiftung auf die programmatische „Modernisierung" der SPD und die Hinwendung zum Leitbild des „aktivierenden" Staates untersucht: Pautz, Think Tanks. Für medien- und wissenshistorische Zugriffe auf Denkfabriken allgemein sowie die RAND Corporation, die Mont Pèlerin Society und das International Institute for Applied Systems Analysis im Besonderen siehe Brandstetter/Pias/Vehlken (Hrsg.), Think Tanks. Zu Ausgründungen von Think Tanks durch Consultingfirmen siehe Kipping, From Private Advice to Public Policy?.

13 Auf europäischer Ebene: Kohlrausch/Trischler (Hrsg.), Building Europe; Gehler/Kaiser/Leucht (Hrsg.), Netzwerke.

14 Czarniawska-Joerges, Merchants of Meaning.

Soziologie[15] stehen hier bis dato nur wenige quellengesättigte Untersuchungen gegenüber.[16] Zudem konzentrieren sich die meisten Beiträge, wie das vorliegende Buch, auf einzelne, westliche Industriestaaten. Eine vergleichende Perspektive findet sich einzig bei Denis Saint-Martin, der nationale Unterschiede in der Offenheit gegenüber managerialen Ideen in öffentlichen Verwaltungen mit Policy-Traditionen erklärt.[17] Wenn nun Befunde zum bislang noch nicht untersuchten deutschen Beispiel des Behördenconsultings vorliegen, gilt es, diese in ihre europäischen und globalen Bezüge einzubetten.

Dennoch bleiben die hier präsentierten Befunde nicht auf den eng umrissenen Gegenstandsbereich begrenzt. Der Auftrieb des Behördenconsultings wurde vielmehr als Oberflächenphänomen betrachtet, in dem sich Tendenzverschiebungen im Verhältnis von Politik, Verwaltung und organisierter Öffentlichkeit abbilden. Die Geschichte der neuartigen Regierungspraktik eröffnet daher weitergefasste *politik-* und *verwaltungs-* sowie *sozial-*, *wirtschafts-* und *unternehmenshistorische* Perspektiven. Aus *politik-* und *verwaltungshistorischer* Warte zeigt die Geschichte des Behördenconsultings, dass der Staat im ausgehenden 20. Jahrhundert „Gesellschaft [bekam]".[18] Ebenso wenig wie organisierte Interessen in den ersten Dekaden der Bundesrepublik einseitig auf Politik und Verwaltung einwirkten,[19] kam es später unter Beratungseinsatz zur „Aushöhlung" des Staates.[20] Allerdings erweiterte sich das Spektrum an Wissensakteur*innen und externen Dienstleistungen in der öffentlichen Verwaltung ab den 1970er-Jahren. Im Zuge der „großen Ernüchterung"[21] ob wissenschaftlicher Prognosefähigkeit war deutlich geworden, „dass viele Informationen nicht zwangsläufig mehr Wissen erzeugen mussten" und Zeitgenoss*innen sich „mit Prognosen geradezu überschüttet" fühlten.[22] Die sich zeitgleich formierende Beratungsbranche stieß in diese Lücke und fand im Gegenzug eine weitere Einkommensquelle und zusätzliche Kanäle für Öffentlichkeitsarbeit. Instrumental eingesetzte, auf verhältnismäßig kurze Zeithorizonte und spezifische Problemstellungen hin ausgelegte Consultingaufträge entsprachen einem pragmatischeren Umgang des Staates mit externer Wissensproduktion. Gleichzeitig waren Beratungsgutachten aber auch performativer Natur, indem sie sich stets sowohl an ein reales als auch an ein imaginiertes Publikum richteten. Zusammenfassend lässt sich sagen, dass sich der politische Glaube an die prinzipielle Kalku-

[15] Boussard, Les consultants.

[16] Für die USA McKenna, Profession, S. 80–110, für Frankreich Bezes, Réinventer l'État, für Großbritannien Weiss, Management Consultancy.

[17] Saint-Martin, Building.

[18] Schuppert, Staat.

[19] Die Rolle von Verbänden und Interessengruppen in der Politik war lange Zeit umstritten: Ullmann, Interessenverbände. Über „Ämterpatronage" in der öffentlichen Verwaltung durch Verbände erregte sich Anfang der 1960er-Jahre unter anderem Theodor Eschenburg: Eschenburg, Herrschaft.

[20] Wie unterstellt bei Rhodes, Hollowing Out, oder bei Doering-Manteuffel, Entmündigung.

[21] Schanetzky, Ernüchterung.

[22] Rehling, Die konzertierte Aktion im Spannungsfeld der 1970er Jahre, S. 79.

lierbarkeit gesellschaftlicher Herausforderungen nach Mitte der 1970er-Jahre nicht erschöpfte, sondern lediglich wandelte.[23]

Aus *sozialhistorischem* Blickwinkel schließt die Studie an die in den letzten Jahren wiedererstarkten Felder der Geschichte der Arbeit und der Geschichte der Gewerkschaften an.[24] Das Bild der „Konfliktpartnerschaft", mit dem Walther Müller-Jentsch die spannungsgeladenen und doch konsensuellen Beziehungen der Sozialpartnerschaft fasst, umschreibt auch treffend die mehrschichtigen Relationen zwischen organisierten Interessen und Staat.[25] Freilich wurden Verbände und Gewerkschaften im ausgehenden 20. Jahrhundert nicht aus dem politischen Geschehen verdrängt. Der Staat suchte aber Mittel und Wege, um autonom von ihnen agieren zu können. Gewerkschaften und Interessenverbände konnten zwar nicht beklagen, in Beratungsprozesse nicht einbezogen zu sein, da sie über den jeweiligen Untersuchungsfortgang informiert wurden. Anders als die Führungsebene konnten sie aber nicht die Rahmenbedingungen der Gutachten beeinflussen. Versuchten sie, Gegenexpertise zu mobilisieren, entfaltete diese nicht dieselbe Diskursmacht wie die ressourcenstarke Beratung der politischen Auftraggebenden. So fanden sie sich auf einem Platz wieder, von dem aus sie politische Entscheidungen absegnen konnten, aber nur noch eingeschränkt an deren Rahmung beteiligt waren. Nicht zuletzt das Ringen der Interessenvertretungen um Mitglieder und damit einhergehendes Konkurrenzverhalten untereinander schmälerten ihren Einfluss zusätzlich.

Schließlich macht die Studie gleich mehrere Argumente aus *wirtschafts-* und *unternehmenshistorischer* Sicht. Zum einen wird sich die Wirtschafts- und Unternehmensgeschichte künftig vermehrt mit Branchen und Firmen des Dienstleistungsgewerbes beschäftigen müssen.[26] Obwohl der „intersektorale" Wandel nur Tendenzverschiebungen beinhaltete und die Diagnose einer „Dienstleistungsgesellschaft" einer materialgestützten Prüfung nicht standhält,[27] wird die Bereitschaft der Wirtschafts- und Unternehmensgeschichte, über klassischerweise industriell verortete Gegenstände hinauszublicken, über ihre fortdauernde Relevanz mitbestimmen. Zum anderen verweisen die firmenhistorischen Abschnitte der Kapitel auf die Notwendigkeit, das Verhältnis von nationalen und globalen Referenzrahmen neu auszuloten. Obwohl in den letzten Jahren der Ruf laut wurde, Unternehmen der zweiten Hälfte des 20. Jahrhunderts in ihren globalen Zusammenhängen und Konkurrenzverhältnissen zu betrachten, zeigen die Kapitel die fortdauernde Wichtigkeit nationaler Perspektiven auf: Wenn die Branche der Unternehmensberatung ab Mitte des 20. Jahrhunderts in allen kapitalistisch gepräg-

23 Zur Energiepolitik zeigt dies Graf, Öl.

24 Für Forschungsüberblicke siehe Priemel, Heaps of Work, in: H-Soz-Kult, 23. 1. 2014; Berger, German Labour History; Kellershohn, Clearingstellen.

25 Müller-Jentsch (Hrsg.), Konfliktpartnerschaft. Ähnlich Müller-Jentsch, Gewerkschaften.

26 Bislang mit am deutlichsten umrissen sind hier die Werbe- und Marketingbranche, etwa bei Logemann, Engineered to Sell; Köhler, Marketing als Lockmittel des Konsums.

27 Ambrosius, Sektoraler Wandel und internationale Verflechtung.

ten Volkswirtschaften einen Aufschwung erlebte, lagen ihre Ursprünge und Entwicklungswege doch jeweils in nationalen institutionellen und rechtlichen Rahmenbedingungen begründet. Werner Plumpes Plädoyer für eine „flexible Kombination von Fragestellungen und Verfahrensweisen […], die nationale Tradition und globale Herausforderungen in komparativer Absicht miteinander verbinden"[28] ist mithin zu unterstreichen.

Zurück zum Anfang dieses Buches und zur jüngsten Vergangenheit: Am 30. Januar 2019 formierte sich beim Verteidigungsausschuss des Bundestages ein Untersuchungsausschuss, der aufklären sollte, ob das Verteidigungsministerium unter Ursula von der Leyen in der Nutzung externer Beratung vergaberechtswidrig gehandelt hatte. Innerhalb eines Jahres begutachteten die Ausschussmitglieder über 4700 Aktenordner an Unterlagen und befragten 41 Personen aus dem Ministerium, vonseiten des BRH und einiger Firmen.[29] Zum einen wollten die Ausschussmitglieder alle seit Beginn der 18. Wahlperiode ergangenen Beratungsverträge unter „vertraglichen, rechtlichen, haushälterischen, geheimschutzrelevanten, militärischen, technologischen und politischen Gesichtspunkten" prüfen.[30] Zum anderen ging es um die „Kennverhältnisse" zwischen der ehemaligen McKinsey-Beraterin Katrin Suder und den Projektleitern der beauftragten Firmen, darunter die Firma Accenture. Hatte Suder als Rüstungsstaatssekretärin alte Bekannte am Vergaberecht vorbei begünstigt?

Das Verteidigungsministerium und der BRH blieben hier im Lauf der Befragungen bei unterschiedlichen Positionen. Von der Leyen, als letzte Zeugin im Februar 2020 angehört, räumte erneut „Fehler bei der Dokumentation" von Beratungsvorgängen ein, wies aber den Vorwurf der vergeudeten Steuergelder von sich.[31] Der BRH insistierte hingegen, dass vielfaches Fehlverhalten bei Auftragsvergaben vermeidliche Ausgaben in Millionenhöhe verursacht hätten. Nach der Denkschrift Dieter Engels' von 2008 missfielen den Prüfer*innen die Vorkommnisse besonders. Hans-Joachim Waller, Abteilungsleiter beim BRH, bestätigte, dass das Verteidigungsressort die Dienstvorschriften für den Beratungseinsatz nach den letzten Rügen verschärft habe. Aber „selbst nach den alten Vorgaben hätte es nicht zu den Verstößen kommen können, wenn sich alle daran gehalten hätten".[32]

[28] Plumpe, Unternehmensgeschichte, S. 132.

[29] Aus beratungswissenschaftlicher Sicht legte jüngst Thomas Deelmann eine chronologische Aufarbeitung der Ausschussverhandlungen vor: Deelmann, Berateraffäre.

[30] 1. Untersuchungsausschuss des Verteidigungsausschusses, https://www.bundestag.de/ausschuesse/a12_Verteidigung/a12_Untersuchungsausschuss#url=L2Rva3VtZW50ZS90ZXh0YXJjaGl2LzIwMTkva3cxMi1wYS12ZXJ0ZWlkaWd1bmctNjI5NjMw&mod=mod591512, zuletzt geprüft am 1. 2. 2020.

[31] Von der Leyen: Bei beachtlicher Aufbauleistung sind auch Fehler passiert, https://www.bundestag.de/dokumente/textarchiv/2020/kw07-pa-verteidigung-1ua-681688, zuletzt geprüft am 15. 2. 2020.

[32] Bundesrechnungshof prüft Vergabepraxis von Verträgen im Ministerium, https://www.bundestag.de/ausschuesse/a12_Verteidigung/a12_Untersuchungsausschuss#url=L2Rva3VtZW50ZS90ZXh0YXJjaGl2LzIwMTkva3cxNC1wYS12ZXJ0ZWlkaWd1bmctMXVhLTYzMjc4MA==&mod=mod591512, zuletzt geprüft am 12. 2. 2020.

Die Vorgänge beim Verteidigungsministerium repräsentierten einen Extremfall der in diesem Buch beleuchteten Regierungspraktik des Behördenconsultings. Bei den ersten wiederkehrenden Beratungseinsätzen in der Verwaltung der 1970er-Jahre hatten Beamte Berater beinahe mehr verwaltet, als diese sie beraten hatten. Knapp ein halbes Jahrhundert später waren die Übergänge zwischen Behörde und Consulting fließend geworden.

Abkürzungsverzeichnis

ACDP	Archiv für Christlich-Demokratische Politik der Konrad-Adenauer-Stiftung
AdsD	Archiv der sozialen Demokratie
Apr.	Ausschussprotokoll
BA	Bundesanstalt für Arbeit/Bundesagentur für Arbeit
BArch	Bundesarchiv
BDU	Bund Deutscher Unternehmensberater BDU e. V. / Bundesverband Deutscher Unternehmensberater BDU e. V.
BGBl	Bundesgesetzblatt
BR	Deutscher Bundesrat
BRH	Bundesrechnungshof
BT	Deutscher Bundestag
BWA	Bayerisches Wirtschaftsarchiv
DA Bem Ä	Dienstanweisung für die Personalbemessung bei den Ämtern
DB	Deutsche Bundesbahn
DBB	Deutscher Beamtenbund
DBP	Deutsche Bundespost
DGB	Deutscher Gewerkschaftsbund
DPG	Deutsche Postgewerkschaft
Drs.	Drucksache
EWG	Europäische Wirtschaftsgemeinschaft
GEW	Gewerkschaft Erziehung und Wissenschaft
INSM	Initiative Neue Soziale Marktwirtschaft
KGSt	Kommunale Gemeinschaftsstelle für Verwaltungsvereinfachung
LAV NRW R	Landesarchiv Nordrhein-Westfalen, Abteilung Rheinland
LRH	Landesrechnungshof
LT	Landtag
PDS	Partei des Demokratischen Sozialismus
PIW	Progress-Institut für Wirtschaftsforschung
PlPr.	Plenarprotokoll
RKW	Reichskuratorium für Wirtschaftlichkeit in Industrie und Handwerk / Rationalisierungs-Kuratorium der Deutschen Wirtschaft
SED	Sozialistische Einheitspartei Deutschlands
SGB III	Sozialgesetzbuch III
SWA	Schweizer Wirtschaftsarchiv
VBE	Verband Bildung und Erziehung
VDI	Verein Deutscher Ingenieure
VDPI	Verband Deutscher Postingenieure

Quellen- und Literaturverzeichnis

Quellenverzeichnis

Archivalien

Archiv der sozialen Demokratie, Bonn (AdsD)

5/DPGE020203 Deutsche Postgewerkschaft

Archiv BDU e. V., Bonn

Zahlreiche Bestände

Archiv für christlich-demokratische Politik der Konrad-Adenauer-Stiftung, Sankt Augustin (ACDP)

01–824 Christian Schwarz-Schilling

Bayerisches Wirtschaftsarchiv, München (BAW)

S011 97 Roland Berger & Partner GmbH, München

Bundesarchiv, Koblenz (BArch)

B 257 Bundesministerium für das Post- und Fernmeldewesen
- 47969 Strategisches Konzept für das Postwesen – Berichte, Bd. 1
- 47970 Bd. 2
- 47971 Bd. 3
- 47972 Bd. 4
- 47978 Aufbauorganisation Postwesen. Schriftwechsel zum Gutachten Knight-Wendling, Bd. 1
- 47979 Bd. 2
- 47980 Bd. 3
- 47981 Bd. 4
- 61126 Untersuchung des Personalbemessungssystems der DBP durch eine Unternehmensberatungsfirma, Bd. 1
- 61127 Bd. 2
- 61128 Bd. 3
- 61129 Bd. 4
- 61130 Bd. 5

Landesarchiv Nordrhein-Westfalen, Abteilung Rheinland, Duisburg (LAV NRW R)

RW 0116 Nachlass Kienbaum, Gerhard
NW 889 Arbeitsstab Aufgabenkritik

Parlamentsarchiv, Berlin

3106 Haushaltsausschuss Nr. 8

Staatsarchiv Hamburg

131-1 Senatskanzlei
131-13 Organisationsamt

131-21 Senatskanzlei – Planungsstab
371-16 Behörde für Wirtschaft und Verkehr

Schweizerisches Wirtschaftsarchiv, Basel (SWA)

H + I D 920 Knight Wegenstein AG

Interviewmaterial

Jobst Fiedler, von 1996 bis 2004 Partner bei Roland Berger Strategy Consultants. Berlin, 19. 3. 2019.

Werner Jann, Politik- und Verwaltungswissenschaftler. Potsdam, 19. 3. 2019.

Johannes Kalenberg, von 1989 bis 1995 Leiter des Arbeitsstabs Aufgabenkritik NRW. Rheinbach, 23. 8. 2018.

Klaus Klemm, Erziehungswissenschaftler und Ökonom. Essen, 9. 3. 2018.

Axel G. Koetz, von 1981 bis 1999 Berater bei der Kienbaum Unternehmensberatung, ab 1993 Partner. Köln, 1. 8. 2017.

Michael Kühn, seit 2004 Geschäftsführer Personal und Organisationsentwicklung bei der Bundesagentur für Arbeit. Telefonisch, 6. 6. 2019.

Peter Manner, von 1967 bis 1972 Projektmitarbeiter bei Mummert + Partner, danach freier Mitarbeiter. Telefonisch, 21. 2. 2018.

Ulrich Schückhaus, von 1993 bis 1999 Berater bei der Kienbaum Unternehmensberatung, ab 1996 Partner. Mönchengladbach, 24. 8. 2017.

Frank-Jürgen Weise, von 2004 bis 2017 Vorstandsvorsitzender der Bundesagentur für Arbeit. Frankfurt a. M., 23. 4. 2019.

Eckard Wohlgehagen, von 1974 bis 1998 Berater bei Mummert & Partner, ab 1975 Partner. Braunschweig, 25. 7. 2017.

Zeitungen und Zeitschriften

Berliner Zeitung
Capital
Der Spiegel
Die Welt
Die Zeit
Facts
Frankfurter Allgemeine Zeitung
Frankfurter Rundschau
Handelsblatt
Immobilien-Zeitung
manager magazin online
Neue Zürcher Zeitung
Stern
Süddeutsche Zeitung
Tagesspiegel
taz
Welt am Sonntag

Veröffentlichte Quellen

1. Untersuchungsausschuss des Verteidigungsausschusses, Bundestag, https://www.bundestag.de/ausschuesse/a12_Verteidigung/a12_Untersuchungsausschuss#url=L2Rva3VtZW50ZS90

ZXh0YXJjaGl2LzIwMTkva3cxMi1wYS12ZXJ0ZWlkaWd1bmctNjI5NjMw&mod=mod591512, zuletzt geprüft am 1. 2. 2020.

Arbeitsförderungsgesetz vom 25. Juni 1969, in: Bundesgesetzblatt, Jahrgang 1969, Teil I, S. 583–632.

ARD, Panorama: Phantomstellen und Scheinvermittlungen. Gefälschte Zahlen beim Arbeitsamt, 17. 9. 1998, https://daserste.ndr.de/panorama/archiv/1998/Phantomstellen-und-Scheinvermittlungen-Gefaelschte-Zahlen-beim-Arbeitsamt,erste7006.html, zuletzt geprüft am 11. 12. 2020.

Banner, Gerhard, Von der Behörde zum Dienstleistungsunternehmen. Ein neues Steuerungsmodell für die Kommunen, in: Organisationsentwicklung, H. 2, 1994, S. 31–38.

Bayerische Staatsregierung/Deregulierungskommission, Entbürokratisieren, deregulieren, flexibilisieren. Vorfahrt für Unternehmen und Arbeit, München 2003.

BDU e. V. (Hrsg.), Der Unternehmensberater im Dienst des wirtschaftlichen Fortschritts. Grundsätze und Ziele der Mitglieder des BDU, Köln 1954.

ders., Facts & Figures zum Beratermarkt 2016/2017, Bonn 2017.

Becker, Raimund/Heuke, Stephan, Controlling wirkt. Erste Ergebnisse des neuen Controllingsystems in der Bundesagentur für Arbeit, in: Controlling und Management 49 (2005), H. 7, S. 52–61.

Bernrath, Hans G./Lange, Hubert, Personalpolitik ohne Illusionen, in: Gscheidle, Kurt (Hrsg.), Jahrbuch des Postwesens 1975, Bad Windsheim 1976, S. 9–136.

Bertelsmann Stiftung (Hrsg.), Carl-Bertelsmann-Preis. Demokratie und Effizienz in der Kommunalverwaltung, Bd. 1: Dokumentationsband zur internationalen Recherche, Gütersloh 1994.

dies. (Hrsg.), Carl-Bertelsmann-Preis. Demokratie und Effizienz in der Kommunalverwaltung, Bd. 2: Dokumentation zu Symposium und Festakt, Gütersloh 1994.

Berthold, Julia/Oschmiansky, Frank, Der Virtuelle Arbeitsmarkt, https://www.bpb.de/politik/innenpolitik/arbeitsmarktpolitik/317051/der-virtuelle-arbeitsmarkt, zuletzt geprüft am 1. 2. 2021.

Boese, Renate, Fakten, Fragen und Forderungen, in: Neue deutsche Schule, H. 1, 1999, S. 3–4.

Bolsenkötter, Heinz, Unternehmensrechnungen in Hochschulen, in: WIBERA-Sonderdruck, H. 25, 1971, S. 301–306.

Bothe, Bernd, Kosten-Controlling durch Gemeinkosten-Systems-Engineering (GSE). Managementmethode zur partizipativen Arbeitsvereinfachung und Gemeinkostensenkung, in: Betriebswirtschaftliche Forschung und Praxis 33 (1981), H. 1, S. 1–11.

Bower, Marvin, Why Economic Understanding Is Important to Everybody, in: McKinsey Quarterly 4 (1967), H. 2, S. 29–34.

ders., Perspective on McKinsey, o. O. 2004 [1979].

Bundesagentur für Arbeit, Geschäftsbericht 2003. Zweiundfünfzigster Geschäftsbericht der Bundesagentur für Arbeit, Nürnberg 2004.

dies., Geschäftsbericht 2005. Vierundfünfzigster Geschäftsbericht der Bundesagentur für Arbeit, Nürnberg, 2006.

dies., Geschäftsbericht 2008. Siebenundfünfzigster Geschäftsbericht der Bundesagentur für Arbeit, Nürnberg 2009.

Bundesanstalt für Arbeit, Geschäftsbericht 2001. Fünfzigster Geschäftsbericht der Bundesanstalt für Arbeit, Nürnberg 2002.

Bundeshaushaltsordnung (BHO), BGBl. I S. 1284, 19. 8. 1969.

Bundesministerium des Innern, Modernisierung der Bundesverwaltung. Strategie für die 2. Phase des Regierungsprogramms „Moderner Staat – Moderne Verwaltung", o. O. 2004.

Bundesministerium für Wirtschaft, Guter Rat ist nicht teuer. Die Bundesregierung fördert Unternehmensberatungen in der Bundesrepublik Deutschland, Bonn 1979.

Bundesrechnungshof prüft Vergabepraxis von Verträgen im Ministerium, https://www.bundestag.de/ausschuesse/a12_Verteidigung/a12_Untersuchungsausschuss#url=L2Rva3VtZW50ZS90ZXh0YXJjaGl2LzIwMTkva3cxNC1wYS12ZXJ0ZWlkaWd1bmctMXVhLTYzMjc4MA==&mod=mod591512, zuletzt geprüft am 12. 2. 2020.

BwConsulting GmbH, Startschuss für das Inhouse Consulting Network für Behörden, https://www.bwconsulting.de/startschuss-icnb/, zuletzt geprüft am 13. 12. 2019.

Der Bundesbeauftragte für Wirtschaftlichkeit in der Verwaltung, Einsatz externer Berater in der Bundesverwaltung, Stuttgart 2006.

Der Bundesminister für Wirtschaft, Richtlinien für die Durchführung des Projektes „Verbilligte Unternehmensberatungen im Handel", in: Bundesanzeiger 30 (1978), H. 16a, S. 2–5.

Deregulierungskommission, Marktöffnung und Wettbewerb. Deregulierung als Programm? Das Versicherungswesen, das Verkehrswesen, die Stromwirtschaft, das technische Prüfungs- und Sachverständigenwesen, die Märkte für Rechtsberatung und Wirtschaftsberatung, das Handwerk, der Arbeitsmarkt, Stuttgart 1991.

Deutsche Bundespost, Geschäftsbericht 1981, Bonn 1982.

dies., Geschäftsbericht 1982, Bonn, 1983.

Deutsche Postgewerkschaft (Hrsg.), Mit einer starken DPG. Sichere Perspektiven für Bundespost und Arbeitnehmer, Frankfurt a. M. 1986.

dies., Stellungnahme der DPG-Mitglieder im Postverwaltungsrat zum „Strategischen Konzept für das Postwesen" (Knight-Wendling), in: Deutsche Postgewerkschaft (Hrsg.), Mit einer starken DPG. Sichere Perspektiven für Bundespost und Arbeitnehmer, Frankfurt a. M. 1986, S. 117–118.

dies., Sichert die Post – Rettet das Fernmeldewesen. Bilanz einer gewerkschaftlichen Aktion, Frankfurt a. M. 1989.

Deutscher Bundesrat, Stenografischer Bericht, 791. Sitzung, 26. 9. 2003.

ders., Mitteilung des Vorsitzenden des Vermittlungsausschusses, Drucksache 942/03, 16. 12. 2003.

Deutscher Bundestag, Denkschrift des Präsidenten des Bundesrechnungshofes zu den Bundeshaushaltsrechnungen für die Rechnungsjahre 1949 und 1950, Drucksachen, 2. WP, 396, 11. 2. 1954.

ders., Gutachten der Sachverständigen-Kommission für die Deutsche Bundespost vom 6. November 1965, Drucksachen, 5. WP, 203, 26. 1. 1966.

ders., Abschließende Stellungnahme der Bundesregierung zum Gutachten der Sachverständigen-Kommission für die Deutsche Bundespost, Drucksachen, 5. WP, 3875, 20. 2. 1969.

ders., Entwurf eines Postverfassungsgesetzes (Gesetzentwurf der Bundesregierung), Drucksachen, 6. WP, 1385, 6. 11. 1970.

ders., Unterrichtung durch die Bundesregierung. Bericht der Bundesregierung über Lage und Entwicklung der kleinen und mittleren Unternehmen (Mittelstandsbericht), 21. 5. 1976.

ders., Unterrichtung durch den Bundesrechnungshof. Bemerkungen des Bundesrechnungshofes zur Bundeshaushaltsrechnung (einschließlich der Bundesvermögensrechnung) für das Haushaltsjahr 1974, Drucksachen, 7. WP, 5849, 26. 10. 1976.

ders., Unterrichtung durch den Bundesrechnungshof. Bemerkungen des Bundesrechnungshofes zur Bundeshaushaltsrechnung (einschließlich der Bundesvermögensrechnung) für das Haushaltsjahr 1976, Drucksachen, 8. WP, 2124, 25. 9. 1978.

ders., Unterrichtung durch die Bundesregierung. Bericht über die Prüfung der Auswirkungen einer Trennung von Fahrweg und Betrieb bei der Deutschen Bundesbahn, Drucksachen, 8. WP, 3049, 10. 7. 1979.

ders., Unterrichtung durch den Bundesrechnungshof. Bemerkungen des Bundesrechnungshofes zur Bundeshaushaltsrechnung (einschließlich der Bundesvermögensrechnung) für das Haushaltsjahr 1979, Drucksachen, 9. WP, 978, 9. 11. 1981.

ders., Stenographischer Bericht, 9. WP, 121. Sitzung, 13. 10. 1982.

ders., Zwischenbericht der Enquete-Kommission „Neue Informations- und Kommunikationstechniken", Drucksachen, 9. WP, 2442, 28. 3. 1983.

ders., Stenographischer Bericht, 10. WP, 173. Sitzung, 13. 11. 1985.

ders., Unterrichtung durch den Bundesrechnungshof. Bemerkungen des Bundesrechnungshofes 1986 zur Haushalts- und Wirtschaftsführung (einschließlich der Bemerkungen zur Jahresrechnung des Bundes 1984), Drucksachen, 10. WP, 6138, 10. 10. 1986.

ders., Stenographischer Bericht, 14. WP, 180. Sitzung, 29. 6. 2001.

ders., Stenographischer Bericht, 14. WP, 218. Sitzung, 21. 2. 2002.

ders., Stenografischer Bericht, 15. WP, 32. Sitzung, 14. 3. 2003.

ders., Schriftliche Fragen mit den in der Woche vom 31. März 2003 eingegangenen Antworten der Bundesregierung, Drucksachen, 15. WP, 791, 4. 4. 2003.

ders., Schriftliche Fragen mit den in der Zeit vom 28. April bis 9. Mai 2003 eingegangenen Antworten der Bundesregierung, Drucksachen, 15. WP, 980, 9. 5. 2003.

ders., Stenografischer Bericht, 15. WP, 67. Sitzung, 17. 10. 2003.

ders., Antwort der Bundesregierung auf die Kleine Anfrage der Abgeordneten Karl-Josef Laumann, Dagmar Wöhrl, Veronika Bellmann, weiterer Abgeordneter und der Fraktion der CDU/CSU – Drucksache 15/2014 – Finanzierung der Öffentlichkeitsarbeit und Imageanalyse der Bundesanstalt für Arbeit, Drucksachen, 15. WP, 2108, 28. 11. 2003.

ders., Beschlussempfehlung des Vermittlungsausschusses zu dem Vierten Gesetz für moderne Dienstleistungen am Arbeitsplatz, Drucksachen, 15. WP, 2259, 16. 12. 2003.

ders., Antwort der Bundesregierung auf die Kleine Anfrage der Abgeordneten Karl-Josef Laumann, Dagmar Wöhrl, Veronika Bellmann, weiterer Abgeordneter und der Fraktion der CDU/CSU – Drucksache 15/2281 – Vergabepraxis der Bundesanstalt für Arbeit: Teil I – Kommunikationsberatung und virtueller Arbeitsmarkt, Verhandlungen des Deutschen Bundestages, Drucksachen, 15. WP, 2330, 14. 1. 2004.

ders., Antwort der Bundesregierung auf die Kleine Anfrage der Abgeordneten Dagmar Wöhrl, Karl-Josef Laumann, Hartmut Schauerte, weiterer Abgeordneter und der Fraktion der CDU/CSU – Drucksache 15/2365 – Vergabepraxis und Kosten externer Beratung der Bundesregierung, Drucksachen, 15. WP, 2458, 4. 2. 2004.

ders., Stenografischer Bericht, 15. WP, 95. Sitzung, 5. 3. 2004.

ders., Stenografischer Bericht, 19. WP, 62. Sitzung, 9. 11. 2018.

Dohmen, Arnold, Die Dienstanweisung für die Personalbemessung bei den Ämtern der Deutschen Bundespost (DA Bem Ä), in: Gscheidle, Kurt (Hrsg.), Jahrbuch des Postwesens 1972, Bad Windsheim 1972, S. 174–268.

Eintrag „Weise, Frank-Jürgen“ in Munzinger Online/Personen – Internationales Biographisches Archiv, http://www.munzinger.de/document/00000024786, zuletzt geprüft am 19. 2. 2019.

Emmerich, Rolf van, Die Goldenen Jahre des Search Business, in: Hofmann, Dieter/Bergert, Gabriele (Hrsg.), Headhunter. Blick hinter die Kulissen einer verschwiegenen Branche, Wiesbaden ^{2}2014, S. 189–203.

Engelen-Kefer, Ursula, Vermittlungsmonopol der Bundesanstalt für Arbeit muß unangetastet bleiben, in: arbeit und beruf, H. 9, 1983, S. 259–260.

dies., Kämpfen mit Herz und Verstand. Mein Leben, Köln 2009.

Farocki, Harun, Ein neues Produkt, https://www.harunfarocki.de/de/filme/2010er/2012/ein-neues-produkt.html, zuletzt geprüft am 15. 10. 2018.

Fiedler, Jobst, Das Management von politisch-administrativen Reformen, Hannover 1998.

ders., Managementberatung und Politikberatung, in: Lamping, Wolfram/Schridde, Henning/Blanke, Bernhard (Hrsg.), Der konsultative Staat. Reformpolitik und Politikberatung. Festschrift für Bernhard Blanke, Opladen u. a. 2011, S. 213–250.

Florian, Winfried, Das Gutachten der Sachverständigen-Kommission für die Deutsche Bundespost, in: Steinmetz, Hans (Hrsg.), Jahrbuch des Postwesens, Bad Windsheim 1966, S. 9–85.

Friedrichs, Julia, Recruiting bei McKinsey. Ein Erfahrungsbericht, in: Leif, Thomas (Hrsg.), Beraten und verkauft: McKinsey & Co. – der große Bluff der Unternehmensberater, München ^{3}2006, S. 115–173.

Friedrichs, Julia, Gestatten: Elite. Auf den Spuren der Mächtigen von morgen, Hamburg 2008.

Gerster, Florian (Hrsg.), Arbeit muss sich lohnen, Baden-Baden 2001.

Gewerkschaft Handel, Banken und Versicherungen (Hrsg.), Arbeitsheft Rationalisierung für Betriebsräte, Personalräte und Vertrauensleute. Achtung – McKinsey kommt!, Düsseldorf 1981.

Gscheidle, Kurt, Damit wir in Verbindung bleiben. Portrait der Deutschen Bundespost, Stuttgart-Degerloch 1982.

ders., Die Personalbemessung bei der Deutschen Bundespost, in: Gscheidle, Kurt/Elias, Dietrich (Hrsg.), Jahrbuch der Deutschen Bundespost 1982, Bad Windsheim 1982, S. 9–28.

Haaren, Kurt van, Dokumentation. Sichert die Post – Rettet das Fernmeldewesen, o. O. 1986.

Hagedorn, Jobst R., Ein völlig überholtes Auslaufmodell, in: Arbeitgeber 44 (1992), H. 8, S. 274–275.

Hammerschmidt, Jost, Die unabhängige Wirtschaftsberatung in Deutschland. Stand und Ausbaumöglichkeiten unter Berücksichtigung ausländischer Erfahrungen, Nürnberg 1964.

Hartz, Peter u. a., Moderne Dienstleistungen am Arbeitsmarkt. Vorschläge der Kommission zum Abbau der Arbeitslosigkeit und zur Umstrukturierung der Bundesanstalt für Arbeit, Berlin 2002.

Hartz, Peter, Jeder Arbeitsplatz hat ein Gesicht. Die Volkswagen-Lösung, Frankfurt a. M. u. a. 1994.

ders., Das atmende Unternehmen. Jeder Arbeitsplatz hat einen Kunden, Frankfurt a. M. u. a. 1996.

ders., Job Revolution. Wie wir neue Arbeitsplätze gewinnen können, Frankfurt a. M. 2001.

Hartz, Peter/Kloepfer, Inge, Macht und Ohnmacht. Ein Gespräch mit Inge Kloepfer, Hamburg 2007.

Hauff, Volker/Scharpf, Fritz W., Modernisierung der Volkswirtschaft. Technologiepolitik als Strukturpolitik, Frankfurt a. M. u. a. 1975.

Heinrich, Winfried, Das Lehrerarbeitszeitmodell in Hamburg. Bericht zur Evaluation, Freie und Hansestadt Hamburg, 31. 3. 2005, https://www.hamburg.de/contentblob/70400/d0ac91b7862358862ec1cbd52864a741/data/laz-bericht.pdf, zuletzt geprüft am 21. 2. 2019.

Hempell, Wolfgang, Postablieferungen an den Bund, in: Elias, Dietrich (Hrsg.), Jahrbuch der Deutschen Bundespost 1983, Bad Windsheim 1983, S. 272–317.

Henzler, Herbert, Immer am Limit. Der Spitzenmanager von McKinsey erinnert sich, Berlin 2011.

Herzog, Roman, Aufbruch ins 21. Jahrhundert. Berliner Rede 1997 von Bundespräsident Roman Herzog, 26. 4. 1997, http://www.bundespraesident.de/SharedDocs/Reden/DE/Roman-Herzog/Reden/1997/04/19970426_Rede.html, zuletzt geprüft am 6. 11. 2019.

Hielscher, Volker/Ochs, Peter, Arbeitslose als Kunden? Beratungsgespräche in der Arbeitsvermittlung zwischen Druck und Dialog, Baden-Baden 2009.

Hill, Hermann/Klages, Helmut (Hrsg.), Spitzenverwaltungen im Wettbewerb. Eine Dokumentation des 1. Speyerer Qualitätswettbewerbs 1992, Baden-Baden 1993.

Hochhuth, Rolf, McKinsey kommt. Molières Tartuffe. Zwei Theaterstücke, München 2004.

Hombach, Bodo (Hrsg.), Aufbruch. Die Politik der Neuen Mitte, München 1998.

Hüttl, Adolf, Wirtschaftlichkeit, in: Morstein Marx, Fritz (Hrsg.), Verwaltung. Eine einführende Darstellung, Berlin 1965, S. 282–296.

Ihlow, Günter, Gutachteritis bei der Deutschen Bundespost, in: Das Postpersonal, H. 11, 1985, o. S.

Initiative Neue Soziale Marktwirtschaft, Stimmen der sozialen Marktwirtschaft, https://www.insm.de/insm/ueber-die-insm/kuratoren-und-botschafter, zuletzt geprüft am 15. 11. 2019.

Jagoda, Bernhard, „Arbeitsamt 2000" – Gemeinsames Dach für die Weiterentwicklung der Bundesanstalt für Arbeit, in: arbeit und beruf, H. 4, 1995, S. 97–100.

Jann, Werner/Schmid, Günther (Hrsg.), „Eins zu eins"? Eine Zwischenbilanz der Hartz-Reformen am Arbeitsmarkt, Berlin 2004.

Kaiser, Otto, Unternehmensgesamtplanung bei der Deutschen Bundespost, in: Gscheidle, Kurt (Hrsg.), Jahrbuch der Deutschen Bundespost 1977, Bad Windsheim 1978, S. 204–227.

Kalenberg, Johannes, Aufgabenkritik in Nordrhein-Westfalen, in: Arnim, Hans H./Lüder, Klaus (Hrsg.), Wirtschaftlichkeit in Staat und Verwaltung. Vorträge und Diskussionsbeiträge der 60. Staatswissenschaftlichen Fortbildungstagung 1992 der Hochschule für Verwaltungswissenschaften Speyer, Berlin 1993, S. 227–247.

Kienbaum, Gerhard, Die wirtschaftspolitische Situation und die Maßnahmen der Landesregierung, in: Industrie- und Handelskammer zu Düsseldorf 33 (o. D.), H. 11, S. 289–293.

ders., Ein Industrieberater nutzt die Erfahrungen seiner Amerika-Studienreise, in: Rationalisierung 5 (1954), H. 2, S. 42–43.

ders., Unternehmensberatung – ein Hilfsdienst für Rationalisierung und Wirtschaftsentwicklung, in: Rationalisierung 10 (1959), H. 1, S. 9–11.

ders., Am Anfang war der Rat, Berlin 1995.

ders., Am Anfang war die Idee – und ein Fahrrad. Der Beginn 1945 bis 1948, in: Kienbaum und Partner (Hrsg.), Geschichte einer Unternehmensberatung. 50 Jahre Kienbaum und Partner, Gummersbach 1995, S. 3–7.

Killius, Nelson/Kluge, Jürgen/Reisch, Linda (Hrsg.), Die Bildung der Zukunft, Frankfurt a. M. 2004.

Kluge, Jürgen, Schluss mit der Bildungsmisere. Ein Sanierungskonzept, Frankfurt a. M. u. a. 2003.

Knab, Helmut, Hat die öffentliche Arbeitsvermittlung Zukunft?, in: arbeit und beruf, H. 11, 1991, S. 343–344.
Knight Wegenstein AG, Die Arbeitszeit der Lehrer in der Bundesrepublik Deutschland, Band I. Analyse, Zürich u. a. 1973.
dies., Die Arbeitszeit der Lehrer in der Bundesrepublik Deutschland, Band II. Katalog für Zeitaufwand, Zürich u. a. 1973.
dies., Bericht über die Untersuchungsergebnisse von Modellen einer Trennung von Fahrweg und Betrieb bei der Deutschen Bundesbahn für den Bundesminister für Verkehr, Frankfurt a. M. 1979.
Koetz, Axel G./Jaschke, Heinz, Organisationsuntersuchung im Schulbereich, Düsseldorf 1991.
dies., Organisationsuntersuchung im Schulbereich. Management Summary, Düsseldorf 1991.
Kommunale Gemeinschaftsstelle für Verwaltungsmanagement, KGSt Mitgliedsverzeichnis, https://www.kgst.de/mitgliedsverzeichnis, zuletzt geprüft am 12. 12. 2019.
Kommunale Gemeinschaftsstelle für Verwaltungsvereinfachung, Wege zum Dienstleistungsunternehmen Kommunalverwaltung. Fallstudie Tilburg, Köln 1992.
dies., Dezentrale Ressourcenverantwortung. Überlegungen zu einem neuen Steuerungsmodell. Bericht Nr. 12/1991, Köln 1991.
dies., Das Neue Steuerungsmodell. Begründung, Konturen, Umsetzung. Bericht Nr. 5/1993, Köln 1993.
dies., Verwaltungscontrolling im Neuen Steuerungsmodell. Bericht Nr. 15/1994, Köln 1994.
Kübler, Jürgen, Laudatio für Herrn Prof. Dr. Siegfried Schach zum 80. Geburtstag, https://gmds.de/fileadmin/user_upload/Preise_Ehrungen/Schach.pdf, zuletzt geprüft am 14. 3. 2018.
Kubr, Milan, Management Consulting. A Guide to the Profession, Genf 1976.
ders., Management Consulting. A Guide to the Profession, Genf [2]1986.
ders., Management Consulting. A Guide to the Profession, Genf [3]1996.
ders., Management Consulting. A Guide to the Profession, Genf [4]2002.
Kurbjuweit, Dirk, Unser effizientes Leben. Die Diktatur der Ökonomie und ihre Folgen, Reinbek bei Hamburg 2005.
Lafontaine, Oskar, Das Herz schlägt links, München u. a. 1999.
Landtag Baden-Württemberg, Stenographischer Bericht, 9. WP, 58. Sitzung, 3. 12. 1986.
Landtag Nordrhein-Westfalen, Interpellation Nr. 8. der Fraktion der SPD, Betr.: Unvereinbarkeit von Ministeramt und geschäftlichen Interessen des Wirtschafts- und Verkehrsministers Dipl.-Ing. Gerhard Kienbaum, Drucksachen, 5. WP, 380, 17. 3. 1964.
ders., Stenographischer Bericht, 5. WP, 35. Sitzung, 23. Sitzungsabschnitt, 21. 4. 1964.
ders., Antrag der Fraktion der F.D.P. Effizienzsteigerung der Landesverwaltung, Drucksachen, 10. WP, 160, 11. 9. 1985.
ders., Stenographischer Bericht, 10. WP, 7. Sitzung, 30. 10. 1985.
ders., Kommission des Hauptausschusses und des Ausschusses für Innere Verwaltung. „Effizienzsteigerung der Landesverwaltung", Ausschußprotokolle, 10. WP, 585, 13. 5. 1987.
ders., Kommission des Hauptausschusses und des Ausschusses für Innere Verwaltung. „Effizienzsteigerung der Landesverwaltung", Ausschußprotokolle, 10. WP, 658, 8. 7. 1987.
ders., Beschlußempfehlung und Bericht des Hauptausschusses zu dem Antrag der Fraktion der F.D.P., Drucksachen, 10. WP, 2787, 18. 1. 1988.
ders., Stenographischer Bericht, 11. WP, 4. Sitzung, 15. 8. 1990.
ders., Kultusministerium an die Präsidentin des Landtags Nordrhein-Westfalen, Betr.: Organisationsuntersuchung im Schulbereich. Anlg.: Handlungskonzept der Landesregierung, Vorlagen, 11. WP, 933, 26. 11. 1991.
ders., Stellungnahme der Schulkonferenz des Otto-Hahn-Gymnasiums Dinslaken zum Handlungskonzept der Landesregierung, Information, 11. WP, 284, 10. 3. 1992.
ders., Offener Brief der Lehrerräte an berufsbild. Schulen an den Schulausschuß des Landtages, Information, 11. WP, 286, 31. 3. 1992.
ders., Resolution der Marienschule Euskirchen zur „Effizienzsteigerung im Schulbereich", Information, 11. WP, 285, 3. 4. 1992.
ders., Resolution der Schulgemeindeversammlung des Gymnasiums Köln-Deutz zum Handlungskonzept der Landesregierung, Information, 11. WP, 283, 14. 4. 1992.

ders., Antrag der Fraktion der CDU und der Fraktion der F.D.P. Reform der Schulstruktur – SPD muß fehlendes Konzept vorlegen, Drucksachen, 11. WP, 3644, 29. 4. 1992.
ders., Kleine Anfrage 1513 der Abgeordneten Beatrix Philipp CDU: Schülerinnen und Schüler spenden Taschengeld für Kultusminister Schwier, Drucksachen, 11. WP, 3958, 24. 6. 1992.
ders., Stellenbegründungen zum Entwurf des Haushaltsplanes des Kultusministeriums – Einzelplan 05 – für das Haushaltsjahr 1993, Vorlagen, 11. WP, 1611, 22. 9. 1992.
ders., Stellenbegründungen zum Entwurf des Haushaltsplanes des Kultusministeriums – Einzelplan 05 – für das Haushaltsjahr 1994, Vorlagen, 11. WP, 2455, 15. 9. 1993.
ders., Stenographischer Bericht, 12. WP, 30. Sitzung, 19. 6. 1996.
ders., Ausschuß für Verwaltungsstrukturreform, 10. Sitzung, Ausschußprotokolle, 12. WP, 433, 4. 12. 1996.
ders., Schreiben des Ministeriums für Schule und Weiterbildung des Landes Nordrhein-Westfalen, Betr.: Schuljahresbeginn 1997/98, Vorlagen, 12. WP, 1531, 9. 9. 1997.
ders., Stenographischer Bericht, 13. WP, 23. Sitzung, 21. 3. 2001.
ders., Große Anfrage 6 der F.D.P.-Fraktion. Kienbaum und die Folgen – Standortbestimmung und Zukunftsfähigkeit des nordrhein-westfälischen Bildungssystems zehn Jahre nach Deutschlands größter Schuluntersuchung, Drucksachen, 13. WP, 1045, 6. 4. 2001.
Laue, Walter, „Strategisches Konzept für die Post- und Postbankdienste" – eine Überprüfung, in: Zeitschrift für das Post- und Fernmeldewesen, H. 3, 1986, S. 4–6.
Laux, Eberhard, Planung als Führungsmittel der Verwaltung, Baden-Baden 1967.
ders., Führung und Führungsorganisation in der öffentlichen Verwaltung. Beiträge zur Diskussion, Stuttgart u. a. 1975.
Leif, Thomas (Hrsg.), Beraten und verkauft. McKinsey & Co. – der große Bluff der Unternehmensberater, München ^{3}2006.
ders./Speth, Rudolf (Hrsg.), Die stille Macht. Lobbyismus in Deutschland, Wiesbaden 2003.
Mann, Hans-Eberhard, Das Vermittlungsmonopol als Verpflichtung, in: arbeit und beruf, H. 9, 1983, S. 257–259.
Mayntz, Renate/Scharpf, Fritz W., Policy-making in the German Federal Bureaucracy, Amsterdam u. a. 1975.
Mayntz-Trier, Renate/Derlien, Hans-Ulrich, Programmentwicklung in der Ministerialorganisation. Projektbericht erstellt im Auftrag PRVR beim BMI, Speyer u. a. 1972.
McKinsey & Company, Management-System für ein Bundesministerium. Am Beispiel des Bundesministeriums für Ernährung, Landwirtschaft und Forsten, New York 1973.
dies., Neuordnung der Busdienste der Deutschen Bundesbahn (DB) und der Deutschen Bundespost (DBP) v. August 1975, in: Forschung Stadtverkehr, H. 15, 1976, S. 46.
dies., McKinsey früher und heute, https://www.mckinsey.de/uber-uns/geschichte, zuletzt geprüft am 14. 12. 2019.
Mechler, Heinrich, Der Unternehmensberater. Partner auf Zeit, München 1974.
Mennecke, Kurt, Flußpferde in der Firma. Kienbaum untersucht den Materialfluß, in: Kienbaum und Partner (Hrsg.), Geschichte einer Unternehmensberatung. 50 Jahre Kienbaum und Partner, Gummersbach 1995, S. 12–17.
ders., Vorwärts zu Besserem. Kienbaum untersucht den Materialfluß, in: Kienbaum und Partner (Hrsg.), Geschichte einer Unternehmensberatung. 50 Jahre Kienbaum und Partner, Gummersbach 1995, S. 8–11.
Mohn, Reinhard, Begrüßung, in: Bertelsmann Stiftung (Hrsg.), Carl-Bertelsmann-Preis. Demokratie und Effizienz in der Kommunalverwaltung, Bd. 2: Dokumentation zu Symposium und Festakt, Gütersloh 1994, S. 359–361.
Mosley, Hugh u. a., Effizienz der Arbeitsämter. Leistungsvergleich und Reformpraxis, Berlin 2003.
Müller, Winfried, „Da rast der See und will sein Opfer haben" – zum Pilatus-Prinzip in Sachen Arbeitsvermittlung der Bundesanstalt für Arbeit, in: arbeit und beruf, H. 3, 2002, S. 65–68.
Mummert, Olaf, Der Anfang, in: Mummert, Olaf (Hrsg.), Mummert + Partner 1960–2000. Eine Firmengeschichte, Berlin 2002, S. 1–35.
Mummert + Partner Unternehmensberatung AG, Untersuchung der Personalbemessung bei den Ämtern der DBP: Bericht und Anlagen. Im Auftrag des Bundesministeriums für das Post- und Fernmeldewesen, Hamburg 1985.

dies., Untersuchung zur Ermittlung, Bewertung und Bemessung der Arbeitszeit der Lehrerinnen und Lehrer im Land Nordrhein-Westfalen. Band I: Bericht, Düsseldorf 1999.

dies., Untersuchung zur Ermittlung, Bewertung und Bemessung der Arbeitszeit der Lehrerinnen und Lehrer im Land Nordrhein-Westfalen. Band II: Anlagen, Düsseldorf 1999.

dies., Untersuchung zur Ermittlung, Bewertung und Bemessung der Arbeitszeit der Lehrerinnen und Lehrer im Land Nordrhein-Westfalen. Zusammenfassung, Düsseldorf 1999.

Neumark, Fritz, Zur Lage und Entwicklung der Staatsfinanzen in der Bundesrepublik Deutschland. Gutachten des Wissenschaftlichen Beirats beim Bundesministerium der Finanzen zur Lage und Entwicklung der Staatsfinanzen in der Bundesrepublik Deutschland, in: Bulletin, H. 103, 16. 8. 1975, S. 1001–1016.

OECD, Administration as Service. The Public as Client, Paris 1987.

Omlor, Hans-Jürgen/Bixler, Erwin, Die Perspektiven der Abteilung AVuAB und der daraus resultierende Handlungsbedarf, in: arbeit und beruf, H. 11, 1993, S. 313–315.

o. V., Ministerialorganisation: Aufgabenkritik muß weiteren Stellenabbau zur Folge haben, in: Landtag intern, H. 8, 26. 5. 1987, S. 14.

o. V., Organisationsuntersuchung. Hauptpersonalrat zu Kienbaum-Gutachten, in: Bildung aktuell, H. 10–11, 1991, S. 169–176.

o. V., Schwier: Eingeleitete Maßnahmen erfüllen schon 80 Prozent des Kienbaum-Gutachtens, in: Landtag intern, H. 5, 17. 3. 1992, S. 6.

o. V., Langfristige Sicherung politischer Gestaltungsfähigkeit und eine moderne Landesverwaltung in dieser Wahlperiode, in: Landtag intern, H. 17, 31. 10. 1995, S. 10.

o. V., Interkommunale Vergleiche ersetzen den Wettbewerb, in: VOP, H. 12, 1996, S. 36–37.

Peters, Thomas J./Waterman, Robert H., In Search of Excellence. Lessons from America's Best-run Companies, New York u. a. 1982.

Plamper, Harald, Die Kommunale Gemeinschaftsstelle (KGSt) in Köln, in: Organisationsentwicklung, H. 1, 1996, S. 62–63.

Potthoff, Erich, Der öffentliche Auftrag kommunale Versorgungs- und Verkehrsunternehmen, in: WIBERA-Sonderdruck, H. 86, 1977, S. 1–12.

Prognos AG, Wer wir sind, https://www.prognos.com/ueber-uns/die-prognos-ag/wer-wir-sind/, zuletzt geprüft am 10. 9. 2018.

Richtlinie 92/50/EWG des Rates vom 18. Juni 1992. Über die Koordinierung der Verfahren zur Vergabe öffentlicher Dienstleistungsaufträge, in: Amtsblatt der Europäischen Gemeinschaften, L 209 (1992), S. 1–24.

Roland Berger GmbH, Unsere Geschichte, https://www.rolandberger.com/de/About/Our-History, zuletzt geprüft am 19. 4. 2021.

Rügemer, Werner (Hrsg.), Die Berater. Ihr Wirken in Staat und Gesellschaft, Bielefeld 2004.

Schach, Siegfried, Arbeitszeitermittlung der Lehrerinnen und Lehrer des Landes Nordrhein-Westfalen. Überlegungen zum Stichprobenverfahren, Dortmund o. D.

Schaidt, Gerlind, Porträt der Woche. Norbert Burger (SPD), in: Landtag intern, H. 12, 13. 9. 1988, S. 19.

Schimke, Ernst, Hilfe für strukturschwache Unternehmen. Kienbaum analysiert ganze Branchen, in: Kienbaum und Partner (Hrsg.), Geschichte einer Unternehmensberatung. 50 Jahre Kienbaum und Partner, Gummersbach 1995, S. 18–21.

Schleip, Walter, „… ich habe diese Brüder schon einmal dagehabt …". Management Consultants. Ruf und Beratungsgepflogenheit in der Bundesrepublik und im Ausland, in: Junge Wirtschaft 6 (1958), H. 7, S. 276–279.

ders., Ganzheitsberatung im Vordringen, in: Der Volkswirt 15 (1961), H. 14, S. 8–10.

ders., Die Zukunft der Unternehmensberatung in Deutschland, in: Rationalisierung 17 (1966), H. 5, S. 107–112.

Schröder, Gerhard, o. T., in: Hombach, Bodo (Hrsg.), Aufbruch. Die Politik der Neuen Mitte, München 1998, S. 221–225.

ders., Das Bündnis als Fokus unserer Politik der neuen Mitte, in: Arlt, Hans-Jürgen/Nehls, Sabine (Hrsg.), Bündnis für Arbeit. Konstruktion, Kritik, Karriere, Opladen u. a. 1999, S. 49–56.

Schütz, Holger/Ochs, Peter, Das Neue im Alten und das Alte im Neuen – das Kundenzentrum der Bundesagentur für Arbeit. Die öffentliche Arbeitsvermittlung zwischen inkrementellen und strukturellen Reformen, Berlin 2005.

Schütz, Werner von, Das Treuhandprinzip steht im Vordergrund. Über die Entwicklung der freiberuflichen Wirtschaftsberatung in Deutschland, in: Junge Wirtschaft 6 (1958), H. 7, S. 293–294.

Schwarzer, Christopher J., Inside Ost. Vom West-Berater zum Ost-Unternehmer, München 2014.

Schwarz-Schilling, Christian, Der Neuerer hat Gegner auf allen Seiten. Eine Bilanz, in: Historisch-Politische Mitteilungen 9 (2002), H. 1, S. 177–193.

Schwoerer, Bernhard, 50 Jahre Unternehmensberatung 1954 – 2004, in: TC Team Consult (Hrsg.), Management, Policing and Governance. Festschrift für Bernhard Prestel, Holzkirchen 2004, S. 19–21.

Sommer, Manfred, Darf man schon wieder zum Lehramtsstudium auffordern? Theoretische und empirische Überlegungen zu den Perspektiven eines akademischen Teilarbeitsmarktes, in: Döring, Peter A./Weishaupt, Horst/Weiß, Manfred (Hrsg.), Bildung in sozioökonomischer Sicht. Festschrift für Hasso von Recum zum 60. Geburtstag, Frankfurt a. M. 1989, S. 275–310.

Sozialdemokratische Partei Deutschlands/Bündnis90/Die GRÜNEN, Aufbruch und Erneuerung – Deutschlands Weg ins 21. Jahrhundert. Koalitionsvereinbarung zwischen der Sozialdemokratischen Partei Deutschlands und Bündnis 90/Die GRÜNEN, 20. 10. 1998, https://www.spd.de/fileadmin/Dokumente/Beschluesse/Bundesparteitag/koalitionsvertrag_bundesparteitag_bonn_1998.pdf, zuletzt geprüft am 15. 9. 2019.

Steinmeier, Frank W., Konsens und Führung, in: Müntefering, Franz/Machnig, Matthias (Hrsg.), Sicherheit im Wandel. Neue Solidarität im 21. Jahrhundert, Berlin 2001, S. 263–273.

Stellungnahme des Bundesministeriums der Finanzen zum Gutachten „Lage und Entwicklung der Staatsfinanzen in der Bundesrepublik Deutschland“, in: Bulletin, H. 103, 1975, S. 1016.

Strencioch, Herbert/Heitz, Bernhard/Schlobig, Egon, Der Wirtschaftsberatungsdienst in den USA. Bericht einer deutschen Studienreise Westberliner Unternehmensberater nach den Vereinigten Staaten von Amerika im Herbst 1953, München 1957.

Tillich, Erich, Einige Probleme in der Führung und Organisation in modernen Krankenhäusern, in: WIBERA-Sonderdruck, H. 26, 1971, S. 1–13.

Tisdall, Patricia, Agents of Change. Development and Practice of Management Consultancy, London 1982.

Vaut, Simon, Umbau der BA, in: Jann, Werner/Schmid, Günther (Hrsg.), Eins zu eins? Eine Zwischenbilanz der Hartz-Reformen am Arbeitsmarkt, Berlin 2004, S. 63–75.

Von der Leyen: Bei beachtlicher Aufbauleistung sind auch Fehler passiert, https://www.bundestag.de/dokumente/textarchiv/2020/kw07-pa-verteidigung-1ua-681688, zuletzt geprüft am 15. 2. 2020.

Weber, Jürgen, Ausgewählte Aspekte des Controlling in öffentlichen Institutionen, in: Zeitschrift für öffentliche und gemeinwirtschaftliche Unternehmen: ZögU/Journal for Public and Nonprofit Services 6 (1983), H. 4, S. 438–461.

ders., Controlling in unterschiedlichen Führungskontexten. Ein Überblick, in: Controlling und Management 47 (2003), H. 3, S. 183–192.

Weidenfeld, Werner, Zeitenwechsel. Von Kohl zu Schröder. Die Lage, Stuttgart 1999.

Weinforth, Friedhelm, Ein „Schulkampf“. Die Kooperative Schule, in: Reinicke, Christian/Romeyk, Horst (Hrsg.), Nordrhein-Westfalen. Ein Land in seiner Geschichte. Aspekte und Konturen, 1946–1996, Münster 1996, S. 514–516.

Weise, Frank-Jürgen, Der Umbau der Bundesanstalt/Bundesagentur für Arbeit zum modernen Dienstleister, in: Vierteljahrshefte zur Wirtschaftsforschung 8 (2011), H. 1, S. 67–78.

Weisshuhn, Gernot/Rauschhofer, Gisela, Das Arbeitsvermittlungsmonopol, Berlin 1974.

Witte, Eberhard, Post und Telekommunikation. Der Gastbeitrag, https://www.post-und-telekommunikation.de/PuT/Gastbeitrag_Witte.php, zuletzt geprüft am 9. 3. 2018.

Wohlgehagen, Eckard, Eckard Wohlgehagen, in: Mummert, Olaf (Hrsg.), Mummert + Partner 1960–2000. Eine Firmengeschichte, Berlin 2002, S. 57–62.

Zurhorst, Bernhard, Die Deutsche Bundespost zwischen gemeinwirtschaftlichem Auftrag und erwerbswirtschaftlichen Bestrebungen, in: Zeitschrift für das Post- und Fernmeldewesen, H. 12, 1975, S. 4–10.

Zweistufenplan der Bundesregierung, 6. 3. 2002, https://doku.iab.de/chronik/31/2002_03_06_31_zweistufenplanderbundesregierung.pdf, zuletzt geprüft am 19. 2. 2019.

Literaturverzeichnis

Abbott, Andrew, The System of Professions. An Essay on the Division of Expert Labor, Chicago u. a. 1988.

Abelshauser, Werner, Die BASF. Von 1865 bis zur Gegenwart. Eine Unternehmensgeschichte, München 2002.

Abelshauser, Werner, Nach dem Wirtschaftswunder. Der Gewerkschafter, Politiker und Unternehmer Hans Matthöfer, Bonn 2009.

Ahrens, Ralf/Böick, Marcus/Lehn, Marcel vom, Vermarktlichung. Zeithistorische Perspektiven auf ein umkämpftes Feld, in: Zeithistorische Forschungen/Studies in Contemporary History 12 (2015), H. 3, S. 393–402.

Ahrens, Ralf/Gehlen, Boris/Reckendrees, Alfred (Hrsg.), Die „Deutschland AG“. Historische Annäherungen an den bundesdeutschen Kapitalismus, Essen 2013.

Altmann, Georg, Aktive Arbeitsmarktpolitik. Entstehung und Wirkung eines Reformkonzepts in der Bundesrepublik Deutschland, Stuttgart 2004.

Ambrosius, Gerold, Sektoraler Wandel und internationale Verflechtung. Die bundesdeutsche Wirtschaft im Übergang zu einem neuen Strukturmuster, in: Raithel, Thomas/Rödder, Andreas/Wirsching, Andreas (Hrsg.), Auf dem Weg in eine neue Moderne? Die Bundesrepublik Deutschland in den siebziger und achtziger Jahren, München 2009, S. 17–30.

Andersson, Jenny, The Library and the Workshop. Social Democracy and Capitalism in the Knowledge Age, Stanford/California 2010.

Andresen, Knud/Bitzegeio, Ursula/Mittag, Jürgen (Hrsg.), „Nach dem Strukturbruch“? Kontinuität und Wandel von Arbeitsbeziehungen und Arbeitswelt(en) seit den 1970er-Jahren, Bonn 2011.

Anweiler, Oskar, Bildungspolitik, in: Schmidt, Manfred G. (Hrsg.), Bundesrepublik Deutschland 1982–1989. Finanzielle Konsolidierung und institutionelle Reform, Baden-Baden 2005, S. 563–600.

Anweiler, Oskar, Bildungspolitik, in: Ritter, Gerhard A. (Hrsg.), Bundesrepublik Deutschland 1989–1994. Sozialpolitik im Zeichen der Vereinigung, Baden-Baden 2007, S. 862–900.

Anweiler, Oskar, Bildungspolitik, in: Geyer, Martin H. (Hrsg.), Bundesrepublik Deutschland 1974–1982. Neue Herausforderungen, wachsende Unsicherheiten, Baden-Baden 2008, S. 693–731.

Ash, Mitchell G., Wissenschaft(en) und Öffentlichkeit(en) als Ressourcen füreinander. Weiterführende Bemerkungen zur Beziehungsgeschichte, in: Nikolow, Sybilla/ Schirrmacher, Arne (Hrsg.), Wissenschaft und Öffentlichkeit als Ressourcen füreinander. Studien zur Wissenschaftsgeschichte im 20. Jahrhundert, Frankfurt a. M. 2007, S. 349–362.

Badenhoop, Reinhard K., System der kommunalen Verwaltungsrationalisierung, in: Peters, Hans (Hrsg.), Kommunale Finanzen und Kommunale Wirtschaft, Berlin u. a. 1959, S. 555–610.

Bank, Volker, Stiftungen und Unternehmensberatungen. Unterstützung von Schulentwicklung im Spannungsfeld gesellschaftlicher Verantwortung und ökonomischer Effizienz, in: Buer, Jürgen van/Wagner, Cornelia (Hrsg.), Qualität von Schule. Ein kritisches Handbuch, Frankfurt a. M. 2007, S. 272–283.

Becker, Bernd, New Labour – Modernisierung der SPD – Dritte Wege?, in: Hirscher, Gerhard/ Sturm, Robert (Hrsg.), Die Strategie des „Dritten Weges“. Legitimation und Praxis sozialdemokratischer Regierungspolitik, München 2001, S. 96–113.

Becker, Peter, Überlegungen zu einer Kulturgeschichte der Verwaltung, in: Jahrbuch für Europäische Verwaltungsgeschichte (2003), S. 311–336.

Becker, Peter, Kommunikation, Netzwerke, Öffentlichkeit. Überlegungen zu einer Kommunikationsgeschichte der Verwaltung, in: Antenhofer, Christina/Regazzoni, Lisa/Schlachta, Astrid von (Hrsg.), Werkstatt Politische Kommunikation. Netzwerke, Orte und Sprachen des Politischen, Göttingen 2010, S. 305–333.

Becker, Peter (Hrsg.), Sprachvollzug im Amt. Kommunikation und Verwaltung im Europa des 19. und 20. Jahrhunderts, Bielefeld 2011.

Benkert, Wolfgang, Das Gutachten in der Beratung von Politik und öffentlicher Verwaltung, in: Walger, Gerd (Hrsg.), Formen der Unternehmensberatung. Systemische Unternehmensberatung, Organisationsentwicklung, Expertenberatung und gutachterliche Beratungstätigkeit in Theorie und Praxis, Köln 1995, S. 63–90.

Berekoven, Ludwig, Der Dienstleistungsmarkt in der Bundesrepublik Deutschland. Theoretische Fundierung und empirische Analyse, Göttingen 1983.

Berger, Stefan, „German Labour History Is Back" – Announcing the Foundation of the German Labour History Association, in: International Labor and Working-Class History 97 (2020), S. 185–189.

Berghoff, Hartmut, Blending Personal and Managerial Capitalism. Bertelsmann's Rise from Medium-Sized Publisher to Global Media Corporation and Service Provider, 1950–2010, in: Business History 55 (2013), H. 5–6, S. 855–874.

Berghoff, Hartmut, Die 1990er Jahre als Epochenschwelle? Der Umbau der Deutschland AG zwischen Traditionsbruch und Kontinuitätswahrung, in: Historische Zeitschrift 308 (2019), H. 2, S. 364–400.

Berghoff, Hartmut/Rischbieter, Laura, Debt and Credit. From Post-war Reconstruction to the Age of Financialization. Introduction, in: Journal of Modern European History 15 (2017), H. 4, S. 489–502.

Bezes, Philippe, Réinventer l'État. Les réformes de l'administration française (1962–2008), Paris 2009.

Bhidé, Amar, Building the Professional Firm. McKinsey & Company: 1939–1968. Harvard Business School, Working Paper 95-010, Cambridge, MA, 1995.

Bishop, Glenn A./Gilbert, Paul T. (Hrsg.), Chicago's Accomplishments and Leaders, Chicago 1932.

Bitzegeio, Ursula, Hartz IV als Problemgeschichte der Gegenwart, in: Aus Politik und Zeitgeschichte 69 (2019), H. 44/45, S. 40–46.

Blancke, Susanne/Schmid, Josef, Bilanz der Bundesregierung Schröder in der Arbeitsmarktpolitik 1998 – 2002. Ansätze zu einer doppelten Wende, in: Egle, Christoph/Ostheim, Tobias/Zohlnhöfer, Reimut (Hrsg.), Das rot-grüne Projekt. Eine Bilanz der Regierung Schröder 1998–2002, Wiesbaden 2003, S. 215–238.

Bogumil, Jörg, Modernisierung der Landesverwaltungen. Institutionelle Ausgangslage, Implementationsstand und Zukunftsperspektiven, in: Kißler, Leo/Lange, Hans-Jürgen/Kersting, Norbert (Hrsg.), Politische Steuerung und Reform der Landesverwaltung, Baden-Baden 2000, S. 123–134.

Böhret, Carl, Reformen im Staat mittels Politikberatung?, in: Blöcker, Antje u. a. (Hrsg.), Die Reformfähigkeit von Staat und Gesellschaft. Festschrift für Klaus Lompe zum 60. Geburtstag, Frankfurt a. M. u. a. 1997, S. 81–96.

Böhret, Carl/Jann, Werner, Verwaltungsskandale, in: Böhret, Carl (Hrsg.), Politik und Verwaltung. Beiträge zur Verwaltungspolitologie, Opladen 1983, S. 106–131.

Böick, Marcus, ‚Das ist nunmal der freie Markt'. Konzeptionen des Marktes beim Wirtschaftsumbau in Ostdeutschland nach 1989, in: Zeithistorische Forschungen/Studies in Contemporary History 12 (2015), H. 3, S. 448–473.

Böick, Marcus, Entdeckung, Expansion, Ernüchterung. Die KPMG/DTG und die deutsche Wiedervereinigung, in: Ziegler, Dieter/Lesczenski, Jörg/Bähr, Johannes (Hrsg.), Vertrauensbildung als Auftrag. Von der Deutsch-Amerikanischen Treuhand-Gesellschaft zur KPMG AG, München u. a. 2015, S. 214–249.

Böick, Marcus, Die Treuhand. Idee – Praxis – Erfahrung 1990–1994, Berlin 2020.

Böick, Marcus/Goschler, Constantin/Nietzel, Benno, Die beratene Transformation. Westdeutsche Experten in Ostdeutschland nach 1990, in: Jahrbuch Deutsche Einheit 1 (2020), S. 230–250.

Böick, Marcus/Lutterbeck, Klaus-Gert (Hrsg.), Eine intelligente Maschine? Handlungsorientierungen moderner Verwaltung (19./20. Jh.), Baden-Baden 2009.

Bölling, Rainer, Lehrerarbeitslosigkeit in Deutschland im 19. und 20. Jahrhundert, in: Archiv für Sozialgeschichte 27 (1987), S. 229–258.

Borchert-Dietz, Heike, BDU-Meilensteine. 50 Jahre Engagement für die Beraterbranche, Bonn 2004.

Bösch, Frank/Hertfelder, Thomas/Metzler, Gabriele (Hrsg.), Grenzen des Neoliberalismus. Der Wandel des Liberalismus im späten 20. Jahrhundert, Stuttgart 2018.

Bösch, Frank/Hertfelder, Thomas/Metzler, Gabriele, Grenzen des Neoliberalismus. Der Wandel des Liberalismus im späten 20. Jahrhundert, in: Bösch, Frank/Hertfelder, Thomas/Metzler, Gabriele (Hrsg.), Grenzen des Neoliberalismus. Der Wandel des Liberalismus im späten 20. Jahrhundert, Stuttgart 2018, S. 13–36.

Bösch, Frank/Sabrow, Martin/Wirsching, Andreas (Hrsg.), Die zentralen deutschen Behörden und der Nationalsozialismus. Stand und Perspektiven der Forschung, München u. a. 2016.

Boussard, Valérie, Les consultants au coeur des interdépendances de l'espace de la gestion, in: Cahiers internationaux de sociologie 1 (2009), H. 126, S. 99–113.

Brandstetter, Thomas/Pias, Claus/Vehlken, Sebastian (Hrsg.), Think Tanks. Die Beratung der Gesellschaft, Zürich u. a. 2009.

Bröckling, Ulrich/Krasmann, Susanne/Lemke, Thomas (Hrsg.), Gouvernementalität der Gegenwart. Studien zur Ökonomisierung des Sozialen, Frankfurt a. M. 2000.

Brown, Wendy, Undoing the Demos. Neoliberalism's Stealth Revolution, New York 2015.

Buggeln, Marc, Steuern nach dem Boom. Die Öffentlichen Finanzen in den westlichen Industrienationen und ihre gesellschaftliche Verteilungswirkung, in: Archiv für Sozialgeschichte 52 (2012), S. 47–89.

Castel, Robert/Dörre, Klaus/Bescherer, Peter (Hrsg.), Prekarität, Abstieg, Ausgrenzung. Die soziale Frage am Beginn des 21. Jahrhunderts, Frankfurt a. M. u. a. 2009.

Collin, Peter, Multinormativität und administrative Logik. Neue verwaltungshistorische Perspektiven, in: Administory 5 (2020), S. 6–19.

Cottier, Maurice, A Messy Affair. How Historians Should Approach the History of Neoliberalism, in: Journal of Modern European History 17 (2019), H. 4, S. 402–406.

Cox, Helmut/Kirchhoff, Ulrich, Die Instrumentalfunktion öffentlicher Unternehmen, in: Wirtschaftsdienst 61 (1981), H. 5, S. 234–241.

Crouch, Colin, The Strange Non-Death of Neoliberalism, Cambridge u. a. 2011.

Czarniawska-Joerges, Barbara, Merchants of Meaning. Management Consulting in the Swedish Public Sector, in: Turner, Barry A. (Hrsg.), Organizational Symbolism, Berlin 1990, S. 139–150.

Deelmann, Thomas, Die Berateraffäre im Verteidigungsministerium. Ausgangssituation, Aufarbeitung und Auswirkungen, Berlin 2021.

Dieckmann, Rudolf, Aufgabenkritik in einer Großstadtverwaltung. Unter besonderer Berücksichtigung Hamburgs, Berlin 1977.

Diederich, Nils u. a., Die diskreten Kontrolleure. Eine Wirkungsanalyse des Bundesrechnungshofs, Wiesbaden 1990.

Dietz, Bernhard/Neuheiser, Jörg (Hrsg.), Wertewandel in der Wirtschaft und Arbeitswelt. Arbeit, Leistung und Führung in den 1970er und 1980er Jahren in der Bundesrepublik Deutschland, Berlin u. a. 2017.

Dietz, Bernhard/Neumaier, Christopher/Rödder, Andreas (Hrsg.), Gab es den Wertewandel? Neue Forschungen zum gesellschaftlich-kulturellen Wandel seit den 1960er Jahren, München 2014.

DiMaggio, Paul J./Powell, Walter W., The Iron Cage Revisited. Institutional Isomorphism and Collective Rationality, in: Powell, Walter W./DiMaggio, Paul J. (Hrsg.), The New Institutionalism in Organizational Analysis, Chicago u. a. 1991, S. 41–62.

Dix, Guus, Incentivization. From the Current Proliferation to the (Re)problematization of Incentives, in: Economy and Society 49 (2020), H. 4, S. 642–663.

Doering-Manteuffel, Anselm, Wie westlich sind die Deutschen? Amerikanisierung und Westernisierung im 20. Jahrhundert, Göttingen 1999.

Doering-Manteuffel, Anselm, Die Entmündigung des Staates und die Krise der Demokratie. Entwicklungslinien von 1980 bis zur Gegenwart, Stuttgart 2013.

Doering-Manteuffel, Anselm, Die deutsche Geschichte in den Zeitbögen des 20. Jahrhunderts, in: Vierteljahrshefte für Zeitgeschichte 62 (2014), H. 3, S. 321–348.

Doering-Manteuffel, Anselm/Raphael, Lutz, Nach dem Boom. Perspektiven auf die Zeitgeschichte seit 1970, Göttingen 2008.

Döhler, Marian, Vom Amt zur Agentur? Organisationsvielfalt, Anpassungsdruck und institutionelle Wandlungsprozesse im deutschen Verwaltungsmodell, in: Jann, Werner/Döhler, Marian (Hrsg.), Agencies in Westeuropa, Wiesbaden 2007, S. 12–47.

Dommach, Hermann, Der Reichssparkommissar Moritz Saemisch in der Weimarer Republik, Frankfurt a. M. 2012.

Duong, Sindy, Lückenbüßerinnen. Lehrerarbeitslosigkeit als Frauenarbeitslosigkeit, 1975–1990, in: Zeitgeschichte-online, März 2019, https://zeitgeschichte-online.de/themen/lueckenbuesser innen, zuletzt geprüft am 16. 4. 2019.

Duong, Sindy, Zukunft gestalten, konservieren oder befürchten? Gewerkschaftliche Auseinandersetzungen um Lehrer_innenarbeitslosigkeit in der Bundesrepublik, in: Rehlinghaus, Franziska/ Teichmann, Ulf (Hrsg.), Vergangene Zukünfte von Arbeit. Aussichten, Ängste und Aneignungen im 20. Jahrhundert, Bonn 2019, S. 81–104.

Edelman, Murray J., Politik als Ritual. Die symbolische Funktion staatlicher Institutionen und politischen Handelns, Frankfurt a. M. 1976.

Egle, Christoph, Lernen unter Stress. Politik und Programmatik von Bündnis 90/Die Grünen, in: Egle, Christoph/Ostheim, Tobias/Zohlnhöfer, Reimut (Hrsg.), Das rot-grüne Projekt. Eine Bilanz der Regierung Schröder 1998–2002, Wiesbaden 2003, S. 94–116.

Egle, Christoph, In der Regierung erstarrt? Die Entwicklung von Bündnis 90/Die Grünen von 2002 bis 2005, in: Egle, Christoph/Zohlnhöfer, Reimut (Hrsg.), Ende des rot-grünen Projekts. Eine Bilanz der Regierung Schröder 2002 – 2005, Wiesbaden 2007, S. 98–123.

Egle, Christoph/Ostheim, Tobias/Zohlnhöfer, Reimut (Hrsg.), Das rot-grüne Projekt. Eine Bilanz der Regierung Schröder 1998–2002, Wiesbaden 2003.

Eichhorst, Werner/Zimmermann, Klaus F., Die Agenda 2010 als Teil der rot-grünen Regierungspolitik, in: Vierteljahrshefte zur Wirtschaftsforschung 77 (2008), H. 1, S. 8–19.

Elfgen, Ralph/Klaile, Beatrice, Unternehmensberatung. Angebot, Nachfrage, Zusammenarbeit, Stuttgart 1987.

Ellwein, Thomas, Die deutsche Gesellschaft und ihr Bildungswesen. Interessenartikulation und Bildungsdiskussion, in: Führ, Christoph/Furck, Carl-Ludwig (Hrsg.), Handbuch der deutschen Bildungsgeschichte, Band 6/1: 1945 bis zur Gegenwart, München 1998, S. 87–109.

Ellwein, Thomas/Hesse, Joachim J., Das Regierungssystem der Bundesrepublik Deutschland, Opladen [6]1987.

Feuchte, Paul, Die verfassungsrechtliche Entwicklung im Land Baden-Württemberg 1977 bis 1987, in: Häberle, Peter (Hrsg.), Jahrbuch des Öffentlichen Rechts der Gegenwart. Neue Folge, Tübingen 1987, S. 315–364.

Fink, Dietmar/Knoblach, Bianka, Die großen Management Consultants. Ihre Geschichte, ihre Konzepte, ihre Strategien, München 2003.

Fisch, Rudolf, Widerstände gegen Veränderungen in Behörden. Sozial-psychologische Perspektiven, in: König, Klaus (Hrsg.), Deutsche Verwaltung an der Wende zum 21. Jahrhundert, Baden-Baden 2002, S. 547–584.

Fisch, Stefan/Rudloff, Wilfried (Hrsg.), Experten und Politik. Wissenschaftliche Politikberatung in geschichtlicher Perspektive, Berlin 2004.

Fischer, Wolfram/Hax, Herbert/Schneider, Hans K. (Hrsg.), Treuhandanstalt. Das Unmögliche wagen. Forschungsberichte, Berlin 1993.

Forsthoff, Ernst, Lehrbuch des Verwaltungsrechts, Bd. 1. Allgemeiner Teil, München 1973.

Gall, Lothar u. a., Die Deutsche Bank 1870 – 1995, München 1995.

Gehler, Michael/Kaiser, Wolfram/Leucht, Brigitte (Hrsg.), Netzwerke im europäischen Mehrebenensystem. Von 1945 bis zur Gegenwart, Wien 2009.

Geisthövel, Alexa/Hess, Volker, Handelndes Wissen. Die Praxis des Gutachtens, in: Geisthövel, Alexa/Hess, Volker (Hrsg.), Medizinisches Gutachten. Geschichte einer neuzeitlichen Praxis, Göttingen 2017, S. 9–39.

Graf, Rüdiger, Öl und Souveränität. Petroknowledge und Energiepolitik in den USA und Westeuropa in den 1970er Jahren, Berlin/Boston 2014.

Graf, Rüdiger, Einleitung. Ökonomisierung als Schlagwort und Forschungsgegenstand, in: Graf, Rüdiger (Hrsg.), Ökonomisierung. Debatten und Praktiken in der Zeitgeschichte, Göttingen 2019, S. 9–25.

Graf, Rüdiger (Hrsg.), Ökonomisierung. Debatten und Praktiken in der Zeitgeschichte, Göttingen 2019.

Graf, Rüdiger/Priemel, Kim C., Zeitgeschichte in der Welt der Sozialwissenschaften, in: Vierteljahrshefte für Zeitgeschichte 59 (2011), H. 4, S. 479–508.

Grande, Edgar, Vom Monopol zum Wettbewerb? Die neokonservative Reform der Telekommunikation in Großbritannien und der Bundesrepublik Deutschland, Wiesbaden 1989.

Grosser, Dieter, Das Wagnis der Währungs-, Wirtschafts- und Sozialunion. Politische Zwänge im Konflikt mit ökonomischen Regeln, Stuttgart 1998.

Grütter, Fabian u. a., Nach dem Wissen. Wissenschaft zwischen Deregulation und Restauration, in: Berichte zur Wissenschaftsgeschichte 41 (2018), H. 4, S. 359–362.

Haas Edersheim, Elizabeth, McKinsey's Marvin Bower. Vision, Leadership, and the Creation of Management Consulting, Hoboken 2002.

Handschuhmacher, Thomas, „Was soll und kann der Staat noch leisten?". Eine politische Geschichte der Privatisierung in der Bundesrepublik 1949–1989, Göttingen 2018.

Harvey, David, A Brief History of Neoliberalism, Oxford u. a. 2007.

Hassel, Anke/Schiller, Christof, Der Fall Hartz IV. Wie es zur Agenda 2010 kam und wie es weitergeht, Frankfurt a. M. u. a. 2010.

Heinze, Rolf G., Das „Bündnis für Arbeit". Innovativer Konsens oder institutionelle Erstarrung?, in: Egle, Christoph/Ostheim, Tobias/Zohlnhöfer, Reimut (Hrsg.), Das rot-grüne Projekt. Eine Bilanz der Regierung Schröder 1998–2002, Wiesbaden 2003, S. 136–161.

Hendler, Reinhard, Selbstverwaltung als Ordnungsprinzip. Zur politischen Willensbildung und Entscheidung im demokratischen Verfassungsstaat der Industriegesellschaft, Köln u. a. 1984.

Herbert, Ulrich, Geschichte der Ausländerpolitik in Deutschland. Saisonarbeiter, Zwangsarbeiter, Gastarbeiter, Flüchtlinge, München 2001.

Herbert, Ulrich, Geschichte Deutschlands im 20. Jahrhundert, München 2014.

Hilger, Susanne, „Amerikanisierung" deutscher Unternehmen. Wettbewerbsstrategien und Unternehmenspolitik bei Henkel, Siemens und Daimler-Benz (1945/49–1975), Wiesbaden 2004.

Hirscher, Gerhard/Sturm, Robert (Hrsg.), Die Strategie des „Dritten Weges". Legitimation und Praxis sozialdemokratischer Regierungspolitik, München 2001.

Hockerts, Hans G., Zeitgeschichte in Deutschland. Begriff, Methoden, Themenfelder, in: Laetitia, Boehm u. a. (Hrsg.), Historisches Jahrbuch, Freiburg 2000, S. 98–127.

Hockerts, Hans G., Abschied von der dynamischen Rente. Über den Einzug der Demografie und der Finanzindustrie in die Politik der Alterssicherung, in: Becker, Ulrich/Hockerts, Hans G./Tenfelde, Klaus (Hrsg.), Sozialstaat Deutschland. Geschichte und Gegenwart, Bonn 2010, S. 257–286.

Hoffmann, Dierk, Wirtschaftsliberalismus bei den Grünen? Von der Kapitalismuskritik der Gründungsphase bis zur Riester-Rente, in: Bösch, Frank/Hertfelder, Thomas/Metzler, Gabriele (Hrsg.), Grenzen des Neoliberalismus. Der Wandel des Liberalismus im späten 20. Jahrhundert, Stuttgart 2018, S. 121–147.

Hoffmann, Dierk, Transformation einer Volkswirtschaft. Neue Forschungen zur Geschichte der Treuhandanstalt, Berlin 2020.

Hoffmann, Friedrich, Stichwort: Aufgabe, in: Grochla, Erwin (Hrsg.), Handwörterbuch der Organisation (HWO), Stuttgart [2]1980, S. 199–207.

Hoffmann-Ocon, Andreas/Criblez, Lucien, Scheinbarer Stillstand. Pädagogische Diskurse und Entwicklungen in den Achtzigerjahren, in: Jahrbuch für historische Bildungsforschung 23 (2018), S. 9–28.

Hofmann, Dieter, Spezialisierung als Trumpf, in: Hofmann, Dieter/Bergert, Gabriele (Hrsg.), Headhunter. Blick hinter die Kulissen einer verschwiegenen Branche, Wiesbaden [2]2014, S. 43–49.

Hofmann, Dieter/Bergert, Gabriele (Hrsg.), Headhunter. Blick hinter die Kulissen einer verschwiegenen Branche, Wiesbaden [2]2014.

Holzhauser, Thorsten, Neoliberalismus und Nostalgie. Politische Re-Formationen und die Entstehung der Linkspartei im vereinten Deutschland, in: Geschichte und Gesellschaft 44 (2018), H. 4, S. 586–618.

Holzhauser, Thorsten, Die „Nachfolgepartei". Die Integration der PDS in das politische System der Bundesrepublik Deutschland 1990–2005, Berlin u. a. 2019.

Hood, Christopher, The „New Public Management" in the 1980s. Variations on a Theme, in: Accounting, Organizations and Society 20 (1995), H. 2/3, S. 93–109.

Hoof, Florian, Engel der Effizienz. Eine Mediengeschichte der Unternehmensberatung, Konstanz 2015.

Ibielski, Dieter, Der RKW-Beratungsdienst, in: Rationalisierung 23 (1972), H. 5, S. 125–128.

Jann, Werner, Verwaltungsmodernisierung auf Bundesebene, in: Jann, Werner u. a. (Hrsg.), Status-Report Verwaltungsreform. Eine Zwischenbilanz nach zehn Jahren, Berlin [2]2006, S. 100–111.

Jann, Werner, Ministerien und verselbstständigte Behörden in Deutschland. Lehren aus der internationalen Diskussion über ‚Agencification', in: Reichard, Christoph/Schröter, Eckhard (Hrsg.), Zur Organisation öffentlicher Aufgaben. Effizienz, Effektivität und Legitimität, Opladen u. a. 2013, S. 78–99.

Jann, Werner/Wewer, Göttrik, Helmut Kohl und der „schlanke Staat". Eine verwaltungspolitische Bilanz, in: Wewer, Göttrik/Hartwich, Hans-Hermann (Hrsg.), Bilanz der Ära Kohl. Christlich-liberale Politik in Deutschland 1982–1998, Opladen 1998, S. 229–266.

Jeserich, Kurt G./Pohl, Hans/Unruh, Georg-Christoph von (Hrsg.), Die Bundesrepublik Deutschland, Stuttgart 1987.

Jun, Uwe, Die Transformation der Sozialdemokratie. Der Dritte Weg, New Labour und die SPD, in: Zeitschrift für Politikwissenschaft 10 (2000), H. 4, S. 1501–1530.

Jun, Uwe, Der Wahlkampf der SPD zur Bundestagswahl 1998. Der Kampf um die „Neue Mitte" als Medieninszenierung, in: Hirscher, Gerhard/Sturm, Robert (Hrsg.), Die Strategie des „Dritten Weges". Legitimation und Praxis sozialdemokratischer Regierungspolitik, München 2001, S. 51–95.

Kaltenborn, Bruno/Knerr, Petra/Schiwarov, Juliana, Agenturen für Arbeit. Systematisierung des Ressourceneinsatzes, in: Blickpunkt Arbeit und Wirtschaft, H. 4, 2006, S. 1–6.

Kellershohn, Jan, Clearingstellen der Differenz. Perspektiven der jüngeren und jüngsten Gewerkschaftsgeschichte, in: Archiv für Sozialgeschichte 61 (2021), S. 537–568.

Kempf, Udo/Merz, Hans-Georg (Hrsg.), Kanzler und Minister 1949 – 1998. Biografisches Lexikon der deutschen Bundesregierungen, Wiesbaden 2001.

Kenkmann, Alfons, Von der bundesdeutschen „Bildungsmisere" zur Bildungsreform in den 60er Jahren, in: Schildt, Axel/Siegfried, Detlef/Lammers, Karl C. (Hrsg.), Dynamische Zeiten. Die 60er Jahre in den beiden deutschen Gesellschaften, Hamburg 2000, S. 402–423.

Kieser, Alfred, Unternehmensberater. Händler in Problemen, Praktiken und Sinn, in: Schröder, Ernst F./Werder, Axel v. (Hrsg.), Organisation im Wandel der Märkte. Erich Frese zum 60. Geburtstag, Wiesbaden 1998, S. 191–226.

Kieser, Alfred, Entscheiden Manager klug, wenn sie mithilfe von Unternehmensberatern oder Wissenschaftlern entscheiden?, in: Scherzberg, Arno u. a. (Hrsg.), Kluges Entscheiden. Disziplinäre Grundlagen und interdisziplinäre Verknüpfungen, Tübingen 2006, S. 51–73.

Kipping, Matthias, The U. S. Influence on the Evolution of Management Consultancies in Britain, France, and Germany since 1945, in: Business and Economic History 25 (1996), H. 1, S. 112–123.

Kipping, Matthias, Consultancies, Institutions and the Diffusion of Taylorism in Britain, Germany and France, 1920s to 1950s, in: Casson, Mark/Rose, Mary B. (Hrsg.), Institutions and the Evolution of Modern Business, London 1998, S. 67–83.

Kipping, Matthias, American Management Consulting Companies in Western Europe, 1920 to 1990. Products, Reputation, and Relationships, in: The Business History Review 73 (1999), H. 2, S. 190–220.

Kipping, Matthias, Trapped in Their Wave. The Evolution of Management Consultancies, in: Clark, Timothy/Fincham, Robin (Hrsg.), Critical Consulting. New Perspectives on the Management Advice Industry, Oxford 2002, S. 28–49.

Kipping, Matthias, ‚Importing' American Ideas to West Germany, 1940s to 1970s. From Associations to Private Consultancies, in: Kudo, Akira/Kipping, Matthias/Schröter, Harm G. (Hrsg.), German and Japanese Business in the Boom Years. Transforming American Management and Technology Models, Oxfordshire/New York 2015, S. 30–53.

Kipping, Matthias, America First. How Consultants Got into the Public Sector, in: Hurl, Chris/Vogelpohl, Anne (Hrsg.), Professional Service Firms and Politics in a Global Era. Public Policy, Private Expertise, Basingstoke 2021, S. 29–52.

Kipping, Matthias, From Private Advice to Public Policy? The Evolution of Consultancy Think Tanks, in: Landry, Julien (Hrsg.), Critical Perspectives on Think Tanks. Power, Politics and Knowledge, Cheltenham u. a. 2021, S. 36–55.

Kipping, Matthias/Clark, Timothy, Researching Management Consulting. An Introduction to the Handbook, in: Kipping, Matthias/Clark, Timothy (Hrsg.), The Oxford Handbook of Management Consulting, Oxford u. a. 2013, S. 1–26.

Kleinschmidt, Christian, Der produktive Blick. Wahrnehmung amerikanischer und japanischer Management- und Produktionsmethoden durch deutsche Unternehmer 1950–1985, Berlin 2002.

Kleinschmidt, Christian, Technik und Wirtschaft im 19. und 20. Jahrhundert, München 2010.

Klemm, Klaus, Wie viele Lehrer braucht das Land? Erfahrungen aus vierzig Jahren Lehrerbedarfsplanung, in: Wischer, Beate/Tillmann, Klaus-Jürgen (Hrsg.), Erziehungswissenschaft auf dem Prüfstand. Schulbezogene Forschung und Theoriebildung von 1970 bis heute, Weinheim 2009, S. 191–207.

Kocka, Jürgen, Bodenverluste und Chancen der Wirtschaftsgeschichte, in: VSWG: Vierteljahrschrift für Sozial- und Wirtschaftsgeschichte 82 (1995), H. 4, S. 501–504.

Köhler, Ingo, Marketing als Lockmittel des Konsums. Innovationen in Marktforschung und Werbung, in: Kleinschmidt, Christian/Logemann, Jan (Hrsg.), Konsum im 19. und 20. Jahrhundert, Berlin/Boston 2021, S. 459–481.

Kohlrausch, Martin/Trischler, Helmuth (Hrsg.), Building Europe on Expertise. Innovators, Organizers, Networkers, Basingstoke, Hampshire, New York, NY 2014.

König, Klaus, Kritik öffentlicher Aufgaben, Baden-Baden 1989.

Kössler, Till, Auf der Suche nach einem Ende der Dummheit. Begabung und Intelligenz in den deutschen Bildungsdebatten seit 1900, in: Goschler, Constantin/Kössler, Till (Hrsg.), Vererbung oder Umwelt? Ungleichheit zwischen Biologie und Gesellschaft seit 1945, Göttingen 2016, S. 103–133.

Latour, Bruno, Reassembling the Social. An Introduction to Actor-Network-Theory, Oxford 2007.

Laux, Eberhard, Organisatorische Strategien zur Begrenzung öffentlicher Aufgaben, in: Siedentopf, Heinrich/Teppe, Karl (Hrsg.), Vom Verwalten. Beiträge zur Staatsorganisation und zum Kommunalwesen, Baden-Baden 1993, S. 346–365.

Lehn, Marcel vom, Geschichte eines Sachzwangs. Privatisierung als historischer Prozess, in: Neue politische Literatur. Berichte über das internationale Schrifttum 58 (2013), H. 1, S. 59–76.

Logemann, Jan L., Engineered to Sell. European Emigrés and the Making of Consumer Capitalism, Chicago/London 2019.

Luhmann, Niklas, Legitimation durch Verfahren, Frankfurt a. M. 1983.

Marktanner, Alina, Wie viel darf Schule kosten? Unternehmensberater als Erfüllungsgehilfen staatlicher Haushaltssanierung, 1980er und 1990er Jahre, in: Graf, Rüdiger (Hrsg.), Ökonomisierung. Debatten und Praktiken in der Zeitgeschichte, Göttingen 2019, S. 115–138.

Marktanner, Alina, Kompetenzen im Widerstreit. Unternehmensberater als Personalplaner der Deutschen Bundespost, 1983–1985, in: Selgert, Felix (Hrsg.) Externe Experten in Politik und Wirtschaft. Historische Zeitschrift. Beihefte, NF 78 (2020), S. 169–197.

Marktanner, Alina, Von Leistungs- zu Geldelite? Unternehmensberater*innen in der Bundesrepublik, 1950er- bis 2000er-Jahre, in: Archiv für Sozialgeschichte 61 (2021), S. 425–443.

Marktanner, Alina, Neue Quellen der Beratungsforschung. Marvin Bowers Perspective on McKinsey, in: Vierteljahrshefte für Zeitgeschichte 70 (2022), H. 1, S. 89–102.

Marx, Christian, Die Manager und McKinsey. Der Aufstieg externer Beratung und die Vermarktlichung des Unternehmens am Beispiel Glanzstoff, in: Reitmayer, Morten/Schlemmer, Thomas (Hrsg.), Die Anfänge der Gegenwart. Umbrüche in Westeuropa nach dem Boom, München 2014, S. 65–77.

Marx, Christian, Die Vermarktlichung des Unternehmens. Berater, Manager und Beschäftigte in der westeuropäischen Chemiefaserindustrie seit den 1970er-Jahren, in: Zeithistorische Forschungen/Studies in Contemporary History 12 (2015), H. 3, S. 403–426.

Mau, Steffen, Das metrische Wir. Über die Quantifizierung des Sozialen, Berlin 2017.

Mayer, Florian, Vom Niedergang des unternehmerisch tätigen Staates. Privatisierungspolitik in Großbritannien, Frankreich, Italien und Deutschland, Wiesbaden 2006.

Mayntz, Renate, Soziologie der öffentlichen Verwaltung, Heidelberg ^{2}1982.

McDonald, Duff, The Firm. The Story of McKinsey and Its Secret Influence on American Business, New York 2014.
McKenna, Christopher D., „The American Challenge". McKinsey & Company's Role in the Transfer of Decentralization to Europe, 1957–1975, in: Academy of Management Proceedings 44 (1997), S. 226–230.
McKenna, Christopher D., The World's Newest Profession. Management Consulting in the Twentieth Century, Cambridge 2006.
Meng, Richard, Der Medienkanzler. Was bleibt vom System Schröder?, Frankfurt a. M. 2002.
Mergel, Thomas, Überlegungen zu einer Kulturgeschichte der Politik, in: Geschichte und Gesellschaft 28 (2002), H. 4, S. 574–606.
Meteling, Wencke, Internationale Konkurrenz als nationale Bedrohung. Zur politischen Maxime der „Standortsicherung" in den neunziger Jahren, in: Jessen, Ralph (Hrsg.), Konkurrenz in der Geschichte. Praktiken – Werte – Institutionalisierungen, Frankfurt a. M. 2014, S. 289–315.
Metzler, Gabriele, Konzeptionen politischen Handelns von Adenauer bis Brandt. Politische Planung in der pluralistischen Gesellschaft, Paderborn 2005.
Metzler, Gabriele, Staatsversagen und Unregierbarkeit in den siebziger Jahren?, in: Jarausch, Konrad H. (Hrsg.), Das Ende der Zuversicht? Die siebziger Jahre als Geschichte, Göttingen 2008, S. 243–260.
Metzler, Gabriele, „Ein deutscher Weg". Die Liberalisierung der Telekommunikation in der Bundesrepublik und die Grenzen politischer Reformen in den 1980er Jahren, in: Woyke, Meik (Hrsg.), Wandel des Politischen. Die Bundesrepublik Deutschland während der 1980er-Jahre, Bonn 2013, S. 167–194.
Micus, Matthias, Die „Enkel" Willy Brandts. Aufstieg und Politikstil einer SPD-Generation, Frankfurt a. M. 2005.
Middendorf, Stefanie, Ökonomisierung des Regierens? Überlegungen zum Wandel „moderner" Staatsfinanzierung in Deutschland und Frankreich (1920–1980), in: Archiv für Sozialgeschichte 57 (2017), S. 281–311.
Miller, Peter, Accounting and Objectivity. The Invention of Calculating Selves and Calculable Spaces, in: Annals of Scholarship 9 (1992), H. 1/2, S. 61–86.
Mirowski, Philip/Plehwe, Dieter (Hrsg.), The Road from Mont Pèlerin. The Making of the Neoliberal Thought Collective, Cambridge, Mass. u. a. 2009.
Mohr, Katrin, Von „Welfare to Workfare"? Der radikale Wandel der deutschen Arbeitsmarktpolitik, in: Bothfeld, Silke/Sesselmeier, Werner/Bogedan, Claudia (Hrsg.), Arbeitsmarktpolitik in der sozialen Marktwirtschaft. Vom Arbeitsförderungsgesetz zum Sozialgesetzbuch II und III, Wiesbaden 2009, S. 49–60.
Mudge, Stephanie L., Leftism Reinvented. Western Parties from Socialism to Neoliberalism, Cambridge, Mass. 2018.
Müller, Kay/Walter, Franz, Graue Eminenzen der Macht. Küchenkabinette in der deutschen Kanzlerdemokratie. Von Adenauer bis Schröder, Wiesbaden 2004.
Müller-Jentsch, Walther (Hrsg.), Konfliktpartnerschaft. Akteure und Institutionen der industriellen Beziehungen, München 1993.
Müller-Jentsch, Walther, Gewerkschaften und Soziale Marktwirtschaft seit 1945, Stuttgart 2011.
Murswieck, Axel, Des Kanzlers Macht. Zum Regierungsstil Gerhard Schröders, in: Egle, Christoph/Ostheim, Tobias/Zohlnhöfer, Reimut (Hrsg.), Das rot-grüne Projekt. Eine Bilanz der Regierung Schröder 1998–2002, Wiesbaden 2003, S. 117–135.
Nawrat, Sebastian, Agenda 2010 – ein Überraschungscoup? Kontinuität und Wandel in den wirtschafts- und sozialpolitischen Programmdebatten der SPD seit 1982, Bonn 2012.
Neudeck, Eckhard, Geschichte der Personalberatung. Entstehung und Entwicklung der Personalberatungsbranche in Deutschland. Dissertation, Heinrich-Heine-Universität Düsseldorf, 2015.
Niclauß, Karlheinz, Kanzlerdemokratie. Regierungsführung von Konrad Adenauer bis Angela Merkel, Wiesbaden [3]2015.
Nicoll, Norbert, „Die ökonomische Rationalität in die Öffentlichkeit tragen". Zur Arbeit und Wirkungsweise der Initiative Neue Soziale Marktwirtschaft (2000–2006), Marburg 2009.
Niethammer, Lutz, Wozu taugt Oral History?, in: PROKLA. Zeitschrift für kritische Sozialwissenschaft 15 (1985), H. 60, S. 105–124.

Niethammer, Lutz/Trapp, Werner (Hrsg.), Lebenserfahrung und kollektives Gedächtnis. Die Praxis der „oral history", Frankfurt a. M. 1980.

Nikolow, Sybilla/Schirrmacher, Arne, Das Verhältnis von Wissenschaft und Öffentlichkeit als Beziehungsgeschichte. Historiographische und systematische Perspektiven, in: Nikolow, Sybilla/Schirrmacher, Arne (Hrsg.), Wissenschaft und Öffentlichkeit als Ressourcen füreinander. Studien zur Wissenschaftsgeschichte im 20. Jahrhundert, Frankfurt a. M. 2007, S. 11–36.

Nonn, Christoph, Kleine Migrationsgeschichte von Nordrhein-Westfalen, Köln 2011.

Nuernbergk, Christian, Die PR-Kampagne der Initiative Neue Soziale Marktwirtschaft und ihr Erfolg in den Medien. Erste Ergebnisse einer Evaluationsstudie, in: Röttger, Ulrike (Hrsg.), PR-Kampagnen. Über die Inszenierung von Öffentlichkeit, Wiesbaden [4]2009, S. 167–183.

Nullmeier, Frank, Die Agenda 2010. Ein Reformpaket und sein kommunikatives Versagen, in: Fischer, Thomas/Kießling, Andreas/Novy, Leonard (Hrsg.), Politische Reformprozesse in der Analyse. Untersuchungssystematik und Fallbeispiele, Gütersloh 2010, S. 145–190.

Nützenadel, Alexander, Stunde der Ökonomen. Wissenschaft, Politik und Expertenkultur in der Bundesrepublik 1949–1974, Göttingen 2005.

Olivet, Peter, Die Organisation der Organisation der öffentlichen Verwaltung in der Bundesrepublik Deutschland. Aufbau und Arbeitsweise der zentralen Organisationsstellen in der öffentlichen Verwaltung der Bundesrepublik Deutschland, Berlin 1978.

Pautz, Hartwig, Think Tanks in the United Kingdom and Germany. Actors in the Modernisation of Social Democracy, in: The British Journal of Politics and International Relations 12 (2010), H. 2, S. 274–294.

Pleinen, Jenny/Raphael, Lutz, Zeithistoriker in den Archiven der Sozialwissenschaften. Erkenntnispotenziale und Relevanzgewinne für die Disziplin, in: Vierteljahrshefte für Zeitgeschichte 62 (2014), H. 2, S. 173–196.

Plumpe, Werner, „Moden und Mythen". Die Wirtschaft als Thema der Geschichtsschreibung im Umbruch 1960 bis 1980, in: Hein, Dieter/Hildebrand, Klaus/Schulz, Andreas (Hrsg.), Historie und Leben. Der Historiker als Wissenschaftler und Zeitgenosse. Festschrift für Lothar Gall, München 2006, S. 209–234.

Plumpe, Werner, Nützliche Fiktionen? Der Wandel der Unternehmen und die Literatur der Berater, in: Reitmayer, Morten/Rosenberger, Ruth (Hrsg.), Unternehmen am Ende des „goldenen Zeitalters". Die 1970er Jahre in unternehmens- und wirtschaftshistorischer Perspektive, Essen 2008, S. 251–269.

Plumpe, Werner, Unternehmensgeschichte im 19. und 20. Jahrhundert, Berlin/Boston 2018.

Plumpe, Werner, Das kalte Herz. Kapitalismus. Die Geschichte einer andauernden Revolution, Berlin 2019.

Pohl, Manfred, Die Geschichte der Rationalisierung. Das RKW 1921 bis 1996, https://www.100-jahre-rkw.de, zuletzt geprüft am 16. 4. 2021.

Pohlig, Matthias, Vom Besonderen zum Allgemeinen? Die Fallstudie als geschichtstheoretisches Problem, in: Historische Zeitschrift 297 (2013), H. 2, S. 297–319.

Power, Michael, The Audit Society. Rituals of Verification, Oxford u. a. 1997.

Priemel, Kim C., Heaps of Work, in: H-Soz-Kult, 23. 1. 2014, https://www.hsozkult.de/literaturereview/id/forschungsberichte-1223, zuletzt geprüft am 19. 2. 2019.

Pruys, Karl H., Bequem war er nie. Christian Schwarz-Schillings Leben für die Politik, Berlin 2000.

Ptak, Ralf, Vom Ordoliberalismus zur Sozialen Marktwirtschaft. Stationen des Neoliberalismus in Deutschland, Wiesbaden 2004.

Raithel, Thomas, Jugendarbeitslosigkeit in der Bundesrepublik Deutschland und in Frankreich in den 1970er und 1980er Jahren, in: Raithel, Thomas/Schlemmer, Thomas (Hrsg.), Die Rückkehr der Arbeitslosigkeit. Die Bundesrepublik Deutschland im europäischen Kontext 1973 bis 1989, München 2009, S. 67–80.

Raithel, Thomas/Schlemmer, Thomas (Hrsg.), Die Rückkehr der Arbeitslosigkeit. Die Bundesrepublik Deutschland im europäischen Kontext 1973 bis 1989, München 2009.

Raphael, Lutz, Die Verwissenschaftlichung des Sozialen als methodische und konzeptionelle Herausforderung für eine Sozialgeschichte des 20. Jahrhunderts, in: Geschichte und Gesellschaft 22 (1996), H. 2, S. 165–193.

Raphael, Lutz, Jenseits von Kohle und Stahl. Eine Gesellschaftsgeschichte Westeuropas nach dem Boom, Berlin 2019.

Rehling, Andrea, Die konzertierte Aktion im Spannungsfeld der 1970er Jahre. Geburtsstunde des Modells Deutschland und Ende des modernen Korporatismus, in: Andresen, Knud/Bitzegeio, Ursula/Mittag, Jürgen (Hrsg.), „Nach dem Strukturbruch"? Kontinuität und Wandel von Arbeitsbeziehungen und Arbeitswelt(en) seit den 1970er-Jahren, Bonn 2011, S. 65–86.

Reitmayer, Morten/Rosenberger, Ruth (Hrsg.), Unternehmen am Ende des „goldenen Zeitalters". Die 1970er Jahre in unternehmens- und wirtschaftshistorischer Perspektive, Essen 2008.

Rhodes, Rod A., The Hollowing Out of the State. The Changing Nature of the Public Service in Britain, in: The Political Quarterly 65 (1994), H. 2, S. 138–151.

Richter, Peter, Ökonomisierung als gesellschaftliche Entdifferenzierung. Eine Soziologie zum Wandel des öffentlichen Sektors, Konstanz 2009.

Ritter, Gerhard A., Der Preis der deutschen Einheit. Die Wiedervereinigung und die Krise des Sozialstaats, München 2006.

Rosenberger, Ruth, Experten für Humankapital. Die Entdeckung des Personalmanagements in der Bundesrepublik Deutschland, München 2008.

Rudloff, Wilfried, Bildungspolitik als Sozial- und Gesellschaftspolitik. Die Bundesrepublik in den 1960er- und 1970er-Jahren im internationalen Vergleich, in: Archiv für Sozialgeschichte 47 (2007), S. 237–268.

Rudzio, Wolfgang/Yu, Jiahn-Tsyr, Matthöfer, Hans, in: Kempf, Udo/Merz, Hans-Georg (Hrsg.), Kanzler und Minister 1949 – 1998. Biografisches Lexikon der deutschen Bundesregierungen, Wiesbaden 2001, S. 470–474.

Saint-Martin, Denis, Building the New Managerialist State. Consultants and the Politics of Public Sector Reform in Comparative Perspective, Oxford 2000.

Salmon, Dirk, New Public Management in der deutschen Arbeitsverwaltung. Zwischen Anreiz und Motivationsverdrängung, Wiesbaden 2016.

Sarasin, Philipp, Die Rationalisierung des Körpers. Über „Scientific Management" und „biologische Rationalisierung", in: Sarasin, Philipp (Hrsg.), Geschichtswissenschaft und Diskursanalyse, Frankfurt a. M. 2010, S. 61–99.

Schaal, Gary S./Lemke, Matthias/Ritzi, Claudia (Hrsg.), Die Ökonomisierung der Politik in Deutschland. Eine vergleichende Politikfeldanalyse, Wiesbaden 2014.

Schäfer, Armin, Krisentheorien der Demokratie. Unregierbarkeit, Spätkapitalismus und Postdemokratie, Köln 2008.

Schanetzky, Tim, Die große Ernüchterung. Wirtschaftspolitik, Expertise und Gesellschaft in der Bundesrepublik 1966 bis 1982, Berlin 2007.

Schildt, Axel, „Die Kräfte der Gegenreform sind auf breiter Front angetreten". Zur konservativen Tendenzwende in den Siebzigerjahren, in: Archiv für Sozialgeschichte 44 (2004), S. 449–478.

Schilly, Ernst, Post, in: Jeserich, Kurt G./Pohl, Hans/Unruh, Georg-Christoph v. (Hrsg.), Die Bundesrepublik Deutschland, Stuttgart 1987, S. 506–518.

Schimank, Uwe/Volkmann, Ute, Das Regime der Konkurrenz. Gesellschaftliche Ökonomisierungsdynamiken heute, Weinheim 2017.

Schlehahn, Britt, Das Arbeitsamt, in: Geisthövel, Alexa/Knoch, Habbo (Hrsg.), Orte der Moderne. Erfahrungswelten des 19. und 20. Jahrhunderts, Frankfurt a. M. u. a. 2005, S. 91–98.

Schlemmer, Thomas, Abseits der Arbeitsgesellschaft. Langzeitarbeitslosigkeit in der Bundesrepublik Deutschland und in Italien, in: Raithel, Thomas/Schlemmer, Thomas (Hrsg.), Die Rückkehr der Arbeitslosigkeit. Die Bundesrepublik Deutschland im europäischen Kontext 1973 bis 1989, München 2009, S. 81–94.

Schmidt, Manfred G., Rot-grüne Sozialpolitik (1998–2002), in: Egle, Christoph/Ostheim, Tobias/Zohlnhöfer, Reimut (Hrsg.), Das rot-grüne Projekt. Eine Bilanz der Regierung Schröder 1998–2002, Wiesbaden 2003, S. 239–258.

Schmuhl, Hans-Walter, Arbeitsmarktpolitik und Arbeitsverwaltung in Deutschland 1871 – 2002. Zwischen Fürsorge, Hoheit und Markt, Nürnberg 2003.

Schuppert, Gunnar F., Der Staat bekommt Gesellschaft. Warum die Bilder „Rückzug" und „Zerfaserung" nicht weiterhelfen, in: WZB-Mitteilungen, H. 121, 2008, S. 15–17.

Schützenmeister, Jörn, Professionalisierung und Polyvalenz in der Lehrerausbildung, Marburg 2002.

Schwalbach, Joachim/Gless, Sven-E., Begleitung sanierungsfähiger Unternehmen auf dem Weg zur Privatisierung, in: Fischer, Wolfram/Hax, Herbert/Schneider, Hans K. (Hrsg.), Treuhandanstalt. Das Unmögliche wagen. Forschungsberichte, Berlin 1993, S. 177–210.

Seefried, Elke, Prognostik zwischen Boom und Krise. Die Prognos AG und ihre Zukunftsprognosen für die Entwicklung der Bundesrepublik in den 1960er und 1970er Jahren, in: Hartmann, Heinrich/Vogel, Jakob (Hrsg.), Zukunftswissen. Prognosen in Wirtschaft, Politik und Gesellschaft seit 1900, Frankfurt a. M. u. a. 2010, S. 76–106.

Seefried, Elke, Zukünfte. Aufstieg und Krise der Zukunftsforschung 1945–1980, Berlin u. a. 2015.

Seherr-Thoß, Hans C. G. von, „Schlesinger, Georg", in: Neue Deutsche Biographie 23 (2007), S. 63–64 [Online-Version], https://www.deutsche-biographie.de/pnd118608118.html#ndbcontent, zuletzt geprüft am 19. 2. 2019.

Seibel, Wolfgang, Verwaltung verstehen. Eine theoriegeschichtliche Einführung, Berlin 2016.

Seibel, Wolfgang/Kapferer, Stefan, Die organisatorische Entwicklung der Treuhandanstalt, in: Fischer, Wolfram/Hax, Herbert/Schneider, Hans K. (Hrsg.), Treuhandanstalt. Das Unmögliche wagen. Forschungsberichte, Berlin 1993, S. 111–147.

Seibring, Anne, Tiefgreifender Konflikt. Das Verhältnis von SPD und Gewerkschaften in der Regierungszeit Gerhard Schröders (1998–2005), Bonn 2009.

Siedentopf, Heinrich/Schmid, Karl-Rolf, Personalbemessung in der Ministerialverwaltung. Eine Vorstudie, Speyer 1979.

Siefken, Sven T., Expertenkommissionen im politischen Prozess. Eine Bilanz zur rot-grünen Bundesregierung 1998 – 2005, Wiesbaden 2007.

Siepmann, Heinrich, Wissenschaftliche Beratung der Kommunen, in: Borchmann, Michael/Püttner, Günter (Hrsg.), Handbuch der kommunalen Wissenschaft und Praxis, Band 1: Grundlagen und Kommunalverfassung, Berlin u. a. [2]1981, S. 37–47.

Stallmann, Hans, Am Anfang war Bochum. Die Gründung der Ruhr-Universität im Kontext der sechziger Jahre, in: Die Hochschule: Journal für Wissenschaft und Bildung 13 (2004), H. 1, S. 171–184.

Steinmetz, Willibald, Anbetung und Dämonisierung des „Sachzwangs". Zur Archäologie einer deutschen Redefigur, in: Jeismann, Michael (Hrsg.), Obsessionen. Beherrschende Gedanken im wissenschaftlichen Zeitalter, Frankfurt a. M. 1995.

Streeck, Wolfgang/Höpner, Martin (Hrsg.), Alle Macht dem Markt? Fallstudien zur Abwicklung der Deutschland-AG, Frankfurt a. M. u. a. 2003.

Süß, Dietmar, Stempeln, Stechen, Zeit erfassen. Überlegungen zu einer Ideen- und Sozialgeschichte der „Flexibilisierung" 1970–1990, in: Woyke, Meik (Hrsg.), Wandel des Politischen. Die Bundesrepublik Deutschland während der 1980er-Jahre, Bonn 2013, S. 139–162.

Süß, Winfried, Ein Jahrhundert der Sicherheit. Aufstieg und Krisen des Sozialstaats, in: Sabrow, Martin/Weiß, Peter U. (Hrsg.), Das 20. Jahrhundert vermessen. Signaturen eines vergangenen Zeitalters, Göttingen 2017, S. 241–265.

Ther, Philipp, Die neue Ordnung auf dem alten Kontinent. Eine Geschichte des neoliberalen Europa, Berlin 2014.

Trampusch, Christine, Arbeitsmarktpolitik, Gewerkschaften und Arbeitgeber. Ein Vergleich der Entstehung und Transformation der öffentlichen Arbeitsverwaltungen in Deutschland, Großbritannien und den Niederlanden zwischen 1909 und 1999. Dissertation, Georg-August-Universität Göttingen, Göttingen 2000.

Trampusch, Christine, Die Bundesanstalt für Arbeit und das Zusammenwirken von Staat und Verbänden in der Arbeitsmarktpolitik von 1952 bis 2001. MPIfG Working Paper 02/5, Max-Planck-Institut für Gesellschaftsforschung, Köln 2002.

Uhl, Herbert/Gscheidle, Kurt, in: Kempf, Udo/Merz, Hans-Georg (Hrsg.), Kanzler und Minister 1949 – 1998. Biografisches Lexikon der deutschen Bundesregierungen, Wiesbaden 2001, S. 280–284.

Uhl, Karsten, Humane Rationalisierung? Die Raumordnung der Fabrik im fordistischen Jahrhundert, Bielefeld 2014.

Ullmann, Hans-Peter, Der deutsche Steuerstaat. Geschichte der öffentlichen Finanzen vom 18. Jahrhundert bis heute, München 2005.

Ullmann, Hans-Peter, Das Abgleiten in den Schuldenstaat. Öffentliche Finanzen in der Bundesrepublik von den sechziger bis zu den achtziger Jahren, Göttingen 2017.

Ullmann, Hans-Peter, Kontrolle und Beratung. Der deutsche Rechnungshof im Wechsel der politischen Systeme des 20. Jahrhunderts, Göttingen 2021.

Vogel, Bernd, Herkunft und Verbreitung des „Neuen Steuerungsmodells" in der deutschen Kommunalverwaltung, Hamburg 1998.

Vogel, Berthold, Prekarität und Prekariat. Signalwörter neuer sozialer Ungleichheiten, in: Aus Politik und Zeitgeschichte, 2008, https://www.bpb.de/shop/zeitschriften/apuz/31024/prekaritaet-und-prekariat-signalwoerter-neuer-sozialer-ungleichheiten/?p=all#footnodeid_5-5, zuletzt geprüft am 24. 2. 2019.

Vorländer, Herwart, Mündliches Erfragen von Geschichte, in: Vorländer, Herwart (Hrsg.), Oral History. Mündlich erfragte Geschichte. Acht Beiträge, Göttingen 1990, S. 7–28.

Vormbusch, Uwe, Die Kalkulation der Gesellschaft, in: Mennicken, Andrea/Vollmer, Henrik (Hrsg.), Zahlenwerk: Kalkulation, Organisation und Gesellschaft, Wiesbaden 2007, S. 43–63.

Weihnacht, Paul-Ludwig, Bildung und Forschung. Das allgemeinbildende Schulwesen, in: Jeserich, Kurt G./Pohl, Hans/Unruh, Georg-Christoph v. (Hrsg.), Die Bundesrepublik Deutschland, Stuttgart 1987, S. 624–643.

Weingart, Peter, Die Stunde der Wahrheit? Zum Verhältnis der Wissenschaft zu Politik, Wirtschaft und Medien in der Wissensgesellschaft, Weilerswist 2001.

Weingart, Peter, Das Politische und die Grenzen der politischen Kommunikation, in: Münkel, Daniela/Schwarzkopf, Jutta (Hrsg.), Geschichte als Experiment. Studien zu Politik, Kultur und Alltag im 19. und 20. Jahrhundert; Festschrift für Adelheid von Saldern, Frankfurt a. M. 2004, S. 99–112.

Weingart, Peter/Carrier, Martin/Krohn, Wolfgang, Nachrichten aus der Wissensgesellschaft. Analysen zur Veränderung der Wissenschaft, Weilerswist 2007.

Weisbrod, Bernd, Öffentlichkeit als politischer Prozeß. Dimensionen der politischen Medialisierung in der Geschichte der Bundesrepublik, in: Weisbrod, Bernd (Hrsg.), Die Politik der Öffentlichkeit – die Öffentlichkeit der Politik. Politische Medialisierung in der Geschichte der Bundesrepublik, Göttingen 2003, S. 11–25.

Weiss, Antonio E., Management Consultancy and the British State. A Historical Analysis since 1960, Cham 2019.

Werle, Raymund, Telekommunikation in der Bundesrepublik. Expansion, Differenzierung, Transformation, Frankfurt a. M. u. a. 1990.

Wiede, Wiebke, Von Zetteln und Apparaten. Subjektivierung in bundesdeutschen und britischen Arbeitsämtern der 1970er- und 1980er-Jahre, in: Zeithistorische Forschungen/Studies in Contemporary History 13 (2016), H. 3, S. 466–487.

Winkelmann, Mirko, Vom Risiko zur Verheißung? Zukünfte des Arbeitens von zu Hause seit den 1980er-Jahren, in: Rehlinghaus, Franziska/Teichmann, Ulf (Hrsg.), Vergangene Zukünfte von Arbeit. Aussichten, Ängste und Aneignungen im 20. Jahrhundert, Bonn 2019, S. 127–153.

Wirsching, Andreas, Abschied vom Provisorium. Geschichte der Bundesrepublik Deutschland, 1982–1990, Stuttgart 2006.

Wirsching, Andreas, „Neoliberalismus" als wirtschaftspolitisches Ordnungsmodell? Die Bundesrepublik Deutschland in den 1980er Jahren, in: Plumpe, Werner/Scholtyseck, Joachim (Hrsg.), Der Staat und die Ordnung der Wirtschaft. Vom Kaiserreich bis zur Berliner Republik, Stuttgart 2012, S. 139–150.

Wolfrum, Edgar, Rot-Grün an der Macht. Deutschland 1998–2005, München 2013.

Woyke, Meik (Hrsg.), Wandel des Politischen. Die Bundesrepublik Deutschland während der 1980er-Jahre, Bonn 2013.

Wright, Christopher/Kipping, Matthias, The Engineering Origins of the Consulting Industry and Its Long Shadow, in: Kipping, Matthias/Clark, Timothy (Hrsg.), The Oxford Handbook of Management Consulting, Oxford u. a. 2013, S. 29–49.

Wübbels, Michael, Zum Verhältnis von Interessengruppen und Selbstverwaltung. Eine Analyse am Beispiel der Bundesanstalt für Arbeit, Bochum 1984.

Ziemann, Benjamin, Sozialgeschichte und empirische Sozialforschung. Überlegungen zum Kontext und zum Ende einer Romanze, in: Maeder, Pascal/Lüthi, Barbara/Mergel, Thomas (Hrsg.), Wozu noch Sozialgeschichte? Eine Disziplin im Umbruch, Göttingen u. a. 2012, S. 131–149.

Zimmermann, Bénédicte, Arbeitslosigkeit in Deutschland. Zur Entstehung einer sozialen Kategorie, Frankfurt a. M. 2006.

Zohlnhöfer, Reimut, Die Wirtschaftspolitik der Ära Kohl. Eine Analyse der Schlüsselentscheidungen in den Politikfeldern Finanzen, Arbeit und Entstaatlichung, 1982–1998, Wiesbaden 2001.

Zohlnhöfer, Reimut, Die Wirtschaftspolitik der rot-grünen Koalition. Ende des Reformstaus?, in: Zeitschrift für Politikwissenschaft 14 (2004), H. 2, S. 381–402.

Personenregister

Alt, Heinrich 180 f.
Austermann, Dietrich 194

Banner, Gerhard 153
Bäumer, Arno Paul 116
Becker, Ulrich 52 f., 57, 77
Beckmann, Udo 138, 146
Behler, Gabriele 135 f., 138–140, 146
Berger, Roland 39 f., 44, 175–177, 190, 192, 194
Bernrath, Hans Gottfried 65, 78
Besch, Friedrich 126
Bixler, Erwin 156
Bock, Emil 98 f.
Bower, Marvin 7, 40–42, 47
Brandner, Klaus 165
Brandt, Willy 65 f., 110
Bredt, Otto 27
Breuel, Birgit 58, 75
Brüderle, Rainer 164
Bücker, Hans-Hermann 118
Bulling, Manfred 115–117
Burger, Norbert 117, 121

Clement, Wolfgang 178 f., 189 f.

Dann, Heidemarie 102
Droste, Klaus 172
Dückert, Thea 165
Dürr, Heinz 172

Einsiedler, Eberhard 181
Emerson, Harrington 26
Emmerich, Rolf van 38
Engelen-Kefer, Ursula 167
Engels, Dieter 195–197, 208
Erhard, Ludwig 110
Eschenburg, Theodor 116

Fiedler, Jobst 167, 172, 174, 177, 181, 183, 192 f.
Florian, Winfried 64, 82, 89, 98, 103
Frechen, Stefan 117, 121, 143–145
Fuchs, Michael 194

Gerster, Florian 180 f., 189 f., 194–198
Gilbreth, Frank 26
Gilbreth, Lillian 26
Girgensohn, Jürgen 113
Gscheidle, Kurt 65–67, 79, 102
Guttenberger, Jürgen 118

Haaren, Kurt van 98 f.
Hahn, Wilhelm 111
Hamacher, Dietger 72, 139, 144
Hartz, Peter 166–168
Henzler, Herbert 48, 173, 175, 177
Herrhausen, Alfred 48
Herzog, Roman 161 f., 175
Hill, Hermann 154, 172
Höhn, Matthias 1
Hombach, Bodo 161 f.

Jagoda, Bernhard 158, 165
Jaschke, Heinz 125
Jung, Michael 174, 181, 183
Jung, Ulrich 98

Kalenberg, Johannes 118–120, 122–124, 127, 129, 148
Kaßmann, Fritz 58
Kearney, Andrew Tom 41
Kienbaum, Gerhard VII, 21, 34–36, 40, 45, 47, 58, 122, 175
Kienbaum, Jochen VII, 122
Klages, Helmut 154
Kluge, Jürgen 173–175, 177, 192
Knab, Helmut 155
Knight, Lester B. 38
Koetz, Axel 122, 124 f., 129, 133
Kohl, Helmut 14, 61 f., 66 f., 113, 151, 154, 160 f., 164, 167, 171, 177, 200, 204
Kraljic, Peter 167
Kühn, Michael 181–184
Kupski, Helmut 117

Laue, Walter 96
Laux, Eberhard 50, 57
Leyen, Ursula von der 1, 208

Maier, Hans 111
Manner, Peter 75, 81
Mascheski, Volker 75
Matthöfer, Hans 66, 102
May, George S. 29 f.
Mayntz, Renate 172
McDonald, John G. 44
McKinsey, James O. 40 f.
Merkel, Angela 195
Mummert, Olaf 29, 36–39, 46
Mummert, Rochus 39

Niebel, Dirk 165, 193
Nißl, Georg 83
Noelle-Neumann, Elisabeth 67

Oerter, Volker 136, 138 f., 143

Paus, Heinz 117
Pentzlin, Kurt 44
Peters, Tom 47
Pflug, Johannes 136
Pflügner, Michael 184
Plamper, Harald 52
Plotow, Manfred von 53–55
Pohl, Ottmar 117
Rau, Johannes 117, 128, 161

Rawe, Wilhelm 95, 102
Redley, Rémi 193 f.
Reiners, Klaus 192
Reul, Herbert 135
Rexrodt, Günter 190
Riester, Walter 165
Rohde, Achim 117 f.

Saemisch, Moritz 49
Schach, Siegfried 140 f.
Scharpf, Fritz 172
Scharping, Rudolf 160
Schiphorst, Bernhard 189 f., 194
Schleip, Werner 28
Schlesinger, Georg 28
Schleußer, Heinz 109, 122
Schmidt, Helmut 66, 90, 154, 200
Schmitter, Jürgen 138
Schröder, Gerhard 10, 22, 151 f., 154, 160–164, 166, 168 f., 175, 177 f., 180, 189, 194, 197, 204
Schückhaus, Ulrich 122, 124, 129
Schultze, Harald 120
Schütz, Werner von 27 f., 32
Schwarz-Schilling, Christian 16, 21, 23, 61 f., 66–69, 71, 73–76, 80 f., 83, 88, 95–100, 102 f., 106 f., 120, 123, 200 f.
Schwarz-Schilling, Marie-Luise 67
Schwenker, Burkhard 172
Schwier, Hans 113, 125 f., 128
Sparberg, Lothar 116
Späth, Lothar 115–117
Steinmeier, Frank-Walter 162
Stewens, Christa 180
Stoiber, Edmund 175
Suder, Katrin 1, 208

Taylor, Frederick Winslow 26
Tiedje, Hans-Hermann 190
Timm, Bernhard 47

Vetter, Erwin 116

Walgenbach, Wilhelm 81, 86, 88, 97, 105
Waller, Hans-Joachim 208
Waterman, Robert 47
Watzinger, Karl Otto 77
Weber, Jürgen 186
Wegener, Heinz 27
Wegenstein, Willy O. 38, 45, 76
Weise, Frank-Jürgen 180–186, 190, 197
Wellington, Oliver 41
Wendling, Erhard 76
Wewer, Göttrik 193
Wiefelspütz, Dieter 193
Wohlgehagen, Eckard 74 f., 80–82, 98

Sachregister

7S-Modell 47

A. T. Kearney & Company 41
Accenture Plc 183 f., 208
Adecco Personaldienstleistungen GmbH 169
Agenda 2010 155, 177–179, 188, 191, 201
Arbeitsamt 2000 157
Arbeitsförderungsgesetz 155 f., 158
Arbeitsförderungsreformgesetz 158
Arbeitsgemeinschaft Beratender Freier Berufe 30
Arbeitsgruppe Benchmarking 163
Arbeitsstab Aufgabenkritik 16 f., 22, 109, 118–127, 129, 132, 134, 136–149, 187, 201
Arthur Andersen LLP 26, 139
Arthur D. Little GmbH 26, 71, 73, 104
Association of Consulting Management Engineers 29
Aufgabenkritik 117 f., 148

Baden-Badener Unternehmergespräche 48
Bank Holding Company Act 49
BASF 4, 47 f.
Battelle Institut 56
Benchmarking 153, 166
Bertelsmann Stiftung 154, 163, 169, 205
Bildungsrat 5
Booz Allen & Hamilton 26, 123
Boston Consulting Group 39, 71
Bulling-Kommission, s. Kommission „Neue Führungsstruktur in Baden-Württemberg"
Bund Deutscher Unternehmensberater BDU e. V. VII, 2, 21, 25, 27–30, 32 f., 35 f., 38, 40, 42, 44, 120, 124, 156, 192, 199
Bundesagentur für Arbeit, s. Bundesanstalt für Arbeit
Bundesanstalt für Arbeit 15, 22 f., 151–153, 155–159, 164–168, 175, 177–184, 186–191, 193 f., 197 f., 202, 204
Bundeshaushaltsordnung 50, 55
Bundesministerium der Finanzen 18, 64, 88
Bundesministerium der Verteidigung 1, 208 f.
Bundesministerium des Innern 193
Bundesministerium für Arbeit 156 f., 178
Bundesministerium für Arbeit und Sozialordnung 153, 178
Bundesministerium für das Post- und Fernmeldewesen 66, 72, 77 f., 89, 95, 99, 102, 104, 106, 201
Bundesministerium für Verkehr 63, 89
Bundesministerium für Wirtschaft 178
Bundesministerium für Wirtschaft und Arbeit 178
Bundesrechnungshof 1, 22, 49–51, 59, 70, 79 f., 83, 85, 88, 90, 97, 103 f., 151 f., 154, 164, 189, 195–198, 200–203, 208
Bundesverband Deutscher Unternehmensberater BDU e. V., s. Bund Deutscher Unternehmensberater BDU e. V.
Bündnis für Arbeit 162, 180, 188
Bündnis für Arbeit, Ausbildung und Wettbewerbsfähigkeit, s. Bündnis für Arbeit
Burger-Kommission, s. Kommission zur Effizienzsteigerung der Landesverwaltung

Carl-Bertelsmann-Preis 154
Club R 27

Daimler AG 171
Deloitte & Touche GmbH 26
Demag 47
Deregulierungskommission, s. Unabhängige Expertenkommission zum Abbau marktwidriger Regulierungen
Deutsche Bank 48
Deutsche Bundesbahn 62 f., 75–77, 90 f.
Deutsche Bundespost 15–17, 23, 61–76, 78–80, 82, 84–104, 106 f., 115, 120, 123, 170, 182, 187, 198, 200, 204
Deutsche Postgewerkschaft 21 f., 61, 65 f., 68, 82 f., 90, 97–102, 106 f., 200
Deutscher Beamtenbund 121, 136–139, 142
Deutscher Bundestag 1, 35, 95, 97, 102, 164, 194, 201
Deutscher Gewerkschaftsbund 167, 188
Deutscher Postverband 82, 99 f.
Deutscher Städtetag 50
Deutschland AG 49
Deutschland packt's an 176
Dotcom-Blase 171
Dritter Weg der Sozialdemokratie 10 f., 161 f., 175, 178, 201
Dynamit Nobel AG 47

Enquete-Kommission „Neue Informations- und Kommunikationstechniken" 67
Ernst & Young GmbH 26
Europäische Wirtschaftsgemeinschaft 156, 170

Europäischer Gerichtshof 156
European Recovery Program 31

FC Bayern München 173
Finanzwissenschaftlicher Beirat 64
Forschungsinstitut für Arbeit, Technik und Kultur e. V. 157
Forschungsinstitut zur Zukunft der Arbeit 183

Gemeinkostenwertanalyse, s. Overhead Value Analysis
Gewerkschaft Erziehung und Wissenschaft 112 f., 121, 128, 136, 138 f., 142
Glass-Steagall Banking Act 26

Handlungskonzept zur effektiveren Gestaltung der Schulorganisation und bedarfsgerechten Zuweisung von Lehrerstellen 131 f.
Hans-Böckler-Stiftung 157
Hartz-Kommission, s. Kommission für moderne Dienstleistungen am Arbeitsplatz
Hartz-Reformen 10, 22, 154, 164, 168, 178–181, 188, 191, 198, 202
Harvard Business School 42
Harvard University 41
Haushaltsausschuss des Bundestags 22, 185, 194 f., 197
Haushaltskontrollausschuss des Landtags Nordrhein-Westfalen 118
Hertie School of Governance 172

IBM 56, 116, 183
IG Metall 66, 135, 188
Initiative Neue Soziale Marktwirtschaft 176
Institut für Arbeitsmarkt- und Berufsforschung 183
Institut Mensch und Arbeit 53
Institute of Management Consultants 42
Internationale Arbeitsorganisation 157
Intertraffic GmbH 58

Job-AQTIV-Gesetz 164

KGSt consult 52
Kienbaum Unternehmensberatung GmbH 4, 17, 27, 33, 35, 39, 47, 52, 56, 77, 109, 122–124, 139, 141, 150, 174, 183, 192, 201
Klarheit in die Politik 176
Knight Wegenstein AG, s. Knight Wendling AG
Knight Wendling AG 17, 21, 33, 37–39, 46, 61, 69, 71–74, 76 f., 88, 90 f., 94–96, 100–106, 124, 139 f., 200
Kommission Deutsche Bundespost 89
Kommission für moderne Dienstleistungen am Arbeitsplatz 22, 151, 166–169, 175, 178, 181 f., 191–193, 197, 202
Kommission Neue Führungsstruktur in Baden-Württemberg 115–117
Kommission zur Effizienzsteigerung der Landesverwaltung 117 f., 121, 149
Kommunale Gemeinschaftsstelle für Verwaltungsmanagement, s. Kommunale Gemeinschaftsstelle für Verwaltungsvereinfachung
Kommunale Gemeinschaftsstelle für Verwaltungsvereinfachung 50–52, 59, 120, 153 f., 200
Kooperative Schule 121
KPMG AG 26, 171, 183
Kultusministerium des Landes Nordrhein-Westfalen, s. Ministerium für Schule und Weiterbildung des Landes Nordrhein-Westfalen
Kultusministerkonferenz 112

Landtag Nordrhein-Westfalen 22, 35, 58, 116–118, 126, 132
Lester B. Knight Associates 38

Mainzer Modell für Beschäftigung und Familienförderung 180
Marke Deutschland 176
Marshall Field & Company 41
McKinsey & Company Inc. 1, 4, 17, 26 f., 33 f., 40–49, 71, 105, 123 f., 150 f., 169–171, 173 f., 177, 181, 189–191, 198 f.
McKinsey, Scoville 41
Mead Carney & Company 36
Microlog Logistics AG 181
Ministerium der Finanzen des Landes Nordrhein-Westfalen 16, 22, 109, 119, 126 f., 129, 131, 136, 149, 201
Ministerium des Innern des Landes Nordrhein-Westfalen 123, 127, 136
Ministerium für Schule und Weiterbildung des Landes Nordrhein-Westfalen 110, 125–127, 129, 135 f., 138 f., 143 f., 146, 148, 150, 201
Ministerium für Wirtschaft, Mittelstand und Verkehr des Landes Nordrhein-Westfalen 58
Mummert + Partner Unternehmensberatung AG 17, 21, 33 f., 36 f., 46, 52, 56 f., 61, 69, 71, 73 f., 77, 80 f., 83–85, 87 f., 91, 94, 97, 99, 103–106, 109, 122, 124, 134, 139–141, 145, 147–150, 174, 192, 200 f.

Neues Steuerungsmodell 152–154, 167, 186
New Economy 171
New Public Management 153

OECD 153
Oral History 19
Organisationsamt, s. Senatsamt für den Verwaltungsdienst
Overhead Value Analysis 47

P. A. Management Consultants 71
Philologen-Verband Nordrhein-Westfalen 128, 136
Pietro Gennaro Associati 39
Postministerium, s. Bundesministerium für das Post- und Fernmeldewesen
Postverwaltungsgesetz 63, 90
Preussag AG 47
PricewaterhouseCoopers GmbH 26
Prognos AG 53–55, 71–73, 77
Progress-Institut für Wirtschaftsforschung GmbH 101 f.

Rationalisierungs-Gemeinschaft Beratungswesen 30
Rationalisierungs-Kuratorium der Deutschen Wirtschaft VII, 21, 25, 27, 30–36, 44–47, 200, 203
Realschullehrerverband 136
REFA – Verband für Arbeitsstudien und Betriebsorganisation e. V. 30 f., 79
Regierungskommission Fernmeldewesen 106 f.
Regierungskommission Schlanker Staat 154
Reichskuratorium für Wirtschaftlichkeit, s. Rationalisierungs-Kuratorium der Deutschen Wirtschaft
Reichsrechnungshof 49
Reichssparkommissar 49
RKW-Beratungsdienst 27, 31–34, 200
Roland Berger & Partner 17, 33 f., 45–49, 105, 123 f., 151, 167, 170–174, 177, 181, 183, 189–191, 193, 198 f.
Roland Berger Strategy Consultants, s. Roland Berger & Partner
Royal Dutch Shell 43

Sachverständigen-Kommission Deutsche Bundespost 89
Sachverständigenrat zur Begutachtung der gesamtwirtschaftlichen Entwicklung 5, 8
Schröder-Blair-Papier 162
Schulministerium, s. Ministerium für Schule und Weiterbildung des Landes Nordrhein-Westfalen
Scientific Control Systems GmbH 56
Scientific Management 25 f.
Scoville, Wellington 41
Selbstverwaltung 157, 165, 167, 178
Senatsamt für den Verwaltungsdienst 21, 52–56, 58, 61, 70, 77
Siemens AG 56, 171
Sonderfonds Deutsche Einheit 114
Sonnenschein GmbH 66
Sozialgesetzbuch 158, 164, 167, 177, 179
Soziologisches Forschungsinstitut Göttingen 53
Speyerer Qualitätswettbewerb 154
St. Gallen Consulting Group 139
Staatskanzlei des Landes Nordrhein-Westfalen 18, 127, 136

Treuhandanstalt 170 f.
TUI AG 39

UBT Unternehmer-Berater-Team 139
Unabhängige Expertenkommission zum Abbau marktwidriger Regulierungen 156, 175
Unternehmensberatung für die Wirtschaft GmbH 32

Verband Bildung und Erziehung 128, 136, 146
Verband Deutscher Postingenieure 100
Verband für Lehrerinnen und Lehrer an Berufsschulen 136
Verein Deutscher Ingenieure 35
Verein katholischer deutscher Lehrerinnen 136
Vermittlungsskandal 164, 166, 177
Virtueller Arbeitsmarkt 184
Volkswagen AG 47, 166

Weisbrod & Seifert GmbH 37
WHU – Otto Beisheim School of Management 183
WIBERA Wirtschaftsberatung AG 50–52, 56 f., 59, 123, 139
Wissenschaftsrat 5, 113
WMP EuroCom 189 f., 198

www.ingramcontent.com/pod-product-compliance
Lightning Source LLC
LaVergne TN
LVHW042237300926
849161LV00003B/385